致密油有效开发关键技术

陈福利　王志平　王少军　等著

石油工业出版社

内容提要

本书是在"十三五"国家科技重大专项"致密油富集规律与勘探开发关键技术（2016ZX05046）"之课题3"致密油有效开发关键技术（2016ZX05046-003）"研究成果基础上，以致密油有效开关键技术为核心，围绕致密油开发目标评价与优选、致密储层孔隙结构与渗流机理、致密油产能评价、致密油开发模式与方案优化、致密油提高采收率方法等形成致密油开发技术理论体系，通过理论联系实际，产学研用一体化应用展示致密油开发效果。

本书可供非常规油气地质开发专业技术人员使用，也可供大专院校相关专业师生参考。

图书在版编目（CIP）数据

致密油有效开发关键技术 / 陈福利等著 . -- 北京：

石油工业出版社，2024.10. -- ISBN 978-7-5183-6849-5

Ⅰ . TE343

中国国家版本馆 CIP 数据核字第 2024N9K608 号

出版发行：石油工业出版社

　　　　　（北京安定门外安华里 2 区 1 号　　100011）

　　　　　网　　址：www.petropub.com

　　　　　编辑部：（010）64253017　　　图书营销中心：（010）64523633

经　　销：全国新华书店

印　　刷：北京中石油彩色印刷有限责任公司

2024 年 10 月第 1 版　　2024 年 10 月第 1 次印刷

787×1092 毫米　开本：1/16　印张：24

字数：600 千字

定价：245.00 元

《致密油有效开发关键技术》

撰写人员

陈福利　王志平　王少军　丁文龙

贾宁洪　张旭辉　高　建　张祖波

孙圆辉　王治涛　林　旺　肖子亢

前 言

近年来，全球已进入非常规油气开发快速发展时代，以北美为代表的致密油开发取得巨大成功，改变了世界能源格局，致密油开发已成为全球非常规石油资源开发的热点。中国致密油资源丰富，广泛分布在鄂尔多斯、准噶尔、松辽等多个盆地。"十三五"国家科技重大专项关于致密油研究与评价结果显示，中国致密油有利勘探面积达 $18 \times 10^4 km^2$，地质资源量达 $243 \times 10^8 t$，探明地质储量超过 $5.3 \times 10^8 t$，开发潜力巨大。2012 年以来，中国致密油勘探开发取得了可喜的进展，但目前总体仍处于初期阶段，要实现规模有效开发还面临系列挑战：（1）中国陆相致密油地质条件复杂，如何深化储层认识并优选产能区块、开发井位、压裂段位置面临挑战；（2）陆相致密油类型多、多尺度孔缝介质共存、产能和开发动态特征差异大，如何深化致密油产能认识，建立不同类型致密油开发模式难度大；（3）致密油储层物性差、渗流阻力大、压力传导能力差，提高致密油采收率面临如何有效补充能量问题。以上挑战迫切需要开展"致密油有效开发关键技术"攻关研究，有利于我国实现致密油资源的规模有效开发。

致密油开发离不开致密储层流体赋存状态和渗流机理理论的研究，微纳米级孔喉系统、不同尺度储集空间和渗流界限都是亟须解决的问题，致密油水平井产能评价和预测技术、开发优化技术、提高采收率技术等都是致密油有效开发必须攻克的技术，天然裂缝与人工裂缝在致密油开发中的控制作用也需加以研究和解决。从总体发展趋势上看，需要研究和发展出一套以致密油开发目标评价优选、开发优化、提高采收率为主体的致密油开发技术系列。

中国致密油资源丰富、分布广泛、开发和资源利用前景广阔。为了满足国家需求，亟须开展致密油有效开发关键技术攻关研究，预期解决的重大问题主要包括：

（1）致密油发育多种类型、不同尺度的"甜点"，"甜点"评价与优选难度大，给高效布井和压裂段优选带来挑战。致密油储层多为静水沉积，具有大面积连续分布的特点。由于致密油储层与生油层通常呈互层或紧邻状分布，使得致密油储层微观上又具有极强的非均质性。由于宏观连续性和微观非均质性的矛盾，使得致密油储层物性、天然裂缝发育程度、含油性、流体可动用性表现出极大的差异性。为了进一步认识致密油"甜点"的分布，需要开展致密油宏观—微观物性、裂缝、含油性、流体可动用性的评价研究，优选产能区块、开发井位、压裂段等不同尺度的开发目标，提高高效井比例、水平井储层钻遇率和压裂段的效果。

（2）致密油孔喉细微、连通规律复杂，其渗流规律和开采机理研究难度大，使得致密油开采特点分析和开发技术对策制定面临挑战。致密油储层以发育亚微米—纳米级孔喉为主，由于储层孔喉细微、连通规律复杂，其孔喉表征、渗流规律和开采机理研究难度较大。致密油孔喉结构与渗流机理实验研究的重点是建立致密油储层物性的实验测试方法，研究其亚微米—纳米级孔喉结构特征并建立初步的表征方法，得到储层中流体的分布规律和流体的赋存状态；建立致密油数字岩心预测模型，并应用数字岩心模拟技术开展致密储层孔隙结构、渗流规律和开采特征模拟；研究单相油在致密储层中的渗流特征，揭示储层中流体的流动规律；模拟开采过程中致密油储层应力敏感特征和流体受力特征，明确致密油衰竭式开采特征。

（3）致密油产能影响因素多、递减快，产能评价和全生命周期产能预测面临挑战。致密油产能受储层规模、物性、含油性、天然裂缝发育程度、压裂效果、生产工作制度等多因素的影响，产能评价和主控因素的确定难度大。同时，致密油具有多尺度、多介质、多流态耦合特征，不同尺度多重介质耦合开采机理复杂，常规油藏产能模型与方法多基于单一介质、稳态渗流，不能准确描述致密油复杂地质条件下非线性渗流机理，以及复杂结构井型、开采工艺条件下的生产动态特征，无法满足致密油开发产能评价与预测要求，导致致密油产能评价与预测难度大。因此，需要开展致密油产能评价和预测技术研究，搞清不同类型致密油产能影响因素和主控因素，建立考虑致密油多尺度、多介质、多流态耦合特征的全周期产能预测模型，发展产能评价与预测技术，研发致密油产能预测软件，解决致密油产能认识和预测的难题。

（4）中国陆相致密油类型多、非均质性强、地质条件复杂，开发方式选择和方案设计难度大。中国陆相致密油地质条件复杂，涵盖低压型、低充注型、低流度型、低孔型等多种不同类型的致密油，而不同类型致密油不同区块的储层条件、流体性质、地层压力、可压性条件又存在一定的差异，使得致密油开发特征具有较大的差异。国内围绕致密油的有效开发问题进行了积极探索，包括采用不同的井网、井距、井型，采用衰竭式、注水、注气（CO_2）吞吐、注气（CO_2）驱替等不同开发方式，但效果差异大，不同类型致密油的有效开发模式不清。因此，亟待开展致密油开发模式与方案优化设计研究，建立不同类型致密油的有效开发模式，优化设计不同类型致密油的油藏工程方案，以提升致密油的开发效果。

（5）致密油储层孔喉细微、物性差、渗流阻力大、压力传导能力差，补充能量及提高采收率难度大。致密油储层以发育亚微米—纳米级孔喉为特征，储层物性差、渗流阻力大、压力传导能力差，如何选择有效的补充能量方式并制定科学合理的补充能量技术政策面临挑战。致密油提高采收率方法研究将通过不同补充能量方式实验研究、压力传播特征和开采特征分析，揭示致密油补充能量与提高采收率开采机理；分析注水、注气（CO_2）补充能量与提高采收率效果，优选不同类型致密油补充能量方式，制定不同类型致密油补充能量技术政策，探索建立致密油提高采收率方法，实验室研究实现致密油在衰竭式开采的基础上采收率提高5%以上，为致密油提高采收率现场实施方案的制定提供依据。

本书共分五章。前言由陈福利撰写，第一章由陈福利、孙圆辉、丁文龙、王治涛、肖子亢等撰写，第二章由贾宁洪、张旭辉等撰写，第三章由王志平、林旺、王少军等撰写，第四章由王少军、林旺、王志平等撰写，第五章由高建、张祖波等撰写。全书由陈福利统稿。

本书的参研与参编人员还有童敏、闫林、冉启全、王拥军、袁大伟、刘立峰、刘庆杰、袁江如、李传新、鲁晓兵、刘庆杰、吕伟峰、樊春、彭晖、车树琴、罗蔓莉、杨柳、冷振鹏、李宁、李锦、张洋、周学慧、徐梦雅、董家辛、刘敬寿、周雪峰、刘海娇、李鹏、张岩、房平亮、杨浥尘、严守国、陈序、钱禹辰、尹帅、曾倩、石景文、赵号朋、李彤、曾佳、王欢、董江艳、孙兵、王坤琪、刘书剑、贾涵、张敏、秦勇、白喜俊、马朋善、陈鹏、徐子怡、王艺晨等。

致密油开发关键技术尚处于不断发展之中，其概念、技术等也在不断修正和创新发展之中，加之作者水平有限，书中难免存在不妥之处，恳请各位专家学者批评指正。

目录

CONTENTS

第一章　致密油开发目标评价与优选

本章介绍致密油开发目标评价与优选技术，主要包含四个方面：（1）致密油含油性识别图版，致密油典型井含油性识别与评价；（2）致密油含油性特征，致密油物性、含油性、裂缝综合评价标准，裂缝特征表征与三维裂缝建模；（3）致密油不同含油级别可动用性，可动用性分类标准；（4）致密油开发区块、单井、压裂段不同尺度开发目标（"甜点"）优选技术，致密油高效井比例和有效压裂段比例提升，致密油Ⅰ类、Ⅱ类水平井单井三年累计产量达到 6000t 以上。

第一节　致密油概念

致密油（《致密油地质评价方法：GB/T 34906—2017》）是储集在覆压基质渗透率不大于 0.1mD（空气渗透率 1mD）的致密砂岩、致密碳酸盐岩等储层中的石油，或非稠油类流度不大于 0.1mD/（mPa·s）的石油。储层邻近富有机质生油岩，单井无自然产能或自然产能低于商业石油产量下限，但在一定经济条件和技术措施下可获得商业石油产量。尽管国内外致密油定义并不统一，但基本理念是统一的，那就是能够从致密储层中开发的石油。根据北美致密储层定义，页岩也是一种致密储层，因此，页岩油是致密油的子集，致密油包含页岩油，因此，北美将页岩油等同于致密油的观念较为普遍。中国正式引入致密油概念较晚（2010 年前后），多数学者认为致密油是指赋存在致密砂岩、碳酸盐岩等类似常规储层类岩石中的石油。

尽管生油岩岩性可以是富有机质页岩、碳酸盐岩、混积岩等多种岩性，可以统称为烃源岩，但是在述及致密油时，人们习惯谈到页岩层系油，即把生油岩理解为富有机质页岩，甚至把页岩层系油做出更进一步引申，称为页岩油。这就是目前国内常把鄂尔多斯盆地中心长 7 段、吉木萨尔芦草沟组致密油等中国陆相致密油统统归入页岩油的基本思路。不论如何划分致密油和页岩油，页岩油系统资源都必须从生烃和储集两个方面加以研究，其中含油性又是最关键的研究和评价内容，因为含油性是确定致密油开发目标的基本点和出发点。

从理论上讲，致密油具有致密与含油双重含义，致密可以是从宏观到微观的全空间上的致密，因此，宏观上的致密并不排除微观上的常规、低渗透。致密油储层的岩心渗透率测试结果显示，实测渗透率可以跨越多个级别，从毫达西到微达西，甚至到纳达西。在致密油中，毫达西级储层为优质开发目标，其比例越高，压后的产能越大，开发效益级别越高。纳达西级岩石油水（液体）的流动黏滞力大，高黏流体基本不渗透流动，即便在分级压裂条件下，也难以有效动用。致密油微观上的强烈非均质性限制了致密油开发目标的可流动尺度；宏观上的致密限制了致密油的流动范围。通过水平井＋分级多段压裂可以达成三个目标：（1）大幅度提升井眼与储层的接触面积，从而提高单井产油量；（2）有效提高产油储层的生产压力梯度，提高渗流能力，获得更高的产油量和累计产量；（3）将多个优质开发目标有效沟通，在宏观更大的尺度上实现油的流动，提高动用效率，有利于提高采收率和采出油量。

致密油开发目标评价与优选，主要是从致密油的含油性、可流动性方面进行研究评价，通过相关技术的研究，从含油性好、可动油饱和度较高、储层规模大、技术可采等方面给出开发目标的定性和定量评价，优选出的致密油开发目标，提供给致密油开发方案设计，通过合理的井位、井眼轨迹设计，水平井钻井导向技术控制提高致密油开发目标的钻遇率，优选压裂层段，优化压裂，达到致密油高效开发的目的。

鄂尔多斯盆地延长组长 7 段、准噶尔盆地吉木萨尔凹陷芦草沟组、松辽盆地白垩系、四川盆地中—下侏罗统及柴达木盆地古近系等含油气盆地，均勘探发现并成功实现致密油开发，证实了中国陆相致密油资源丰富，潜力较大。

尽管致密油与页岩油有很多共同的特征，但是开发的目标还是具有显著的区别，必须在概念上明晰各自的内涵。正确区分致密油与页岩油，对致密油地质勘探、资源评估、环境保护和经济发展等都至关重要。混淆两者可能会导致一系列的技术和战略错误，无法实现致密油有效开发，从而带来多方面的危害。

第二节　致密油含油性

一、烃源岩

依据有机生油理论，烃源岩泛指一切具有生烃能力的有机质相对富集的沉积岩石类型。对烃源岩的研究，通常要从有机质丰度、有机质类型和有机质成熟度三个方面的分析来对其作出定性或定量评价。地球化学参数法是最常用的烃源岩评价方法，包括总有机碳（total of carbon，TOC）含量和热解参数。这两个参数是评价岩石生烃能力的重要参数，也是致密油等非常规储层评价的重要参数之一。评价烃源岩要从其地质特征和地球化学特征两方面入手。

早期用一种方法来描述沉积岩的含油量，利用溶剂萃取储层岩石中的含油量，建立含油量与 TOC 关系。随着 TOC 岩石热解仪器 Rock-Eval 的出现，地球化学家可以采用一种权宜的方法，在不执行溶剂萃取程序和单独的 TOC 分析的情况下对油含量进行可比评估。在这种方法中，岩石中的自由油在 300℃下热蒸发（所有岩石热解微处理器温度都是名义温度，实际温度通常为 30~40℃，而不是溶剂萃取，从而获得测量的油含量，即岩石热解 S_1 产量）。将岩石溶剂萃取与岩石热解 S_1 进行比较表明，溶剂萃取（取决于溶剂系统）在提取密度较大的石油产品方面更为有效，而岩石热解 S_1 在定量更挥发性的石油部分时更为有效。随着最近页岩资源系统的研究发现，一部分石油被困在与有机物相关的孤立有机孔隙空间中。并非所有总油或可提取有机物（EOM）都是可移动油，但测量的自由油是储层岩石中更可能移动的油。在致密油资源分析中，岩石热解获得的地球化学参数，常被用来表征烃源岩生烃能力、含油量、排烃潜力等。

（一）总有机碳

TOC 是沉积岩石中存在的有机碳量，是生烃岩石产生碳氢化合物能力的基础性因素，是确定烃源岩储层质量的关键参数。岩石中有机碳的含量受沉积环境控制，缺氧沉积环境、上升流动和快速沉积等条件有利于有机质的沉积和保存，富有机质成熟烃源岩是致密油"甜点"发育的基础条件，也是致密油的含油关键参数。

根据大量的 TOC 测试和统计分析研究，总结出一套评价 TOC 指示生烃潜力的分级评价指标，可用于指导一般性的有机碳丰度评价（表 1-1）。

表 1-1　TOC 参数指示的生烃潜力分级评价表

生烃潜力	页岩 TOC 含量（质量分数）/%	碳酸盐岩 TOC 含量（质量分数）/%
差	0～0.5	0～0.2
一般	0.5～1.0	0.2～0.5
中等	1.0～2.0	0.5～1.0
良	2.0～5.0	1.0～2.0
优质	>5.0	>2.0

吉 174 井为新疆吉木萨尔二叠系芦草沟组致密油系统取心井，岩心 TOC 分析结果显示，烃源岩 TOC 一般为 1%～16%，其中，泥岩、白云岩有机质丰度高，优质烃源岩厚度近 250m，表现为烃源岩与储层互层状发育（图 1-1）。

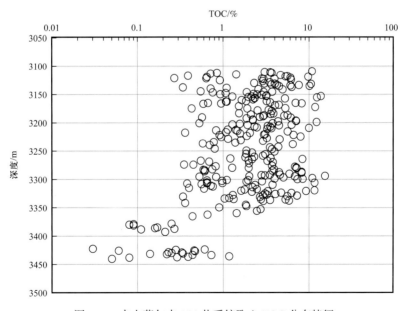

图 1-1　吉木萨尔吉 174 井系统取心 TOC 分布特征

鄂尔多斯盆地烃源岩 TOC 丰度分布主要分布在 1%～30%，盆地内部 TOC 分布存在显著差异（图 1-2）。陇东地区长 7 段烃源岩有机碳含量高，品质好。

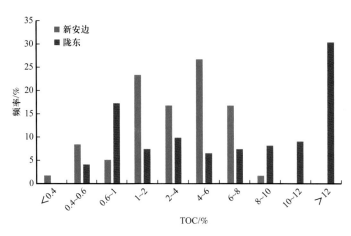

图 1-2　鄂尔多斯盆地长 7 段 TOC 频率分布图

中国陆相致密油沉积环境可分为咸化湖相、半咸湖相和淡水湖相，根据典型盆地烃源岩 TOC 测试和统计分析研究，给出了中国典型陆相致密油烃源岩 TOC 分布结果（表 1-2）。

表 1-2　中国典型陆相致密油烃源岩 TOC 参数分析表

参数		鄂尔多斯盆地	准噶尔盆地（吉木萨尔）	松辽盆地
层位		三叠系长 7 段	二叠系芦草沟组	白垩系青山口组
TOC（质量分数）/%	纹层状页岩	6～30/13.75	5～16.1/6.1	2～8.7/2.4
	块状泥岩	1～6/3.74	1～5/3.2	0.9～3/1.7

注："/"前为范围值，"/"后为平均值。

从表 1-2 可以看出，鄂尔多斯盆地淡水—微咸水沉积环境有机质丰度最高，黑色纹层状页岩 TOC 为 6%～30%，平均值为 13.75%，处于优质生烃潜力有机质丰度水平；准噶尔盆地吉木萨尔为咸化湖沉积，有机质丰度高，纹层状页岩 TOC 为 5%～16.1%，平均值为 6.1%；松辽盆地为淡水沉积，部分海侵，有机质丰度处于优良水平，纹层状页岩 TOC 为 2%～8.7%，平均值为 2.4%。整体上看，块状泥岩的有机质丰度普遍低于纹层状页岩，但也都具有较好的生烃潜力。从有机碳丰度上来看，以鄂尔多斯盆地长 7 段黑色纹层状页岩最高，松辽盆地块状泥岩最差。

（二）有机质类型

烃源岩的有机质丰度 TOC 反映源岩中有机物质含量，有机质类型是有机质的质量指标，它对烃源岩的生烃潜力起着重要作用。烃源岩的有机质类型划分方案较多，经典划分为三分法，即采用煤化学中藻类体、孢子体和镜质体三种显微组分在范氏图上的演化轨迹，将有机质类型划分为Ⅰ型（腐泥型）、Ⅱ型（过渡型）和Ⅲ型（腐殖型）有机质。鉴于我国陆相地层生油岩的特殊性，我国普遍采用有机质三类五分的划分方案（《烃源岩地球化学评价方法：SY/T 5735—2019》），即Ⅰ类（Ⅰ₁标准腐泥型、Ⅰ₂含腐殖的腐泥型）、Ⅱ类（腐殖—腐泥型）和Ⅲ类（Ⅲ₁含腐泥的腐殖型、Ⅲ₂标准腐殖型）。

一般在海洋环境形成的干酪根以Ⅱ型为主，容易生成石油和天然气；湖泊环境常形成Ⅰ型干酪根，以生油为主；陆地环境形成Ⅲ型干酪根，以生气为主；Ⅳ型干酪根因不含氢，不具有生烃潜力。

干酪根显微组分划分有机质类型是生油岩研究中常用的方法。该分类方法是以煤岩显微组分分类命名方法为基础，结合生油岩中有机质显微组分特征确定干酪根显微组分的分类命名。采用镜质组、惰质组、腐泥组＋壳质组的三角图表示的显微组分组成能客观描述显微组成的数值分布。

长7段烃源岩可分为黑色页岩与暗色泥岩两大类。干酪根显微组分分析显示以无定形类脂体为主，组分单一，生物类型均以湖生低等生物—藻类为主。在透射光下呈棕褐色、淡黄色，紫外光和蓝光激发下呈亮黄色、棕褐色荧光。黑色页岩的干酪根内，细条状发亮黄色荧光的类脂体更为富集，并可见清晰分散状和条带状黄铁矿。显微组分有机质主要为腐泥型，即Ⅰ型有机质（图1-3）。长7段黑色页岩具有高生烃潜量、较高氢指数（200～400mg/g）和低氧指数（＜5mg/g）的特征，母质类型以Ⅰ型为主（图1-4）。暗色泥岩与黑色页岩特征基本相似，氢指数较高（200～400mg/g）而氧指数偏低（大都小于20mg/g），以氢指数与氧指数判断有机质类型以Ⅰ型为主，部分为Ⅱ型（图1-5）。

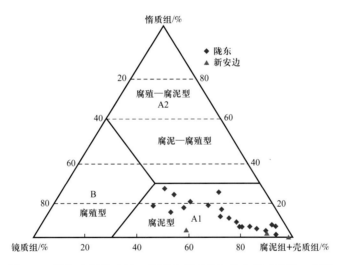

图1-3　鄂尔多斯盆地长7段干酪根显微组分有机质分类三角图

岩石热解参数除了用于评价有机质丰度外，还广泛用于判别有机质的类型。使用热解参数评价有机质类型时，需参考生油岩的热演化程度，一般生油岩在低成熟—中等成熟阶段，适合用热解参数划分有机质类型。若烃源岩的成熟度高，则有机质容易转化成可溶烃（S_1）和热解烃（S_2），氢指数（HI）也会降低，与实际相比存在偏差。根据岩石热解实验数据中的T_{max}、HI的分布特征将有机质分为Ⅰ型、Ⅱ$_1$型和Ⅱ$_2$型以及Ⅲ型三类四分，图1-4为鄂尔多斯盆地长7段烃源岩有机质分类。

干酪根类型可以在H/C和O/C（或岩石热解的含氢指数和氧指数）交会图上确定（图1-5），为吉木萨尔H/C-O/C有机质分类及热演化特征，表明有机质处于低熟至成熟生油阶段。

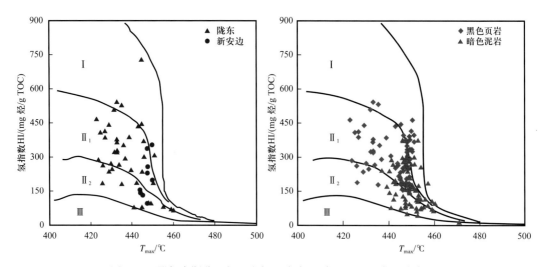

图 1-4　鄂尔多斯盆地长 7 段烃源岩有机质 T_{max}—HI 类型分布图

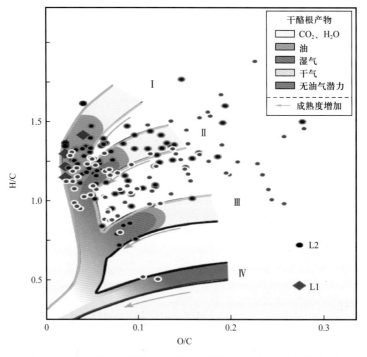

图 1-5　吉木萨尔芦草沟组烃源岩有机质类型与热演化趋势图

（三）有机质热成熟度

根据有机质生油理论，沉积岩中的有机质必须在一定的温度、压力作用下，经过漫长而复杂的热演化后才能生成烃（油气）。用于判别有机质成熟度的指标很多，但最主要的有：干酪根镜质组反射率 R_o，生油岩热解最高峰温度 T_{max}，饱和烃气相色谱正构烷烃奇、偶优势，甾、萜烷生物标记化合物异构化参数，孢粉颜色指数（spore colour index，SCI）等。有机质热演化可以划分为未成熟、低成熟、成熟、高成熟、过成熟五个阶段。

镜质组反射率又称为镜煤反射率（R_o，单位 %），作为有机质生油的成熟度基准被认为是最佳的烃源岩有机质成熟度评估参数。根据有机质类型变化，可以使用镜质组反射率数据建立石油和天然气区边界，值得注意的是，由于镜质组反射率可能是一种统计数据，有一定的变化范围，确定的边界为近似的。Tissot 和 Welte 建立了如图 1-6 显示的 I 型、II 型和 III 型干酪根的近似生烃边界。时间—温度关系和各种有机物质来源的混合可能会改变这些边界。

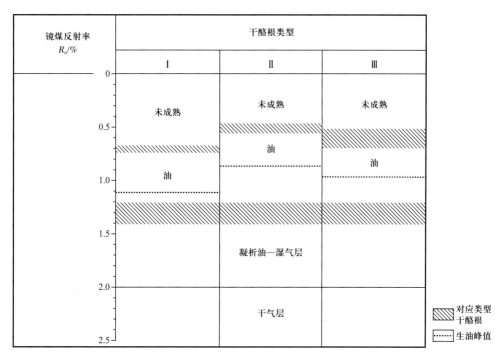

图 1-6　不同干酪根类型的镜煤反射率指示的生烃边界

鄂尔多斯盆地长 7 段烃源岩发育区的绝大部分有机质均已达到了成熟—高成熟早期，R_o 分布于 0.9%～1.2%，处于生油高峰的成熟阶段。此外，饱和烃各组分呈奇偶均势（OEP 值为 0.95～1.21），甾烷异构化指数 $C_{29}\alpha\alpha\alpha$ 甾烷 20S/（20S+20R）平均为 0.50，C_{29} 甾烷 $\alpha\beta\beta$/（$\alpha\beta\beta+\alpha\alpha\alpha$）平均为 0.42，$C_{31}$ 藿烷 22S/（22S+22R）主要分布于 0.44～0.57，均达到或接近其热平衡终点值，反映了长 7 段优质烃源岩经历了较强的热成熟作用，具有良好的生油能力。

（四）烃源岩含油性

烃源岩是富含有机质并且热演化达到成熟生烃（油气）阶段，必然是一种生油、储油一体的岩石类型。由于富有机制烃源岩具有较强的原油吸附能力，含油烃源岩一般不具有明显的自由可动油，不具有商业可开发性。当烃源岩发育微裂缝系统时，裂缝中的原油是可以自由流动的，达到一定的储集规模后即具有可开发潜力。

烃源岩中含油被称为油的滞留，受有机质类型、成烃环境和热成熟度制约，陆相有机质页岩中烃类滞留量较海相有机质页岩少。烃源岩的含油性可以用 TOC 与含油量关系进行表征。当烃源岩含油量较低时，油主要以吸附态存在，可显示为含油特征，如含油级别为荧光、油迹，但原油无法流动；当含油量增大到一定界限值，超过饱和吸附量后，部分原油转为游离态，可动油增加，此时的烃源岩含油达到油斑、含油级别，具有一定的可开采性（图1-7）。含丰富生油有机质且处于生油窗内成熟烃源岩普遍含油，微裂缝发育的烃源岩可以作为储层，具有潜在的开发生产油能力，北美页岩油／致密油开发中的页岩有部分即来自烃源岩，因此，值得重视的是研究烃源岩含油性与可开发能力是研究生烃和向致密储层排供烃基础上的进一步深入，也是在致密油开发目标评价和优选中必须考虑的烃源岩因素。

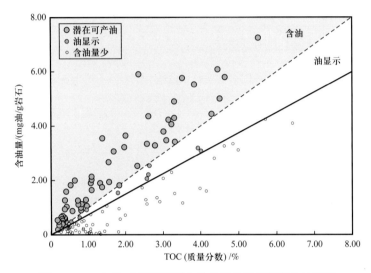

图1-7　Eagle Ford页岩地球化学分析显示烃源岩含油特征

对于生油窗内的烃源岩，孔喉尺度通常为纳米尺度，对于甲烷（分子直径0.38nm）等气体，黏度低，容易流动；而原油的分子大，加上分子间黏滞性限制，纳米级孔隙系统限制了原油的流动，大量的油以吸附态存在源岩中。

在页岩油含油性评价中引入油饱和度指数（OSI），用 S_1（自由碳氢化合物）与TOC的比率表示：

$$OSI = \frac{100S_1}{TOC} \qquad (1-1)$$

在烃源岩油中含油质量较好的区域，OSI值大于100mg/g TOC，高碳氢化合物与干酪根的比值代表富有基质烃源岩中富含油，随着油饱和度指数增加，烃源岩含油性增加。

烃源岩的含油性可以采用岩石热解参数 S_1 与TOC参数的叠合方法表征可动油，当烃源岩中的油含量超过TOC时，表明烃源岩中存在裂缝网络并含油，是具有开发潜力的烃源岩油（页岩油）（图1-8）。美国的威利斯顿盆地的上Bakken页岩部分地区具有这种特征，有一定量的页岩油产出。

为了更加合理地评价烃源岩（主要为页岩）的含油性，必须尽量降低岩心分析过程中轻质油组分的损失，为此，建立了一套页岩现场冷冻—密闭碎样—热解含油性分析技术，有效提高了烃源岩含油性分析的可靠性（图1-9）。

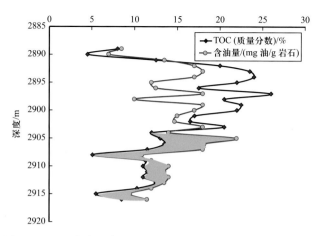

图 1-8 油页岩中绿色填充段表明存在裂缝系统的游离态原油

俄罗斯西西伯利亚盆地 Bazhenov 页岩

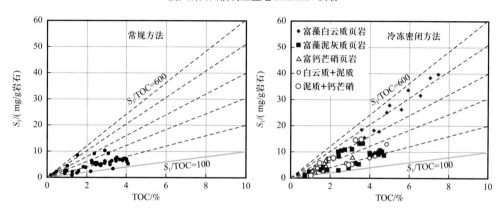

图 1-9 中国泥页岩地球化学分析含油性对比（潜江凹陷蚌页油 2 井潜 34-10）

二、致密油储层含油性

致密油储层具有普遍含油特征，其主要原因为：（1）致密油储层为细粒沉积岩，本身含有一定量有机质沉积物，储层测试分析显示有一定的 TOC 含量，具有潜在的自生油能力；（2）致密油储层紧邻生油岩，源储压差作用距离较短，利于原油渗入富集；（3）长期的油气近距离运移与富集过程，原油的分子扩散可不受孔喉半径限制（分子扩散而非渗流富集）。致密油的含油性描述目前仍然沿用常规储层岩心含油性描述，存在一些含油性动态变化较大的局限，需要注意和修正含油性描述方法。致密油的含油性分析重点是储层中可动油量的分析，在储层改造条件下，可采出原油量。

（一）储层岩性

中国致密油储层岩石类型复杂多样，包括致密砂岩、致密碳酸盐岩（石灰岩、白云岩）、致密混积岩、致密沉凝灰岩等。

鄂尔多斯盆地是一个构造变形弱、多旋回演化、多沉积类型的大型陆相湖盆型沉积盆地，盆地面积约 $25 \times 10^4 km^2$。长 7 段致密油储层发育在深湖—半深湖重力流、浊流沉积环境下，主要储层为细粒致密砂岩。取心、薄片和粒度分析等资料表明，长 7_1 亚段储层岩性为灰色、灰褐色细粒岩屑长石砂岩和长石岩屑砂岩，石英平均含量为40.18%，长石平均含量为19.41%，岩屑平均含量为23.31%；岩屑成分以变质岩岩屑为主；储集砂岩填隙物含量较高，平均含量为17.10%，填隙物以水云母为主，其次为铁方解石、铁白云石。长7_2亚段储层岩性为灰色、灰褐色细粒岩屑长石砂岩和长石岩屑砂岩，石英平均含量为40.46%，长石平均含量为19.60%，岩屑平均含量为24.07%；岩屑成分以变质岩岩屑为主；储集砂岩填隙物平均含量为15.87%，填隙物以水云母为主，其次为铁方解石、铁白云石。

新疆吉木萨尔二叠系芦草沟组为一套咸化湖相的混积岩。岩性划分研究经历了前期常规沉积岩岩性分类和后期细粒沉积岩的混合沉积岩石分类两个阶段。前期主要考虑矿物成分和沉积物粒度进行分类，以砂质、泥质、灰质、泥质矿物含量结合粒度分析资料进行定名，并总结出30余种过渡性岩石类型。后期根据芦草沟组混合沉积岩及其细粒沉积岩的特点，依据芦草沟组致密油岩石矿物成分多样、岩石组分复杂、结构组分多变、富含有机质的特点，引入了适合细粒混积岩分类的"四组分三端元三级"命名分类方案。"四组分三端元三级"命名考虑构成岩石类型的四组分为有机质、碳酸盐、火山碎屑、陆源碎屑；分类三端元为碳酸盐含量、火山碎屑含量、陆源碎屑含量；岩石组分含量的三级分级参数为10%～25%、25%～50%、≥50%，有机碳含量小于1.5%为低有机质，有机碳含量为1.5%～4%的为中等有机质，有机碳含量大于4%的为高有机质。根据吉174井系统取心井资料总结得到芦草沟组致密油岩石分类特征（表1-3）。上"甜点"发育的一套较稳定的岩屑长石粉细砂岩为主要开发目标岩性。

表1-3 芦草沟组致密油岩石岩性特征表

岩石类型		岩石特征			镜下薄片特征
		成分、结构、层理	有机碳含量	含油性	
陆源碎屑岩类	粉砂岩	碎屑颗粒以长石为主，分选较好，次棱角—棱角状	低（平均1.23%）	含凝灰粉砂岩与凝灰质粉砂岩，含油性好，为主要储集岩类	吉174井，3117.16m，粉砂岩　含云含凝灰粉砂岩　凝灰质粉砂岩
	泥岩	块状与纹层状为主	高（平均3.87%）	为良好的生油岩	吉174井，3130.76m，块状泥岩　纹层泥岩　纹层状云晶泥岩
碳酸盐岩类		含砂屑、鲕粒、生屑及藻粒等结构组分	中等（平均2.75%）	较纯的碳酸盐岩，含油性差，含火山凝灰物质的碳酸盐，含油性好，为主要储集岩类	吉174井，3117.10m，泥晶云岩　砂屑云岩　粉晶云岩　生屑灰岩
火山碎屑岩类		以粉砂质沉凝灰岩为主，凝灰岩较少	中等（平均2.18%）	凝灰质极易发生溶解并钠长石化，岩石含油性较好，为储集岩类	吉174井，3190.57m，粉砂质沉凝灰岩　粉砂质沉凝灰岩　粉砂质沉凝灰岩　凝灰岩
正混积岩类		正混积岩为三个端元组分的高度混积	较低（平均1.42%）	凝灰质普遍发生溶解，含油性较好，为储集岩类	吉174井，3301.93m，陆源碎屑型正混积岩　碳酸盐型正混积岩　火山碎屑型正混积岩

按照沉积环境和储层岩性，中国陆相致密油储层岩性可划分为四类：（1）湖相碳酸盐岩、混积岩致密储层。致密储层为白云岩、白云石化岩类、介壳灰岩、藻灰岩和泥质灰岩、砂屑云岩、云屑砂岩等。（2）半深湖—深湖水下三角洲细粒砂岩致密储层。致密储层主要为三角洲前缘和前三角洲形成的砂泥薄互层沉积体，储层岩性以细砂岩为主。（3）深湖重力流粉细砂岩致密储层。致密储层主要为砂质碎屑流和浊流形成的以砂质为主的丘状混合沉积体，储层岩性以粉细砂岩为主。（4）其他类型致密油，如致密沉凝灰岩、致密砂砾岩等特殊岩性致密储层。

（二）储层有机质

与常规储层对比，致密油储层除了具有沉积岩石颗粒细、孔隙度与渗透率低、孔隙度与渗透率关系更加复杂以外，最显著的特征是典型致密油储层中含有天然有机质沉积，这些有机质与烃源岩中的有机质具有基本相似的生油特征。储层有机质丰度对储层含油富集具有积极的意义，也是致密油储层普遍含油的重要基础。

根据鄂尔多斯盆地陇东地区长 7 段致密油储层取心有机质分析测试，储层 TOC 含量为 0.61%～1.26%（表 1-4）。

表 1-4　鄂尔多斯盆地长 7 段致密油储层取心地球化学参数表

样品编号	游离烃 S_1/mg/g	热解烃 S_2/mg/g	最高热解温度 T_{max}/℃	产烃潜量 S_1+S_2/（mg/g）	TOC/%	母质类型	烃指数 S_1/TOC/mg/g
1-1-1	0.45	4.48	432	4.93	1.24	II_B	36
3-1-1	0.50	4.83	438	5.33	1.13	II_A	44
6-1-1	0.54	3.97	435	4.51	1.26	II_A	43
7-1-1	0.55	2.59	437	3.14	0.88	II_A	63
9-1-1	0.66	6.11	427	6.77	1.18	II_A	56
10-1-1	0.39	0.02	410	0.41	1.14	III	34
11-1-1	0.47	6.07	428	6.54	1.03	I	46
12-1-1	0.75	4.61	424	5.36	0.87	II_A	86
14-1-1	0.68	5.89	428	6.57	1.02	I	67
15-1-1	0.64	6.97	428	7.61	1.16	I	55
17-1-1	0.74	3.89	373	4.63	1.18		63
18-1-1	0.87	4.57	380	5.44	1.10		79
19-1-1	0.75	3.71	431	4.46	1.06	II_A	71
20-1-1	0.80	2.26	430	3.06	0.61	II_A	132

城 96 井长 7 段有机碳、ECS 评价与 XRD 全岩分析实验结果表明，全井普遍含有机质，长 7_3 亚段富含黄铁矿和丰富的有机质干酪根，储层段有机质含量相对较低，表明致密油体系内除了黑色页岩、暗色泥岩等主要烃源岩含丰富的 TOC 以外，致密油储层自身

也含有一定的有机质。

新疆吉木萨尔二叠系芦草沟组致密油实际取心 TOC 分析数据显示（图 1-10），全井 TOC 分布变化较大，烃源岩 TOC 含量较高，储层（粉细砂岩类、白云岩类）也含有一定量的 TOC，部分白云岩 TOC 含量较高。

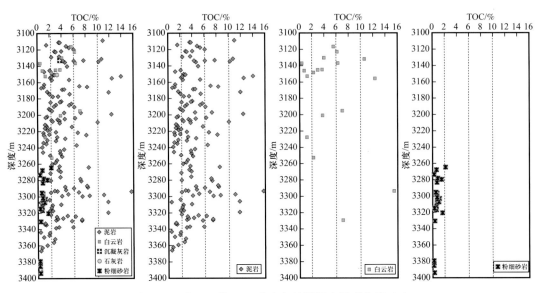

图 1-10　吉 174 井 TOC 分布与储层段有机碳含量对比

致密油储层普遍含有机质，TOC 含量显著，具有一定的自生油能力，这是其与常规油藏储层本质性的区别，表明致密油储层本身具有生油能力，也是致密油重要原油来源。

（三）储层孔隙结构

致密油储层的孔隙结构是指致密储层孔隙和喉道的几何形状、大小、分布及其相互连通关系。孔隙结构对致密油的含油性及可动用性具有控制作用，也是致密油采收率的决定性因素。致密储层孔喉细小，研究表明可动流体主要储集于 0.1～1.0μm 的亚微米级喉道控制的孔隙中，实验测试可动流体饱和度为 3%～50%。由于致密油孔隙喉道更加细微，结构更加复杂，致密油采收率普遍较低，仅为 3%～12%。由于常规孔隙结构参数研究方法不适用性凸显，致密油孔隙结构研究还不够充分，对其认识还处于不断深化之中。

常用的孔隙结构测定方法有压汞法、普通薄片和铸体薄片显微镜观察及图像分析法、半渗透隔板法、离心核磁法等方法。致密油储层孔喉细微，随着微细孔喉测试的设备增加，如高压压汞法、扫描电镜 SEM 分析、微米 / 纳米 CT 成像分析、比表面测试分析、小角中子散射等测量设备的使用，致密油储层微观孔隙结构研究正向纳米—微米级别拓展。只有综合运用好孔隙结构测试分析资料，才能有效认识致密油储层孔隙结构的真实特征。

1. 新疆吉木萨尔二叠系芦草沟组储层孔隙结构特征

依据该区铸体薄片、扫描电镜、CT 资料观察分析和统计，吉木萨尔凹陷二叠系芦草沟组致密油储层所发育的不同尺度孔隙具有类型多、含量差异大的特征，含量最高的为粒间溶孔，占比达到了三分之一以上，说明成岩过程中的溶蚀作用对储层次生孔隙贡献较大。由于混合沉积作用的存在以及芦草沟组一段二砂组三角洲物源的大量供给，使得复合孔和残余粒间孔相对比较发育，在研究区孔隙发育占比中位列第二和第三，其次为粒内孔和晶间孔，两者的含量均在10%～15%之间，而有机质孔更多地发育在致密油的烃源岩中，以膏模孔为主的铸模孔主要发育在蒸发云坪相中，因此两者的含量均不超过5%；受咸化湖背景的影响，生物极少，因此生物体腔孔相对来说最不发育。就喉道类型分布而言，不同岩性同样发育了不同的优势喉道，但是总体上所占百分比差异比较大，碎屑岩管状、片状、缩颈型喉道较发育，碳酸盐岩除孔径缩小型外其他均较发育。在易溶组分含量较高的岩性中，管束状、管状喉道较为发育，且占比均能够达到60%以上，在陆源碎屑岩中，片状型和缩颈型喉道则占据了主要部分，但是单一的优势喉道所占百分比均不超过50%。不同岩性在孔隙类型、喉道类型和发育程度上存在很大差异，这也极大地影响了致密油"甜点"体的发育。在孔隙和喉道分类、分级的基础上，通过不同岩性高压压汞和微米CT实验资料的量化分析，统计出了不同岩性孔隙及喉道的主要分布区间，八种岩性均有其各自的优势孔隙和优势喉道。研究区喉道以管状和管束状喉道占比最大，其次为缩颈型喉道和片状喉道，孔隙缩小型喉道占比最小，说明混合沉积作用明显，纯粉砂岩含量较少，岩屑或凝灰质成分导致溶蚀孔和管状喉道含量增大，相应的孔隙缩小型喉道含量就最小，见表1-5。

表 1-5 吉木萨尔二叠系芦草沟组不同岩性喉道占比统计表

岩性	管状型 /%	片状型 /%	管束状型 /%	缩颈型 /%	孔隙缩小型 /%
沉凝灰岩	0	0	84	16	0
粉砂质白云岩	31.1	0	33.3	35.6	0
泥晶云岩	65.7	25.7	5.7	2.9	0
正混积岩	24.6	7.1	18.4	41.3	8.6
石灰岩	31.1	62.2	2.2	4.5	0
灰质云质粉砂岩	38.4	46.6	2.7	4.1	8.2
砂屑粉砂岩	12.9	16.7	1.9	42.6	25.9
泥岩	55	35	10	0	0

综合压汞资料与铸体薄片观察结果显示，芦草沟组致密油储层发育以纳米级孔喉与微米级孔隙组合的孔隙结构为主，处于微纳米级别喉道控制的孔隙占据主导，宏观上上"甜点"孔隙结构好于下"甜点"，见图1-11、表1-6。

Winland R_{35} 方法不需要考虑储层岩石的沉积与成岩过程，直接通过压汞资料进汞35%对应的孔喉大小划分储层岩石孔隙结构类型，反映了不同岩石类型地层在目前状态下的渗流能力，具有较明确的可动孔喉指示特征。从致密油水力压裂后天然能量自然衰减原油采收率3%～12%出发，利用压汞资料进汞饱和度10%对应的喉道半径 R_{10} 来描述其致密油储层可动用孔隙结构特征，对致密油储层孔隙结构的表征意义更加明晰。吉木萨尔二叠系芦草沟组致密油储层 R_{10} 分布如图 1-12 所示，R_{10} 范围为 0.028～28.27μm，喉道级差在 1000 倍以上。

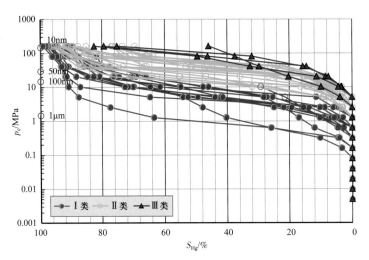

图 1-11 新疆吉木萨尔芦草沟组致密油储层高压压汞毛细管曲线特征

表 1-6 新疆吉木萨尔二叠系芦草沟组致密油储层压汞分析参数对比表

"甜点"体	孔隙体积	有效孔隙度 / %	渗透率 / mD	均值	分选系数	偏态
上 "甜点"	1.367	12.029	0.177	13.059	2.108	0.762
下 "甜点"	1.147	10.398	0.152	13.407	1.972	0.746
"甜点"体	峰态	变异系数	中值压力 / MPa	中值半径 / μm	排驱压力 / MPa	最大孔喉半径 / μm
上 "甜点"	2.393	0.165	29.308	0.073	4.064	0.789
下 "甜点"	2.327	0.149	29.935	0.043	4.053	0.435
"甜点"体	退汞效率 / %	孔喉体积比	平均毛细管 半径 /μm	均质系数	非饱和孔隙 体积分数 /%	
上 "甜点"	24.359	3.428	0.237	0.230	16.831	
下 "甜点"	20.119	4.710	0.131	0.223	18.371	

如果采用 0.5μm 作为压后产油的喉道界限，则上 "甜点" 产层占比 38.63%，下 "甜点" 产层占比 6.32%，上 "甜点" 明显优于下 "甜点"。从 R_{10} 大小分布来看，上 "甜点" 和下 "甜点" 均有复杂的多峰态分布，0.5μm 以上储层喉道峰值位于 1～2μm，0.5μm 以下微细喉道峰值上 "甜点" 为 0.2～0.3μm，下 "甜点" 为 0.1～0.2μm，下 "甜点" 微细喉道占比远高于上 "甜点"，表明下 "甜点" 原油更不易动用。

排驱压力 p_d 对应的最大喉道半径 R_d 的大小及分布特征，见图 1-13。用 R_d 来描述储层的最大喉道半径特征，芦草沟组致密油压汞试验资料反映出来的 R_d 范围为 0.039～36.75μm，最大喉道半径级差近 1000 倍。R_d 的分布呈多峰形态，上 "甜点" R_d 喉

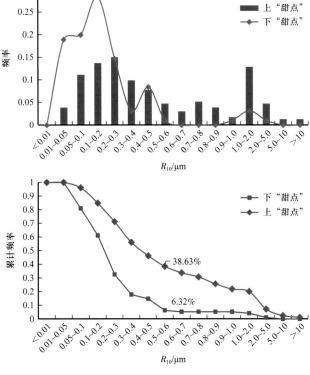

图 1-12 芦草沟组致密油储层 R_{10} 大小分布特征

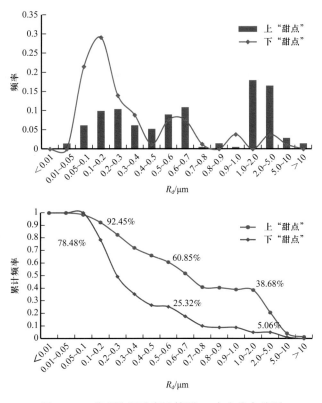

图 1-13 芦草沟组致密油储层 R_{d} 大小分布特征

道有三个峰，较粗的喉道峰值范围为 1～5μm。如果以 R_d 大于 1μm 为原油自由充注并形成"甜点"储层的界限，则上"甜点"优质储层占比 38.68%，下"甜点"优质储层仅占比 5.06%，如果扩大 R_d 的下限至 0.5μm，则上"甜点"储层占比 60.85%，下"甜点"储层占比 25.32%。从反映致密储层孔隙结构的 R_{10} 或 R_d 参数来看，上"甜点"优于下"甜点"，优选开发目标储层应优先选择上"甜点"。

2. 鄂尔多斯盆地长 7 段致密油储层孔喉结构特征

综合铸体薄片、高压压汞、扫描电镜 SEM、激光共聚焦显微镜、场发射扫描电镜、工业 CT、核磁共振等技术测试分析研究，结果表明鄂尔多斯盆地延长组长 7 段发育丰富的微（纳）米级多尺度孔隙，并且孔隙类型多样，形态各异；孔隙类型主要为粒间孔隙、粒间溶蚀孔隙，微裂纹及微裂缝等局部发育，长 7 段储层长石溶蚀普遍发育，占总面孔率的 55% 以上（图 1-14）。

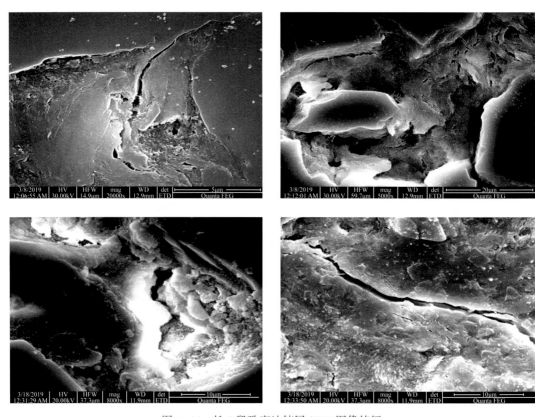

图 1-14　长 7 段致密油储层 SEM 图像特征

以庆城油田三叠系延长组长 7 段致密油为例（表 1-7），长 7_1 亚段储层孔隙类型以长石溶孔为主，占总孔隙的 57.4%；粒间孔次之，占总孔隙的 25.9%；岩屑溶孔、粒间溶孔较少，占总孔隙的 13.9%。该储层的面孔率为 1.08%，平均孔径为 19.39μm。长 7_2 亚段储层孔隙类型以长石溶孔为主，占总孔隙的 59.0%；粒间孔次之，占总孔隙的 22.2%；岩屑溶孔、粒间溶孔较少，占总孔隙的 17.9%。该储层的面孔率为 1.17%，平均孔径为 24.52μm。

表 1-7　长 7 段致密砂岩储层孔隙组合类型表

层位	样品数	粒间孔 /%	溶蚀孔 /%			晶间孔 /%	微裂隙 /%	面孔率 /%	平均孔径 /μm
			粒间	长石	岩屑				
长 7_1 亚段	632	0.28	0.05	0.62	0.10	0.02	0.01	1.08	19.39
长 7_2 亚段	489	0.26	0.09	0.69	0.12	0	0.01	1.17	24.52

CT 扫描结果显示，该区储层喉道半径一般为 20～120nm，孔隙配位数为每孔 1～3 个，激光共聚焦图像分析致密储层孔隙半径一般为 1～100μm（图 1-15），孔隙半径以 20μm 以下为主，2μm 以上的孔隙占总孔隙的 70% 以上，2～5μm 的孔隙占总孔隙的 50% 以上（图 1-16）。

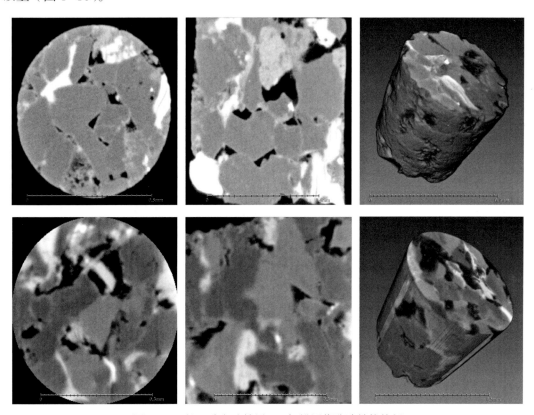

图 1-15　长 7 致密油储层 CT 扫描图像孔隙结构特征
左图为俯视剖面图；中图为正视剖面图；右图为三维效果图

以纳米级喉道连通微纳米级孔隙为主要孔隙结构特征，形成众多簇状复杂孔喉单元，表明致密油储层储集性能较好，但渗流能力较差。在三维空间里，100μm 以上的大孔隙多呈孤立状分布，孔隙连通性差，随着孔隙频数增多，孔径变小，孔隙连通性逐渐变好，面孔率也逐渐增大。普通扫描电镜下孔隙直径多在 5～100μm，孔隙类型主要以剩余粒间孔、粒间溶孔和粒内溶孔为主。把经过氩离子抛光的样品使用场发射扫描电镜进行观察，碎屑颗粒粒间孔和溶蚀孔孔径多在 2μm 以上，黏土矿物片体间孔以纳米级孔居多。

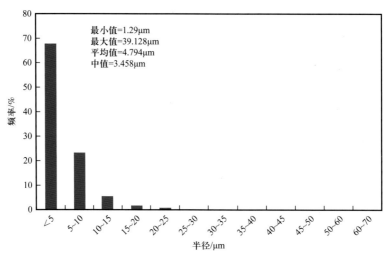

图 1-16　长 7 段致密砂岩孔隙半径分布直方图（城 96 井，长 7_2 亚段）

根据压汞资料统计分析（表 1-8，图 1-17），三叠系延长组长 7 段致密油储层整体上排驱压力较高，孔隙喉道细小，为典型纳米级喉道与微米级孔隙组合型致密油储层。

表 1-8　长 7 段致密砂岩储层孔喉特征参数表

层位	样品数	均值 / μm	排驱压力 / MPa	中值压力 / MPa	中值半径 / μm	最大进汞饱和度 / %	退汞效率 / %	分选系数	变异系数
长 7_1 亚段	26	12.75	2.89	10.3	0.07	78.5	25.7	1.22	0.10
长 7_2 亚段	23	12.78	3.35	10.2	0.07	78.4	25.3	1.18	0.09

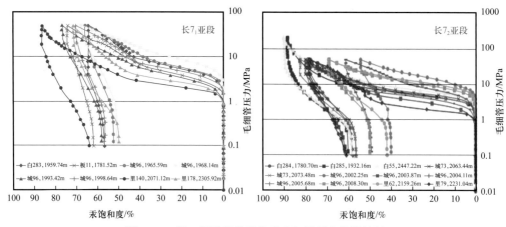

图 1-17　长 7 段致密砂岩典型毛细管压力曲线特征

长 7_1 亚段储层具有排驱压力较高（2.89MPa）、中值压力较高（10.3MPa）、中值半径较小（0.07μm）的特点，平均最大进汞饱和度为 78.5%，退汞效率为 25.7%，属小孔—微喉型孔隙组合结构。长 7_2 亚段储层具有排驱压力较高（3.35MPa）、中值压力较高（10.2MPa）、中值半径较小（0.07μm）的特点，平均最大进汞饱和度为 78.4%，退汞效率为 25.3%，属小孔—微喉型孔隙组合结构。

根据核磁共振 T_2 谱曲线形态分析，长 7 段致密砂岩 T_2 谱存在四种类型：分别为：（1）单峰型，以小孔为主，T_2 谱能量在 1ms 附近最强，反映出其以小孔隙为主；（2）双峰型，以小孔为主，出现两个峰值区，1ms 附近最强，其次为 100ms 附近，小孔所占体积较多；（3）双峰型，以大孔为主，出现两个峰值区，100ms 附近最强，其次为 1ms 附近，大孔所占体积较多；（4）双峰型，小孔和大孔等量型，出现两个峰值区，1ms 和 100ms 处峰值近似相等，小孔和大孔所占体积近似相等（图 1-18）。

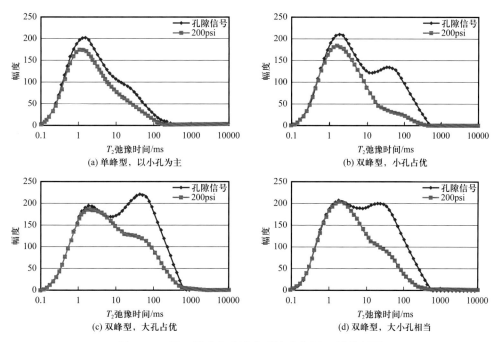

图 1-18　长 7 段致密砂岩典型核磁共振 T_2 谱特征图

通过不同的孔隙结构测试技术和研究手段得出的认识可能有一些差异，影响因素可能有取样差异、分析测试手段差异、测试条件差异等，但立足于统计学理论，只要在一个研究区取样满足较大的数据量要求，测试方法科学合理，统计得出的孔隙结构参数分布应该大体一致。

3. 致密油储层特征孔隙结构及特征参数

Winland（1972）在研究常规油藏储层孔隙结构时，统计确定出控制流体在岩石中流动的有效孔隙系统对应于压汞进汞饱和度为 35% 的喉道尺寸 R_{35}，该参数能够很好地反映储层孔隙结构特征。Winland 的 R_{35} 提供的岩石孔隙结构分类界线为 0.5μm，常规储层净产层的 R_{35} 下限通常要求大于 0.5μm。

Winland 等提出 R_{35} 方法，通过气测渗透率 K_{air} 和孔隙度 ϕ 计算公式如下：

$$\lg R_{35}=0.732+0.588\lg K_{air}-0.864\lg\phi \tag{1-2}$$

用于描述常规油藏储层孔喉尺寸与孔隙度和渗透率的关系具有较好的适用性，适用于粒间孔隙型、孔喉尺度接近的储层岩石，碳酸盐岩不符合这一特征，Winland 的 R_{35} 参数一般不适用，但大量的研究表明，随着渗透性变差，该方法在低渗透致密储层中的适用性变得越来越差，甚至难以描述致密油储层的孔隙结构特征。大量的统计结果显示，常规油藏水驱原油采收率分布峰值在 35% 附近，R_{35} 对应的喉道半径具有反映孔隙系统特征参数的意义。

据现有的文献分析，致密油的压裂准自然能量衰竭式开发采收率为 2%～12%，考虑到压汞测试资料的精度和致密油特征，我们提出进汞饱和度 10% 对应的毛细管半径作为致密油特征喉道半径。在致密油储层孔隙结构分析中，R_{35} 反映的是更加细微的喉道特征（以不可动流体为主），较大的喉道无法反映；R_{10} 可以有效反映相对较大的喉道分布特征（图 1-19），反映的喉道发育特征更加全面；R_{10} 能更好地反映致密油储层喉道的分布，在致密油孔隙可动用性方面具有更好的代表性。

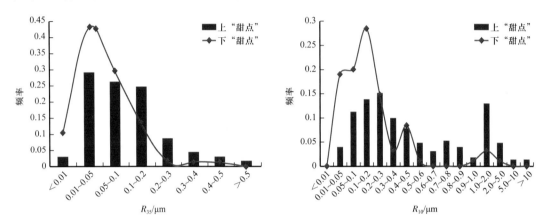

图 1-19　吉木萨尔二叠系芦草沟组致密油储层孔隙结构 R_{35} 与 R_{10} 参数特征

致密油储层孔隙度与渗透率关系复杂，这是致密油储层孔隙喉道更加复杂化的结果，根据岩心分析的渗透率和压汞资料，可寻找能够代表区域储层的渗流特征喉道及其参数，方法如下：

（1）选取致密油储层代表性取心岩石样品，同时开展岩心渗透率测试和压汞测试，保证样品的配套性。

（2）在压汞资料上，分别确定进汞饱和度 5%、10%、15%、20%、25%、30%、35% 对应的毛细管压力。

（3）以确定的进汞饱和度为前提，制作渗透率与进汞饱和度对应的毛细管压力关系曲线，确定出相关确定系数 R^2。

（4）根据不同进汞饱和度得到的确定系数，建立 R^2 与进汞饱和度关系，确定出 R^2 最大时对应的进汞饱和度，作为致密油最佳互连互通喉道特征饱和度。

（5）依据特征饱和度和对应的进汞毛细管压力，建立特征喉道分布特征（图 1-20），作为区域致密油极限采收率上限。

渗透率与高压压汞特征进汞饱和度对应的毛细管压力（喉道半径）关系的决定系数反映出（图 1-21）：当进汞饱和度达到 5% 以后，随着进汞饱和度增加，系数明显增加；在汞饱和度 20%～21% 时达到峰值后，随着进汞饱和度增加决定系数逐渐下降，表明长 7 段致密油储层的气测渗透率的代表性连通喉道处于进汞饱和度 15%～25% 之间。在气测渗透率条件下，高压压汞进汞饱和度达到 20%～21% 时，储层连通概率最大。如果为致密气，可大致确定天然气的采收率接近 20%。

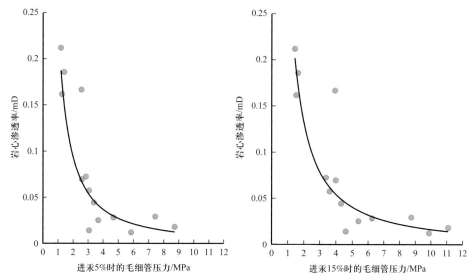

图 1-20　长 7 段致密砂岩岩心渗透率与特定进汞饱和度的毛细管压力关系

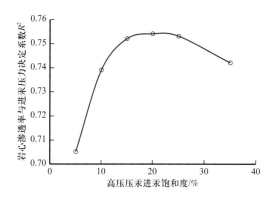

图 1-21　长 7 段致密砂岩岩心渗透率与特定进汞饱和度关系特征（高压压汞资料）

渗透率与常规压汞特征进汞饱和度对应的毛细管压力（喉道半径）关系的决定系数 R^2 反映出（图 1-22）：进汞饱和度达到 5% 以后，随着进汞饱和度增加，系数明显增加；进汞饱和度为 10%～20% 时决定系数较大，当进汞饱和度超过 20% 后，随进汞饱和度增加，决定系数显著减小，表明长 7 段致密油储层的气测渗透率的代表性连通喉道处于进汞饱和度 10%～20% 之间。

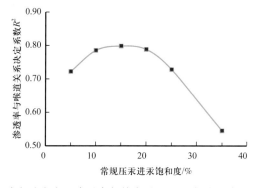

图 1-22　长 7 段致密砂岩岩心渗透率与特定进汞饱和度关系特征（常规压汞资料）

对于鄂尔多斯盆地三叠系延长组长 7 段致密油储层，对比高压压汞资料与常规压汞资料特征喉道分析结果，可以得到储层气测渗透率的代表性喉道的进汞饱和度处于 10% 至 20% 之间，常规压汞资料给出上限特征进汞饱和度较为明确。考虑原油的渗流能力较气体弱，特征进汞饱和度取下限约为 10% 进汞饱和度，即对应特征喉道为 R_{10} 作为特征喉道。考虑高压压汞资料更接近储层条件，因此选择高压压汞资料确定 R_{10} 的分布，见图 1-23。根据油品性质、储层压力、压裂裂缝密度等综合确定致密油可动喉道半径界限后，可定量评价致密油采收率。

同样的方法我们分析了吉木萨尔二叠系芦草沟组、吉林扶余油田致密油储层高压压汞资料，见图 1-23、图 1-24。

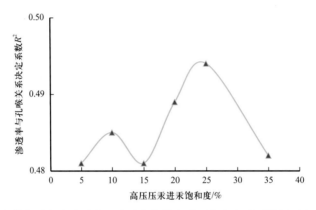

图 1-23 吉木萨尔致密油储层岩心渗透率与特定进汞饱和度关系特征（高压压汞资料）

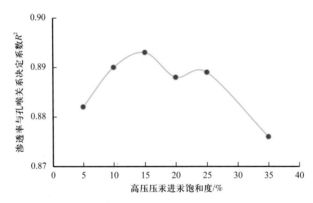

图 1-24 吉林扶余油田致密油储层岩心渗透率与特定进汞饱和度关系特征（高压压汞资料）

吉木萨尔二叠系芦草沟组致密油整体决定系数偏低且有两个峰值（图 1-23），表示储层岩心渗透率与孔隙喉道关系更加复杂，代表较大喉道进汞饱和度峰值为 10%，这是该区现实的特征饱和度，较高的峰值饱和度在 25% 附近，该峰值表示气测渗透率特征喉道复杂，且进汞饱和度 20% 附近的喉道占比处于主导地位。

吉林油田致密油储层高压压汞资料，致密油整体决定系数较高，两个峰值且低饱和度峰值偏高（图 1-24），说明该区较大的孔喉占比较大，该致密油区渗透率与孔喉关系决定系数确定的特征进汞饱和度在 15% 附近。落实到致密油可选择进汞 10% 处喉道分布为致密油特征喉道，即 R_{10}。

总体上,致密油储层特征喉道选 R_{10} 具有良好的代表性,根据高压压汞资料分析鄂尔多斯盆地三叠系长 7 段致密油储层的 R_{10} 分布呈现双模态分布,见图 1-25,可以看到长 7 段 R_{10} 有两个峰,分别为 0.5μm 和 0.2μm,主峰在 0.2μm 附近,考虑到长 7 段致密油油品性质较好,可动孔隙喉道下限为 0.2μm~0.5μm。

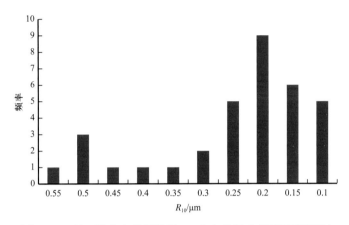

图 1-25　长 7 段致密砂岩储层 R_{10} 分布特征(高压压汞资料)

对鄂尔多斯盆地三叠系长 7 段致密油储层特征喉道 R_{10} 从大到小累计,见图 1-26,可以看到长 7 段致密油储层的 R_{10} 大于 0.3μm 仅占 26.47%,如果扩展到整个长 7 段致密油储层,假定 0.3μm 为目前正常压裂可以开采的原油,则可以认为 26.47% 以上的储层采收率可达到或超过 10%;如果 0.2μm 为目前正常压裂可以开采的原油,则 67.65% 的致密储层采收率可以突破 10%;如果开发可动用孔喉下限进一步降低,则达到 10% 以上原油采收率的储层占比更高。

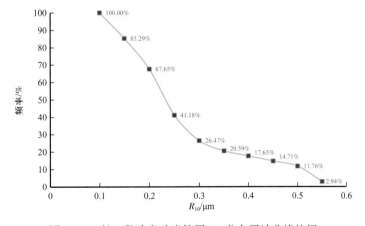

图 1-26　长 7 段致密砂岩储层 R_{10} 分布累计曲线特征

必须注意的是:由于致密储层中原油的流动性远低于天然气,而岩心渗透率多采用气测渗透率(液测渗透率很难测出或不易测准),因此,致密油的原油流动条件或可动用性显著低于天然气,原油采收率也显著低于天然气采收率。应用气测渗透率与孔喉关系决定系数得到的特征喉道更能代表致密天然气特征喉道(进汞饱和度多在 10% 以上),致密油储层的特征喉道应大于天然气特征喉道,选取致密油储层特征喉道适当降低进汞饱和度到10%更加合理，也可保证压汞测量的精度，因此建议选取R_{10}作为致密油储层的特征喉道表征参数。

（四）储层含油性

致密油储层的含油性是对储层含油饱满程度的定性描述，可用含油级别表征含油饱满程度的变化。常规储层一般按钻井取心出桶时的岩心表面含油面积法划分为饱含油、含油、油浸、油斑、油迹、荧光、不含油等级别。储层是否具有储油能力，最直接的资料是岩心的含油性描述结果与试油、试采油层测试结论，岩心含油级别描述因各油田常用习惯的差异，可能导致描述分级有所不同，以实际的产油能力证实致密储层含油性描述性分级，建立确定性的含油性级别与工业产油能力关系即可应用。

致密油储层含油性受控因素较多，宏观上具有大规模连续性富集特征，受构造作用控制不显著，微观上差异化特征显著，含油级别差异大、变化快，受岩性微观复杂性控制作用明显。从致密油富集理论上分析，致密储层的含油性主要受以下因素控制：烃源岩类型、品质，储层岩性、物性，源储配置关系，裂缝系统特征，原油性质，封盖层品质，储层压力特征等。

致密油富集充注机理分析与模拟试验结果表明，致密油的充注动力主要为源储压力差，在源储压力差一定的情况下，储层孔喉半径较大，物性较好的储层，含油级别相对较高。致密油含油饱和度取决于充注期源储压差、孔喉系统特征、原油性质和致密油储层自身的生油能力等多种因素。由于致密油储层具有连续致密化的趋势，充注期的孔隙喉道系统可能好于当前储层条件，因此，含油性级别与现在的储层特征可发生一定的变化，含油级别略高于目前的总趋势保持相对稳定。

关于致密储层的储集空间与运移界限，邹才能等（2011）通过束缚水膜厚度及油分子直径来确定最小流动孔隙半径，得到陕北长6井致密油储层临界孔隙半径为54nm。崔景伟等（2013）根据现今储层内含油性推测储集原油的最小含油孔隙直径，认为平均半径为15nm的介孔是致密砂岩含油下限。黎茂稳等（2019）对页岩油研究认为，泥页岩介孔范围内的纳米孔隙具有含油性，在页岩油资源中，凝析油和轻质油主要组成部分为烷烃，对应分子直径小于1nm，而且该种类型的页岩油是目前工业开采的主要类型，孔喉大小处于中介孔（10～25nm）范围内能够成为页岩油的运移通道，从裂隙宽度分布特征出发，10nm可以作为页岩油在泥页岩孔隙中能够实现运移的最小孔径，对于小于10nm的孔隙而言，页岩油不易发生位移，但能够以吸附状态储集油气，难以以游离态存在。

1.鄂尔多斯盆地长7段致密油储层含油性

鄂尔多斯盆地三叠系延长组长7段主要为湖泊、三角洲沉积，致密储层含油大面积分布，但非均质性强，表现为纵向单砂体薄、隔夹层较发育，局部含油性变化大总体特征。含油性描述可分为含油、油浸、油斑、油迹、荧光、不含油等级别（图1-27），岩心含油级别以取心出桶新鲜岩样描述为标准。

以陇东地区长7段致密油储层为例，主要发育半深湖—深湖亚相，沉积主体为半深湖重力流沉积体系，砂体发育，为多期砂体的连续叠加。纵向上砂岩多为块状，层理不发育，砂岩颜色多为灰黑色。在砂层之间常夹有灰色细粒钙质砂岩夹层。取心与试油结果分析以砂质碎屑流和经典浊积块状细砂岩段含油性最好，浊积块体上部的平行层理段和粉砂岩段含油性差。根据岩心、录井资料统计，含油显示级别描述主要有油斑、油迹。试油资料证实，油迹及油迹以下级别的砂岩基本不具有工业价值，试油取得工业油流的层段普遍以油斑级为主，因此确定储层的含油性下限为油斑级。

图 1-27　鄂尔多斯盆地三叠系延长组长 7 段致密储层含油性典型图

结合岩心观察、物性分析与试油结果，通过对延长组长 7_2 亚段 53 口井 896.6m、长 7_1 亚段 43 口井 807.9m 岩心含油产状的描述统计分析，细砂岩含油级别基本为油斑级及以上，粉砂岩、粉砂质泥岩、泥质粉砂岩、钙质砂岩一般含油性较差，基本为油迹以下甚至不含油，含油级别在油斑级及以上一般可获工业油流，由此确定延长组长 7 段油藏储层岩性、含油性下限为油斑级细砂岩。

长 7 段储层往往直接与烃源岩接触，烃源岩的生油量和排烃压力直接控制长 7 段储层的含油性。烃源岩的排烃量越大、排烃压力越高，储层的饱和度越高。因此，有效烃源岩的分布直接控制着长 7 油藏的分布，烃源岩的特性直接控制着长 7 段储层的含油性。

2. 新疆吉木萨尔二叠系芦草沟组致密储层含油性

新疆吉木萨尔二叠系芦草沟组致密储层含油性描述可分为含油、油浸、油斑、油迹、荧光、不含油等级别；岩心观察和岩心荧光照片含油级别直观，便于确认（图 1-28），含油性受岩性、物性、裂缝发育控制明显，物性较好的粉细砂岩类含油级别较高，可达油斑以上甚至含油级别，具有较好的产能条件，细粒、物性差、泥质密度较大的岩性含油较差，一般在油迹以下，荧光级别居多。

大孔隙度—大喉道—高渗透率正向相关趋势显著，喉道大小分布控制渗透率，大喉道常具有双峰态喉道发育，与混合沉积岩具有双粒度沉积特征对应。按照岩心分析孔隙度与含油性描述分类统计，孔隙度分类步长采用 5% 孔隙度单位，统计结果见图 1-29，基本表现出孔隙度越高含油级别越高的特征。其中岩心含油级别油斑以上，占比 33.05%，荧光以上级别占比 95.98%，不含油仅占 4.02%，整体上表现出致密油储层普遍含油的特征。

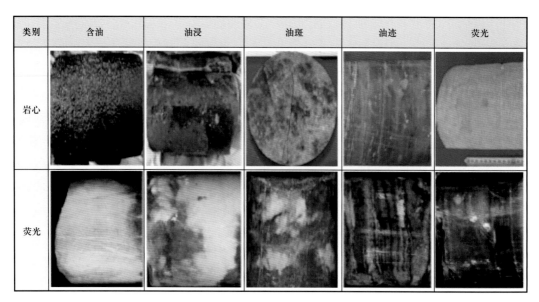

图 1-28　新疆吉木萨尔二叠系芦草沟组致密油储层含油性典型图

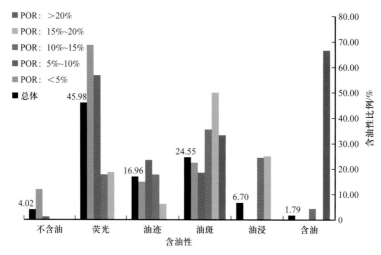

图 1-29　新疆吉木萨尔二叠系芦草沟组致密储层含油性按物性分类
POR 表示孔隙度

根据常规物性分析得到的孔隙度（ϕ）和渗透率（K）资料确定孔隙结构特征储渗体参数：

$$SRP = \sqrt{\frac{K}{\phi}} \qquad (1-3)$$

式中，SRP 为表征致密油储层孔渗结构的储渗体参数。

孔隙结构储渗体参数与岩心含油性描述结果有以下显著特征（图 1-30）：（1）无裂缝基质的储渗体参数均小于 1，随着物性变好，含油级别趋向升高；（2）随着孔隙结构储渗体参数变大，含油性变好；（3）物性和孔隙结构不是含油性的唯一控制因素，源储配置、排烃压力、原油性质和富集充注时期孔隙结构等控制含油级别。

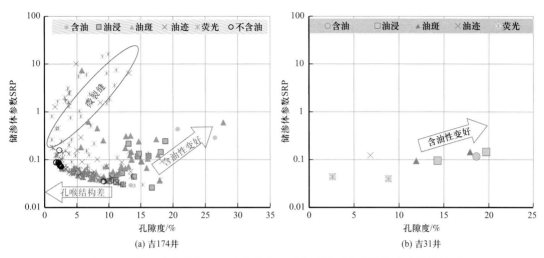

图 1-30 新疆吉木萨尔二叠系芦草沟组致密油储层含油性与孔隙结构关系

由于吉木萨尔二叠系芦草沟组致密油原油黏度大，储层致密，流动能力差，因此，岩心出桶后含油性呈现显著的动态变化特征，新鲜岩心含油性一般在含油、油斑以下，放置一段时间，部分岩心含油性可达富含油级别（图 1-31），因此，含油性描述结果宜采用岩心出桶后及时地开展含油性描述工作。认识致密油的含油性一定要结合储层特征、原油性质、应力变化等可变因素，不同地区、不同致密油类型的储层含油性不宜直接横向对比。

图 1-31 新疆吉木萨尔二叠系芦草沟组致密油储层含油性动态变化特征（吉 301 井）

（五）储层流体饱和度

致密油储层流体主要包括原油、天然气、地层水等，各种流体的赋存状态取决于储层、油藏和流体性质的相互作用。在地层条件下，孔隙裂缝系统被流体充填，总饱和度为100%。中国陆相致密油含油饱和度较高，普遍大于50%，部分储层含油饱和度可高达95%以上。

致密油储层流体饱和度采用钻井密闭取心饱和度分析进行评价。在致密油密闭取心流体饱和度分析中，因分析条件所限，例如在流体饱和度分析中有流体挥发散失（主要为油和溶解气或天然气），总饱和度可能小于100%（图1-32）。

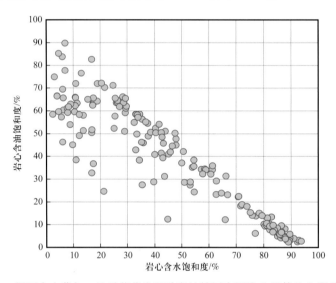

图1-32　新疆吉木萨尔二叠系芦草沟组致密油储层密闭取心流体饱和度分析结果

在新疆吉木萨尔二叠系芦草沟组致密油储层流体饱和度分析中，岩心分析油水饱和度之和小于100%，特别是在中低含水饱和度（小于50%）样品中，含油饱和度偏小，随着含水饱和度升高，偏离有所增加。岩心出桶现场封蜡岩样，测试含油饱和度较高，致密岩心分析饱和度受分析条件、环境影响较大（图1-33）。

考察岩心分析含水饱和度与岩心孔隙度关系（图1-34），总体上，含水饱和度随孔隙度增大而减小，但相关性较弱，表明孔隙度不是含油性的决定性控制因素，仅为主要控制因素，致密油的含油性受到多种因素控制。

鄂尔多斯盆地三叠系延长组长7段致密油储层密闭取心资料分析得到含水饱和度为10%～48%，平均含水饱和度为21%。根据城75、白496、宁210、城98四口井长7段储层密闭取心资料作孔隙度与含油饱和度、含水饱和度关系图，孔隙度与含水和含油饱和度均具有较好的相关性，随着孔隙度的增加，含油饱和度增大，含水饱和度减小（图1-35、图1-36）。

依据西233井区长7_2油层平均孔隙度为8.4%，在图上求得对应束缚水饱和度为20.8%，挥发率为8.0%，由此计算含油饱和度为71.2%；西233、庄183井区长7_1油层平均孔隙度8.0%，在图上求得对应束缚水饱和度为21.0%，挥发率为8.0%，由此计算含油饱和度为71.0%。整体上看，长7段储层含油饱和度为70%左右。

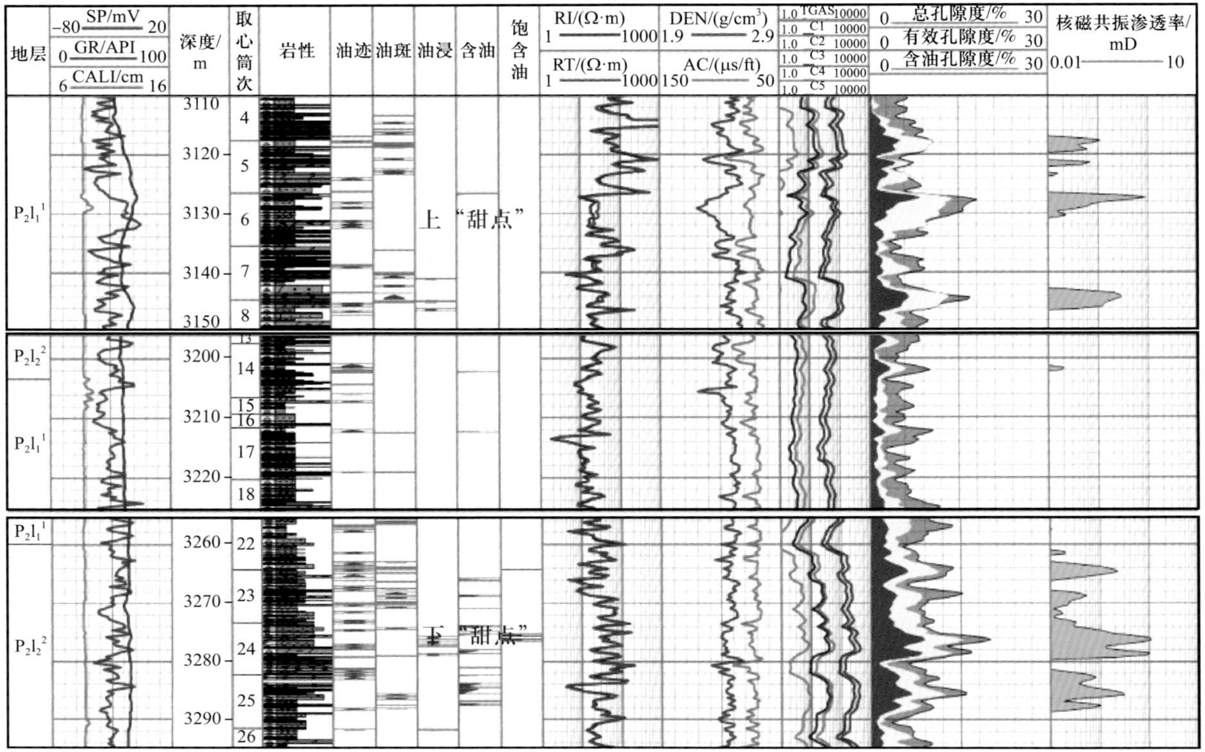

图1-33 新疆吉木萨尔二叠系芦草沟组致密油储层不同取心条件流体饱和度分析结果

样品深度/	孔隙度/	S_o/	S_w/	备注
m	%	%	%	
3142.65	12.55	50.4	13.3	非封蜡
3227.54	6.09	36.8	38.8	非封蜡
3284.29	8.6	77.0	13.4	非封蜡
3306.97	14.21	85.0	9.7	非封蜡
3274.12	17.1	87.2	7.7	封蜡
3277.06	17	92.3	7.7	封蜡
3311.54	11.6	94.9	5.1	封蜡

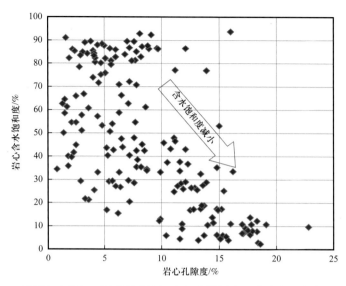

图 1-34　新疆吉木萨尔二叠系芦草沟组致密油储层岩心孔隙度—含水饱和度关系

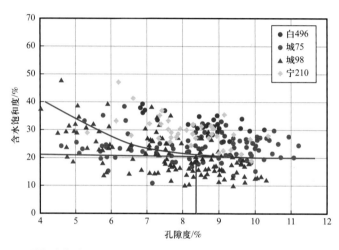

图 1-35　鄂尔多斯盆地长 7 段致密油储层密闭取心孔隙度—含水饱和度关系

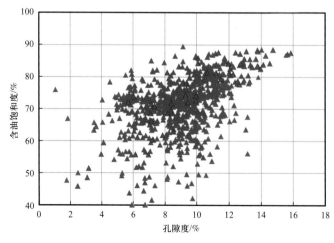

图 1-36　鄂尔多斯盆地长 7 段致密油储层密闭取心孔隙度—含油饱和度关系

（六）储层流体可动用性

国内外致密油勘探开发实践表明，致密储层中的油可以游离态赋存于基质孔隙和裂缝系统内，也可以吸附—互溶态（束缚态）赋存在纳米级孔喉系统、有机质孔及其界面上，但出于吸附—互溶态赋存的油难以有效动用，只有以游离态赋存的油才是致密油开发的对象。如何评价致密油含油性以及定量评价不同赋存状态油的含量，是评价致密油流体可动用性的关键。致密油储层流体可动用性及赋存状态可通过多级离心核磁共振、渗流实验、电性实验等方法加以测试、研究和分析。

1. 致密油储层流体赋存状态

根据吉木萨尔二叠系芦草沟组岩心和薄片含油性流体赋存状态观察分析（图1-37），原油主要赋存状态有大中孔喉道系统、裂缝中连续状的可动油，微纳米级毛细管油、薄膜油、有机质吸附油等束缚赋存状态。中大孔、裂缝中的可动油是致密油的主要开发对象。

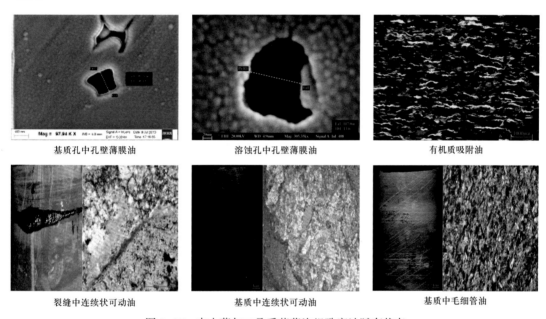

基质孔中孔壁薄膜油　　　　溶蚀孔中孔壁薄膜油　　　　有机质吸附油

裂缝中连续状可动油　　　　基质中连续状可动油　　　　基质中毛细管油

图1-37　吉木萨尔二叠系芦草沟组致密油赋存状态

2. 致密油储层流体可动用性

离心核磁流体可动用性实验是在多次离心并控制离心机转速的条件下，测量不同离心状态时的 T_2 谱，考察可动流体数量与离心力之间的关系，分析流体可动用性。由于可动流体数量与孔隙结构密切相关，因此可以研究致密岩石的流体可动用性。在离心力作用下，大喉道孔隙中的流体相对容易离出，表现出较强流动性；小喉道孔隙中的流体较难离出，流动性较差。从实验结果中可以直观看出，不同孔隙结构的致密油储层离心核磁可动流体分布不同，总体上，大尺度喉道控制的孔隙体积大小控制着致密储层流体的流动性。

根据离心核磁测试原理，离心机转速 RPS 与离心力 P_c 之间的关系为

$$P_c = 1.097 \times 10^{-9} \times L \times \left(R_e - \frac{L}{2} \right) \times RPS^2 \qquad (1\text{-}4)$$

式中，R_e 为岩心外旋转半径；L 为岩心长度；RPS 为离心机转速。

假定测试岩样长度为 4cm，可确定离心核磁共振测试转速、离心力与喉道半径关系，见表 1-9。

表 1-9　离心核磁共振测试转速、离心力与喉道半径对应关系

样品长度 /cm	转速 / (r/s)	离心力 /MPa	喉道半径 /μm
	2400	0.145	1
	3400	0.290	0.5
	5400	0.725	0.2
4	7600	1.450	0.1
	10800	2.900	0.05
	12000	3.625	0.04

1）鄂尔多斯盆地三叠系延长组长 7 段致密油储层流体可动用性

从长庆油田的庆城、合水、华池取得岩心样品 20 个，开展了多级离心核磁共振实验测试，测试结果给出了不同离心力下的对应的孔隙度分量，而不同的离心力对应不同孔隙尺寸，进而可以给出不同大小喉道对应的流体饱和度，分析流体的赋存状态及可动流体数量（图 1-38）。

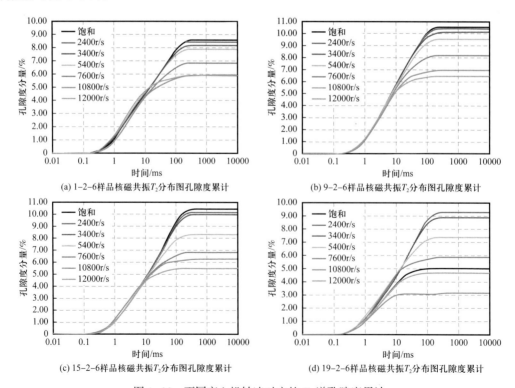

(a) 1-2-6 样品核磁共振 T_2 分布图孔隙度累计

(b) 9-2-6 样品核磁共振 T_2 分布图孔隙度累计

(c) 15-2-6 样品核磁共振 T_2 分布图孔隙度累计

(d) 19-2-6 样品核磁共振 T_2 分布图孔隙度累计

图 1-38　不同离心机转速对应的 T_2 谱孔隙度累计

图 1-38 给出了在不同离心机转速条件下对应的 T_2 谱孔隙度累计，可见不同离心力之间对应的 T_2 谱面积差别明显，较大 T_2 值（大孔隙）对应的流体具有较强的可动性。不同的离心 T_2 谱则是不同的离心机转速下对应的核磁共振 T_2 谱，将 T_2 谱刻度成孔隙度，则表示离心后赋存在岩石中的流体，而两次离心之间 T_2 谱孔隙度的差，则表示在该压力下可以离出的流体，即对应的喉道半径控制的流体体积。根据离心核磁共振测试结果得到不同离心条件下可动流体饱和度，同时给出了极限离心条件下对应的进汞饱和度结果（表 1-10）。

表 1-10　长 7 致密油离心核磁共振测试可动流体分析表（饱和水后离心）

样品号	岩心孔隙度 /%	离心核磁共振测试离出流体饱和度累计 /%				3.625MPa 总进汞饱和度 /%	备注
		2400r/s	3400r/s	5400r/s	12000r/s		
1-2-6	8.72	1.65	5.01	7.97	31.15	35.803	
2-2-6	8.86	1.96	9.84	15.25	36.70	32.812	
3-2-6	7.84	1.90	3.16	11.50	37.88	36.470	
4-2-6	8.02	0.31	3.22	12.14	35.25	34.398	
5-2-6	8.09	3.26	6.65	12.39	38.89	31.594	
6-2-6	8.12	2.32	3.56	9.34	34.65	8.565	压汞供参考
7-2-6	6.98	3.49	7.39	8.50	18.38	38.778	NMR 供参考
9-2-6	10.78	0.74	3.80	9.27	38.28	38.778	
10-2-6	9.76	1.22	1.83	17.82	47.52	35.184	
11-2-6	11.21	5.18	6.11	22.92	50.56	29.509	
12-2-6	8.91	1.23	3.14	12.41	40.74	35.009	
13-2-6	9.90	5.19	7.30	19.38	50.67	29.184	
14-2-6	8.47	5.36	6.36	8.14	33.90	28.239	
15-2-6	11.03	2.52	4.46	20.23	47.18	27.122	
16-2-6	10.06	4.29	4.55	16.19	54.77	26.647	
17-2-6	10.51	0.26	2.76	21.17	44.69	28.213	
18-2-6	9.61	0.68	3.24	20.47	46.78	30.267	
19-2-6	9.82	3.35	7.49	23.12	51.34	30.323	
20-2-6	6.35	10.94	19.44	31.34	52.37	37.762	
平均	9.11	2.94	5.75	15.77	41.67	31.300	

从多级离心核磁共振实验测试结果分析，长 7 段致密油储层离心核磁可动流体饱和度在 18.38%～54.77% 之间，平均值 41.67%；中大喉道（大于 0.5μm）控制的孔隙体积较小，可动流体饱和度处于 1.83%～19.44% 之间，平均值 5.75%，这一部分原油是长 7 段主要可采原油，0.2μm 以上喉道控制的孔隙体积显著提升，流体饱和度为 7.97%～31.34%，平均为 15.77%，这部分是致密油提高采收率的基础。由于离心核磁共振测试所用饱和岩样的可动流体为模拟地层水，实际离心可动流体饱和度明显高于对应喉道控制的进汞饱和度，润湿相水转换非润湿相原油时，可动用性可能有一定的误差，但总体上的规律适用原油的可动用性评价。

考虑致密油毛细管作用的相对增强，利用渗吸机理采油受到研究者重视，各种致密油储层的渗吸采油实验相继开展。对长 7 段致密油储层开展了相应的驱替与渗吸对比实验（图 1-39），测试结果显示渗吸采油可驱替采油均有一定的效果，驱替可动油明显高于渗吸可动油，且随着渗透率的增大，驱替效果增加，而渗吸可动用随着渗透率降低，渗吸效果改善。从渗吸实验结果分析，渗吸作用仅在微小尺度发生作用，发生渗吸的岩石范围有限，宏观上渗吸采油可动用局限性更大，仅作为一种辅助开采机理，应不作为致密油开发的主要贡献机理。

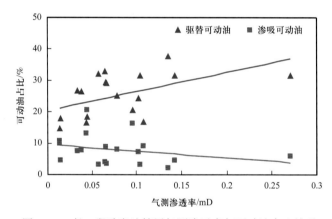

图 1-39　长 7 段致密油储层气测渗透率与可动油占比关系

2）新疆吉木萨尔二叠系芦草沟组致密油储层流体可动用性

吉 176 井在 3.5MPa 离心条件下核磁共振实验中可动流体饱和度为 5%～35%，平均为 20%；可动流体孔隙度为 0～6%，平均为 2%，流体可动用性整体上较差（图 1-40）。

根据岩心离心核磁共振测试结果，可将储层分为三类：Ⅰ类油层占比 35%，可动用性较好，可动流体饱和度大于 20%，产能贡献率约 80%；Ⅱ类油层占比 40%，可动用性较差，可动流体饱和度为 5%～20%，产能贡献率约 20%；Ⅲ类油层占比 25%，可动用性差，可动流体饱和度小于 5%，对产能基本无贡献。这一现象被称为储层产能方面的"二八"现象，即少部分储层发挥主要产能贡献，20%～30% 的储层产出 80% 的原油。

新疆吉木萨尔二叠系芦草沟组致密油原油黏度大（常温下原油不流动），洗油困难，常规蒸馏抽提法洗油通常洗不干净，转驱替洗油仍能洗出部分原油，见图 1-41，洗油观测结果表明：（1）常规蒸馏抽提洗油转驱替洗油，能洗出原油，用的驱替压力梯度过大（大于 300MPa/m），正常压裂衰竭式开采无法实现洗油驱替高压力驱替条件，因此，驱替能够洗出原油并不代表对应的储层能够产油；（2）未驱出原油的样品，孔隙度均小于8%，物性差，所代表的储层无法在开发中有效动用；（3）能驱替洗出油的样品，孔隙结构较差（复杂），表明蒸馏抽提不彻底，蒸馏条件下无法洗干净。

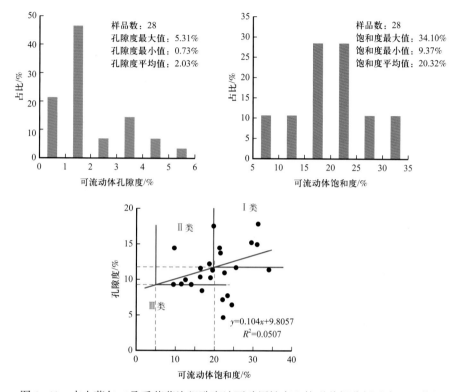

图1-40　吉木萨尔二叠系芦草沟组致密油可动用性离心核磁共振分析（吉176井）

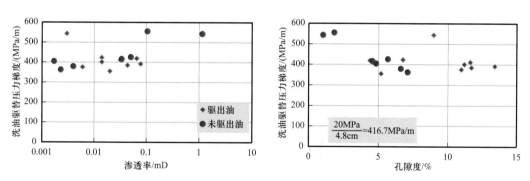

图1-41　吉木萨尔芦草沟组致密油岩心洗油试验流体可动用性（吉34井）

（七）储层含油性图版

根据钻井取心新鲜岩样含油性描述、成像测井、岩心铸体薄片观察、岩心物性分析、压汞孔喉分析、离心核磁共振可动流体饱和度分析等，在含油性分类统计基础上，选取典型样品，综合其典型含油性相关特征，统一制作含油性图版（表1-11），含油性图版能够快速给出一个致密油典型区块的含油性、孔喉结构参数、流体可动用性典型特征及各参数间关系，便于研究对比使用。

表 1-11 致密油储层含油性、可动用性及其物性特征图图版（据吉 31 井资料）

含油级别	岩心照片	FMI 测井	铸体薄片	压汞曲线	孔喉半径/nm	孔隙度/%	渗透率/mD	可动流体饱和度/%
含油	黑褐色，油味重，油外渗且连续分布		面孔率15.6%		>1000	18.6	0.254	>30
油浸	褐色，油味重，含油连续分布		面孔率11.8%		500～1000	14.3	0.13	25～30
油斑	局部褐色，含油连续分布		面孔率10.6%		100～500	11.9	0.107	20～25
油迹	局部褐色，吸水性差，局部含油		面孔率8.2%		50～100	6.8	0.102	10～20
荧光	深灰色，致密，滴水缓渗		面孔率5.3%		<50	8.8	0.14	<10

第三节　致密油储层裂缝特征与三维裂缝建模

一、致密油裂缝特征

（一）致密油不同尺度裂缝表征

致密油的水平井体积压裂开发过程中，通过水力压裂工艺措施使天然裂缝扩张，形成天然裂缝与人工裂缝交织的裂缝网络，从而达到增加储层改造体积、提高产量和采收率的目的。因此，储层中发育天然裂缝，一方面说明了储层的脆性较强，具有先天的可改造性；另一方面也是复杂裂缝网络形成的必要条件。

鄂尔多斯盆地为稳定盆地，盆地内的褶皱和断层相对不发育，但在稳定背景上具有不稳定的因素，在区域构造应力作用下，盆地内裂缝仍然广泛存在。按裂缝延伸长度及间距分布等特征划分，致密油裂缝可分为四个级别（丁文龙等，2015a）：微裂缝、小裂缝、中裂缝和大裂缝。微裂缝在未遭受溶蚀的情况下难以分辨，延伸长为 0.01～0.1m；小裂缝在岩层内发育，延伸长度为 0.1～1.0m，分布间距小于 0.1m 以下；中裂缝切穿一个岩层，延伸长度为 1～10m，分布间距为 0.1～1.0m；大裂缝切穿多个岩层，延伸长度为 10～100m，分布间距为 1～30m。小裂缝、中裂缝和大裂缝均为宏观尺度裂缝。其中，中裂缝和大裂缝多见于野外露头剖面，小裂缝多为岩心尺度裂缝。微裂缝只有在显微镜下才能被识别，裂缝开度则一般小于 0.1mm（Laubach，2003；Anderson，1951）。

受仪器探测能力的限制，准确、系统地表征天然裂缝的难度很大，尚无一种系统的方法可以精确、全面地表征裂缝的发育特征（高金栋等，2018）。目前对储层裂缝系统的研究实验方法与技术主要分为两大类：一类是直接观察法，包括电子显微镜观测、岩心观测以及野外观测等；另一类是间接观察法，包括压汞分析、录井分析、测井分析、动态资料分析以及地震方法等。本节针对目前采用的各种裂缝表征技术及其对应的裂缝尺度绘制了不同尺度裂缝表征技术（图 1-42）。

为了充分了解鄂尔多斯盆地延长组长 7 段沉积储层和裂缝发育特征，团队成员于2016 年 10 月 17 日至 10 月 31 日进行了为期 15 天的野外地质考察，考察路线跨越陕西和甘肃两省，穿越佳县、绥德、延川、延长、宜君、富县、铜川、旬邑、彬县、麟游、华池和灵武等 13 个县（图 1-43），对沿途多条剖面的裂缝系统进行测量和统计。

1. 野外裂缝特征

鄂尔多斯延长组致密油储层裂缝为弱变形构造区的构造裂缝，该类型裂缝又被称为区域裂缝（Nelson，1985；曾联波，2008）。区域裂缝分布规则，规模大，间距宽，发育范围广，产状相对稳定，延伸较远，裂缝两侧无明显水平错动且垂直于岩层面，能组成良好的裂缝网络系统（图 1-44）。区域裂缝的形成和分布与局部构造事件无关，主要受区域构造应力场的控制。

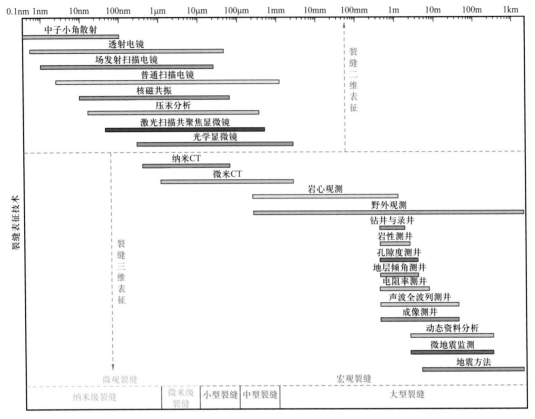

图 1-42　致密油不同尺度裂缝表征技术图

图 1-43　鄂尔多斯盆地致密油野外地质考察路线图

野外观察剖面观察结果表明（图 1-44），裂缝以垂直缝和高角度缝为主，倾角大于 75°的裂缝数量约占总数的 84%（图 1-45）。

图 1-44　灵武市石沟驿长 7 段裂缝平面发育特征图

此外，鄂尔多斯盆地长 7 油层组构造裂缝多表现出剪切应力性质特点，是水平构造挤压应力作用下形成的剪切裂缝，尤其是垂直缝和高角度裂缝；张性缝相对欠发育，且多为低角度缝和水平缝。同时，也有部分垂直缝或高角度缝在形成早期呈现出明显的剪切应力性质，后期演变为张剪应力特点。剪切裂缝产状稳定，缝面平直光滑，在裂缝面上常有明显的擦痕，在裂缝尾端常以菱形结环状形式消失。

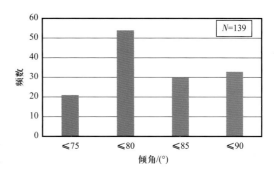

图 1-45　鄂尔多斯盆地长 7 段致密油储层构造裂缝倾角野外实测统计分布频率图

裂缝的优势方位与组系是致密油储层开发井网布置的基本参数和依据，也是分组系对裂缝参数进行定量描述的前提。

前人依据裂缝相互切割关系、裂缝充填物的包裹体、盆地构造热演化史和埋藏史分析，认为盆地构造裂缝主要在燕山期和喜马拉雅期形成。

理论上，燕山期在北西西—南东东方向水平挤压应力场作用下，形成东西向和北西向共轭剪切裂缝；喜马拉雅期在北北东—南南西向水平挤压作用下，形成南北向和北东向共轭剪切裂缝（樊建明等，2016）。另外，盆地北东向基底断裂中生代以来的"隐性"活动先期控制延长组主水系取向，并控制砂体展布；后期再活动使砂体中产生裂缝（赵文智等，2003），对延长组裂缝形成起积极作用。

总体而言，野外剖面观测显示，鄂尔多斯盆地长 7 段露头裂缝以垂直缝和高角度缝为主，多为水平构造挤压应力作用下形成的剪切裂缝，多数未充填，有小部分被钙质和沥青质充填。裂缝走向主要以北西西和北东东向为主，其次为北西向，总体表现为北西西向裂缝切割北东东向裂缝。垂向上裂缝切穿单砂体并收敛于泥岩层，造成相邻的两套砂层裂缝发育情况相差很大（图 1-46）。

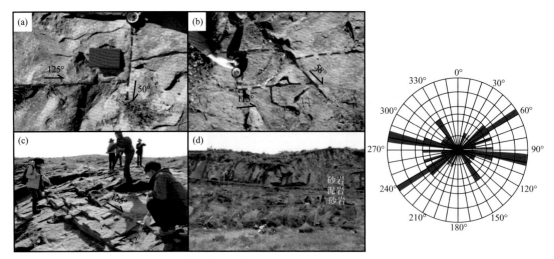

图 1-46 鄂尔多斯盆地长 7 段致密油储层野外剖面裂缝统计图

2. 野外裂缝扩展与延伸特征

鄂尔多斯盆地长 7 段的显著特征为砂泥互层。岩层结构的层间或层内力学性质的不协调性不仅对构造裂缝的形成、发育程度、级别及组合样式产生影响，还会对后期水力裂缝的纵向扩展形态、规模（裂缝、长度及开度）以及空间展布形式造成一定的影响。

岩石结构面的宏观非均一性特征影响致密砂岩储层的层内、层间及平面非均质性，其岩性微观的非均质特征（如沙纹层理、韵律层理及潮汐层理等沉积构造）同样也会影响岩石的力学性质。这种非均一的层状结构岩性特征破坏了岩石的均一块状特性。与均一块状厚层砂岩的力学性质不同，具有层状结构的岩石强度、变形及破坏特性更为复杂。结合鄂尔多斯盆地周缘野外地质考察结果，将构造裂缝与结构面组合样式分为终止型、穿透型、变换型以及复合型四大类（图 1-47）。

通过对裂缝线密度和砂体与泥页岩厚度分析表明，砂体厚度与裂缝线密度呈指数关系（图 1-48）；相同砂体厚度，断裂带附近裂缝线密度明显增大（图 1-49）。泥页岩厚度与裂缝线密度则呈对数关系（图 1-50）。不管是砂岩层还是泥页岩层，均是层厚越小，裂缝线密度越大。

通过拟合计算，研究区裂缝贯穿单砂体的极限厚度约为 12m，贯穿泥岩的极限厚度约为 2.84m。对于砂岩而言，单砂体厚度大于 3m 时，裂缝线密度小于 1 条 /m，裂缝发育程度明显变差。

从裂缝间距频率分布图（图 1-51、图 1-52）可知，细砂岩裂缝间距主要集中在 < 1.5m 的范围内，粉砂岩裂缝间距主要集中在 0.1～0.3m 区间内。

从岩层厚度与裂缝平均间距图（图 1-53、图 1-54）可知，粉砂岩和细砂岩均随岩层厚度的增加，裂缝间距增大。从图中拟合公式的斜率看，细砂岩比粉砂岩随岩层厚度的增加裂缝间距增大趋势更明显。

裂缝间距指数是指控制裂缝发育的岩层厚度均值（T）与裂缝间距均值（S）的比值（I）（Narr，1991），即

$$I = \frac{T}{S} \tag{1-5}$$

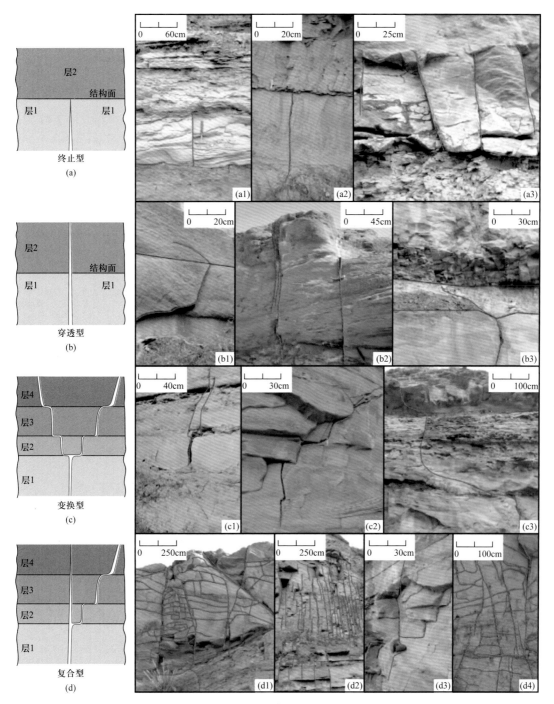

图 1-47　鄂尔多斯盆地周缘裂缝与结构面的组合样式分类图

（a）、（b）裂缝与结构面组合样式的理想模式图（据 Hutchinson，1996；Larsen 等，2010，修编）；（a1）～（a3）终止型裂缝；（b1）～（b3）穿透型裂缝；（b1）裂缝穿层后沿层理薄弱面传播；（b2）贯穿型裂缝，裂缝穿过结构面后没有转向；（b3）裂缝穿过结构面后在泥岩中发生转向；（c1）～（c3）变换型裂缝；（c1）左右双变换型裂缝；（c2）右变换型裂缝；（c3）左变换型裂缝；（d1）～（d4）复合型裂缝

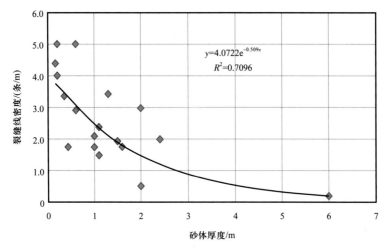

图 1-48　鄂尔多斯盆地致密油储层野外剖面砂岩厚度与裂缝线密度交会图

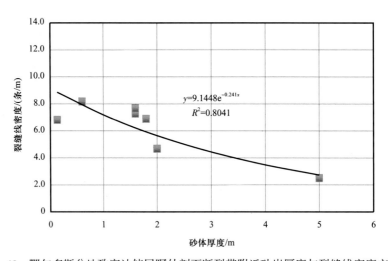

图 1-49　鄂尔多斯盆地致密油储层野外剖面断裂带附近砂岩厚度与裂缝线密度交会图

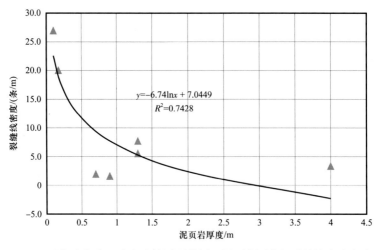

图 1-50　鄂尔多斯盆地致密油储层野外剖面泥页岩厚度与裂缝线密度交会图

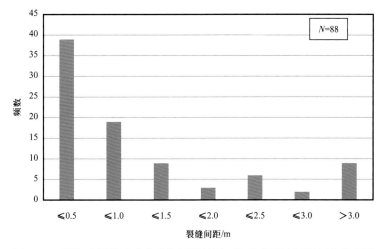

图 1-51　鄂尔多斯盆地致密油储层野外剖面细砂岩裂缝间距频率分布图

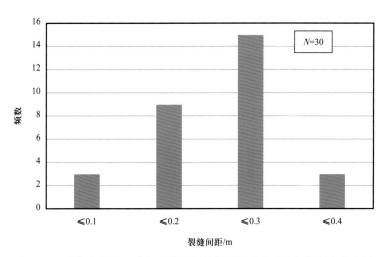

图 1-52　鄂尔多斯盆地致密油储层野外剖面粉砂岩裂缝间距频率分布图

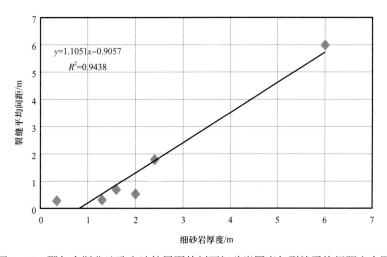

图 1-53　鄂尔多斯盆地致密油储层野外剖面细砂岩厚度与裂缝平均间距交会图

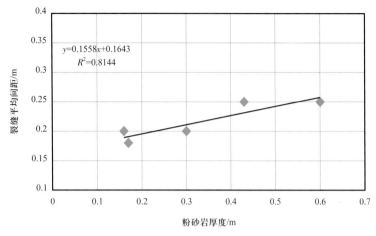

图 1-54　鄂尔多斯盆地致密油储层野外剖面粉砂岩厚度与裂缝平均间距交会图

裂缝间距指数 I 值越大，表明裂缝越发育。细砂岩和粉砂岩裂缝间距指数 I 的平均值分别为 0.59m 和 0.79m，表明相同厚度情况下，粉砂岩裂缝更发育，即裂缝密度更大。

（二）鄂尔多斯盆地致密油储层岩心裂缝发育特征与层理非均质性研究

1.鄂尔多斯盆地致密油储层岩心裂缝发育特征

鄂尔多斯盆地长 7 段致密油储层岩心裂缝以层理缝与高角度剪切缝为主。其中层理缝极其发育，为岩心裂缝的主要类型。尤其是在泥质偏多的层位，层理缝尤为发育。剪切缝倾角以 85°～90°居多；缝宽为 0.1～0.3mm；延伸长度为 0.05～1.0m，以小于0.3m者居多。

图 1-55 为西 233 井区华 H6 平台长 7 段裂缝发育特征，可以看出泥页岩段发育大量的层理缝，砂岩段发育少量的高角度裂缝。部分层理缝缝面处可见镜面擦痕。华 H5-3 井为水平井，岩心中垂直裂缝发育较少，依然以层理缝发育为主。

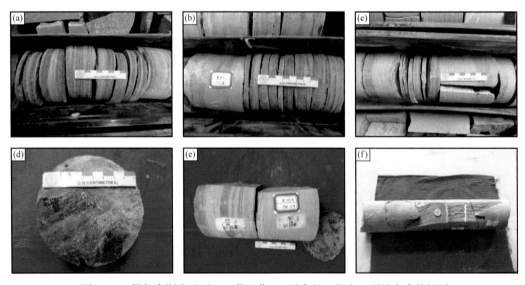

图 1-55　鄂尔多斯盆地西 233 井区华 H6 平台长 7 段岩心裂缝发育特征图

（a）至（c）里 283 井，1970～1976m；（d）悦 76 井，2140m；（e）里 283 井，1986.3m；（f）H5-3 井，2808m

1）层理缝

层理缝指地层受到各种地质作用而沿着沉积层理裂开的缝（罗群等，2017）。层理缝不但能大大改善储层的渗透性（层理缝发育的储层渗透率常常是层理缝不发育储层的3～18倍甚至更高），而且自身更是良好的储集空间。鄂尔多斯盆地长7段致密油储层中层理极其发育，为层理缝的发育奠定了基础。这些层理缝尤其发育在泥质含量多的砂岩中（图1-55）。

2）剪切裂缝

剪切裂缝以垂直缝或高角度构造裂缝为主，具"高角度、小切深、小开度、延伸短"的特征（樊建明等，2016），常具有一定的组系和方向性。岩性以粉砂岩、细砂岩为主，绝大部分未充填。裂缝纵向延伸长度介于0.05～1.0m，以小于0.3m者居多，反映出裂缝一般在单砂体内发育；缝宽为0.1～0.3mm，倾角以85°～90°居多（图1-55c、e）。

3）滑脱裂缝

滑脱裂缝是研究区中的另一类剪切裂缝，倾角较小，一般呈水平或低角度状态（图1-55d）。滑脱裂缝是在构造挤压或伸展作用下顺泥岩软弱层发生剪切而形成的（曾联波等，2007）。

2. 鄂尔多斯盆地致密油储层层理构造对岩石破裂的影响

层理属于一种结构面，结构面又被称为弱面，指在岩体内存在的各种地质界面，包括物质分异面和不连续面，如假整合、不整合、褶皱、断层、层理、节理和片理等。结构面的存在降低了沉积岩体的垂向连续性和强度，导致其力学性质的各向异性，并控制着岩石的变形和破坏规律（任龙等，2013）。

为了研究致密砂岩层理对岩石破裂的影响，选取了四组具有代表性的致密砂岩柱塞实验样品（图1-56），柱塞直径为2.5cm，长度为5cm。三轴抗压强度实验仪器采用

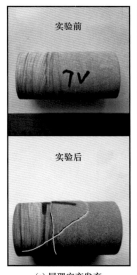

(a) 层理突变发育　　(b) 层理均匀发育　　(c) 层理弱发育　　(d) 层理极其发育

图1-56　鄂尔多斯盆地致密砂岩破裂实验结果图

MTS286 岩石测试系统。依据《工程岩体试验方法标准》（GB/T 50266—2013）在模拟地层净围压（20MPa）条件下对各柱塞进行三轴抗压测试，取样方式如图 1-57 所示。

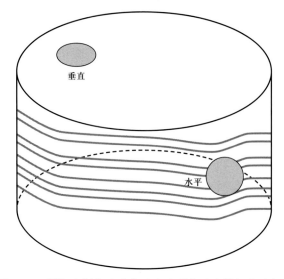

图 1-57　鄂尔多斯盆地致密砂岩破裂实验取样方式示意图

岩石破碎结果显示，层理突变发育时，岩石更容易沿层理面断开（图 1-56a）；层理均匀发育时，裂缝趋向于沿层理扩展（图 1-56b）；对于层理弱发育的柱塞，裂缝趋向于平直（图 1-56c）；而对于层理强发育的柱塞，裂缝呈锯齿状扩展（图 1-56d）。实验结果说明，层理对致密砂岩裂缝的扩展有明显的改造作用，致密砂岩在破裂时裂缝趋向于沿层理面发育和扩展。对应四组致密砂岩实验的应力—应变曲线如图 1-58～图 1-61 所示。

从图 1-62～图 1-64 分析可知，水平和垂直方向样品的弹性模量受非均质性影响最大，其次为泊松比，抗压强度则比较稳定；整体上水平方向的弹性模量和泊松比比垂直方向的要大。因此弹性模量对岩石的各向异性最为敏感。

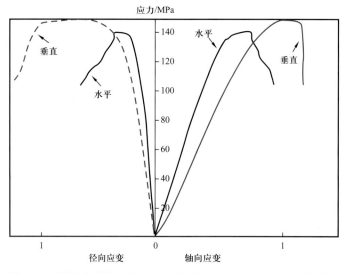

图 1-58　鄂尔多斯盆地致密砂岩破裂实验 A 组应力—应变曲线图

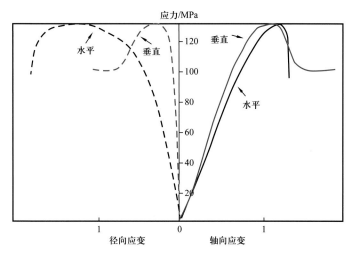

图 1-59　鄂尔多斯盆地致密砂岩破裂实验 B 组应力—应变曲线图

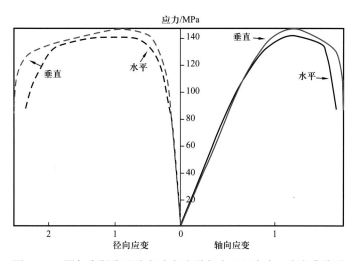

图 1-60　鄂尔多斯盆地致密砂岩破裂实验 C 组应力—应变曲线图

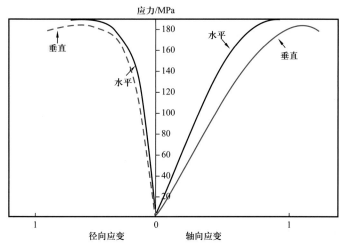

图 1-61　鄂尔多斯盆地致密砂岩破裂实验 D 组应力—应变曲线图

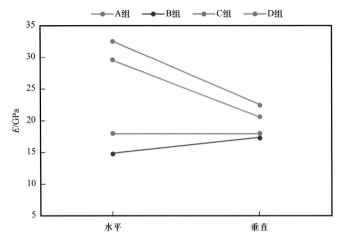

图 1-62 鄂尔多斯盆地致密砂岩破裂实验弹性模量对比图

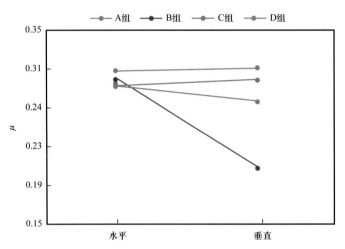

图 1-63 鄂尔多斯盆地致密砂岩破裂实验泊松比对比图

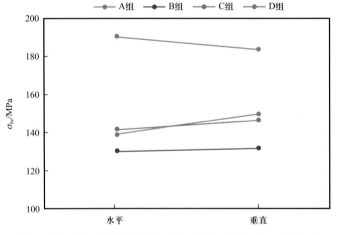

图 1-64 鄂尔多斯盆地致密砂岩破裂实验抗压强度对比图

（三）鄂尔多斯盆地致密油储层微观裂缝发育特征与微裂缝扩展机理研究

1. 西233井区华H6平台致密油储层微裂缝发育特征

根据铸体薄片资料，重点解剖区——西233井区，微裂缝主要类型有三种，分别是：（1）粒缘缝或贴粒缝，主要表现为裂缝分布在粒间，开度一般较粒内缝稍大，是主要的微裂缝类型（图1-65c）；（2）层理缝，这类型主要在砂岩中的纹层中发育。沿纹层延伸，一般延伸较长（图1-65a）；（3）穿粒缝，和前两者相比，其规模相对较大，延伸较长，不受颗粒限制，微裂缝溶蚀现象普遍，在研究区发育较少（图1-65b）。

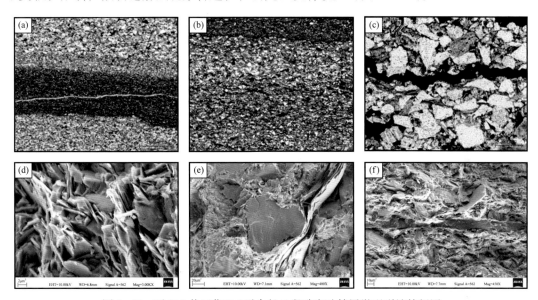

图1-65　西233井区华H6平台长7段致密油储层微观裂缝特征图

该井区部分裂缝被沥青质充填。在尺度更小的扫描电镜图中（2～20μm），可以发现石英颗粒和长石颗粒之间分布很多片状矿物（图1-65d～f）。能谱分析以后确定片状矿物主要为伊利石、黑云母以及有机质。镜下统计发现片状矿物是微裂缝延伸与扩展的主要对象。

2. 微裂缝扩展模型

鄂尔多斯盆地致密砂岩中纹层在野外剖面、钻井取心以及铸体薄片三个尺度中都有广泛体现。另外，三个尺度上都观察到纹层发育部位的岩石多发生破碎，这说明了纹层面是致密砂岩力学性质的薄弱面。其对天然裂缝的生长和水力压裂缝的扩展造成了极大的不确定性。因此，厘清纹层砂岩中裂缝的生成与扩展机理对提高致密砂岩的裂缝预测有重要的实际意义。在调研大量国内外文献以后，研究团队提出了基于Voronoi晶粒的全局Cohesive裂缝扩展模型对鄂尔多斯盆地致密油储层的微裂缝扩展进行数值模拟研究。

Voronoi图又叫泰森多边形，是一组由连接两邻点线段的垂直平分线组成的连续多边形组成。一个泰森多边形内的任一点到构成该多边形的控制点的距离小于到其他多边形控制点的距离。每一个多边形可以一个晶粒，而晶界多边形的边界。

Cohesive 单元也称内聚力单元（图 1-66），是 ABAQUS 软件中模拟裂缝产生与扩展的一种模型单元。当 Cohesive 单元损伤形成后将进入损伤演化阶段，即不断发生损伤以致达到裂缝断裂能，这时单元发生完全破坏，形成裂缝。

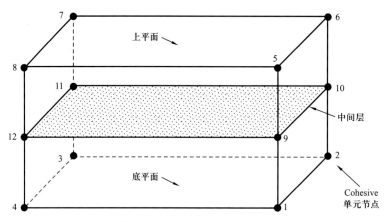

图 1-66　Cohesive 单元示意图

为了更加真实地模拟裂缝的生成与扩展，我们采用全局 Cohesive 法给模型插入 Cohesive 单元（图 1-67），即给模型所有的网格中均插入 Cohesive 单元。这种方法的优点是克服了传统 Cohesive 损伤模型中裂缝发育位置需要预先给定的缺陷。全局 Cohesive 模型中的破裂不仅会发生在晶粒边界，还会发生在晶粒内部。因此，本次研究模拟得到的结果更加具有实际应用价值。

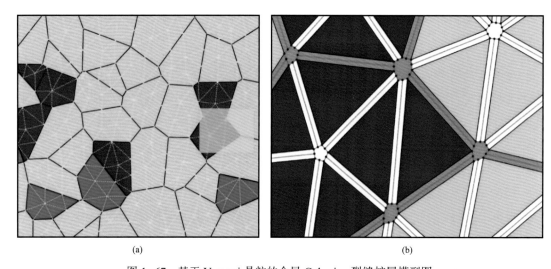

(a)　　　　　　　　　　　　　(b)

图 1-67　基于 Voronoi 晶粒的全局 Cohesive 裂缝扩展模型图
（a）白色虚线为有限元网格，红色、绿色以及灰色多边形为不同类型的矿物颗粒；（b）该图为（a）的黄色区域，蓝色点为 Cohesive 节点，蓝色线条为 Cohesive 破裂位置

通过分析研究区薄片资料、X 射线衍射资料、扫描电镜资料以及能谱分析资料，获得晶粒部分以及胶结物部分的各种矿物类型。通过纳米压痕实验获得各种矿物的岩石力学属性。在获得模型的边界条件后就可以对模型进行模拟。基于 Voronoi 晶粒的全局 Cohesive 裂缝扩展模型是对致密砂岩微观裂缝扩展机理的深入研究。该模型通过设定晶

粒分布特征，突出致密砂岩中纹层极其发育这一特征。通过结合薄片资料、X 射线衍射资料、扫描电镜资料、能谱分析资料以及纳米压痕等测试资料，使模型尽可能符合研究区致密砂岩的力学特征，因此模拟得到的结果具有较强的实际意义。

（四）致密砂岩岩石破裂尺度控制因素分析

对于相同尺寸的岩心柱塞样品，裂缝体积密度的大小在一定程度上反映了岩石破裂的复杂程度。团队研究人员利用裂缝体积密度计算方法，对在相同围压状态、相同取样方式下获得的岩石样品（共 22 个）的破裂形态进行定量表征，并研究岩石破裂形态的影响因素。

裂缝体积密度是岩心裂缝总面积和岩心总体积的比值，裂缝体积密度能够较充分地反映裂缝发育程度。黄辅琼等（1999）在大量裂缝研究的基础上改进了基于理想化的假设模型（如立方体模型、火柴棍模型和平板模型等）的计算方法，建立了定量计算裂缝体积密度的方法，该方法较理想模型更适用于实际研究：

$$D_{vf} = \sum_{i=1}^{n} S_i / V_{bt} \qquad (1-6)$$

式中，D_{vf} 为裂缝体积密度，m^2/m^3；V_{bt} 为岩心柱单元的基质体积，m^3；S_i 为岩心上第 i 条裂缝面面积，m^2；n 为岩心柱单元上裂缝总数。

从公式（1-6）可以看出，裂缝面面积 S_i 是岩心裂缝体积密度定量计算的关键参数。裂缝与岩心柱有水平、垂直、斜交三种接触方式，当裂缝形态规则时有

$$S_i = \frac{D^2}{4} \left(\frac{\frac{\pi}{180} a_i}{\cos \theta_i} - \frac{\sin 2a_i}{2 \cos \theta_i} \right), \qquad 0° \leqslant \theta_i < 90° \qquad (1-7)$$

$$S_i = l_i c_i, \qquad \theta_i = 90° \qquad (1-8)$$

$$a_i = \arccos \left(1 - \frac{2l_i \cos \theta_i}{D} \right) \qquad (1-9)$$

式中，l_i 为第 i 条裂缝沿岩心裂缝倾向长度，m；c_i 为第 i 条裂缝沿岩心裂缝走向长度，m；D 为单元岩心柱直径，m；θ_i 为第 i 条裂缝的倾角，（°）。

当裂缝与岩心交切不规则，且当裂缝倾角 $0 \leqslant \theta_i < 90°$ 时：

$$S_i = \frac{D^2}{4} \left[\frac{M}{D} - \frac{1}{\cos \theta_i} \sin \left(\frac{M}{D} \cos \theta_i \right) \cos \left(\frac{M}{D} \cos \theta_i \right) \right] \qquad (1-10)$$

式中，M 为裂缝交切岩心的弧长，m。

式（1-7）、式（1-8）和式（1-10）满足任意产状的岩心裂缝面积计算。将裂缝面面积代入式公式（1-6），即可求得裂缝体积密度。

对岩石柱塞样品完成抗压试验后上述相关参数进行统计，利用计算公式计算出相应的裂缝体积密度。

如图1-68和图1-69可知，裂缝体积密度和弹性模量呈较好的正相关关系，与泊松比呈负相关关系。两者相比较，裂缝体积密度与弹性模量的相关性更强。抗压强度和裂缝体积密度呈较好的正相关性（图1-70），峰值应变与裂缝体积密度呈较好的负相关性（图1-71），而抗压强度越大、峰值应变越小则岩石脆性越强，岩石破裂的尺度也越大。

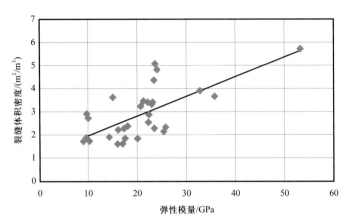

图1-68　鄂尔多斯盆地致密砂岩破裂实验裂缝体积密度与弹性模量交会图

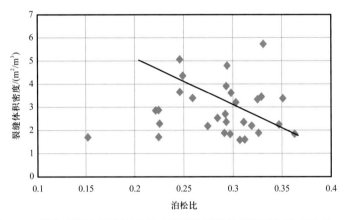

图1-69　鄂尔多斯盆地致密砂岩破裂实验裂缝体积密度与泊松比交会图

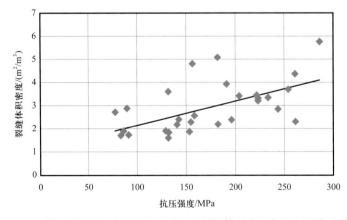

图1-70　鄂尔多斯盆地致密砂岩破裂实验裂缝体积密度与抗压强度交会图

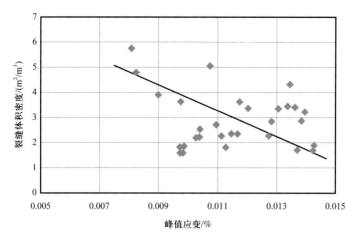

图 1-71 鄂尔多斯盆地致密砂岩破裂实验裂缝体积密度与峰值应变交会图

（五）致密油裂缝测井识别

利用测井方法探测裂缝主要依据是裂缝与基质具有不同的地球物理特征。当地层中裂缝发育时，会引起不同的测井响应，根据这些响应特征，即可识别和分析裂缝。

近年来，针对致密油储层不同类型裂缝识别的难题，研究者们建立了一系列利用常规测井资料定量识别裂缝的方法。通过根据不同裂缝的测井响应异常机理，对包含裂缝异常信息的常规测井曲线进行异常放大、曲线重构和有机筛选，突出裂缝异常特征，以达到识别裂缝的目的。需要指出的是，常规测井资料本身存在多解性，直接利用常规测井裂缝的响应特征来识别裂缝的难度非常大。尤其是被充填裂缝，其在常规测井曲线上响应更为微弱，识别难度更大。因此，在应用常规测井资料识别裂缝时，必须以实际的地层特征和裂缝特征为基础，结合岩心资料，分析不同产状和尺度的裂缝对常规测井曲线形态的响应特征，建立与之对应的响应模式，以此来指导非取心井和非取心段致密油储层的裂缝识别。

目前针对致密油储层裂缝识别主要有直接方法和间接方法。直接方法指通过野外露头、钻井取心、成像测井等一些可以直观反映储层裂缝的资料来确定裂缝发育特征。这一类方法可以直观地了解裂缝发育情况，但是成本较高，缺乏大范围应用的可行性；间接方法是指通过处理和分析常规测井资料、地震资料及生产动态资料进行裂缝识别（Scheiber 和 Viola，2018），这一类方法资料多、成本低，但是理论要求较高，需要引进大量算法，比如小波变化（Yang，2017）、分形理论（Yue 等，2014；Shi 等，2018）、神经网络（Xue 等，2014）等。但是，将这些方法程序化后就可以在油田大范围使用，对油田的勘探开发有重要的实用价值。

R/S 分析法，也称重标极差分析（rescaled range analysis）法，最初由英国水文专家 Hurst 在研究尼罗河水库水流量和贮存能力的关系时提出。后经 Mandelbrot 和 Ness（1968）、Mandelbrot 和 Wallis（1969）、Mandelbrot 和 Taqqu（1979）、Lo（1991）等的逐步发展，R/S 已被广泛应用于分析各种自然现象的长期记忆效应和记忆周期。理论上认为，测井结果是振动波在对应层位上的反应，它是连续变化的，可以看作一组时间序列。如果这组时间序列存在数值异常，在排除其他干扰的情况下，则可以认为是由地层属性的局部突变造成的，而对于岩性单一的地层，这些异常点的位置有很大概率就是裂缝发育测层位。其次，还可以进一步计算该时间序列的分形维数。如果它的分形维数高于同一地区的其他测井曲线，则可以说明这口井的地质情况较为复杂。在排除其他地质因素的前提下，这种异常很有可能就是裂缝发育造成的。所以，目前利用 R/S 分析法来进行裂缝识别的方法，一方面通过计算目的层位的分形维数来确定该层位的裂缝发育程度；另一方面是通过人工识别 R/S 曲线的波动位置来确定裂缝发育的层位。前者不能识别出确定的裂缝发育位置，而后者由于加入了大量的人为因素，容易造成对裂缝的识别不准。

R/S 分析法中 R 称为极差，代表时间序列的复杂程度；S 称为标准差，代表时间序列的平均趋势［式（1—11）、式（1—12）］。二者之比 R/S 就代表无量纲的时间序列相对波动强度。采样点数 n 与 $R(n)/S(n)$ 呈明显的双对数线性关系，表明时间序列 $Z(t)$ 具有自标度相似性的分形特征。$R(n)/S(n)$ 曲线的斜率 H 称为赫斯特（Hurst）指数，由 $D=2-H$ 计算得出的 D 是 $Z(t)$ 的分形维数，代表 $Z(t)$ 在一维 t 上变化的复杂程度，该方法应用在储层参数随深度变化时，即表征了储层在垂向上的非均质性。裂缝的存在会导致测井曲线复杂程度升高，即 D 值增大，$R(n)/S(n)$ 斜率减小，在曲线上就反映为偏离线性关系的波动现象。因此，可以将 $R(n)/S(n)$ 曲线下凹抖动段确定为裂缝的发育位置（图 1—72）。

$$R(n) = \max_{0<u<n}\left\{\sum_{i=1}^{u}Z(i) - \frac{u}{n}\sum_{i=1}^{u}Z(j)\right\} - \min_{0<u<n}\left\{\sum_{i=1}^{u}Z(i) - \frac{u}{n}\sum_{i=1}^{u}Z(j)\right\} \qquad (1—11)$$

$$S(n) = \sqrt{\frac{1}{n}\sum_{i=1}^{u}Z^2(i) - \left[\frac{1}{n}\sum_{j=1}^{u}Z(j)\right]^2} \qquad (1—12)$$

式中，n 为逐点分析层段测井采样点总数；u 为由端点开始在 $0\sim n$ 依次增加的样点数；i，j 均为样点个数的变量；$R(n)$ 为过程序列全层段极差；$S(n)$ 为过程序列全层段标准差；$Z(i)$ 和 $Z(j)$ 分别为时间序列中第 i 个和第 j 个数据点。

基础数据选择时，可以选用对裂缝发育较为敏感的声波时差（AC）、密度（DEN）、井径（CAL）以及浅聚焦八侧向（LL8）等测井曲线来进行裂缝识别。首先对目的层段的各类测井曲线分别做归一化处理，目的是将所有数据转换为 $0\sim 1$ 之间的无量纲数据，方便后续的计算［式（1—13）］：

$$X^* = \frac{X - X_{\min}}{X_{\max} - X_{\min}} \qquad (1—13)$$

然后计算 $R(n)/S(n)$ 值，绘制 $R(n)/S(n)$ 值与采样点 N 的双对数曲线。识别双对数曲线上的下凹段来确定目的层段裂缝发育部位。通过岩心对比发现，这种方法确实具有裂缝识别的能力，但是准确度不高。这主要是由于通过肉眼观察判断曲线的下凹段会出现很大的误差，会人为忽略一些波动不明显的区间，最终造成对裂缝的识别不准。

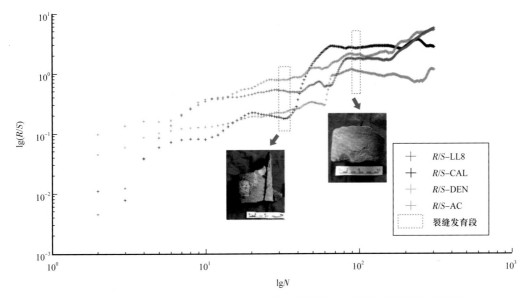

图 1-72　鄂尔多斯盆地元 284 井长 6 段致密油储层 R/S 分析法识别裂缝示意图

针对这个问题，研究团队决定引入二阶导数。众所周知，二阶导数可以反映图像的凹凸性。图像为凸，二阶导数大于 0；图像为凹，二阶导数小于 0。因此，可以通过计算 $R(n)/S(n)$ 值的二阶导数，提取其中大于 0 的采样点，定义为裂缝发育概率最高的位置。但是，由于 $R(n)/S(n)$ 值都是离散数据，无法直接对其求导，只能近似求导。在本次研究中，采用有限差分法求取离散数据的导数［式（1-14）至式（1-16）］：

$$f'(x_i) = \left(\frac{\partial f}{\partial x}\right)_{x_i} \approx \frac{f(x_i + h) - f(x_i - h)}{2h} \tag{1-14}$$

$$f''(x_i) = \left(\frac{\partial^2 f}{\partial x^2}\right)_{x_i} \approx \frac{f(x_i + h) + f(x_i - h) - 2f(x_i)}{h^2} \tag{1-15}$$

用集合 T 代表所有采样点的 $R(n)/S(n)$ 值，步长 h 取 1，则有

$$K = f''(T) \approx T_{i+1} + T_{i-1} - 2T_i \tag{1-16}$$

$$F = K_{AC} \cdot K_{LL8} \cdot K_{DEN} \cdots\cdot K_{CAL} \tag{1-17}$$

K 值就是 $R(n)/S(n)$ 曲线的二阶导数集合。K 值大于 0 所对应的样点位置就为 $R(n)/S(n)$ 曲线的下凹段，K 值小于 0 所对应的样点位置就为 $R(n)/S(n)$ 曲线的上凸段。由于只要识别 K 值大于 0 的样点位置，所以令 K 值小于 0 的值全部等于 0。在实际工作中，可以根据不同区块测井曲线对裂缝的响应程度选择不同的测井曲线组合来进行 R/S 分析。每条曲线都对映了一个 K 值集合（图 1-73），将各条测井曲线的 K 值相乘得到 F，通过识别出 F 中大于 0 的数据所对应的位置，就判断出裂缝最有可能的发育位置。

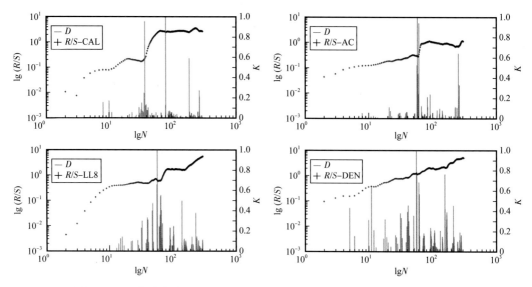

图 1-73　鄂尔多斯盆地元 284 井长 6 段致密油储层测井曲线 R/S 分析结果图

（六）致密油裂缝渗透率张量等效表征

在致密油储层勘探开发过程中，裂缝是油气渗流的主要通道，裂缝渗透率的非均质性是影响油水流动方向的主控因素，裂缝性油气藏的勘探、开发的难点在于储层岩体中裂缝分布范围、发育程度的预测以及裂缝渗透率各向异性评价。裂缝形成演化与古今地应力场演化密切相关，其中，裂缝渗透率随有效应力变化表现出较强的应力敏感性。因此，利用古今应力场数值模拟结果开展裂缝渗透率定量预测工作具有良好的理论基础，是一种比较可靠的裂缝定量预测方法。

在地下储层中，天然裂缝分布极为复杂，裂缝渗透率各向异性主要受裂缝产状、密度以及现今开度等多种因素综合影响。在裂缝性油气藏动静态相结合的建模方法中，所预测的结果大都局限于定性评价裂缝的渗透率，并未考虑渗透率各向异性的特点；而利用传统数值模拟方法预测裂缝发育程度、分布范围时，采用向量形式表征裂缝的渗透率，但前提是大地坐标轴与渗透率主值方向相同，若平面渗透率主值方向与坐标轴方向有较大的差异，用简单向量形式表征渗透率可能在后期量化渗透率各向异性时出现较大的误差，难以符合油田合理高效开发的要求；刘月田和张吉昌（2004）采用建立物理模型的方法量化裂缝性油藏的物性参数以及各向异性，具有较强的实用性和可行性。在本次研究中，将静态坐标系与动态坐标系统一到大地坐标系中，同时利用古今应力场数值模拟结果，建立一套实用完善的裂缝渗透率各向异性定量预测与评价方法。

1.裂缝渗透率预测模型

地下岩层在古应力场作用下破裂产生裂缝后，裂缝渗透率各向异性可以借助于适当的模型进行研究，通过建立微小单元体模型表征裂缝渗透率的各向异性。为了满足研究需要，认为单元体模型足够小，所有裂缝均能将其切穿。

前人在表征渗透率各向异性时，所建立的坐标系通常是静态的或把裂缝渗透率看作简单矢量的形式，因此，很难准确地在平面内求取渗透率主值以及主值方向。本次研究通过静态坐标系与动态坐标系相结合的思路解决了这一问题。

如图 1-74 所示，以裂缝为参照物建立静态坐标系（O-EFG），静态坐标系的三个坐标轴分别对应于裂缝面的法线方向（OE 轴）、裂缝走向方向（OF 轴）、裂缝面内垂直于裂缝轴向线的方向（OG 轴）。以大地坐标为参照物建立动态坐标系（O-XYZ），定义 θ 为水平面内 OX 轴与正东方向的夹角，即动态坐标系的旋转角，通过调整 θ 的大小，求取裂缝在动态坐标系中不同方向的渗透率；定义 OX 轴位于北东向时 θ 为负值，位于南东向时 θ 为正值；动态坐标系中 OZ 轴标志垂直方向。

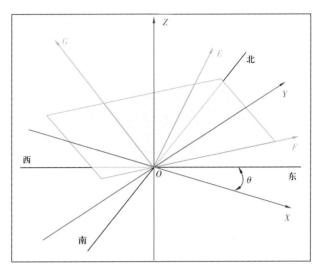

图 1-74　鄂尔多斯盆地致密油储层裂缝渗透率张量计算几何模型示意图

2. 单组裂缝渗透率张量预测

设裂缝的渗透率张量为 $\boldsymbol{K}$，则其在坐标系 O-XYZ 中的表达式可表示为

$$\boldsymbol{K} = (X, Y, Z)\boldsymbol{K}_{XYZ}\begin{bmatrix} X \\ Y \\ Z \end{bmatrix} \tag{1-18}$$

同理，渗透率张量 $\boldsymbol{K}$ 在坐标系 O-EFG 中的表达式可表示为

$$\boldsymbol{K} = (E, F, G)\boldsymbol{K}_{EFG}\begin{bmatrix} E \\ F \\ G \end{bmatrix} \tag{1-19}$$

在静态坐标系中，每个单元体内单组裂缝的渗透率张量 $\boldsymbol{K}_{EFG}$ 可表示为

$$\boldsymbol{K}_{EFG} = \begin{bmatrix} 0 & 0 & 0 \\ 0 & \boldsymbol{K} & 0 \\ 0 & 0 & \boldsymbol{K} \end{bmatrix} \tag{1-20}$$

由式（1-18）和式（1-19）可以得到

$$\boldsymbol{K}_{XYZ} = \boldsymbol{T}_2 \boldsymbol{K}_{EFG} \boldsymbol{T}_2^{\mathrm{T}} \tag{1-21}$$

其中，静态坐标系转换为动态坐标系的旋转矩阵 $\boldsymbol{T}_2$ 可表示为

$$\boldsymbol{T}_2 = \begin{bmatrix} C_\theta & \dfrac{D_\theta}{\sqrt{n_x^2 + n_y^2}} & \dfrac{-n_z C_\theta}{\sqrt{n_x^2 + n_y^2}} \\[3mm] D_\theta & \dfrac{-C_\theta}{\sqrt{n_x^2 + n_y^2}} & \dfrac{-n_z D_\theta}{\sqrt{n_x^2 + n_y^2}} \\[3mm] n_z & 0 & \sqrt{n_x^2 + n_y^2} \end{bmatrix} \tag{1-22}$$

式中，n_x、n_y、n_z 分别为旋转后新坐标系的 X 轴、Y 轴、Z 轴在原坐标系中的方向余弦，通过这些方向余弦，我们可以确定新坐标系相对于原坐标系的具体位置和方向。这些元素的值通常在 $[-1，1]$ 之间，没有特定的物理单位，因为它们是方向余弦，即旋转后坐标轴在原坐标系中的投影长度与原坐标轴单位长度的比值。

在动态坐标系中，单元体内每组裂缝的渗透率张量 $\boldsymbol{K}_{XYZ}$ 可表示为

$$\boldsymbol{K}_{XYZ} = \begin{bmatrix} \dfrac{D_\theta^2 + n_z^2 C_\theta^2}{\sqrt{n_x^2 + n_y^2}} & -C_\theta D_\theta & -n_z C_\theta \\[3mm] -C_\theta D_\theta & \dfrac{C_\theta^2 + n_z^2 D_\theta^2}{\sqrt{n_x^2 + n_y^2}} & -n_z D_\theta \\[3mm] -n_z C_\theta & -n_z D_\theta & n_x^2 + n_y^2 \end{bmatrix} \tag{1-23}$$

式中，C_θ 和 D_θ 满足：

$$\begin{cases} C_\theta = n_x \cos\theta - n_y \sin\theta \\ D_\theta = n_x \sin\theta + n_y \cos\theta \end{cases} \tag{1-24}$$

3. 多组裂缝渗透率张量预测

在复杂的地质条件下，储层裂缝经历多期构造应力场演化，每组裂缝的产状、线密度和开度往往不同，依据式（1-22）及式（1-23），单元体内发育多组裂缝时，渗透率的主值方向 $\theta_{\max}$ 可以表示为

$$\theta_{\max} = \tan^{-1} \left[\dfrac{\sum\limits_{i=1}^{k} \left(b_i^3 D_{\mathrm{lfi}} n_{xi} \right)}{\sum\limits_{i=1}^{k} \left(b_i^3 D_{\mathrm{lfi}} n_{yi} \right)} \right] \tag{1-25}$$

在单元体内裂缝渗透率主值方向上，渗透率主值大小 $K_{\max}$ 可以表示为

$$K_{\max} = \sum_{i=1}^{k} \left(\dfrac{b_i^3 D_{\mathrm{lfi}}}{12} \cdot \dfrac{\left(n_{xi} \sin\theta_{\max} + n_{yi} \cos\theta_{\max} \right)^2 + n_{zi}^2 \left(n_{xi} \cos\theta_{\max} - n_{yi} \sin\theta_{\max} \right)^2}{\sqrt{n_{xi}^2 + n_{yi}^2}} \right) \tag{1-26}$$

式中，k 为单元体内裂缝的组数；b_i 为第 i 组裂缝的开度，m；D_{lfi} 为第 i 组裂缝的线密度，

条 /m；(n_{xi}, n_{yi}, n_{zi}) 为第 i 组裂缝面的单位法向向量在大地坐标系中三个坐标轴的分量。

（七）小尺度裂缝面密度数学计算模型

不同尺度裂缝在几何学、运动学以及动力学特征上具有统计意义的自相似性，这是分形理论在构造地质研究中的体现。越来越多的研究表明，岩石破碎过程具有随机自相似性，裂缝的分布、几何形态具有明显的分形特征。

分形法是定量评价裂缝的一种准确有效的方法，裂缝的分形不仅与裂缝的长度有关，还与裂缝的条数及平面组合特征有关。不同尺度裂缝在成因上具有一致性，因为所有裂缝均在相同的应力场背景下形成。因此确定不同尺度裂缝之间的内在定量关系，依据大尺度裂缝的分布就可以预测小尺度裂缝发育规律。

分形可以分为容量维、信息维、相似维以及关联维等，在分形几何应用中，以容量维和信息维较为实用。

1. 容量维（D_k）

设 F 是平面上的一个有界点集，包含在一个矩形区域中，将这个矩形区域分割成若干个边长为 ε 小网格，其中某些小网格内包含 F 中的点，忽略规模小于 ε 的不规则部分，记非空小方格数目为 $N(\varepsilon)$，则定义容量维 D_k 为

$$D_k(F) = -\lim_{\varepsilon \to 0} \frac{\ln N(\varepsilon)}{\ln \varepsilon} \tag{1-27}$$

2. 信息维（D_l）

容量维只考虑了 F 中小网格的数目，却没有考虑不同边长的小网格内覆盖的点数，因此引入信息维 D_l 的概念：

$$D_l(F) = -\lim_{\varepsilon \to 0} \frac{I(\varepsilon)}{\ln \varepsilon} \tag{1-28}$$

$$I(\varepsilon) = \sum_{i=1}^{N_0} P_i \ln\left(\frac{1}{P_i}\right) \tag{1-29}$$

式中，N_0 为测量器全部单位格子数；P_i 为有界点集 F 中的点落在第 i 个小网格中的概率。

当 $I(\varepsilon) = \ln N(\varepsilon)$ 时，信息维与容量维是一致的，由此可见，信息维是容量维的推广。容量维、信息维均可采用网格覆盖法量算（图 1-75）。

首先对大尺度裂缝进行数据化，设置裂缝的充填步长 b，对裂缝点充填，得到裂缝插值点（信息点）；依据最小裂缝的规模（长度、宽度），在分形统计域 Ω（边界条件）内，选择合适的统计单元边长 r；制作不同边长 ε 的栅格，以单个统计单元为视窗，用不同边长的栅格，对裂缝信息点"统计"；统计落入不同栅格内信息点的个数并计算相应的概率，求取 $I(\varepsilon)$；最后对数变量 $I(\varepsilon)$ 和 $\ln\varepsilon$ 关系进行拟合，计算信息维以及相关系数，并对分形计算结果进行验证。

值得注意的是，在对裂缝数据化的过程中，控制点用于保证裂缝原始形态，一般在裂缝走向变化大的区域，适当加密控制点的分布；确定统计单元边长 r 后，裂缝插值充填

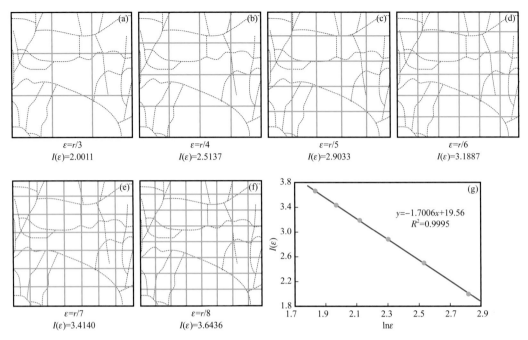

图 1-75　鄂尔多斯盆地致密油储层大尺度裂缝信息维计算流程图

步长 b 一般满足 $\dfrac{r}{b} > 1000$，便可达到分形极端的精度要求；在对裂缝控制点充填得到信息点后；将栅格的边长 ε 依次取值 $r/3$、$r/4$、$r/5$、$r/6$、$r/7$、$r/8$。这样，确定每条裂缝插值点的点数（n），即可确定裂缝的长度（$n \times b$）或者面积（$n \times b^2$）。

裂缝插值充填以后，对于特定统计单元，统计落入其中的总点数 T_{sum}，将统计单元划分为 $N(\varepsilon)$ 个边长为 ε 的栅格，计落入第 i 个栅格的点数为 T_i，进而可以求取信息点落入不同栅格的概率 P，$I(\varepsilon)$ 可以表示为

$$I(\varepsilon) = \sum_{i=1}^{N(\varepsilon)} \frac{T}{T_{sum}} \ln\left(\frac{T_{sum}}{T_i}\right) \qquad (1-30)$$

通过不断改变栅格的边长 ε，得到不同 ε 对应的变量 $I(\varepsilon)$。对变量 $\ln\varepsilon$ 和 $I(\varepsilon)$ 进行线性拟合后，可以得到裂缝长度信息维、面积信息维以及对应的相关系数 R^2，通过编写程序，移动统计单元，可以计算得到 Ω 内所有统计单元信息维。

如图 1-76 所示，选取的大尺度裂缝作为框架模型，当选取的大尺度裂缝越多时，小尺度裂缝的发育方向与大尺度裂缝具有的相似性（R^2）越高。因此可以确定，小尺度裂缝的形成、发育和分布与大尺度裂缝的分布密切相关。从而，利用信息维可以综合量化裂缝的自相似性。

在一组统计单元内，小尺度裂缝的发育方向与大尺度裂缝的走向相似性很高。基于这个原理，如图 1-77 所示，我们使用式（1-27）和式（1-28）拟合并推导出某单位分形分析统计范围内大尺度裂缝的 D 值（1.6619）和 R^2 值（0.9991）。随后通过大尺度裂缝信息维数得到不同尺度裂缝的信息维数，进而得到裂缝线密度。

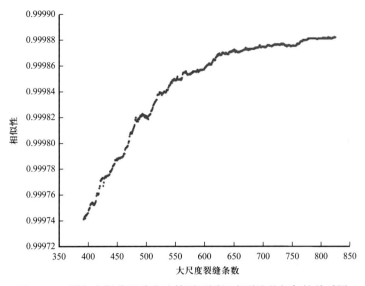

图 1-76　鄂尔多斯盆地致密油储层不同尺度裂缝的相似性关系图

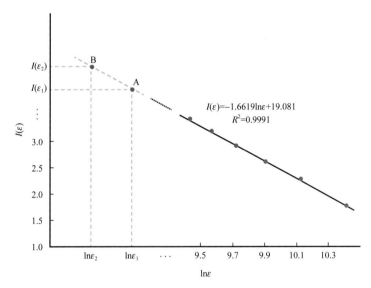

图 1-77　鄂尔多斯盆地致密油储层不同尺度裂缝密度计算模型图

（八）致密油储层裂缝扩展理论

纹层属于一种结构面，结构面又被称为弱面，指在岩体内存在的各种地质界面，包括物质分异面和不连续面，如假整合、不整合、褶皱、断层、层理、节理和片理等。结构面的存在降低了沉积岩体的垂向连续性和强度，导致其力学性质具有各向异性，并控制着岩体的变形和破坏规律，进而影响先存裂缝的扩展。

本次以西 233 井区华 H6 钻井平台泥质纹层模型为研究基础，模型中预先设定了四条不同的先存裂缝，使用相同的边界条件对 4 条先存裂缝的扩展进行模拟，以期达到探究西 233 井区华 H6 平台致密油储层先存裂缝扩展规律的目的。图 1-78 为本次研究的模型示意图。采用之前研究中的泥质纹层砂岩模型，该模型为三层结构。从上而下依次为第一层砂岩层、泥质纹层以及第二层砂岩层。边界条件全部为朝向模型内部的挤压，模拟地下的真实应力环境。四条蓝色的线条为四个先存裂缝轨迹，对四条裂缝分别进行模拟。裂缝 A 位于模型中的砂岩层中。为了避免边界载荷对模拟结果的影响，裂缝 A 的位置尽可能地远离模型边界。裂缝 B 位于模型中的泥质纹层中，研究先存裂缝在纹层中的扩展规律。裂缝 C 则垂直于岩性界面，贯穿砂岩层和泥质纹层，并终止于另一个砂岩层，旨在研究垂直于岩性界面的先存裂缝扩展趋势。裂缝 D 同样贯穿砂岩层与泥质纹层，但是裂缝轨迹与岩性界面呈斜交而不是垂直。每条裂缝均施加垂直于裂缝轨迹的拉伸载荷，载荷大小为边界载荷的 10 倍。

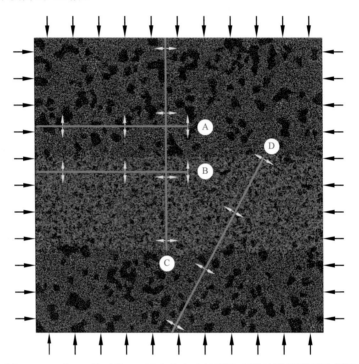

图 1-78　西 233 井区华 H6 平台致密油储层先存裂缝扩展模型示意图
蓝色线为先存裂缝，黄色箭头为先存裂缝的载荷条件，黑色箭头为模型边界条件

图 1-78 为四条先存裂缝的模拟结果。首先，从岩性方面来说，砂岩层中裂缝的扩展程度明显大于泥质纹层中的裂缝扩展程度。这个现象在裂缝 C 与裂缝 D 中尤为明显。在这两个模型中，位于砂岩层中的裂缝部位明显出现多条扩展缝，而位于泥质纹层中的裂缝段则几乎不产生扩展缝。此外，就裂缝扩展程度而言，裂缝 C 的扩展程度是四个模型中的最大的。它不仅有垂直于裂缝轨迹的扩展，还会在裂缝末端向前扩展，并且裂缝 C 的扩展数量与扩展距离也明显大于其他先存裂缝。

从最大主应力云图中可以发现（图 1-79），四个先存裂缝模型中大部分网格都是黑色，代表应力为负值。根据 ABAQUS 对应力的规定，负值代表该区域应力性质为压应力，而正值代表该区域应力性质为拉应力。所以黑色区域应力为压应力，代表裂缝扩展产生的应力还没有波及该区域。

根据模拟结果可以判断四种先存裂缝在扩展时，应力波及范围（又称扩展影响区域），裂缝 C 具有最大的扩展影响区域，包括第一层砂岩大部分区域以及第二层砂岩的少部分区域，但是中间泥质纹层中几乎没有扩展影响区域。其次为裂缝 A，扩展影响区域主要分布在裂缝位于砂岩层的一侧以及裂缝的末端，而在泥质纹层中则分布较少。接下来为裂缝 D，扩展影响范围为裂缝的两端，而裂缝中段几乎没有产生扩展影响区域。扩展影响区域最小的为裂缝 B，仅仅包含裂缝末端的小部分区域。

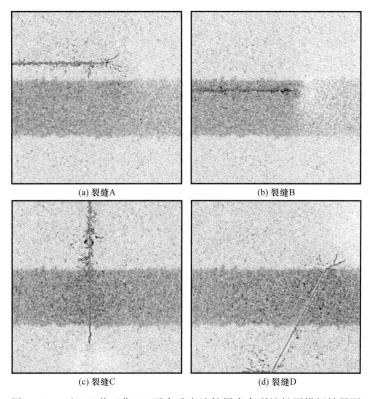

图 1-79　西 233 井区华 H6 平台致密油储层先存裂缝扩展模拟结果图

　　从这一现象可以发现，裂缝末端是扩展影响区域最集中的部位，也就是说在裂缝末端最容易发生先存裂缝的扩展现象。此外，砂岩中的先存裂缝在扩展以后会产生相对较大的扩展影响区域，而泥质纹层则很难产生扩展影响区域。

　　前人研究表明，通过分析水平应力差，可以预测裂缝的扩展趋势。对比四条先存裂缝在模拟结束以后的水平应力差分布图可以发现（图 1-80），两向应力差的高值区大部分分布于砂岩层中，而不是泥质纹层中。代表先存裂缝更趋向于在砂岩层中传播，而非泥质纹层。四个先存裂缝模型中，泥质纹层出现两向应力差高值区的是裂缝 D 模型（图 1-81）。但是仔细观察以后可以发现，该模型泥质纹层中两向应力差高的部位多数都靠近模型边界，而远离边界的部位则没有形成大片的高值区。因此，该模型泥质纹层中的两向应力差高值可能是由于边界载荷造成的。

　　结合以上分析，可以总结出纹层砂岩中天然裂缝发育与扩展的规律。即云母和岩屑是纹层砂岩中裂缝扩展的主要对象，这造成纹层砂岩的裂缝类型以粒缘缝为主。

　　而对先存裂缝而言，泥质纹层对先存裂缝的扩展有很大的阻碍作用。不论先存裂缝位于砂岩中、泥质纹层中，还是贯穿二者，扩展影响区域多分布于砂岩层中，裂缝多趋向于在砂岩层中传播，而不是泥质纹层中。该研究结果为指导致密油储层改造裂缝段设计和射孔点位置选择提供了理论依据，即优选较为纯净的砂岩段进行优先压裂。

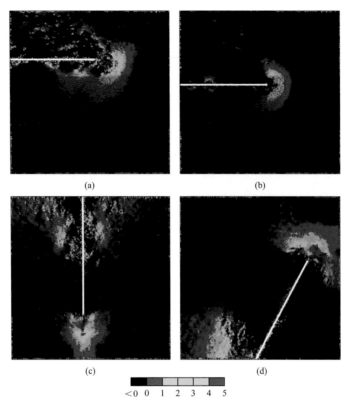

<0 0 1 2 3 4 5

图 1-80　西 233 井区华 H6 平台致密油储层先存裂缝扩展模型最大主应力分布图（单位：MPa）

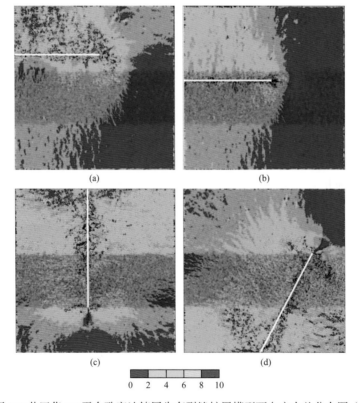

0 2 4 6 8 10

图 1-81　西 233 井区华 H6 平台致密油储层先存裂缝扩展模型两向应力差分布图（单位：MPa）

二、致密油裂缝建模

由于在裂缝建模过程中很难精细描绘裂缝实际发育特征，因此裂缝的表征与建模应当分别研究。但是，目前缺乏一套连接裂缝建模与表征的尺度标准。在系统地对鄂尔多斯盆地致密油不同尺度裂缝进行表征研究以后，研究团队提出了致密油在不同尺度下裂缝表征与建模参数（表1-12），以统一的尺度明确致密油储层裂缝表征与建模所需参数，以期指导后续的致密油不同尺度裂缝的表征与建模研究。

表1-12 致密油不同尺度裂缝表征与建模参数表

裂缝类型	裂缝尺度		表征参数			建模参数			
			开度	长度	密度/条/m	开度/μm	高度/m	渗透率/mD	裂缝应变能密度/(J/m³)
宏观裂缝	大型裂缝		>1mm	>1m	<1	>100	0.8~1	>100	>85
	中型裂缝		0.1~1mm	0.1~1m	1~10	50~100	0.6~0.8	10~100	65~85
	小型裂缝		0.01~0.1mm	0.001~0.1m	10~100	10~50	0.4~0.6	1~10	50~65
微观裂缝	微米级裂缝		>1μm	>10μm	>100	1~10	0.2~0.4	0.1~1	0~50
	纳米级裂缝	宏缝	>50nm	500nm					
		介缝	2~50nm	20~500nm		<1	0~0.2	<0.1	
		微缝	<2nm	<20nm					

建模参数中的密度（应变能）通过三轴力学压缩实验和声发射实验计算得到。建模参数中的高度与裂缝表征中使用的高度不同，这里的高度是指裂缝在地下的相对贯穿高度，为无量纲参数，具体计算公式如下：

$$C = \frac{(\bar{K} - K) - \min(\bar{K} - K)}{\max(\bar{K} - K) - \min(\bar{K} - K)} \qquad (1-31)$$

$$K = E\sigma \qquad (1-32)$$

式中，C 为建模高度，m；K 为裂缝渗透率，mD；$\bar{K}$ 为平均渗透率，mD；E 为裂缝发育层位的岩石弹性模量，GPa；σ 为裂缝应变能密度模量，J/m³。

鄂尔多斯盆地长7段致密油储层岩心尺度裂缝以层理缝与高角度剪切缝为主。其中层理缝极其发育，为岩心裂缝中的最主要类型。层理对裂缝的扩展有明显的改造作用，当受到挤压时，致密砂岩更容易沿层理面断开。

鄂尔多斯盆地长7段致密油储层微裂缝主要类型包括粒缘缝、层理缝以及穿粒缝，其中，层理缝是主要的微裂缝类型，其次为粒缘缝，穿粒缝发育最少。通过单井裂缝解释结果，结合破裂准则，并通过单井裂缝解释做校正，最终得到了华 H6 平台长 7_2 亚段的裂缝线密度分布图（图1-82）。结果显示，华 H6 平台长 7_2 亚段裂缝线密度的高值区位于研究区的中北部，达到了 2 条/m 以上。

元 284 先导试验区裂缝的线密度集中分布在 0~1.6 条/m，体密度集中分布在 0~2.2m/m²，长 6_3 亚段裂缝发育区分布在研究区的中部，研究区的北部以及南缘部分地区裂缝欠发育（图1-83）。

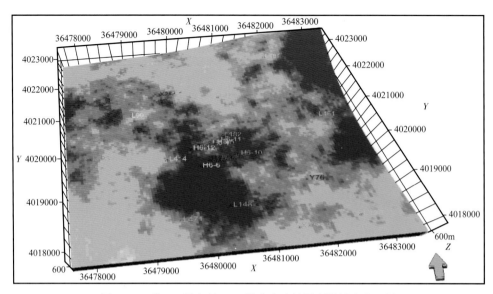

图 1-82　华 H6 平台长 7_2 亚段致密油储层裂缝线密度云图

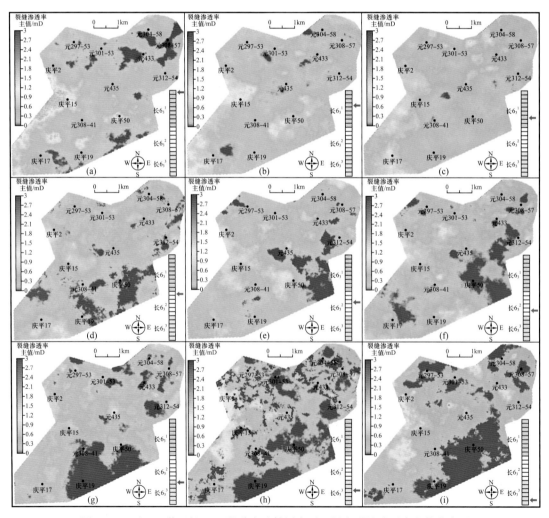

图 1-83　元 284 井区长 6_3 亚段致密油储层水平面最大裂缝渗透率主值分布图

根据研究区裂发育特征可知，元284井区长6段致密油储层发育有燕山期和喜马拉雅期两组裂缝。采用致密油裂缝渗透率张量等效表征技术对研究区不同组系的裂缝渗透率进行预测。结果显示，燕山期裂缝的孔隙度介于$0\sim5.6\times10^{-3}\%$，喜马拉雅期裂缝的孔隙度介于$0\sim2.8\times10^{-3}\%$，裂缝的总孔隙度介于$0\sim8\times10^{-3}\%$。

裂缝的平面渗透率主值介于$0\sim3mD$。裂缝不发育区的周围，裂缝的平面渗透率主值方向为近东西向；远离裂缝不发育区，裂缝的渗透率主值方向集中在NEE65°～NEE70°。

第四节　致密油开发目标评价

与美国海相致密油的大规模效益开发相比，中国陆相致密油开发整体仍处于试验探索阶段，因资源禀赋先天不足，开发技术方面存在很多技术挑战，大幅度降低开发成本、实现规模效益开发仍有很长的路要走。中国陆相致密油必须坚持不断探索，积累陆相致密油开发适用性技术，寻求突破效益瓶颈之路，实现规模效益开发。中国陆相致密油开发必须坚持以效益为中心，秉持完善勘探、开发、工程、地面建设"一体化"的开发理念，通过致密油开发目标的整体设计、规模实施，实现单位动用储量的投资成本有效降低，实现致密油的有效开发。

致密油开发目标评价的主要目的是针对致密油"甜点"的基本特征，通过系统的评价，优选出适合现有经济技术条件且可以满足效益建产开发需要的目标层段和区块，为致密油开发方案设计与实施提供依据。致密油"甜点"是开发目标评价的核心，主要发育在致密油储层中，因此致密油储层的识别和评价成为重点。致密油储层微纳米级孔隙结构特征、富集充注及成藏机理与常规储层显著不同。流体性质（富烃、贫烃）、数量和充注压力等因素直接影响致密油富集程度。优质烃源岩尤其是黑色生油页岩，不仅能为成藏提供了大量优质油源，还为致密砂岩的充注聚集提供了较强的充注动力，因此，致密油开发目标评价的基础离不开优质烃源生排烃充足的供油背景，也是致密油储层富集成为"甜点"的关键因素。

致密油储层岩性、物性、含油性之间有较好的匹配关系是致密开发目标评价的关键抓手。岩性一般作为致密油开发目标选择的基础，岩性决定了储层的物性，储层的含油性与岩性、物性密切相关，协调匹配的岩性、物性与流体特征是致密油开发目标的基本特征，也是致密油开发目标评价的重点。

一、致密油储层岩性

致密油储层是"甜点"发育的主要位置，也是开发目标评价与优选的重点对象。储层岩性在致密油储层评价中居于基础地位，是致密油储层"七性"研究中的关键。致密油储层岩性受沉积环境、沉积物源类型和成岩演化进程控制，因此，致密油储层岩性发育具有地区性特点，有较强的致密储层个性特征。中国陆相致密油储层岩性主体上以相对细粒沉积岩为主，主要可分为细粒沉积砂岩、碳酸盐岩、混积岩、凝灰岩等岩性类型。

常规储层经深成岩作用，孔隙度减小，孔隙喉道细微，渗透性降至致密级别，也可以成为致密储层。其他非源储互层或近源类型致密油储层岩性与常规储层岩性基本一致。

（一）致密油储层岩性地质

致密油储层岩性可通过致密油层出露的地质露头剖面观察、钻井岩心直接观察、岩石矿物薄片鉴定、地质录井、测井岩性评价等多种手段进行研究确定，岩心岩矿鉴定方法确定的岩性可靠性强，是其他方法确定岩性的基础。研究初期，必须有相应的取心分析岩性作为标定基础资料，才能开展其他手段的岩性识别与评价工作。由于致密油储层多为细粒沉积，肉眼观察常难以准确确定岩性，必须借助岩石薄片的光学显微特征、扫描电子显微镜成像特征、激光拉曼矿物特征等高技术手段，准确鉴定储层岩性类别及各种复杂矿物种类、分布和含量等。

1. 北美 Bakken 组致密油储层岩性

以北美典型致密油储层 Bakken 组为例，Bakken 组可分为上、中、下三个不同的层段。上部和下部是黑色、富含有机质的页岩，被公认为世界级的烃源岩；中间段是主要产油段，颜色较浅，岩性不稳定，主要发育钙质粉砂岩、砂岩、白云岩、粉砂质石灰岩、石灰岩及鲕粒灰岩等（图 1-84）。

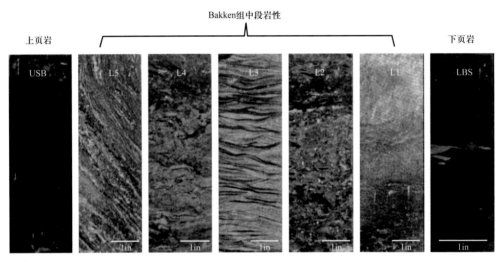

图 1-84　Bakken 致密油储层岩性照片

1in=2.54cm

2. 鄂尔多斯盆地三叠系长 7 段致密油储层岩性

鄂尔多斯盆地三叠系长 7 段致密油储层岩心观察及薄片鉴定资料表明：三叠系长 7 段储集砂岩主要岩性为一套灰色中粒砂岩沉积。三叠系长 7 段储集砂岩主要岩性为一套灰绿色细砂岩。

据城 96 井长 7 段取心岩性观察（图 1-85），长 7 段整体上为一套灰黑、黑色泥岩、页岩与灰色、灰褐色粉细砂岩互层的储集体，储层非均质性强，长 7_3 亚段颜色为灰黑色，其中黑色页岩为主要生烃源岩；长 7_1 亚段、长 7_2 亚段颜色较浅，灰色、灰褐色细砂岩、粉砂岩为主力致密油储层。

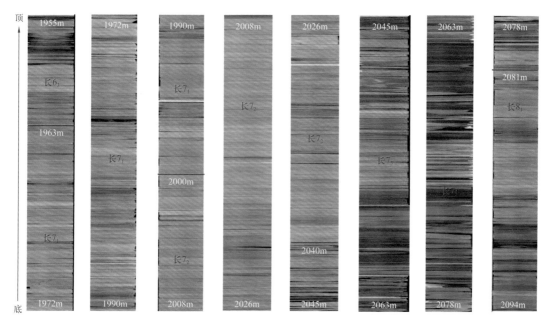

图 1-85　长 7 段致密油储层岩心照片（城 96 井）

长 7 段致密油储层岩性主要为砂岩、泥岩以及油页岩。砂岩主要为岩屑砂岩、岩屑长石砂岩和长石岩屑砂岩。以陇东长 7 段致密油岩石类型为例（图 1-86），主要以岩屑长石砂岩、长石岩屑砂岩为主。碎屑成分石英平均含量为 30.71%～39.74%，以单晶石英为主；长石平均含量为 21.32%～24.40%，斜长石多于钾长石；岩屑平均含量为 16.45%～15.71%，以变质岩岩屑为主（图 1-86）。

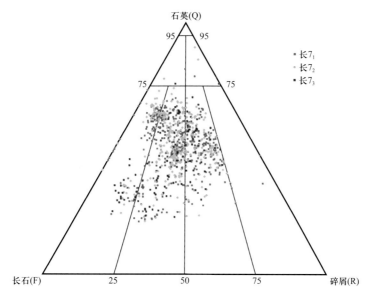

图 1-86　鄂尔多斯盆地陇东三叠系长 7 段砂岩三角投点图

长 7 段岩屑类型纵向上变化不大，以变质岩岩屑为主，其次为岩浆岩岩屑，沉积岩岩屑含量较低。长 7_1 亚段、长 7_2 亚段填隙物以水云母、钙质为主，长 7_3 亚段填隙物以水云母、凝灰质、钙质为主。

3. 新疆吉木萨尔二叠系芦草沟组致密油储层岩性

新疆吉木萨尔二叠系芦草沟组致密油储层岩性地质研究，经历了前期常规沉积岩岩性分类和后期细粒沉积岩的混合沉积岩石分类两个阶段。

前期主要考虑矿物成分和沉积物粒度进行分类，以砂质、泥质、灰质、云质矿物含量结合粒度分析资料进行定名，并总结出 50 余种过渡性（混合）岩石类型分类，但由于测井信息的纵向分辨率和测井岩性敏感性的不足，难以完全识别出过于细分的岩性。经过前期探索研究，新疆油田形成了依据岩石骨架密度和孔隙结构指数识别六大优势储层岩性的岩性识别图版，可识别泥岩类、长石岩屑粉细砂岩类、云质/钙质粉细砂岩类、云屑砂岩类、砂屑云岩类、泥晶/微晶云岩类六大岩石类型。

在确定合理的岩性分类基础上，根据钻井岩心成分、结构和层理精细描述，以及岩石矿物分析、有机质分析、薄片分析，并结合含油性描述等资料对主要岩石类型特征进行系统梳理，形成致密油储层岩性分类认识，其中上"甜点"储层以砂屑云岩、长石岩屑粉细砂岩、云屑砂岩三种岩性为主（图 1-87）。

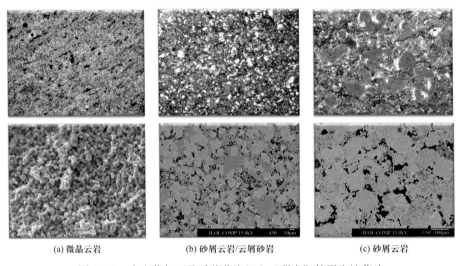

(a) 微晶云岩　　　　　　　(b) 砂屑云岩/云屑砂岩　　　　　　　(c) 砂屑云岩

图 1-87　吉木萨尔二叠系芦草沟组上"甜点"储层岩性薄片

4. 中国陆相致密油典型储层岩性

中国陆相致密油储层岩性可分为砂岩、碳酸盐岩、混积岩和凝灰岩四种类型：鄂尔多斯盆地长 7 段，松辽盆地扶余组、青山口组，渤海湾沧东孔二段，柴达木盆地上干柴沟组发育砂岩类致密油储层；四川盆地大安寨组、柴达木盆地下干柴沟组、渤海湾盆地束鹿沙三段下亚段发育碳酸盐岩致密油储层；准噶尔盆地吉木萨尔二叠系芦草沟组、三塘湖盆地二叠系芦草沟组、渤海湾盆地岐口沙一段、辽河西部沙四段发育混积岩致密油储层；三塘湖盆地二叠系条湖组发育凝灰岩致密油储层。

（二）致密油储层岩性测井评价

钻井取心地质研究、矿物分析等在确定岩性方面比较直观，准确度较高，其缺点在于取心成本较高，工作量大，鉴定周期长，且受取心井段长度所限，不可能普遍采用该方法确定致密油储层岩性。测井岩性识别与评价是常用的储层岩性识别方法，其基础是岩石物理学中的岩性—测井相关性。在致密油开发目标优选中，岩性的识别主要采用岩心刻度测井方法。

1. 岩石骨架密度—孔隙结构指数法岩性识别

新疆油田利用核磁共振测井建立了一种岩性识别技术，该技术的基本理念是岩性差异必然存在岩石骨架密度差异和孔隙结构特征差异，利用差异特征原理建立起来的一种基于岩石骨架密度—孔隙结构指数交会图版岩性识别方法，岩性识别图版见图1-88。

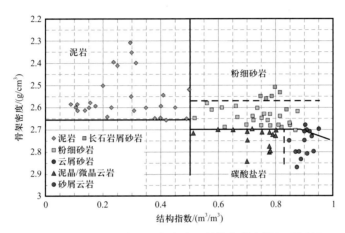

图1-88 芦草沟组岩石骨架密度—结构指数岩性识别图版

由图版可知，泥岩类、长石岩屑粉细砂岩类、云质/钙质粉细砂岩类、云屑砂岩类、砂屑云岩类、泥晶/微晶云岩类六大类优势岩性可有效判别。但由于该方法结构指数完全依赖核磁共振测井资料，不具有普适性，因此作为芦草沟组岩性识别的一种方法具有一定的意义，但难以满足致密油开发目标优选对测井岩性识别的普遍需要。

元素俘获全谱测井具有解决较为复杂岩性的岩性识别评价能力，但由于成本增加，岩性解谱需要建立地区刻度库标准，不易在开发阶段推行。

2. 聚类分析法岩性识别

7种岩性的常规测井曲线数值统计和交会图如图1-89所示。

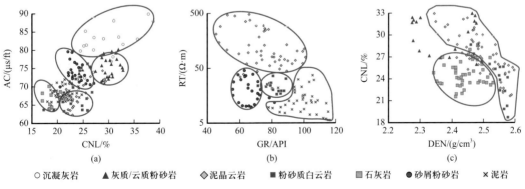

图1-89 常规测井曲线岩性敏感性交会图分析

岩性敏感性的测井DEN、AC、CNL、RT、GR曲线对火山碎屑岩类、陆源碎屑岩类、碳酸盐岩类岩性敏感度较高，测井岩性区分度较强，而CAL、SP曲线变化小，岩性敏感性较差，不宜作为岩性识别曲线。在上述五种测井曲线中，AC-CNL曲线交会可将沉凝灰岩、灰质/云质粉砂岩、砂屑粉砂岩、石灰岩、泥晶云岩明显区分出来，RT-GR曲线交会可将泥晶云岩、粉砂质白云岩、砂屑粉砂岩、泥岩区分出来，CNL-DEN曲线则可区分石灰岩与白云岩类。

在岩性划分及常规测井敏感性分析的基础上，建立了基于复杂岩石相划分归类的测井Fisher岩性判别方法进行岩性识别，综合识别与录井岩性符合率达到80.1%，较好地识别了主要优势岩性。尽管识别岩性与实际岩性存在一定的差异，并存在随着样本井岩性差异增加而误差增大的趋势，但作为一种岩性识别方法具有一定的适用性。Fisher岩性判别方法存在权系数的确定性与实际岩性的不确定性的矛盾，用于岩性识别需要完全覆盖所有岩性的大样本库支撑，不利于直观快速识别。

3. 测井信息融合可视化岩性识别

测井岩性敏感性分析显示，芦草沟组上"甜点"优势储层岩性对DEN、AC、CNL、RT敏感，见图1-90，可作为测井岩性识别的主要常规测井曲线。由于二维交会图信息仍然存在部分交叉叠置现象，不易利用两条常规测井曲线直接进行岩性识别和评价，因此，考虑采取多维信息融合可视化分析技术进行岩性识别，充分利用不同岩性的高敏感测井曲线区分岩性，从而提高岩性区分度和岩性识别符合率，有利于快速确定储层、烃源岩和盖层岩性。

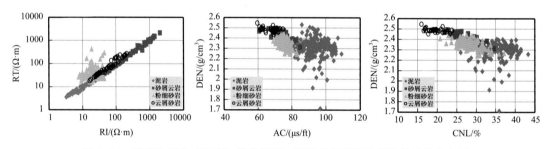

图1-90 芦草沟组上"甜点"优势储层、泥岩及源岩测井岩性敏感性交会图

1ft=0.3048m

采用三孔隙度测井统计等概率刻度技术将AC、DEN、CNL测井曲线刻度为0～255的RGB（红色、绿色、蓝色）三原色值，并进行岩性交会分析，见图1-91。

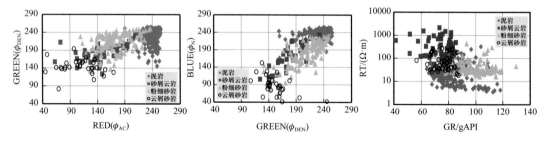

图1-91 芦草沟组上"甜点"优势储层、泥岩及烃源岩测井岩性信息融合统计交会图

将对应岩性的R、G、B（红、绿、蓝）特征值融合形成岩性识别信息，作为岩性识别依据，不同的岩性具有不同的颜色和特征曲线值，将其对应关系作为岩性识别的标准。

根据取心井和含油性描述结果，确定对应岩性的测井信息融合标准，见表1-13。泥岩盖层以泥质云岩为主，显著测井特征是三种视孔隙度均为高值，且中子孔隙度高于密度孔隙度，电阻率为低值；烃源岩富有基质，以云质页岩为主，三种视孔隙度较盖层泥岩有所降低，特别是中子孔隙度明显降低，电阻率为高值，成熟烃源岩电阻率较高，主体范围为100～2000Ω·m；砂屑云岩储层为混合沉积，具有相对较低的三孔隙度测井值，且表现出明显的密度孔隙度大于声波孔隙度，中子孔隙度最小的特征，具有相对高电阻特征；岩屑长石粉细砂岩具有相对较高的三孔隙度测井值，且表现为密度孔隙度大于中子孔隙度，声波孔隙度最小，电阻率在储层中相对较低，三电阻率具有明显的差异；云屑砂岩具有相对较低的三孔隙度测井特征，且表现为密度孔隙度最高，声波孔隙度与中子孔隙度接近的特征，电阻率处于砂屑云岩与粉细砂岩之间。采用三孔隙度测井融合，电阻率曲线包络法建立融合图像标准图版，用于岩性识别标准，见表1-13。砂岩在测井信息融合图像上密度孔隙度最大（绿色），中子孔隙度次之，声波孔隙度小，因此融合岩性谱储层显示泛绿/蓝色，随云质成分增加逐渐变蓝，随砂质成分增加而变绿色，盖层泥岩因三孔隙度均显示高值，因此泛灰白色，电阻率较低；烃源岩泥岩略显粉灰白色，电阻率显著增大。

表1-13 芦草沟组致密油上"甜点"测井信息融合岩性识别标准

统计特征	AC（R）	DEN（G）	CNL（B）	大小顺序	储层特征	融合图像
泥岩盖层	240	227	237	AC>CNL>DEN	盖层	
烃源岩	203	184	194	AC>CNL>DEN	生烃源岩	
砂屑云岩	138	180	106	DEN>AC>CNL	储层（中）	
粉细砂岩	171	211	180	DEN>CNL>AC	储层（优）	
云屑砂岩	82	140	80	DEN>AC≈CNL	储层（差）	

对于取心井有岩性分析鉴定数据，岩性可直接进行对应识别，对于非取心井无岩性数据，则要采取岩电关系方法建立测井岩性识别模式，通过常规测井曲线进行岩性识别。非取心井岩性识别及划分是储层评价研究的重要基础，也是关键工作之一。由于吉174井在二叠系芦草沟组全井段取心，因此以取心井吉174井为基础，重点观察吉174井芦草沟组岩心，通过宏观岩心观察及855块薄片鉴定岩性定名，共识别出50余种岩相，利用常规测井资料研究取心井岩性与测井关系，根据岩石成分相近、物性和含油性特征相近、电性特征相近、易于指导沉积物源的岩石相分类合并原则，将50余种岩相划分为四大类，分别是陆源碎屑岩类、火山碎屑岩类、碳酸盐岩类和正混积岩类，进一步将致密油储层岩石相划分合并为八种岩性，分别是沉凝灰岩、灰质/云质粉砂岩、泥晶云岩、粉砂质白云岩、石灰岩、砂屑粉砂岩、泥岩和正混积岩，测井岩性分辨能力弱于钻井取心

样本鉴定，测井岩性识别需要岩心岩性描述的粗化，提取测井能够识别的岩性分辨率，一般应厚度大于0.5m，最佳测井岩性识别厚度应大于2m，岩性识别过程中，重点是识别储层和烃源岩的岩性，非关键储层的复杂过渡性岩性可从粗、从简。

在岩心矿物鉴定和岩石命名基础上，利用岩心刻度测井的思路建立岩性—测井信息融合岩性信息剖面对应关系，建立测井信息融合岩性形态、色谱联合岩性识别模式，利用测井信息融合岩性识别模式识别岩性，快速有效，直观准确，满足测井岩性识别要求，见图1-92，两口取心井的上"甜点"主要开发目标层：岩屑长石粉细砂岩岩性特征清楚，直观可对比性强。

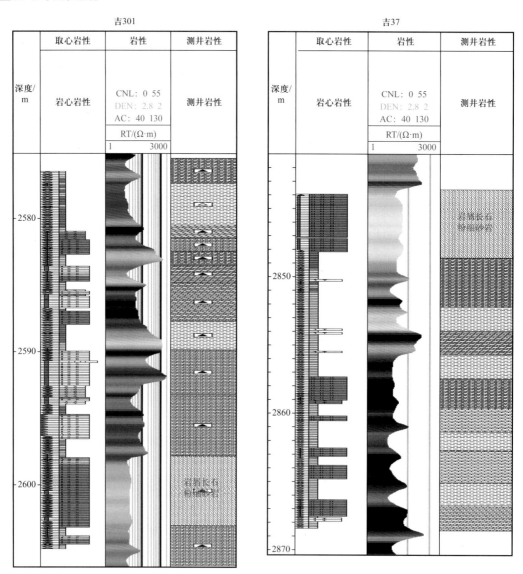

图1-92　测井信息融合岩性识别成果图

利用该方法识别储层岩性直观可靠，与岩石鉴定岩性符合率大大提高，统计取心井岩心描述井段储层岩性符合率95%以上，验证井储层岩性符合率90%以上，主要储层岩性均可有效识别。

二、致密油储层物性

致密油储层物性包含孔隙度和渗透率两大部分内容，其中每部分又可分为基质和裂缝。尽管致密油储层孔隙度较低，孔隙度与渗透率关系复杂，因此评价难度增加，评价精度受到挑战。储层物性不仅涉及致密油资源储量，更关系到产油能力，必然成为致密油开发目标评价的核心参数。

储层物性参数常用测井解释方法进行评价，包括孔隙度与渗透率计算。致密油储层尽管孔隙度低，常规测井计算孔隙度、渗透率的精度降低，采用核磁共振测井的孔隙结构参数评价渗透性效果有所提高，但关键是确定 T_2 谱的截止值的合理性较为困难，孔喉比变化大，渗透率与孔径关系弱，现有的测井渗透率误差依然很大，因此，测井储层渗透率没有较为可靠的评价方法，特别是致密油储层渗透率，目前还难以准确解释和评价。依据孔渗关系或经典渗透率计算模型计算的渗透率结果仅供开发参考。测井渗透率一直是储层评价的难题，常规储层测井渗透率与岩心渗透率往往有一个数量级的误差，致密油储层测井渗透率误差更大，可能覆盖三个数量级，一般不宜作为产能评价的直接依据。

（一）致密油储层基质物性

常规测井计算孔隙度的方法主要有声波时差、中子、密度测井，常采用孔隙度体积模型法计算储层孔隙度。具有大量取心分析的地区，可以分岩性建立测井—岩心孔隙度关系模型，在测井准确识别岩性的前提下直接选择相应的测井孔隙度模型计算孔隙度。测井解释模型评价的孔隙度为基质孔隙度。

对于中国陆相致密油储层，复杂岩性具有多变的骨架孔隙度测井值，低孔隙度测井响应减弱，为了满足孔隙度相对误差小于 8% 的评价要求，现有的常规测井孔隙度计算方法适用性较差。研究表明，常规测井技术面对致密油储层的孔隙度评价时，应在控制岩性组分的基础上，应用高精度测井资料并优选适用的计算模型，较为有效的方法是变骨架值的中子—密度交会法。

根据岩心物性分析资料，在准确岩心深度归位基础上，确定出对应的测井孔隙度测井值，采用拟合回归技术可确定出孔隙度计算的地区经验方程，用于孔隙度计算，一般具有较好的符合性，图 1-93 为芦草沟组上"甜点"主要致密油储层岩心孔隙度—测井关系，该关系可确定出主要储层岩性的孔隙度测井骨架值。

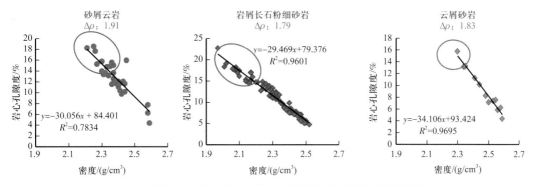

图 1-93　芦草沟组致密油上"甜点"储层密度测井孔隙度计算模型

$\Delta\rho$ 为岩石骨架密度与流体密度的差值，单位为 g/cm³

核磁共振测井是评价孔隙度的一种重要方法，在评价孔隙大小、结构和孔隙度参数方面具有一定的优越性，一般受岩性变化的影响较小，不存在岩石估计值不确定性的问题。核磁共振测井孔隙度是通过对回波信号进行多指数拟合反演获得 T_2 谱，对 T_2 谱进行积分得到的孔隙度。自由流体与束缚流体孔隙体积的分界线被称为 T_2 截止值。大量的研究表明，对砂泥岩地层，T_2 截止值为 16～32ms；碳酸盐岩地层 T_2 截止值为 90ms。对于致密储层，T_2 谱信号的信噪比降低，T_2 截止值变得更为复杂，因岩性和孔隙结构多变，一般不能用单一截止值代表所有地层的截止值，需要根据实际岩心的分析资料进行必要的动态刻度后使用。

核磁共振测井资料且其采用的测量参数合理，则以核磁共振测井准确地确定出孔隙度，但关键一点是要以岩心孔隙度刻度确定出适用于致密油储层的 T_2 截止值。对于碎屑岩致密油储层，有效孔隙喉道介于束缚水（0.3ms）与毛细管水（3ms）截止值之间，T_2 截止值可取 1.5～1.8ms，与岩心测试孔隙度一致性较好，但这与常规储层选用的截止值（32ms）差异大。如选用 T_2 截止值过大，则孔隙度计算值偏低。

常规测井信息融合孔隙度分析。利用测井信息融合分析技术，采用统计等概率刻度聚焦孔隙度融合方法建立反映三孔隙度曲线特征的融合孔隙度曲线，利用岩心刻度技术获得测井融合孔隙度，与岩心孔隙度、核磁共振测井孔隙度对比分析，结果显示储层厚度较厚时常规测井融合孔隙度基本与岩心孔隙度一致。见图 1-94，由于基于原始孔隙度测井曲线统计分析无法考虑岩性差异，因此，复杂岩性孔隙度不能全部符合，可以综合岩性变化给出合理的孔隙度解释。

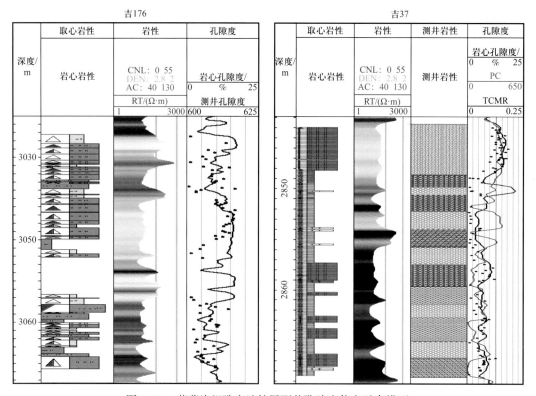

图 1-94　芦草沟组致密油储层测井孔隙度信息融合模型

鄂尔多斯盆地长 7 段致密油储层岩性以砂岩类为主，利用测井信息融合统计方法刻度后，测井孔隙度与岩心孔隙度一致性较好（图 1-95），最右侧一道为物性自动统计刻度与岩心分析孔隙度对比道，图上显示声波时差、密度测井孔隙度刻度后，在优质砂岩段与岩心孔隙度基本一致，且密度孔隙度显著高于中子孔隙度，为砂岩。

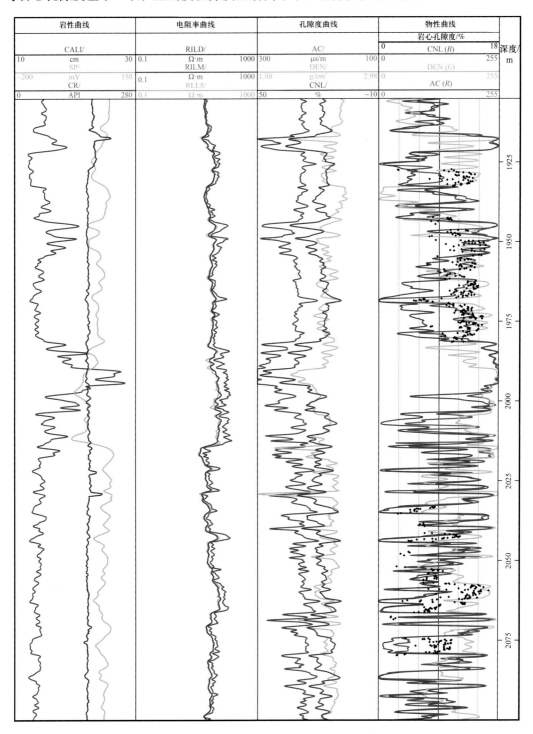

图 1-95　西 233 井区长 7 段致密油储层测井岩心分析孔隙度与孔隙度融合分析结果对比

新疆吉木萨尔二叠系芦草沟组致密油岩性复杂，储层孔隙度与渗透率关系点分散（图1-96），无法建立确定的孔渗关系模型。

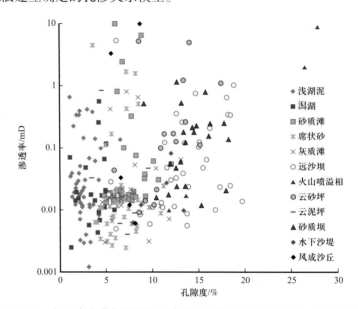

图1-96　新疆吉木萨尔芦草沟组致密油孔隙度与渗透率关系（沉积相）

（二）致密油储层裂缝物性

致密油储层中的天然裂缝以次生裂缝为主，包括构造缝、风化裂缝及溶蚀裂缝。其中构造裂缝又可以按照倾角大小和形成期次细分。

致密油储层岩性致密，压实成岩作用强，在构造应力、生排烃压力等作用下，局部天然裂缝相对发育，存在不同程度的天然裂缝系统。储层裂缝发育状况一般受区域性地应力的控制，具有一定的方向性，对油田开发的效果影响较大。裂缝是致密油成藏与开发的主要渗透通道，也是人工压裂裂缝发育的控制因素。因此，裂缝是致密油开发目标评价必须关注的重要因素。

致密油储层天然裂缝的发育特征在致密油开发目标识别、评价与优选中发挥着十分重要的作用。以北美 Bakken 致密油储层为例，天然裂缝是由于生烃过程中烃源岩中流体体积增加而形成的超静压力造成的。由于天然裂缝的渗透率比岩石基质大一个到几个数量级，因此它们在 Bakken 油田的产油中起着重要作用。吉木萨尔致密油储层、鄂尔多斯盆地长7致密油储层局部也不同程度地发育天然裂缝。

裂缝表征方面常用裂缝密度、开度、长度、发育期次等参数描述。在裂缝孔隙度及裂缝渗透率解释评价方面，国内外学者进行了大量研究，建立了适用不同裂缝特征的裂缝孔隙度模型，如双孔隙度模型、三孔隙度模型等。由于裂缝发育特征的复杂性，裂缝参数的解释难度较大，一般以开展描述性解释或半定量解释为主，解释结果一般误差较基质孔隙度评价大，成果仅供参考。

裂缝孔隙度计算有两条途径：一是利用成像测井资料计算；二是利用双侧向测井资料来计算。成像测井计算的孔隙度是面积意义上的孔隙度；双侧向测井裂缝孔隙度是影响导电性能的孔隙度，是一种裂缝效能孔隙度。大量的裂缝孔隙度解释结果统计显示，成像裂缝孔隙度普遍偏小，双侧向裂缝孔隙度偏大。由此可见，不同模型计算的裂缝孔隙度值如果没有实验资料的标定，其计算的孔隙度值可能只是一个相对值，并不是绝对值，都是对裂缝孔隙度的估算。由于目前很难通过实验方法来确定裂缝孔隙度，这给测井计算裂缝孔隙度带来了很多不确定性。

双侧向测井裂缝孔隙度的基本计算公式：

$$\phi_{\mathrm{f}} = m_{\mathrm{f}} \sqrt{R_{\mathrm{m}} \left(\frac{1}{R_{\mathrm{LLS}}} - \frac{1}{R_{\mathrm{LLD}}} \right)} \qquad (1-33)$$

式中，ϕ_{f} 为依据双侧向测井计算的裂缝孔隙度；m_{f} 为裂缝孔隙指数，取值为 1.0～1.5；R_{m} 为钻井液电阻率；R_{LLS} 为浅侧向电阻率；R_{LLD} 为深侧向电阻率。

吉木萨尔致密油储层构造裂缝较不发育，由于薄互层发育导致层理发育，局部富有机质层理或原油充注的层理可能发育层理缝，或者通过人工压裂改造可能形成层理缝。依据野外露头和取心裂缝描述、统计，吉木萨尔二叠系芦草沟组下"甜点"裂缝线密度为 3.42 条 /m，上"甜点"裂缝线密度为 2.58 条 /m。

根据鄂尔多斯盆地长 7 段致密油测井响应特征，依据岩性裂缝描述和成像测井裂缝解释结果标定常规测井资料，研究形成了以冲洗带电阻率（主要是 RLL8）与声波曲线模式判别法为主，以八侧向阵列感应电阻率曲线交会分析法为辅的常规测井裂缝识别方法（图 1-97、图 1-98）。

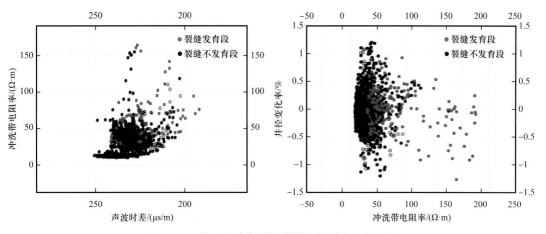

图 1-97 长 7 段致密油测井裂缝判别方法交会图

三、致密油储层含油性

芦草沟组致密油储层的含油性特征：根据岩心饱和度分析资料统计，芦草沟组致密油含油饱和度分布于 2.5%～89.8%，平均含油饱和度为 39.1%；含水饱和度为 2.3%～93.7%，平均含水饱和度为 46.2%；平均油水饱和度之和为 85.3%。测试过程中流体损失 14.7%，依据油占据大孔道，易挥发；水占据微细孔道，不易损失，确定油水挥发比例 2：1，可推出芦草沟组致密油平均含油饱和度为 49%，平均含水饱和度为 51%。原油充注约占总孔隙的一半，主体储层含油饱和度分布在 50.0%～80.0%，含油饱和度小于

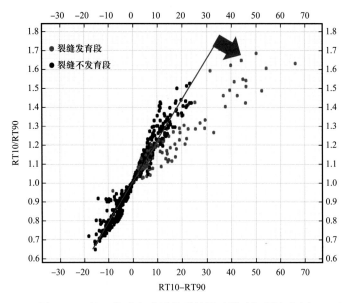

图 1-98　长 7 段致密油测井裂缝辅助模式识别交会图

50% 的储层为Ⅲ类、Ⅳ类储层，低产油或产含水原油；含油饱和度大于 80% 的储层为优质储层，是"甜点"储层。高含水率（大于 80%）和高含油率（大于 80%）储层均占比较小，储层普遍含油，含油 20%～80% 为芦草沟组致密油储层的典型含油特征。含油饱和度的特征为致密油开发可动用（一次采收率 10%）提供了物质基础，只要孔隙结构满足可流动性要求，所有储层均可满足产油需要，见图 1-99。

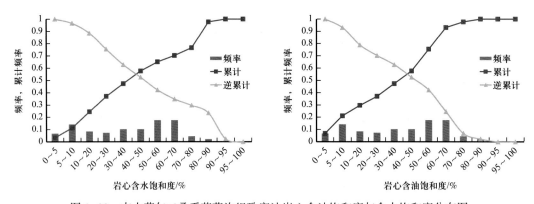

图 1-99　吉木萨尔二叠系芦草沟组致密油岩心含油饱和度与含水饱和度分布图

　　芦草沟组致密油分为上下两含油段：上"甜点"储层以砂屑云岩、岩屑长石粉细砂岩、云屑砂岩为主，岩石颗粒较粗，孔隙度较高，属于基质孔隙型储层，局部发育少部分裂缝—孔隙型储层，原油成熟度较高，但含蜡量较高，储层充注较为饱满，含油饱和度较高，是主要有利"甜点"发育区；下"甜点"储层岩性以云质粉砂岩、粉砂质云岩、泥质云岩为主，属于基质孔隙型储层，少部分发育裂缝—孔隙型储层，原油成熟度较低，黏度高，不利于原油流动，局部高含油饱和度储层可形成零星高产油量。上"甜点"从孔隙度大小、孔喉大小、有机质热演化程度、原油黏度等储层参数上优于下"甜点"，是致密油发育"甜点"相对有利区储层的含油性特征。

芦草沟组上"甜点"段发育砂屑云岩、岩屑长石粉细砂岩、云屑砂岩三套储层，主力层为含油层段位中间的岩屑长石粉细砂岩储层，具有单层厚度相对较大（5～7m）、分布连续稳定、物性（孔隙度为11%）和含油性（饱和度为50%～80%）较好等特点。同时，目标区天然裂缝和最大主应力方向稳定，均为北西—南东方向，有利于规则井网的部署和工厂化钻井、压裂作业。

芦草沟组致密油为典型的低流度致密油，其流度近似于稠油，与国外典型致密油流度相比低一个数量级，开发动用难度较大；原油含蜡量较高，储层温度为73～110℃，压裂液对裂缝面附近储层的冷却降温造成析蜡，冷伤害难以恢复，造成较大的产能损失。

根据吉木萨尔二叠系芦草沟组致密油岩心含油性描述与储层物性关系分析（图1-100、图1-101），含油性与孔隙结构具有明显的相关性，孔隙度越大（孔喉越大）含油性越好，微裂缝发育的岩心含油性差，为油迹以下。

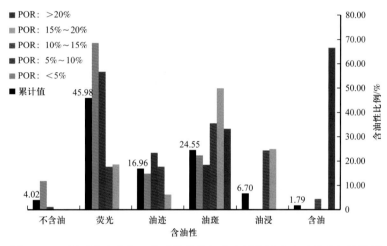

图1-100　新疆吉木萨尔二叠系芦草沟组致密油孔隙度含油性分级统计图

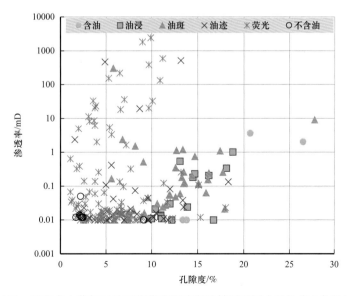

图1-101　新疆吉木萨尔二叠系芦草沟组致密油储层不同含油性岩心物性交会图

根据全球主力油田油藏水驱采收率统计，不同类型油藏原油采收率分布在5%～70%，主体分布在10%～50%（图1-102），200个世界巨型油田原油采收率峰值为35%，扩大统计范围后，原油采收率峰值明显降低，下移至25%。因此，对油藏而言，驱替出35%的原油（与压汞进汞饱和度35%对应）对应的特征喉道半径R_{35}具有较好的可动油喉道下限的代表性。

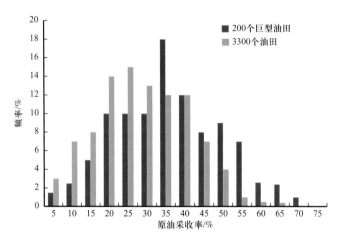

图1-102 全球主力油田油藏水驱采收率统计图

Pittman（1992）研究表明，当岩石35%的孔隙空间在毛细管压力测试期间被非润湿阶段饱和时，通过岩石的最佳流量与孔隙喉道半径之间有良好的统计相关性，并用R_{35}对应的喉道半径描述孔隙系统的大小，以此作为孔隙系统的重要分类依据。Winland R_{35}自此常作为孔隙结构分类的基本方法。利用毛细管压力确定R_{35}及其他孔隙喉道参数方法如图1-103所示。

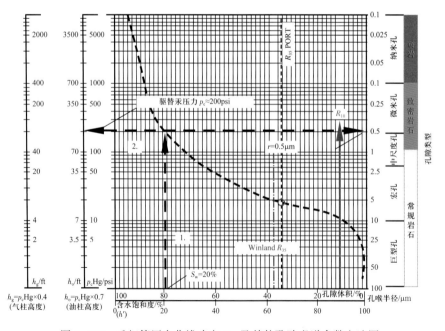

图1-103 毛细管压力曲线确定R_{35}及其他孔隙喉道参数方法图
p_cHg—压汞法得到的毛管压力

四、致密油储层脆性

致密油储层必须经过压裂改造才能获得经济产量，储层改造效果与储层岩石的固有可压裂性质有密切关系。通常情况下，岩石脆性越强，越容易压裂，并容易形成较为复杂的裂缝。裂缝的复杂程度还与应力场大小、应力差、原来裂缝系统等多种因素有关。储层岩石脆性是岩石受力破坏时所表现的固有性质，表现为岩石破裂前发生很小的应变，破裂时以弹性能的形式释放出来。即岩石在外力作用（如压裂）下容易破碎的性质。在致密储层改造中，岩石脆性与裂缝形成的难易、复杂程度等有关，是压裂改造设计需要考虑的重要因素之一。表征岩石脆性的指标通常被称为脆性指数（BI）。由于岩石脆性受内外因素控制，因素较多，岩石破裂机理复杂，当前仍没有统一的脆性定义及脆性测试技术。

岩石的脆性是根据岩石受力发生破坏提出的。根据不同的研究目的，国内外学者从不同的角度提出近 20 种表示岩石脆性的指标，例如基于强度、全过程应力—应变曲线、加载卸载试验、硬度测试、成分分析等。为便于使用，矿场常选取弹性参数评价法和矿物组分评价法。

对同一致密油储层，不同的脆性指数计算方法得到的结果相差较大，各种方法皆有其适应条件，通用的脆性评价方法在各实际致密油储层脆性评价中存在不一致性和不适用性。应力—应变测试实验结果表明，脆性矿物含量与脆性指数虽有一定的定性关系，但数据分布较为分散，定量关系较差，不适合建立较为精确的脆性表征模型。杨氏模量、泊松比与脆性指数的关系也因研究对象变化而变化，甚至随着测试样品的变化而变化，定性明确，定量依然存在不确定性。

（一）弹性参数脆性评价

根据岩石弹性参数杨氏模量、泊松比特征评价岩石的脆性，依据杨氏模量反映了岩石破裂后的支撑能力，泊松比反映了岩石在应力作用下的破裂能力。根据试验分析认为，岩石的脆性随杨氏模量增大而增高，随泊松比降低而增高。由于杨氏模量的最大值和最小值的确定方法不统一，导致不同储层的脆性缺少可比性；杨氏模量、泊松比在评价储层脆性中的权重不确定，脆性评价结果也存在不确定性；基于纵横波计算弹性参数会受到资料的局限等。

以鄂尔多斯盆地陇东地区长 7 段砂岩储层为例（图 1-104），选取储层样品开展了岩石力学实验，获取了杨氏模量和泊松比等相关参数，开展了基于岩石力学分析的脆性指数计算。根据岩心岩石力学试验数据，应用改进的适合长 7 段储层的脆性指数计算公式：$BI=(0.32\Delta E+0.68\Delta\sigma)\times100$，计算脆性结果显示，长 7 段砂岩储层脆性指数总体为 48%～62%，平均值为 52.27%，显示储层脆性指数较高，具有良好的可压性。

（二）矿物组分脆性评价

陆相致密油储层岩石的基本矿物有石英、长石、方解石、白云石、黏土等。国内外学者分析不同矿物岩石力学性质差异后，认为矿物成分及其结构是影响岩石脆性的主要

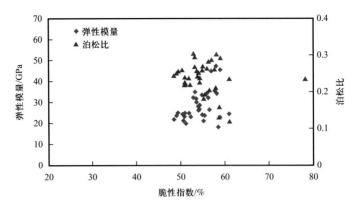

图 1-104 长 7 段储层岩石脆性指数与弹性模量、泊松比关系分布图

因素，从而建立了通过岩石矿物成分定量计算岩石脆性的方法。用矿物成分计算岩石脆性指数的方法简便，容易获得，但由于不同学者对脆性矿物的认识差异，所建立的脆性计算模型各有不同，另外，岩石的成岩、致密程度、矿物间的结构关系等没有办法考虑，计算结果的实用性存在较大问题。

矿物组分法计算岩石脆性指数公式：

$$BI = \frac{\sum 脆性矿物含量}{\sum 矿物含量} \times 100\% \tag{1-34}$$

根据陇东地区长 7 段砂岩储层 1210 余块岩石薄片样品分析资料，结合 X 射线衍射全岩矿物分析等分析化验数据，应用上述公式，计算储层脆性指数。其结果显示长 7 段砂岩储层脆性指数处于 40%～70% 之间，平均值为 53.12%（图 1-105）。

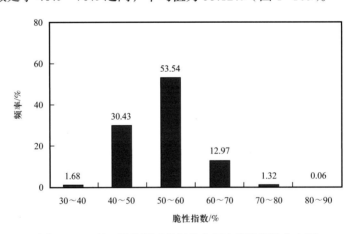

图 1-105 长 7 段储层矿物组分分析法脆性指数分布图

应力场研究结果表明，长 7 段致密油砂岩储层两向应力差较小，平均为 7.64MPa，总体小于 10MPa，反映该套储层在体积压裂条件下更易形成复杂缝网，提高储层压裂效果。研究区内两向应力差具有向湖盆中部逐渐增大的趋势。从南东向北西方向，两向应力差逐渐增大，宁县—正宁一线两向应力差为 6.5MPa 左右，而研究区北部的华池—悦乐一带，两向应力差为 8.0～8.5MPa。

五、致密油"甜点"特征

（一）致密油开发目标"甜点"评价

致密油"甜点"是指在致密油储层中，相对物性较好、含油性级别较高、可动流体饱和度满足经水平井多级压裂开发达到工业产能标准，累计产油量达到一定指标（与经济技术条件和油价相匹配）的储集单元。简而言之，致密油"甜点"就是致密油储层中的相对优质部分。由于研究者的观察角度不同，具有特定背景条件的多种"甜点"概念相继被提出，如"地质甜点""含油性甜点""工程甜点""脆性甜点""烃源岩甜点""储层甜点""裂缝甜点""甜点区""甜点层或段"等。打个比喻，如果致密油是动物世界，"甜点"就是大象、恐龙等大动物，多种"甜点"概念就是大象的某个部分。由于致密油的强烈非均质性，将致密油"甜点"概念描述为：在致密储层中发育的具有自渗流边界规模较大的优质储集体。

致密油"甜点"通常需要具有以下五项基本特征：（1）储渗性能相对较好，无论是致密储层，还是页岩储层，只有好的储渗性能才能形成较强的产油能力；（2）含油性相对较好，高级别的含油性是高可动用的基础，也是高产油的基本特征；（3）可压性相对较好，致密油储层开发必须经过水平井大规模分级压裂、分段多簇压裂或体积压裂等改造措施才能实现有效开采，可压性较好是保证改造效果、达成较高产油量的基本条件；（4）储层压力相对较好，致密油储层"甜点"一般具有超压或者相对超压特征，压力是原油开采的动力，大规模压裂固然可提高部分储层压力，但是储层孔隙内部压力主要靠储层固有压力，超压是获得高产的关键性动力条件；（5）原油性质相对较好，黏度越低、密度越小、溶解气油比高等有利于原油的流动和产出。可以说具备以上五项"甜点"特征中的前三项的致密油储层可作为致密油开发的重要目标，具备全部五项特征基本上就可确定为致密油开发目标。致密油"甜点"与致密油储层具有显著的区别，与致密储层砂体差异更大，致密油"甜点"在整个致密油储层中仅占较小的比例。但是致密油"甜点"在产油贡献方面是绝对的主力，通常表现出"二八"现象，即20%的"甜点"贡献80%的致密油产量。

并不是所有的致密油"甜点"都能成为致密油开发的目标。致密油"甜点"是一个相对优质的储集体概念，能否作为开发目标，需要经过开发方案的经济效益评价才可确定，因此，如果说致密油"甜点"是一个偏重地质意义上概念，那么致密油开发目标就包含了能够实现经济效益开发的内容。因此，致密油开发目标必然随着油价、技术进步等条件的变化而变化。

研究致密油"甜点"特征的目的是建立一套适合各类型致密油"甜点"的评价方法。在储层孔隙度、孔喉结构、渗透率、含油性、可压裂性、原油性质、储层压力特征、烃源岩特性等参数进行储层分类评价的基础上，利用地质统计方法从反映致密油"甜点"特征的大量参数中，不难选定参与储层分类评价的主要参数和重要参数，主要参数为致密油的储渗能力（孔隙度、渗透率、孔喉结构）、含油性（含油级别、含油饱和度、可动油饱和度等）和储层可压性（脆性、裂缝等）；重要参数包括储层压力（实际压力、压力系数、压力分布）、流体性质（油气水与流动能力相关的性质）。研究评级致密油储层参数需要钻井、录井、测井、压裂、测试、生产动态等专业技术的有效支撑，需要地震资料特别是三维地震资料的研究支撑。

致密油"甜点"评价的基础是致密油储层综合评价，在单井储层评价基础上，应用钻井、地震、生产动态等资料进行储层平面分布分析，制作出反映储层空间变化特征的各种综合图件，表征储层的参数空间变化特征。

鄂尔多斯盆地三叠系延长组长7段致密油储层"甜点"特征，岩心分析孔隙度分布在0.37%～17.74%，储层孔隙度主要分布在6%～10%，平均为9.3%；岩心渗透率为0.001～2.56mD，储层渗透率主要分布在0.01～0.3mD，平均为0.17mD；含油性油斑以上，含油饱和度平均达到70%；地层原油黏度为0.97mPa·s；孔径2～10μm的孔隙为主要储集空间；喉道半径0.2～1μm的喉道为主要渗流通道；脆性指数较高，一般脆性指数大于50%；天然裂缝较发育，属于典型的低压油藏（压力系数为0.70～0.85），岩石润湿性为弱亲水—亲水性。

根据储层单层厚度、岩性、沉积微相、储层物性、孔隙结构等参数，结合长7段的储层特征，并增加了评价微观孔隙结构的一些参数，如喉道半径和可动流体饱和度，初步建立了鄂尔多斯盆地延长组长7段储层分类评价标准，将盆地长7段储层分为Ⅰ类、Ⅱ₁类、Ⅱ₂类、Ⅲ类不同类别的储层。其中Ⅰ类为好储层，Ⅱ₁类为较好储层，Ⅱ₂类为一般储层，Ⅲ类为差储层。新增控制区块大部分为Ⅰ类、Ⅱ类储层，即好—较好储层（表1-14）。

表1-14　鄂尔多斯盆地延长组长7段储层分类评价表

分类参数		储层分类			
		Ⅰ类	Ⅱ₁类	Ⅱ₂类	Ⅲ类
沉积特征	沉积类型	水下分流河道砂质碎屑流	砂质碎屑流	砂质碎屑流＋浊积岩	浊积岩
	砂体结构	多期叠置厚层型	厚层砂体、泥岩互层型	薄、厚砂体、泥岩互层型	砂泥薄互层组合型
	砂体厚度/m	>15	10～15	10～15	4～10
物性特征	孔隙度ϕ/%	>12	10～12	8～11	5～9
	渗透率K/mD	>0.12	0.08～0.12	0.05～0.09	0.02～0.07
孔隙类型	面孔率/%	>2.5	0.5～2.5		<0.5
	平均孔径/μm	>10	2～20		<2
	孔隙组合类型	中孔—大孔	小孔—中孔		纳米孔—微孔
孔隙结构	平均孔喉半径/nm	>200	100～200		45～100
	中值半径/nm	>150	60～150		45～100
	可动流体饱和度/%	>50	30～50		25～40
裂缝密度/（条/m）		>0.10	0.05～0.10		<0.05
储层评价		好	较好	一般	差

（二）常规测井信息融合致密油甜点评价方法

测井技术历经90余年的发展演进，经历模拟、数字、数控、成像，向智能化测井发展。从测井成本、应用的普遍性考虑，常规测井以其成本较低、适用性广泛等优势仍将长期占据测井主导地位。如何提高常规测井对各种复杂地质对象的分辨能力，提高测井信息密度是测井地质应用研究的重要课题。测井信息融合方法是为实现测井地质高信息密度、高分辨能力而提出的解决方法。常规测井信息融合主要包括测井信息融合地质目标选择、测井敏感性分析、测井信息聚焦与刻度变换和信息融合可视化表征四个部分。

1. 测井信息融合地质目标选择

岩性、物性、电性等九条常规测井曲线反映不同的物理参数，统称为常规测井信息，通过测井资料解释和评价可以把测井信息转化为地质信息，如孔隙度、渗透率、含水饱和度、岩性等，常规测井信息在各类油气储层评价中广泛应用。三条测井曲线能够较好地表征一种地质研究对象，例如，常规砂泥岩剖面的岩性可由自然电位、自然伽马、井径曲线给出确定性的评价，孔隙度可由声波时差、岩性密度、补偿中子测井给出确定的评价等。储层岩性、物性、含油气性、生烃源岩特性、岩石脆性、应力等都可作为测井信息融合研究的聚焦目标，针对不同的油气地质目标需要优选不同的测井系列，通过一定的方法或技术实现高质量的测井地质评价效果。致密油"甜点"也可以作为测井信息融合地质目标加以研究，通过测井信息多属性融合方法给出确定性的"甜点"评价结果。

2. 测井敏感性分析

针对选定的研究目标，利用钻井取心分析资料、试油试采等静动态资料确定目标特征，采用单因素分析、双因素分析、多元回归分析、统计分布与关联分析等敏感性分析方法，选定目标的敏感性测井曲线，考虑到三维数据的空间稳定性，优选三条测井曲线作为目标的敏感测井信息，利用三维融合体进行选定目标的评价具有确定性。应充分考虑测井资料的类型、径向探测深度和纵向分辨率的互补性，提高测井信息体的地质覆盖性，可作为敏感性分析选择测井曲线的基本原则。

3. 测井聚焦与刻度变换

为了提高选定研究目标的识别可靠性与评价效果，需要根据测井信息与目标的关系进行聚焦变化，确定优选的测井曲线变化趋势定性一致的指向目标。以孔隙度测井为例，随着储层孔隙度的增加，一般具有声波时差增大、岩石密度减小、补偿中子增加的特征，在聚焦变换中，要通过刻度变换将岩性密度调整随孔隙度的增加密度孔隙度增大。围绕选定的目标聚焦，通过测井刻度变换来实现数据空间到色彩图像转化，变换公式如下：

$$F(R, G, B) = \text{INT}\{255\text{abs}[(V-V_S)/(V_E-V_S)]\} \tag{1-35}$$

式中，$F(R, G, B)$为测井转换RGB值；V为测井值；V_S为测井刻度起始值（统计刻度的极小值）；V_E为测井刻度结束值（统计刻度的最大值）。

测井资料的聚焦变换可根据研究目标与测井资料的内在关系分析，分别采用线性、指数、对数和统计分布的等概率刻度变换等变化模型实现。

4. 信息融合可视化表征

人眼对红色（R）、绿色（G）、蓝色（B）三原色光波敏感，正常人对色彩的视觉分辨能力可高达 100 万种以上，选择色彩表征三维信息空间有利于直观识别三维信息在空间位置上的变化。为了在二维平面内直观、准确地表征三维空间上的特征，选择 RGB 三原色正交表征技术，将三维空间位置特征值用 RGB 值表达，RGB 三维空间里的任意点 RGB 唯一且确定，对应的颜色也是唯一确定的。将常规测井信息通过聚焦变化转化为对应的 RGB 值后，即可用 RGB 空间表征常规测井信息融合后的三维体，可分为 16777216 种 RGB 单元色，如图 1-106 所示 27 种单元色。为进一步表征融合信息体的空间位置，提取 RGB 矢量长度作为体曲线值、RGB 等效体积特征长度作为融合体质量曲线值，用于辅助定量分析。

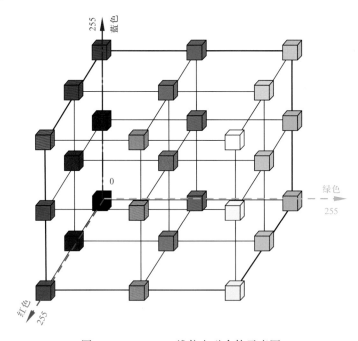

图 1-106 RGB 三维信息融合体示意图

人眼视锥细胞数量比值为红：绿：蓝 =40：20：1，表明人眼对蓝色敏感度低，对红色敏感度高，按照由近及远视觉分辨变差原理，设置红色为近探测测井信息或高分辨测井信息、蓝色为远探测测井信息或低分辨能力测井信息。在储层识别方面，考虑三种测井信息的探测深度、纵向分辨率等，按照人眼感受三原色敏感度配置三原色融合次序为AC（R）、RT（G）、GR（B），这样保证了岩性基础背景上更加关注储层的物性、含油性特征。根据不同的研究目的和研究者的习惯，设定不同的三元测井信息组合为一组融合方式，可用模板确定为融合模式，直接用模板处理整个研究区所有井的目的层段，实现统一标准，便于井的对比和评价。在三维融合颜色显示中，可增加一维信息作为融合成像的第四维信息，一组融合具有四维信息，多组融合与分级融合能够解决同时显示任意维度测井信息的需要，极大地提高单位测井绘图上的信息密度。

利用计算机的显示系统或打印输出设备，将融合后的测井信息图像显示在彩色显示器上或打印输出到图纸上，即可实现常规测井信息的融合可视化，测井信息的融合可视化结果便于地质人员对地质研究目标进行直观分析和定量评价。

5. 致密油"甜点"识别与评价

致密油的岩性、物性、含油性等非均质性强，常规测井有效信息减弱，"甜点"识别与评价面临严峻挑战。依据"七性"关系和"三品质"评价的"甜点"评价理论基础还有进一步探索的必要。致密油的"七性"关系研究基本结论指明：岩性控制烃源岩特性、储层物性，进而控制储层含油性、电性、脆性及岩石力学参数等。烃源岩品质、储层品质和工程品质是三个相互关联、从不同方面反映致密油"甜点"特征参数。综合"三品质"评价结果，可有效指导致密油"甜点"评价和"甜点"目标优选。在致密油开发过程中，致密油"甜点"评价和目标优选需要快速、直观、经济、有效，能够满足提高单井产量，同时降低单井成本，因此，研究利用常规测井信息开展致密油"甜点"识别、评价和目标优选。

在致密油"甜点"测井识别评价中，常用的方法是三品质七性评价方法，由于三品质七性研究和应用需要更多的资料（录取资料需要更大的投资），在致密油开发阶段应用受到限制。考虑到三品质七性的基础是储层岩性、物性、含油气性，因此，可以从常规测井曲线中选择反映三性特征的测井资料。在致密油"甜点"测井敏感性信息分析和选取中，自然伽马以地层中相对稳定的天然放射性元素为测量对象，基本不受地层流体、井眼环境影响，在碎屑岩沉积剖面中能够较好地识别和评价岩性、泥质含量等；声波时差能够反映近井眼岩石地层的纵波特征，在致密地层中，声波时差主要受岩石骨架声波特征控制，地层流体与井眼环境影响较小，与岩性、岩石力学特征相关性强；深电阻率能够反映井眼周围较深地层的岩性、流体特性、孔隙结构特性等。优选出物性代表——声波时差（AC）、含油性代表——深电阻率（RT）、岩性代表——自然伽马（GR）三种致密油"甜点"敏感的测井曲线，利用RGB融合技术进行"甜点"识别与评价，优选致密油开发目标。

1）致密油"甜点"三性空间特征

任意选择三种测井曲线经RGB刻度转换后，都可以构建RGB三维正交向量空间，RGB各向量的长度由其数值表征，方向指向数值增大的方向，RGB的特征空间体对角线为三维空间向量，运用线性叠加原理表征RGB维空间特征，特征长度公式如下：

$$|RGB|=SQRT\left(|R|^2+|G|^2+|B|^2\right) \tag{1-36}$$

从RGB三维空间构建原理上来讲，长方体的体对角线长度，是三性体的基本特征，各特征间的关系（数值大小）可由RGB数值大小对比关系显示，具体到RGB对象则用颜色差异表征，优势属性的颜色发挥主导作用，当RGB值基本相同时，表现为灰白（黑白之间变化）；当R值占据绝对优势，则显示红色；G值占据绝对优势，则显示绿色。

对RGB三维空间的地球物理解释可依据从选择的测井曲线特征出发，因此，选择构建的RGB基本测井曲线应具有明确的特征指向。在致密油"甜点"识别评价中，选择岩性、物性、含油性三种测井敏感曲线，构建"甜点"三性空间，从RGB特征上不仅可以直接评价"甜点"基本特征，还可以直接分析认识三性中的强弱对比关系。

2）点积含油饱和度

自阿奇（Archie）1942年发表关于砂岩电阻率的规律以来，储层测井解释饱和度基本上就围绕该方法研究的方向不断深入，但是随着致密储层岩石导电的复杂化，该公式的适用性问题已被广泛讨论，基本结论是阿奇公式不再适用于致密油储层含油饱和度的解释。

对于沉积岩储层，岩石由岩石矿物、多孔介质孔隙、流体（油气水单相或混合）组成，在电流通过岩石时，岩石孔隙水中的离子要在电场的作用下发生运动，即显示导电性。实验证明，岩石孔隙水（地层水）中的离子主要是钠离子（Na^+）和氯离子（Cl^-），这两种离子在电场作用下穿过岩石孔隙系统的难易程度决定了岩石的电阻率。孔隙度较高且其孔隙系统具有良好连通性的岩石电阻率较低。孔隙度较低且其孔隙通道的几何形状复杂和连通性不好的岩石电阻率较高。如果岩石中的孔隙通道被不导电的矿物所堵塞，则导电离子不能在孔隙通道中移动，因此导致岩石的电阻率增加。在含有碳氢化合物（油气）的地层中，由于这类化合物一般是不导电的，所以它们的存在实际上是堵塞了离子运移的通道，使岩石的电阻率变大；另外，含泥质岩石的电阻率还受黏土矿物的含量和类型的影响。

阿奇通过砂岩储层岩电实验总结得到如下公式：

$$F = \frac{R_o}{R_w} = \frac{a}{\phi^m} \tag{1-37}$$

$$I = \frac{R_T}{R_o} = \frac{b}{S_w^n} \tag{1-38}$$

式中，F 为地层因素；R_o 为完全饱和水岩石的电阻率（沉积岩储层原始状态）；R_w 为地层水电阻率，$\Omega \cdot m$；ϕ 为有效孔隙度，小数；a 为与岩石性质有关的系数；m 为胶结指数，与岩石的胶结情况和孔隙结构有关；I 为电阻率增大系数；R_T 为含油气岩石电阻率，$\Omega \cdot m$；S_w 为含水饱和度，小数；b 为与岩性相关的系数；n 为饱和度指数，与油、气、水在孔隙中的分布情况有关。

在实际油田应用中，a、b、m、n 可由岩心岩电实验测试数据的回归得到，称为岩电参数。值得注意的是，对于同一地区，储层岩电参数 a、b、m、n 应基本保持大致稳定或不变的条件，才能确保解释成果的可靠，否则，误差必然增大，甚至失去对储层的解释能力。m 值应为 1.3～2。具体地说，对于未固结的纯砂，m 值约为 1.3。对于产于美国海湾地区的一些固结良好的纯砂岩，m 值应为 1.8～2.0。对于指数 n，可能的取值范围为 1.0～3.0，阿奇根据有关的文献资料认为在含水饱和度为 15%～20% 时，n 的取值接近于 2，即 $n \approx 2$。

上述公式通过变换和整理后得到电阻率与含水饱和度的关系式，即为电阻率测井定量评价储层含油气饱和度的公式（阿奇公式）：

$$R_T = \frac{abR_w}{\phi^m S_w^n} \tag{1-39}$$

在长期的测井解释应用实践中，经过测井科研人员的充分研究，认为对阿奇公式适用性限制条件有以下三个方面。

（1）地层岩性及矿化度使用要求不同，从实验过程看，阿奇公式实验对象为孔隙度为10%～40%、地层水矿化度为20000～100000mg/L的较均质纯净砂岩。而实际应用中，常规储层基本符合这两项条件，但也经常出现不符合现象，例如低阻油层、高阻水层等实际存在。非常规储层基本上不符合这一条件。

（2）没有考虑岩石泥质含量对导电性的影响，认为岩石的骨架基本不导电。实际上，因为黏土具有很大的比表面积，存在固有的表面负电荷，能吸附少量水分，具有形成偶电层的能力，因而泥质砂岩的骨架具有一定的导电性。而且，在自然界的复杂条件下，完全没有泥质的砂岩很少见。通过泥质导电性实验及阳离子交换理论修补方法，提高了阿奇公式对含泥质储层的适用性。

（3）没有考虑储层非均质性的影响，从实验岩石性质上看，还隐含要求岩石的孔隙度在空间上的分布是均匀的；岩石中所含流体的饱和度在空间上的分布是均匀的；岩石中所含有的水不是淡水；岩石的电学性质是各向同性的。然而，在复杂地质条件下，岩石本质上是不均匀的，虽然各向异性现象在大尺度的宏观条件下可能会较弱，但是对计算结果的影响是不可忽视的，在地层倾斜的情况下尤其如此。致密油储层井尺度上的强烈非均质性，不能满足阿奇公式的适用性条件。

$$S_w = \sqrt[n]{\frac{R_w}{R_T} \cdot ab \cdot \frac{1}{\phi^m}} \qquad (1-40)$$

由公式（1-40）不难发现，储层含水饱和度与岩性（ab）、物性（$1/\phi^m$）、电性$\left(\dfrac{R_w}{R_T}\right)$

三者的乘积直接相关，也可以通常称为流体饱和度是岩性、物性、电性的点积函数。考虑到致密油含油饱和度与岩性、物性、含油性的定性关系，在相同或相近的沉积成岩条件下，随着岩性变好，物性变好，含油性变好，则电性升高。我们提出如下点积含油饱和度公式：

$$S_o = \sqrt[n]{LITH \cdot POR \cdot RT} \qquad (1-41)$$

结合前述致密油"甜点"三性空间特征构建方法，式（1-41）可以写成如下形式：

$$S_o = \sqrt[3]{R \cdot G \cdot B} \qquad (1-42)$$

至此，我们可以看到，致密油含油饱和度可以用岩性、物性、电性的点积函数来表征，在RGB三维空间体上，含油特征值可与RGB长方体体积相等的正立方体的边长等效。因此，"甜点"三维空间长方体的等效立方体边的长度指示了"甜点"的含油饱和度，利用RGB融合技术即可表征致密油"甜点"特征及其含油饱和度。

3）鄂尔多斯盆地三叠系延长组长7段致密油储层评价

鄂尔多斯盆地三叠系延长组长7段致密油储层主要发育在长7段中上部的长7_1亚段和长7_2亚段的细砂岩，长7_3亚段发育一套黑色油页岩，是主要的生烃源岩。湖盆中部长

7₃ 亚段发育高伽马砂岩储层，高伽马砂岩储层平面具有一定分布面积和厚度，是页岩油评价和优选的重点目标。

西 233 井区三叠系延长组长 7 段油藏平均埋深为 1998m，油藏中部海拔为 −681m，埋藏适中，是致密油"甜点"发育区。单井试油一般无自然产能，须经过大型压裂才能获得工业油流。试油 53 口（探井 14、评价井 39 口），平均试油产量为 8.62t/d，最高试油产量为 24.23t/d（西 233 井）。共 35 口直井试采，试采初期平均产油率为 1.14t/d，平均综合含水率为 38.64%，表现出致密储层自然产能低、递减快的特征。水平井 10 口全部试采，生产时间 2 年左右，初期平均产油 11.7t/d，平均综合含水率为 27.30%。根据岩心含油产状与物性（孔隙度、渗透率）关系分析显示，当储层渗透率大于 0.03mD、孔隙度大于 6% 时，含油级别一般在油斑级以上，试油可获油流，确定渗透率 0.03mD、孔隙度 6% 为长 7 段致密油储层获工业油流的物性下限。若以渗透率下限 0.03mD 时对应的毛细管中值半径为 0.025μm，相应的中值压力为 30MPa，在长 7 油藏平均毛细管压力曲线上求取对应的压汞饱和度为 70%。

西 233 井区三叠系延长组长 7 油藏地层水总矿化度为 34.65g/L，水型为 $CaCl_2$ 型，油藏封闭性好，有利于油气聚集和保存（表 1-15）。

表 1-15　西 233 井区地层水分析数据表

井区	层位	阳离子浓度 /（mg/L）			阴离子浓度 /（mg/L）			pH	总矿化度 / g/L	水型
		$Na^+ + K^+$	Ca^{2+}	Mg^{2+}	Cl^-	SO_4^{2-}	HCO_3^-			
西 233	长 7 段	11670	1312	228	20057	770	450	6.25	34.65	$CaCl_2$

充分利用区内取心、录井和各类化验分析资料，采用"岩心刻度测井"方法，建立常规测井"甜点"评价模型和致密油储层评价标准。西 233 井区勘探重点探井基本的测井项目包括三孔隙度（补偿声波、补偿密度、补偿中子）、三电阻率（双感应—八侧向）、自然电位、自然伽马、井径、微电极、4m 梯度电阻率；成像测井加测了核磁共振、地层微电阻率扫描、自然伽马能谱等项目。测井系列比较齐全，资料品质较好。开发阶段，为节省成本，测井项目大幅度简化，基本上能够测全 9 条常规曲线，给致密油"甜点"评价提出了常规测井"甜点"评价问题。

西 233 井区三叠系延长组长 7 段致密油储层"四性"关系研究表明，长 7 油藏以岩性控制为主，储层岩性、物性、含油性、电性之间有较好的对应关系。有效储层自然电位测井呈明显负异常，补偿密度测井显示低值（一般小于 2.52g/cm³）。由于砂岩中云母类矿物含量较高（1%～13%，平均为 4.52%），可引起高钍放射性异常，自然伽马测井对储层岩性的反应受到一定程度的影响，部分井发育高自然伽马砂岩，自然伽马的岩性代表性有一定局限。孔隙度测井资料与储层分析物性之间有很好的相关性，由于声波测井数值较为稳定，一般采用声波测井计算孔隙度。电阻率曲线与试油结果之间有比较好的一致性，能够反映含油特征。

孔隙度是指岩石中孔隙体积与岩石总体积的比值，反映岩石中孔隙的发育程度，表征储层储集流体的能力。为了使参数解释模型能有较好的适用性，利用岩心资料刻度测井资料。岩电归位后，采用分析孔隙度—测井线性回归建立孔隙度模型：

$$\phi=0.137AC-6.858DEN-5.279, \qquad R^2=0.81$$
$$\phi=0.2044AC-37.694, \qquad R^2=0.84$$

式中，AC 为声波时差，μs/m；DEN 为密度测井值，g/cm³；ϕ 为孔隙度，%。

岩电实验分析表明，在双对数坐标系下地层因数（又称地层因子，F）与孔隙度关系以及电阻增大率与含水饱和度关系基本呈线性关系，阿奇公式能较好地表征长 7 段储层的岩电特征。因此，西 233 井区长 7 段测井饱和度计算采用阿奇公式：

$$S_o=1-\sqrt[n]{\dfrac{abR_w}{\phi^m R_t}} \qquad\qquad (1-43)$$

式中，S_o 为含油饱和度，小数；m 为孔隙度指数；n 为饱和度指数；a、b 均为岩性系数；R_t 为地层电阻率，Ω·m；R_w 为地层水电阻率，Ω·m。

选取陇东地区 7 口油层井 56 块样品，配置饱和盐水矿化度为 41000ppm，在常温常压下获得岩电实验数据，回归得到 a、b、m、n 值（表 1-16）。

表 1-16　陇东地区长 7 段储层岩电参数取值表

层位	岩电参数			
	a	b	m	n
长 7 段	5.02	1.18	1.13	1.85

根据长庆油田西 233 区块长 7 段致密油取心分析和电测饱和度解释结果分析，电测解释饱和度明偏差明显（图 1-107）。在致密油含油饱和度较高区，电测解释含油饱和度显著偏低，在含水饱和度较高区域（大于 60%），测井解释含水饱和度与岩心饱和度接近。而致密油"甜点"主要发育区为较高含油饱和度区，电测饱和度解释结果显著偏低，误差增大，不利于"甜点"识别、评价与开发目标优选。

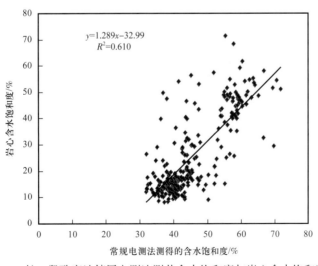

图 1-107　长 7 段致密油储层电测法测井含水饱和度与岩心含水饱和度对比

为了提高常规测井致密油"甜点"评价的可靠性，利用常规测井信息融合技术开展致密油"甜点"评价。在岩性、物性、电性与含油性关系敏感性分析基础上，根据区内常规测井系列，选择具有普适性的测井资料作为测井信息融合的典型曲线。首先根据三孔隙测井资料通过累计统计刻度后融合成像表征储层岩性，用融合岩性的点积特征对融合岩性进行包络，见图 1-108，第五道融合岩性道，从图中可以清楚地识别出黄绿色中等宽度的砂岩，颜色变化越小则岩性越稳定，白色最宽的部分为黑色页岩，粉色较宽的部分为暗色泥岩，暗紫色偏细部分为泥岩，砂岩中部分最细部分为钙质夹层，长 7 段底部的分界岩性为沉凝灰岩，岩性道上显示近砂岩，宽度仅次于页岩。经与取心段岩性定名结果比对，岩性符合率高，达到 95% 以上。选取代表岩性（GR）、物性（AC）、电性（RT）曲线进行"甜点"融合，见图 1-109，第六道融合"甜点"道，该道"甜点"融合色谱显示分辨能力高，包络线采用"甜点"三原色点积结果，其中黄色偏细部分为黑色油页岩，红色较细部分为凝灰岩，中部长 7_2 亚段灰白偏粗对应砂岩部分为致密油"甜点"，上部长 7_1 亚段泛蓝偏粗对应砂岩部分为致密油储层，含油饱和度相对下部低，储层含水，蓝色偏细部分为钙质夹层，基本不含可动油。第七道流体分析道，根据"甜点"融合定量表征三维特征向量，指示岩性流体储集空间，点积指示饱和度，用密度取心含水饱和度刻度，可以看出长 7_2 亚段主力储层"甜点"饱和度一致性较好，上部长 7_1 亚段储层底部一致性好，钙质夹层一致性差；通过取心刻度确定储层边界流体特征为融合点积饱和度处于 60% 附近（50%~60%），可作为致密油常规测井"甜点"评价的层边界划分标准。为了进一步表征"甜点"含油状况，以"甜点"融合边界为左边界，最大值为右边界，制作"甜点"分析道，见第八道，其中绿色充填部分为含油饱满程度，暗绿色充填部分为三维储集空间，原始状态可认为充满地层水，如果二者重合，基本代表含油饱满，绿色充填部分宽度代表致密油"甜点"的品质，我们根据地区含油特征，可以划分为三类，如图中两条分类红线，右侧红线右边为标准一类"甜点"，两红色刻度线之间为标准二类"甜点"，左侧红线左侧部分为三类储层，基本不具备"甜点"的产能条件。当然，根据压裂试油结果，适当调整致密油"甜点"刻度范围，绿色充填部分越宽越饱满储层产油能力越强的总体规律不变。

从常规测井信息融合致密油"甜点"评价结果可以看出（图 1-108），长 7_1 亚段储层含水，可定为含水油层，岩心分析饱和度分布散乱，含水饱和度为 10%~50%，岩心下部层物性较好，但密度孔隙度明显大于声波孔隙度，显示次生溶蚀孔发育特征，钙质夹层发育，表明该层水体活动，因此分析该层压裂改造后产油的同时应少量产水；中部长 7_2 亚段储层部分含油饱满，充填幅度达到优质二类，为典型"甜点"，该层应该产纯油，不产水，该层物性评价显示，融合评价孔隙度与岩心分析孔隙度一致性较好。两层合并试油，获日产油 24.23t，累计试油产油 33.49t、产水 $5.9m^3$，表明常规测井信息融合储层评价结果可靠；原电测解释结论：上部储层解释为油层，结论偏高。常规测井解释沿用油层、水层、干层的结论与常规储层没有区别，无法体现出致密油"甜点"的非常规储层特征。

根据长 7 段致密油 RGB 融合"甜点"分析含油饱和度，通过与岩心分析饱和度对比（图 1-109），发现二者一致性较好，特别是在高含油饱和度（低含水饱和度）区，真正的致密油"甜点"发育段，含油饱和度解释结果较常规电测阿奇公式方法大为改善，可直接应用于致密油单井开发目标层段的识别、评价和优选。

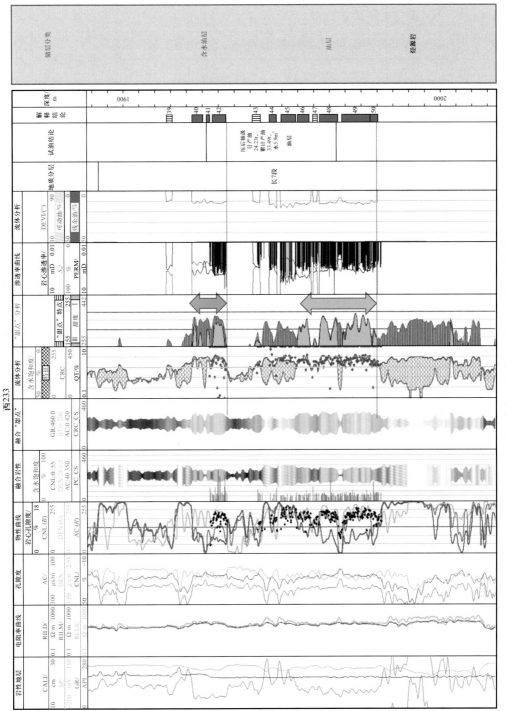

图 1-108 长 7 段致密油常规测井信息融合 "甜点" 评价成果（西 233 井）

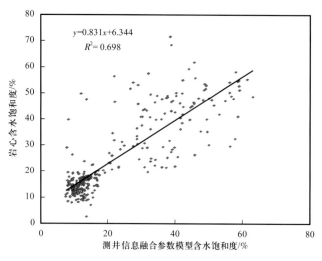

图 1-109　长 7 段致密油测井信息融合参数模型与岩心含水饱和度对比

固平 41-65 井为庄 183 区块的一口水平钻井取心井，录井含油性描述该段均为油斑级别，由于录井的局限，含油级别描述偏粗，岩心出桶后描述含油级别为油浸至油迹级别，整体含油性一般。该井录取了自然伽马、自然电位、声波时差、深浅电阻率五条常规测井曲线，有气测全烃录井，常规三孔隙度缺少密度、补偿中子两条曲线，常规三孔隙度岩性融合因缺失两条曲线而无法正常执行，重新选择了能够指示岩性的自然伽马（G）、深电阻率（B）和声波（R）组合进行了岩性融合分析，见图 1-110，第一道岩性地

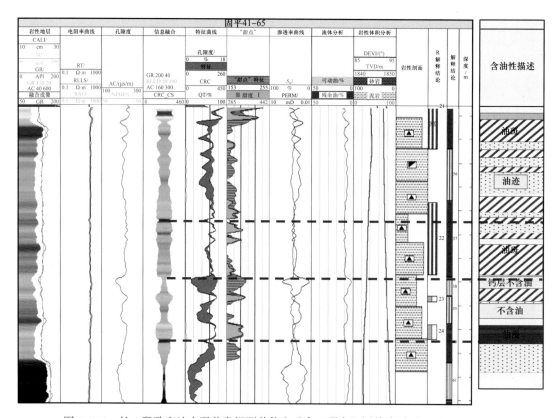

图 1-110　长 7 段致密油水平井常规测井信息融合"甜点"评价成果（固平 41-65 井）

层道；选择声波（R）、电阻率（G）、自然伽马（B）组合信息融合"甜点"评价，第四道信息融合道，开展了"甜点"表征，见第六道"甜点"道；从岩性融合结果可以看出，取心段整体上为砂岩类，但不稳定，局部钙质含量较高，发育钙质夹层（不含油）；"甜点"融合及定量表征可以看出，致密油储层不连续分布，单层较薄，整体含油级别不高，以三类层为主，含油性描述为油斑级别；取心段底部发育二类"甜点"，含油描述为油浸级别，"甜点"评价结果与含油描述基本一致，油斑以上级别均可确定为致密油油层，表明经过刻度的储层分界满足区块致密油储层评价的需要。

4）新疆吉木萨尔二叠系芦草沟组致密油储层评价

新疆吉木萨尔二叠系芦草沟组致密油为一套典型的源储一体型陆相致密油。地质研究表明芦草沟组沉积为咸化湖相混合沉积岩，由陆源碎屑、碳酸盐岩、火山灰和有机质等多种成分构成，岩性复杂，岩石类型多变，纵向划分为上下两套"甜点体"，"甜点体"内部薄互层频繁，岩性变化快，非均质性强。上"甜点体"内发育一套横向连续性较好，厚度大约6m，较为稳定的岩屑长石粉细砂岩，是该区致密油开发的主要目标；在岩屑长石粉细砂岩上部发育砂屑云岩、下部发育云屑砂岩，较不稳定，局部含油性好，具有一定的开发潜力。常规测井"甜点"信息偏弱，常规的测井"甜点"识别和评价难度大。勘探阶段，油田现场综合核磁共振、成像等测井技术研究，较好地解决了"甜点"评价问题；开发阶段，推广应用勘探阶段"甜点"测井系列及评价方式，面临成本、效果等多方面挑战。

以钻井取心岩性鉴定为依据，在岩心归位基础上提取常规测井曲线开展岩性敏感性交会分析，见图 1-111，不同的岩性测井在常规测井曲线上有不同的差异，通过分析我们确定了岩性敏感曲线为 AC、DEN、CNL、RT；利用岩心含油性描述数据、岩心含油饱和度分析数据，在敏感性分析基础上，优选出 AC、RT、GR 为"甜点"敏感曲线。

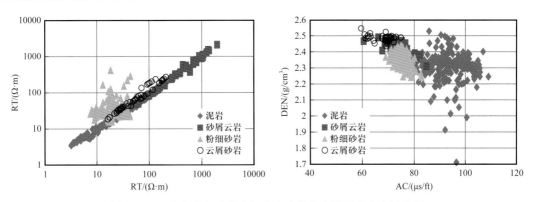

图 1-111 吉木萨尔芦草沟组致密油优势岩性测井交会图分析

提取 AC+DEN+CNL 三条曲线进行融合，利用 RT 作为包络线进行岩性识别与划分；利用 AC+RT+GR 三条曲线进行融合，融合体曲线作为包络线进行"甜点"识别与评价，利用融合体质曲线重叠法进行"甜点"分类。考虑到砂屑云岩和云屑砂岩的视孔隙度与粉细砂岩对比明显降低，岩屑长石粉细砂岩的"甜点"测井信息融合不能在云质砂岩上有效聚焦，采用岩性融合体曲线与"甜点"融合体曲线重叠确定含云质成分储层段"甜点"发育状况，见图 1-112。

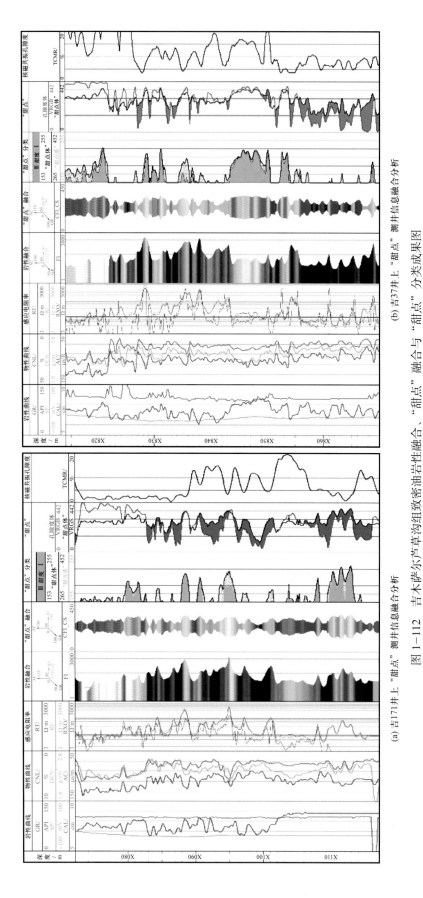

(a) 吉171井上"甜点"测井信息融合分析

(b) 吉37井上"甜点"测井信息融合、"甜点"融合与"甜点"分类成果图

图1-112 吉木萨尔芦草沟组致密油岩性融合、"甜点"融合与"甜点"分类成果图

图 1—113 中的单井测井成果图分为 9 道，自左向右依次为深度、岩性、物性、感应电阻率、岩性融合、"甜点"融合、"甜点"分类（聚焦岩屑长石粉细砂岩）、"甜点"（云质岩类）、核磁共振孔隙度。岩性融合道中，泥岩显示为浅灰白色（顶部）、电阻率较低；岩屑长石粉细砂岩显示为浅绿白色，电阻率中等；砂屑云岩（J171 井、J37 井中上部）显示暗色至黑色，电阻率高；云屑砂岩（J37 井、J171 井下部）显示暗色，电阻率较低；泥质烃源岩显示为粉紫色，高电阻。"甜点"融合道中顶部泥岩盖层显示为粉红色，体窄至中等，体越宽反映盖层封闭性越好；岩屑长石粉细砂岩显示为粉紫色，"甜点"甜度随宽度增加而增加，随颜色变浅而提高；云质类"甜点"显示颜色多变，宽度变窄，"甜点"叠合曲线显示有红色填充饱满；优质烃源岩显示为黄绿色，黄色生烃能力更强，宽度越宽排供烃能力越强。从直观可视化分析，J37 井岩屑长石粉细砂岩"甜点"较胖，"甜点"品质好，上部泥岩盖层较胖，封盖能力强，测试"甜点"压力系数为 1.32；J171 井岩屑长石粉细砂岩"甜点"偏瘦，"甜点"品质差，顶部泥岩偏瘦，封盖能力较弱，测试"甜点"压力系数为 1.27。

六、致密油开发目标评价

致密油开发目标就是可以使致密油"甜点"实现效益开发。致密油开发目标评价是以致密油"甜点"评价结果为基础，通过加入开发效益评估内容后给出开发价值评价，落实到开发方案上，因此，致密油开发目标评价是致密油开发目标优选的基础。在致密油开发目标区评价中，应坚持以开发经济效益为中心，以致密油资源品质、开发技术为关键的评价原则。致密油资源品质评价方面重点关注有机质丰度、热演化程度（R_o 值大于 0.7%）、储层储渗能力（孔隙度、覆压基质渗透率、裂缝微裂缝发育状况）、含油饱和度、超压、原油性质等。致密油开发技术是通过致密油开发先导试验确定的具有较高区域适应性的水平井分级压裂技术，以单井初期产油量（IP）、累计采油量（EUR）统计分布为基础，结合油价和单井投资进行评价，确定出有利的致密油开发目标区。

（一）致密油开发目标区块评价

美国已发现并投入开发的 7 大页岩油气区中，Bakken、Permian 和 Eagle Ford 三个致密油区是致密油主要产区。2019 年 12 月，三个致密油区致密油产量加起来占美国致密油（页岩油）产量的 84%，见图 1—113。美国致密油产量，实际上大部分来自致密储层而非来自页岩层，致密储层需要压裂才能让石油和天然气流动形成工业产能。因此，2015 年，页岩油被 EIA 重新命名为轻质致密油（LTO）。至今，页岩油与致密油概念在北美混用。尽管致密油与页岩油定义仍不统一，界定指标多样，是颇具争议的非常规油气名词概念。客观事实是在北美页岩油开发中，开发目标大都是指致密油。

北美致密油开发实践经验表明，致密油水平井的井位置对致密油单井产量的影响至关重要，高产井相对集中的区域具有相对高级别的开发效益，也被开发者称为核心区。在致密油勘探和评价阶段，核心区也常被称为"甜点"区。致密油"甜点"区可以从致密油单井产能和效益上进行评价，具有单井累计产油量（EUR）高且经济效益好的区域为致密油"甜点"区，其面积相对局限，一般仅占致密油区域的 20% 甚至更少，致密油优质"甜点"发育区域是致密油开发目标区评价和优选的主要目标。

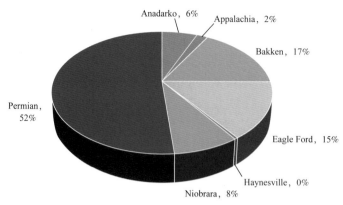

图 1-113　美国致密油产油量区域分布

资料来源：https：//www.eia.gov/petroleum/drilling/

中国陆相致密油与北美海相致密油存在显著的差异，主要表现为沉积构造背景复杂，烃源岩和储层分布规模相对较小，品质相对较差，超压和原油品质（密度、黏度、气油比）等影响产能的重要因素较北美致密油相差较大，单井产能差异大，分布稳定性更差，开发效益整体上远不及美国海相致密（页岩）油（图 1-114）。

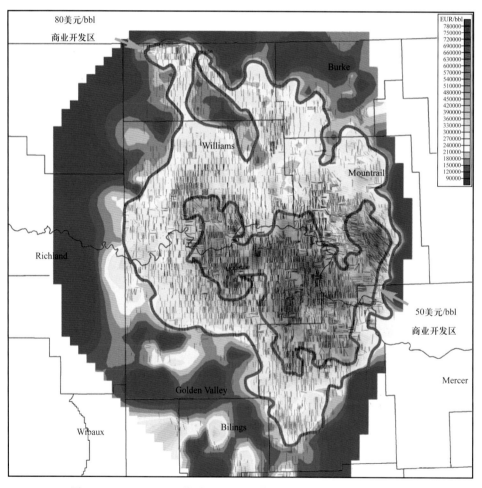

图 1-114　Bakken 50 美元 /bbl 和 80 美元 /bbl 的致密油开发区划分

根据储层特性、含油性、烃源岩特性、脆性、地应力等特征，结合长庆油田长7油藏综合"甜点"区划分标准，综合分析认为，Ⅰ类"甜点"区主要分布于上里塬—庆城—合水—盘克，呈NW—SE向展布，其发育主要受盆地底形控制，主要分布于深水坡折线以下及坡脚重力流沉积体发育区，该区位于湖盆发育鼎盛期的深水环境，具有烃源岩厚度大、有机质丰度高、储层脆性强等特点。Ⅱ类"甜点"区与Ⅰ类"甜点"区相邻分布，是下一步持续勘探及储量扩边的重要潜力区。

（二）致密油开发目标层段评价

长7段致密油藏岩性变化快，储层横向连续性差，非均质性强，地层中发育大量泥质纹层、泥质条带和钙质砂岩，储层含油性差异大（图1-108），局部天然裂缝较发育。水平井取心显示（图1-115），致密油储层中发育泥岩夹层，钙质夹层等具有封盖能力的渗流边界层。原解释结果与岩心显示相差较大。

通过精细解释岩石组分、脆性、地应力等参数及裂缝发育情况，建立水平井储层品质（RQ）和完井品质（CQ）分段分级评价标准，优选水平段"甜点"，为水平井压裂布缝和方案优化提供了依据。

七、致密油开发目标优选

（一）致密油开发目标区块优选

大多数页岩盆地开采的非常规石油来自致密油"甜点"。以美国致密油开发实践为例，在过去的15年里，特别是2011年到2014年，每桶油价连续三年高于90美元，有力推动了美国致密油开发实现跨越式发展，促使致密油产量迅速提升，扭转了美国原油长期依赖进口的能源格局；在致密油储层中，可供高效开发的优质目标占比较低，例如，在北达科他州的Bakken地区的16个县中，有4个县石油产量占比90%，这4个县的致密油油井初期产油量超过1000bbl/d；而在这4个县之外，产量一般开始时不到100bbl/d。致密油水平井压裂开发井通常在第三年生产结束时产油量减少70%～90%，因此必须依赖快速钻进新油井以保持或增加区域产油量。在低油价、石油需求降低和美国三大页岩产油盆地Bakken、Permian和Eagle Ford在"甜点"区完钻水平井已趋于饱和等多种不利因素作用下，美国致密油产量规模进一步提升空间有限。美国致密油开发技术研究与认识可供中国陆相致密油开发技术研究借鉴。中国陆相致密油从规模、品位、产量上都较北美致密油相差较远，在致密油开发实践中，开发目标评价与优选工作尤其重要，与能否实现有效开发密切相关。

（1）沉积储层条件：处于构造平缓、有利的沉积相带；储层厚度大、分布稳定、连续性好；储层物性相对较好、裂缝发育有利于获得高产。

（2）含油性条件：优质烃源岩及生油窗；源储配置关系好，上下或侧向紧密叠置；封盖完善，原油保存条件好；岩心证实储层含油级别可达油斑级以上。

（3）探评井试油结果：产量可靠，且初产油量较高；水平井压裂后具有效益开发潜力；地层压力相对较高；超压有利于建立较高的驱替压力梯度。

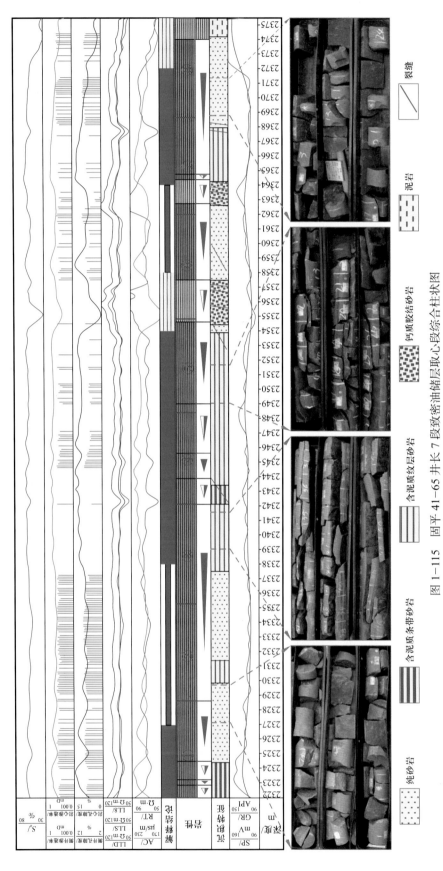

图1-115 固平41-65井长7段致密油储层取心段综合柱状图

（4）三维地质建模条件：地震资料有助于水平井轨迹优化和控制开发优质"甜点"定量识别与评价，优选吉37井区部署JHW023井、JHW025井获得高产。

储层岩性、厚度、含油性及脆性等均为油藏表征的单项参数，而地质"甜点"是在单项参数表征的基础上对油藏进行综合分析。应用庆城北三维地震资料，对地震预测的储层岩性、厚度、泊松比、脆性、高亮体、流体活动性等参数进行综合分析，采用神经网络技术进行深度融合，优选出地质"甜点"，为储量面积的圈定提供依据。

（二）致密油开发目标层段评价

1. 致密油开发目标层段优选

George Mitchell被称为页岩气革命之父，他领导创造了页岩气开发的"重大颠覆性技术"，成功地将水力压裂与水平井钻探相结合，并成功地实现页岩气规模效益开发。页岩气革命影响实际上比页岩气开发本身更大，由此发展而来的技术成功地转移到致密油开发，实现了北美致密油跨越式发展，改变了美国能源供应乃至世界能源版图。北美致密油开发实践经验告诉我们，致密油水平井的井位置对致密油单井产量的影响至关重要，对"甜点"区的认识和评价成为致密油开发水平井部署的关键。随着水平井钻完井技术的提高，致密油水平井钻进长度不断增加，以美国Permian盆地致密油钻完井为例，在特拉华盆地（Delaware Basin）的Wolfcamp组储层完钻的水平井测量深度（MD）为26745ft（8151.9m），水平段长度为16574ft（5051.8m）。北美致密油开发现场经验和实践表明，不同的段间隔通常会导致不同的最终采收率（EUR）。因此，有必要确定最佳段间隔，以便通过使用适当的压裂液和支撑剂来降低成本，并通过提高EUR来实现利润最大化。需要注意的是，多级压裂水平井的产量不仅受地质特征、水平段长度、水平井方位、压裂液、支撑剂、增产操作程序、压裂段间隔等因素的影响，还受其相互作用的影响。为了使分析更合理，采用归一化分析来区分不同参数对EUR的影响。一般可应用单变量敏感性分析方法评价其对产量的影响。首先通过地质"甜点"的评价、工程"甜点"的调整、射孔孔眼位置的优化来确定射孔位置，从而提高压裂段的压后效果。

2. 致密油开发目标优选

在北美海相致密油盆地，通过钻更长的水平井，提高压裂规模（更大的液量和更多的支撑砂量），以及增加压裂段的数量，显著提高单井产量。进攻性技术措施可以提高致密油动用速度，但快速消耗的可钻井井位，不太可能维持较高的稳产水平，也无法有效提高区域采收率。以净现值目标最大化为优选依据，可综合考虑单井或区块EUR开展致密油开发目标优选，对致密油开发目标优选结果进行排序，为致密油开发方案编制提供依据。

通过物性、含油性等测井参数，对单个含油砂体进行定量评价、分级排序，结合储层在井间横向的连续性，筛选主力贡献段，优化水平井轨迹设计，确保水平井油层钻遇率。

第五节　致密油开发目标优选

致密油开发目标评价和优选是为致密油实现效益开发提供可靠依据的重要性研究工作。储层岩性、厚度、含油性及脆性等均为油藏表征的单项参数，而地质"甜点"是在单项参数表征的基础上对油藏进行综合分析。应用三维地震资料，将地震预测的储层岩性、厚度、泊松比、脆性、高亮体、流体活动性等参数综合分析，采用神经网络技术进行深度融合，优选出地质"甜点"，为储量面积的圈定提供依据。

一、致密油单井开发目标评价

在致密油勘探开发过程中，致密油开发目标评价以单井评价为基础，初期的探井评价井以区域控制的直井为主，直井有利于落实致密油储层纵向剖面，评价确定致密油有利层位，为水平井开发试验井位和井轨迹设计提供选层依据。直井便于分层压裂测试试油层位产液性质及产能，为评价致密油水平井压裂产能提供可对比基础，也为水平井开发层位选择和轨迹设计提供依据。

新疆吉木萨尔二叠系芦草沟组致密油储层分为上下两部分，即上"甜点"和下"甜点"，上"甜点"储层以砂屑云岩、岩屑长石粉细砂岩、云屑砂岩为主，属于基质孔隙型储层，局部发育少部分裂缝—孔隙型储层；下"甜点"储层岩性以云质粉砂岩为主，属于基质孔隙型储层。上"甜点"在孔隙度大小、孔喉大小、烃源岩演化程度等方面优于下"甜点"，是致密油发育"甜点"相对有利区。根据勘探评价（吉174井芦草沟组全井段系统取心），上"甜点"中部相对高伽马的岩屑长石粉细砂岩含油性好，孔隙结构较为有利，被确定为该区致密油开发试验井选定的开发目标。岩屑长石粉细砂岩作为水平井井眼轨迹优选的开发对象。

应用钻井、录井、测井、岩心描述、薄片鉴定、岩石物性分析、试油试采等生产资料，综合研究确定出芦草沟组致密油有效储层分类标准，见表1-17。该标准共有10项指标将致密油储层分为四类，其中前三类含油性在油斑级以上，Ⅰ类基本上为含油级别；Ⅱ类为油浸级别；Ⅲ类以油斑级别为主，压裂后具有产油能力，可作为致密油开发的目标；Ⅳ类含油性以油斑以下级别为主，储层含油但基本上不具有工业化产油能力，一般不作为致密油开发目标。

在10项致密油储层分类指标中，主要包括物性、含油性、孔隙结构、测井信息融合甜度、产量动态、源储配置关系等6类，定性指标和定量指标具有较好的适用性。在单井评价中，常规测井信息融合甜度（以测井含油性为主）指标具有使用便利，且与含油性描述、试油生产储层结论、储层孔隙结构等符合性好的特征，在致密油开发阶段，可有效替代核磁共振测井、元素俘获（ECS）能谱测井等费用较高的测井项目。

芦草沟组致密油埋深3000～4000m，最低储量起算标准为产油5t/d，以试油试采初期产油量为依据计算每米采油指数，统计分析分类储层的每米采油指数，确定平均每米采油量，运用工业产油标准计算有效储层平均下限，得到四类储层的有效厚度下限分别为

Ⅰ类 4m、Ⅱ类 6m、Ⅲ类 11m、Ⅳ类 100m；在薄互层发育的芦草沟组，局部储层段可达 10m 以上，但没有储层段接近 100m，即达到工业标准的Ⅳ类储层基本不存在，因此，仅前三类致密油储层可确定为开发目标。

表 1-17　吉木萨尔凹陷芦草沟组致密油有效储层分类划分标准

参数	储层分类			
	Ⅰ类	Ⅱ类	Ⅲ类	Ⅳ类
孔隙度 /%	>12	8~12	6~8	<6
渗透率 /mD	>0.2	0.1~0.2	0.03~0.1	<0.03
含油饱和度 /%	>75	65~75	55~65	<55
R_{10}/μm	>1	0.5~1	0.1~0.5	<0.1
排驱压力 /MPa	<0.5	0.5~1.0	1~5	>5
测井信息融合甜度	>0.8	0.7~0.8	0.6~0.7	<0.6
采油强度 / [t/ ($10^3m^3 \cdot m$)]	>0.5	0.3~0.5	0.1~0.3	<0.1
前三年累计产油量 /t	>7500	3000~7500	600~3000	<600
有效厚度下限 /m	4	6	11	100
源储配置关系	无夹层	无隔层	互层相邻	互层有间隔层

利用常规测井信息融合对致密油开发目标开展评价，下面以吉 37 井为例进行说明（图 1-116），成果图共分为 11 道，自左向右依次为深度、岩性、电阻率、物性、物性刻度、砂岩类融合（声电伽马）、砂岩"甜点"、砂岩"甜点"分类、云岩类融合、云岩"甜点"、云岩"甜点"体分析；岩屑长石粉细砂岩（红色框）砂岩岩性特征清晰，"甜点"较胖，含油性饱满，"甜点"品质甜度 0.82，属于Ⅰ类储层；上部泥岩盖层较胖，表明封盖能力好，储层压力测试结果显示压力系数为 1.32，超压特征明显，该井区岩屑长石粉细砂岩具有潜在高产油条件；粉细砂岩上部的砂屑云岩（含少部分粉细砂岩）段含油性较好，充注饱满，也是潜在产油段。

吉 37 井确定的开发目标段深度为 2830~2849m，2013 年 8 月，经射孔试油获自喷日产油 6.6t；2015 年 5 月，压裂试油，4mm 油嘴自喷获日产油 9.9t 投产后；至 2020 年 10 月，该井日产油 1t 左右，累计产油量 7460t。试油和实际开采资料证实了该区储层的良好产油能力。直井试油，储层目标范围较小，产能受到的干扰因素较少，有利于进行井眼附近储层的产能评价。

利用直井试油获得采油指数与测井信息融合致密油"甜点"甜度（特征含油性）两参数进行相关关系分析，采油强度与储层甜度具有较好的正相关关系，决定系数为 0.576；如果以采油强度分级指标确定储层甜度分级，储层甜度下限为 0.57，取储层甜度值 0.6 作为储层分界，测井信息融合净"甜点"甜度用融合含油性指标评价，然后减去"甜点"甜度下限值确定为储层净甜度。根据芦草沟组致密油直井有效试油井资料，选择

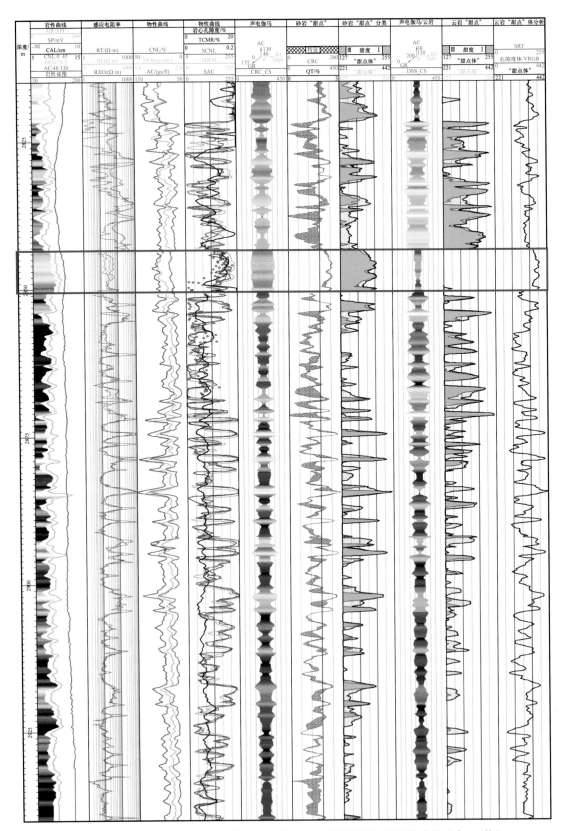

图 1-116　新疆吉木萨尔二叠系芦草沟组致密油典型井开发目标评价成果（吉 37 井）

了 17 口试油试采直井资料计算了压裂试油试采的采油强度，并进行统计分析，采油强度分布范围 0～0.88t/（$10^3m^3 \cdot m$），平均值 0.26t/（$10^3m^3 \cdot m$）。考虑分类习惯，初步确定采油强度 J_o 大于 0.5t/（$10^3m^3 \cdot m$）为 I 类储层（油井），占比 17.6%；采油强度 0.3～0.5t/（$10^3m^3 \cdot m$）为 II 类储层，占比 17.6%；采油强度 0.1～0.3t/（$10^3m^3 \cdot m$）为 III 类储层，占比 29.4%；采油强度小于 0.1t/（$10^3m^3 \cdot m$）为 IV 类储层，占比 35.3%。

利用"甜点"净甜度与采油强度做关联分析（图 1-117），可见致密油储层甜度与采油强度有较好的正相关关系，且分布合理，决定系数 0.5763。

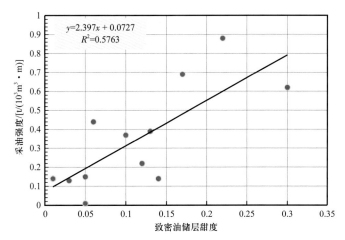

图 1-117　芦草沟组致密油储层甜度—采油强度关系分析图

尽管致密储层产能影响因素复杂多样，但储层岩性与含油性因素依然是产能的主导因素，因此，在划分储层类别时，我们可以利用统一的"甜点"甜度分析结果直接划分储层类型，经过多口实际井验证符合产能分类要求。

根据吉 37 井区致密油储层特征，建议在吉 37 井区设计水平井进行开发试验，设计 JHW023 井、JHW025 井，见图 1-118。

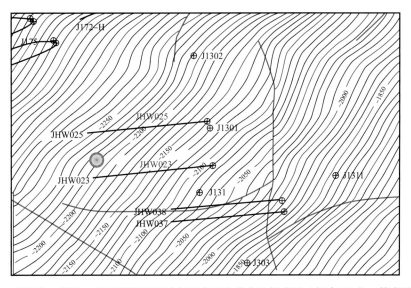

图 1-118　新疆吉木萨尔二叠系芦草沟组致密油水平井井位选择成果（据吉 37 井，等高线单位 m）

设计目标层位芦草沟组上"甜点"岩屑长石粉细砂岩段上部，设计水平段长度1200m，采用旋转导向提速、探边工具精准跟踪，确保高钻遇开发目标，实钻水平段长度1246m。岩屑长石粉细砂岩钻遇长度1187.5m，原测井解释油层钻遇率100%，Ⅰ类油层钻遇率96%。

运用常规测井信息融合"甜点"评价技术对JHW023井、JHW025井进行处理，经开发目标识别与评价，JHW023井开发目标整体上好于JHW025井。岩性融合、"甜点"融合与井眼轨迹综合分析显示，井眼基本在岩屑长石粉细砂岩中穿行，局部向上钻入上部砂屑云岩中（岩性融合中的暗色段，"甜点"融合中的细绿—细蓝色段），"甜点"体与孔隙度体叠合填充橙红色段为钻入砂屑云岩段，与核磁共振测井解释的中大孔占优势的段（粉色填充）对应；"甜点"融合分类显示连续性较好，总钻遇"甜点"1196.6m，"甜点"钻遇率95%；目标"甜点"岩屑长石粉细砂岩达到Ⅱ类以上优质"甜点"段长度596.6m，钻遇率47.35%；吉172-H目标"甜点"岩屑长石粉细砂岩"甜点"的钻遇长度796m，钻遇率65.7%；对比JHW023井与吉172-H岩屑长石粉细砂岩，吉172-H目标岩性优于JHW023井；从含油性来看，JHW023井略高于吉172-H井；从单井所处的位置来看，JHW023井轨迹位于高含油开发目标区，岩屑长石粉细砂岩与上部的砂屑云岩含油性好，储层压力系数高，具备高产条件。粉细砂岩具有物性优势，如果同等压裂工艺和压裂规模，预计JHW023井初期产量将略低于吉172-H井，但累计产油量将高于吉172-H井。

二、致密油开发目标区优选

（一）新疆致密油开发目标区块优选

新疆吉木萨尔二叠系芦草沟组致密油勘探开发试验几经波折，已证明中国陆相致密油的复杂性和储层的多变性，从勘探的成功典型吉172-H井获得较高产油量，到开发试验的10口水平井均没有达到产能预期，再到开发试验井JHW023、JHW023获得日产100t，挫折与成功交替出现，给致密油开发研究者提出一个现实的课题，那就是致密油开发目标的评价与优选问题，就是在哪里布置水平井才能获得高产。

直井与水平井开发具有较为稳定的产能对比关系，一般水平井产油能力为直井的3～5倍。水平井要获得高产，需要直井控制的区域具有优质储层发育。吉37井开采曲线见图1-119，该井2013年8月投产，至2020年11月，已累计产油7521t，目前仍日产油2t，直井表现出较强的产油能力，为Ⅰ类井。

针对芦草沟组致密油上"甜点"，我们利用储层控制直井开展测井信息融合"甜点"识别与评价，开展上"甜点"全区分类评价。以吉311井为例，见图1-120，上"甜点"岩屑长石粉细砂岩（图中红色框内）储层充注饱满，含油级别高，"甜点"甜度0.85，略高于吉37井（"甜点"甜度0.82），厚度达到Ⅰ类开发目标标准，综合确定为Ⅰ类开发目标井。该井上"甜点"和下"甜点"还发育较好的致密油储层，上"甜点"上部的砂屑云岩和下部的云屑砂岩，下"甜点"下部的云岩段发育优质储层，含油级别较高，可作为进一步开发的重要目标。

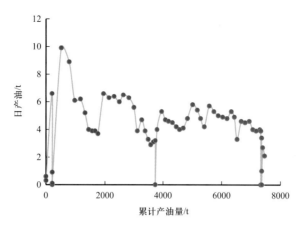

图 1-119　新疆吉木萨尔二叠系芦草沟组致密油上"甜点"开采产油曲线（吉 37 井）

采用主干剖面连井分析方法，见图 1-121（井名称下面标注目标"甜点"甜度），落实上"甜点"高级别含油井位，按照产能刻度测井"甜点"的甜度和储层厚度标准确定出Ⅰ类、Ⅱ类、Ⅲ类、Ⅳ类井和未钻到岩屑长石粉细砂岩井，共确定出Ⅰ类井 10 口、Ⅱ类井 23 口，见图 1-122。依据直井开发目标分类，利用同类井连片法圈定出Ⅰ类开发目标区，见图 1-122 绿色线圈定区，零星分布的Ⅰ类井，无法实现连片的，暂时不能圈定为Ⅰ类开发目标区。按照岩性融合结果圈定出优势岩相岩屑长石粉细砂岩边界。与原来勘探评价阶段圈定的Ⅰ类"甜点"区对比，Ⅰ类开发目标区面积较小，仅为原来致密油Ⅰ类"甜点"区面积的四分之一左右，但Ⅱ类井开发目标向北扩展超出原来的Ⅰ类"甜点"范围，为上"甜点"岩屑长石粉细砂致密油水平井开发指明了分级目标。

截至 2020 年 11 月，吉木萨尔致密（页岩）油共实施水平井 92 口，建产能 72.1×10⁴t。投产水平井 90 口，开井 86 口，全区日产油 1547.8t，累计产油 63.4×10⁴t（井口）。上"甜点"共计投产水平井 74 口，开井 64 口，日产油 2.0～47t，平均 21t，含水率 19%～94%，平均 61%，已累计产油 49.2×10⁴t。上"甜点"是主要开发目标，下"甜点"展示出较好的开发潜力。吉木萨尔芦草沟组致密油开发展示出良好发展态势，为吉庆油田 100×10⁴t 致密油产能建设和开发奠定了坚实基础。

按照Ⅰ类目标区优先开发、探索提高Ⅱ类开发目标区产能的实施原则，在Ⅰ类开发目标区已完钻水平井 37 口，实际投产井产油表明上"甜点"Ⅰ类开发目标区压后开发效果整体提升，在改造段长、压裂规模以及地质条件相近的情况下，通过不断优化段簇，投产 90 天平均日产油由 19.1t 提升至 24.9t，高出上"甜点"水平井平均产油水平，达产率提升 1.3 倍。实际开发效果证实了致密油开发目标区优选成果的准确性（图 1-122 至图 1-124）。

致密油开发目标评价优选技术成果在新疆吉木萨尔致密油开发中获得较好的应用效果，开发目标选择结果已经为开发实践所证实，可进一步拓展应用到全区致密油全部储层的开发目标优选中。当然，新疆油田致密油开发获得长足进展，离不开不断改进水平井钻完井和压裂改造技术。地质—工程一体化技术、近钻头"甜点"跟踪导向技术、压裂液 CO_2 前置注入技术、段内密切割技术等致密油开发技术成功应用，提高了致密油"甜点"的单井钻遇率且改善了压裂效果，逐步成为致密油有效开发的关键技术。

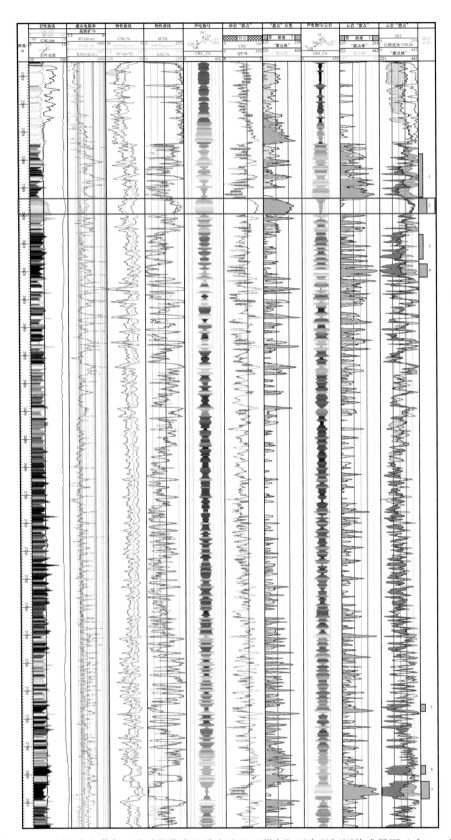

图 1-120　新疆吉木萨尔二叠系芦草沟组致密油上"甜点"开发目标评价成果图（吉 311 井）

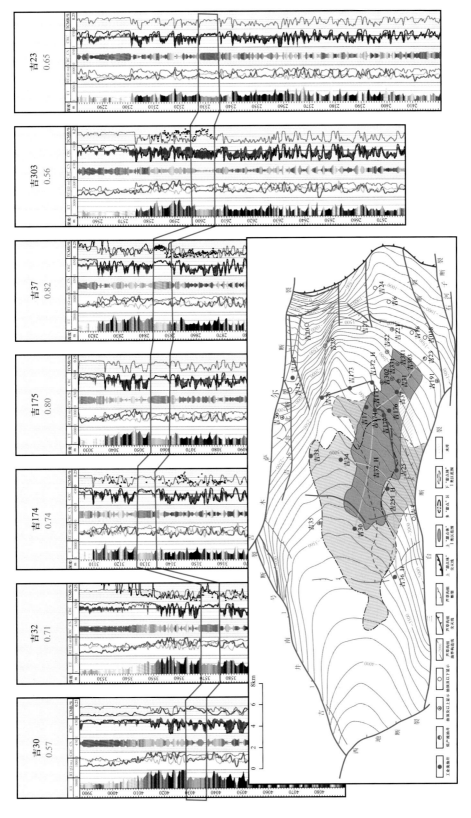

图1-121 新疆吉木萨尔二叠系芦草沟组致密油上"甜点"识别评价与开发目标评价成果（过上"甜点"岩屑长石粉细砂岩横剖面）

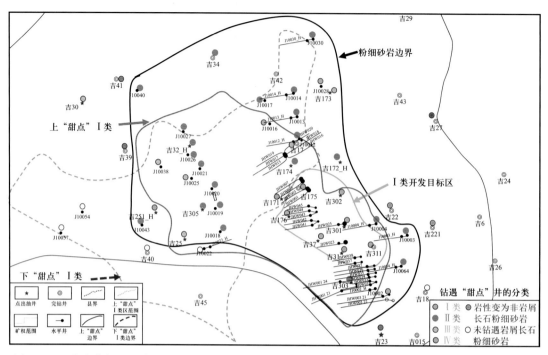

图 1-122　吉木萨尔二叠芦草沟组上"甜点"岩屑长石粉细砂岩致密油开发目标优选与 I 类开发目标区

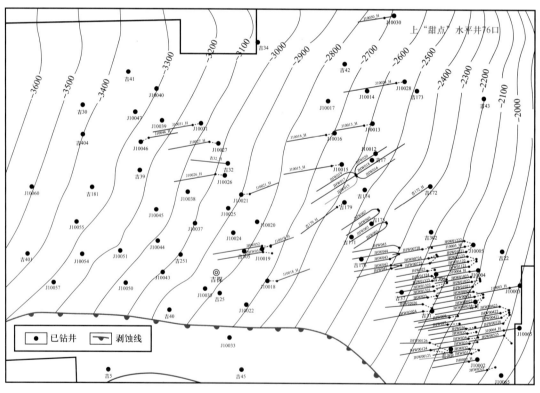

图 1-123　吉木萨尔二叠芦草沟组上"甜点"开发井位及水平井位置（2020 年 11 月）

等值线单位：m

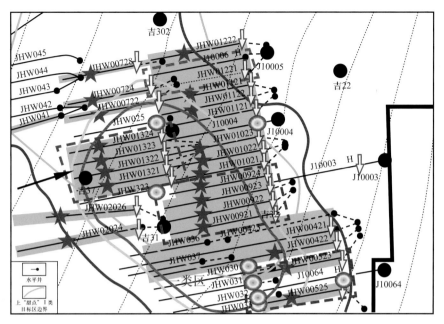

图 1-124　吉木萨尔二叠芦草沟组上"甜点"岩屑长石粉细砂岩致密油开发 I 类开发目标优选与开发井位图

（二）长 7 段致密油开发目标区块优选

为充分发挥鄂尔多斯盆地三叠系油藏纵向多套含油层系叠置的优势，探索致密油"长水平井、大井丛、多层系、小井距、密切割"开发模式，实现提质增效。依据致密油储层和井场条件，2018 年优选华 H6 平台为致密油开发示范区开展"长水平井、大井丛、多层系、小井距、密切割"开发试验，见图 1-125 和图 1-126。

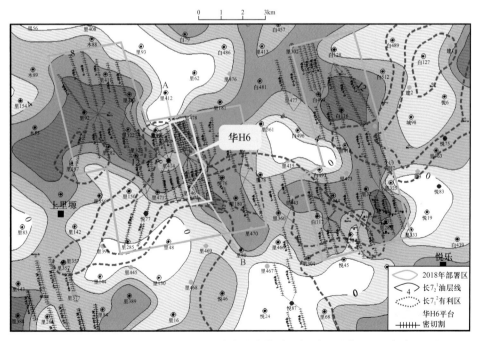

图 1-125　2018 年西 233 区长 7 段致密油产能建设部署图（华 H6 平台位置图）

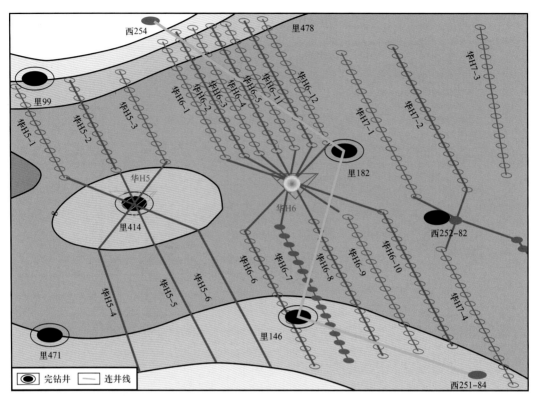

图 1-126　华 H6 平台长 7 段致密油水平井轨迹与控制井连井剖面井位图

华 H6 平台位于西 233 区中部，长 7_1^2 小层、长 7_2^1 小层和 7_2^2 小层油层均发育，纵向储层厚度大，横向连续性好，且华 H6 平台井场较大（217m×83m），可开展多层系立体开发工厂化作业。

华 H6 平台示范区控制井为平台北部的西 254-83 井、里 182 井，平台南部的里 146 井、西 251-84 井。根据常规测井信息融合"甜点"识别评价制作连井剖面图，见图 1-127，连井剖面显示华 H6 平台多油层发育，纵向储层间隔大，发育多套泥质隔夹层，采用三套层系交错立体化开发，可实现纵向上三个小层全部动用，与前期单层动用相比，可大幅度提高储量动用程度。平台南部长 7_1 层和长 7_2 层间泥质隔层厚度平均 2.1m，平台北部两层间泥质隔层厚度平均为 16.2m，厚度较大，发育较稳定。平台南部长 7_3 页岩与长 7_2 储层间有较大段泥岩隔层，不利于长 7_2 充注，长 7_1 储层含油性较好；北部的长 7_3 页岩与长 7_2 储层间距离近，有利于储层充注，里 182 井长 7_2 储层含油级别较高。

根据华 H6 平台最初的设计，北部七口井，南部五口井。北部七口井中长 7_1^2 四口，分别为华 H6-12、华 H6-2、华 H6-4、华 H6-11；长 7_2^1 三口，分别为华 H6-1、华 H6-3、华 H6-5。在实施钻井过程中，根据实际钻遇的储层情况，避免井间干扰，将北部东边的华 H6-12 井调整到西边，具体水平井位置调整实际钻井垂直井轨迹方向横切面见图 1-128。

利用常规测井信息融合技术对控制井进行致密油"甜点"识别与评价，见图 1-129 至图 1-131，依据测井信息融合技术建立的开发目标评价标准给出致密油储层岩性、含油性、"甜点"级别等评价结果。开发目标评价结果经西 254-83 井、里 146 井试油证实，开发目标评价结果与试油结论一致。在融合岩性识别时，如果缺少中子测井曲线（B），则只显示 RG 融合颜色，砂岩密度孔隙度（G）优于声波孔隙度（R），岩性谱显示绿色为主，页岩显示黄色，泥岩显示红色。信息融合的颜色取决于曲线的相对关系，容易分辨出开发目标砂岩岩性。

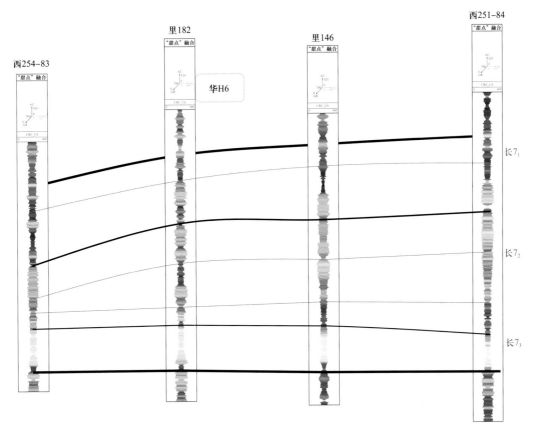

图 1-127　华 H6 平台长 7 段致密油控制井测井"甜点"融合连井剖面图（华 H6 平台）

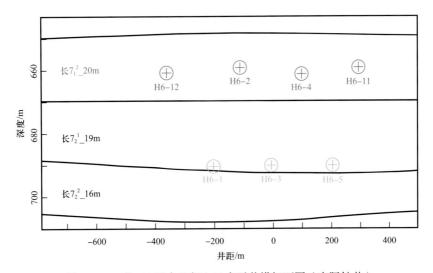

图 1-128　华 H6 平台北部七口水平井横切面图（实际钻井）

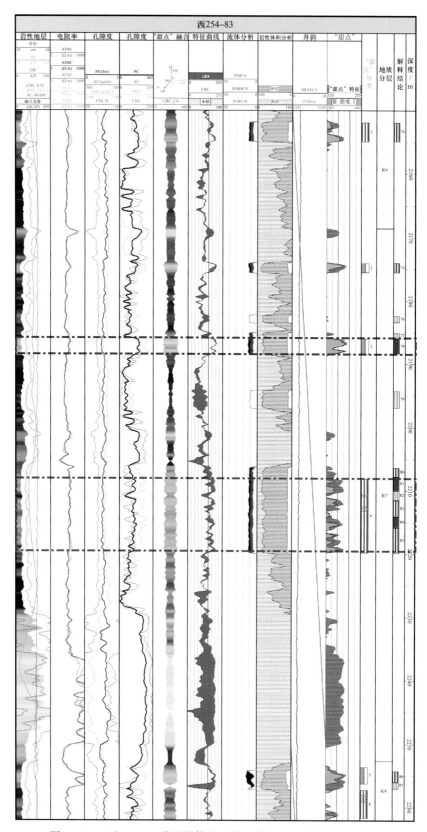

图 1-129　西 254-83 井测井信息融合"甜点"识别与评价成果图

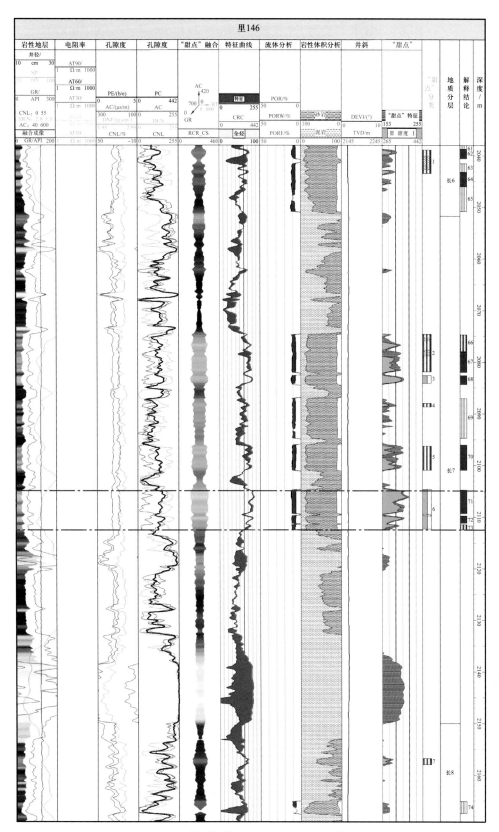

图1-130　里146井测井信息融合"甜点"识别与评价成果图

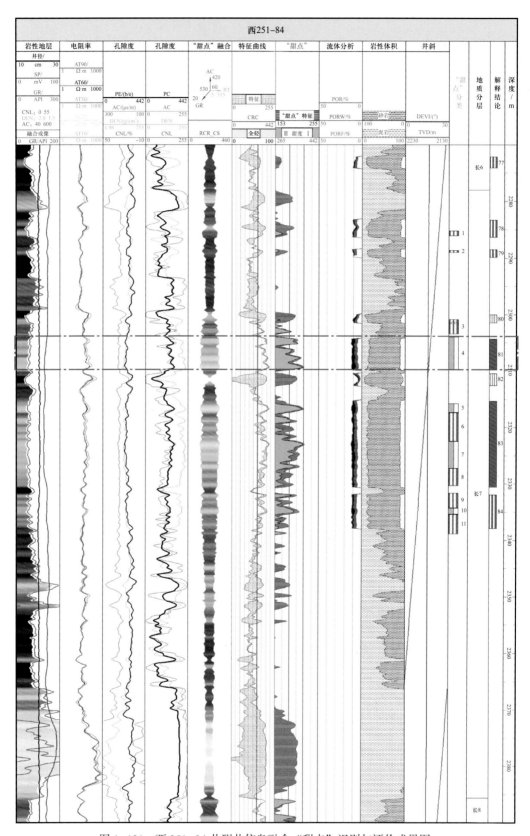

图 1-131　西 251-84 井测井信息融合"甜点"识别与评价成果图

平台北部两口控制直井西 254-83 井和里 182 井。西 254-83 井长 7_2^2 层充注饱满，含油级别较高，里 182 井长 7_1^2 层、长 7_2^1 层、长 7_2^2 层充注较好，长 7_2^2 层含油级别高，可作为主要开发目标。从控制井"甜点"发育的级别与连续性方面看，长 1_2 层相对稳定，含油级别较高，可作为主要开发目标，里 182 井附近长 7_2 亚段储层发育较好，作为重要开发目标。平台北部设计并完钻水平井 7 口，长 1_2 层部署实施 4 口，长 7_2^1 层部署实施 3 口，设计水平段 1500m、井距 200m，开展小井距开发试验。

平台南部两口控制井里 146 井和西 251-84 井。里 146 井长 7_2^2 层含油级别高，长 7_1^2 层含油级别较好，但明显充注不够饱满，西 251-84 井长 7_2^2 层、长 7_2^1 层充注较好，长 7_2^2 层作为开发目标具有含油性好的优势。从控制井"甜点"发育的含油级别与连续性方面看，南部优质储层变化较快，不利于高级别"甜点"的高钻遇。平台南部设计水平井 5 口，长 7_2^2 层部署实施 3 口，长 7_2^1 层部署实施 2 口，设计水平段长 1500m 至 1700m，井距 400m，实际完钻水平段长度 1535m 至 2068m，两口井实现 2000m 以上。

华 H6-5 井位于平台北部，常规测井信息融合致密油"甜点"显示，只有前半段钻遇储层，后半（趾）部基本没有钻到砂层，且前半段砂层不连续。综合分析认为，华 H6-5 开发目标层长 7_2^1 层逐渐向北尖灭，砂体逐渐缺失，该井处于储集体的边部，不利于压后获得高产和高累产，特别对累产影响较大。

华 H6-7 位于平台南部，水平段长度 1535m，常规测井信息融合致密油"甜点"显示，前后均钻遇储层，中偏后有一段钻入泥岩，砂层基本连续，部分发育高级别含油储层（Ⅰ类开发目标）。综合分析认为，华 H6-7 轨迹在开发目标层长 7_2^1 层内，砂体连续性好，该井处于开发目标层内，利于压后获得高初产和高累产，特别是对累产具有积极的影响。

华 H6-9 位于平台南部，水平段长度 1978m，常规测井信息融合致密油"甜点"显示，井眼轨迹基本在储层内穿行，砂层基本连续，但隔夹层特别发育，对Ⅰ类、Ⅱ类开发目规模具有较好的约束作用。综合分析认为，华 H6-9 轨迹在开发目标层长 7_2^1 层内，砂体因隔层和夹层发育，储层规模受限，不利于压后获得高初产和高累产，特别是对累产具有积极的影响。

根据华 H6 平台所钻的 12 口水平井进行了测井信息融合开发目标评价和优选，统计了各井的 Ⅰ+Ⅱ类开发目标以及总开发层段目标，并与录井、原电法测井解释结果进行了对比（表 1-18），总体上录井解释的储层钻遇率高于一次测井解释结果，均远高于测井信息融合开发目标识别评价与优选结果，显示了测井信息融合致密油开发目标的评价具有较强的优选能力，减少了开发目标，为致密油储层改造提供了更加准确的开发目标层段，有利于实现降低压裂成本，提高开发效率。以平台北部 7 口井为例，Ⅰ+Ⅱ类开发目标平均占比 19%，改造后可实现 80% 以上的单井 EUR，因此，应作为改造的重点目标。

致密油开发目标尺度决定致密油品质，根据华 H6 平台水平井直井致密油开发目标评价结果，对Ⅰ类、Ⅱ类、Ⅲ类开发目标尺度进行统计分析，见图 1-132 至图 1-134。

表 1-18　华 H6 平台水平井"甜点"识别与开发目标评价结果

部位	井号	层位	水平段长度/m	录井显示（储层）				一次测井解释（油层）				测井信息融合	
				全径/%	录井油斑/m	油迹/m	录井钻遇率/%	油层/m	差油层/m	油层+差油层/m	油层钻遇率/%	I+II/%	钻遇率/%
北	华H6-1	长7₂	1550	14.8	1129	405	99	855.3	283.2	1138.5	75.1	17.4	42.2
	华H6-2	长7₁	1681	17.2	1572	96	99.2	1279.8	165	1444.8	87.8	16.3	35.9
	华H6-3	长7₂	1537	3.43	997	259	81.7	792.8	348.5	1141.3	76	16.9	41.8
	华H6-4	长7₁	1535	7.99	853	553	93.73	748	223	971	64.7	8.6	25.3
	华H6-5	长7₂	1503	21	770	445	82.77	719.7	390.5	1110.2	75.6	23	37.9
	华H6-11	长7₂	1335	7.3	790	462	96.31	834.5	265.6	1100.1	84.6	25.1	33
	华H6-12	长7₁	1278	8	811	194	80.85	1026.8	68	1094.8	88.1	26.2	40.2
	小计/平均		1488.4	11.4	988.9	344.9	90.5	893.8	249.1	1143	78.8	19.1	36.6
南	华H6-6	长7₁	2068	10.59	1543	325	91.88	1167.6	417	1584.6	77.9	24.4	56.3
	华H6-7	长7₂	1535	4.7	811	354	77.67	952.8	310.4	1263.2	84.2	19.7	49.4
	华H6-8	长7₁	2066	9.6	1037	669	84	1003	312	1315	64.7	23.3	56.8
	华H6-9	长7₂	1978	8.5	1479	258	89.4	1335.3	188.9	1524.2	78.4	18.2	54.6
	华H6-10	长7₂	1881	11.5	960	176	62.7	839.2	358	1197.2	66		24.1
	小计/平均		1905.6	9	1166	356.4	81.1	1059.6	317.3	1376.8	74.2		48.2
	合计/平均		1662.3	10.4	1062.7	349.7	86.6	962.9	277.5	1240.4	76.9		41.5

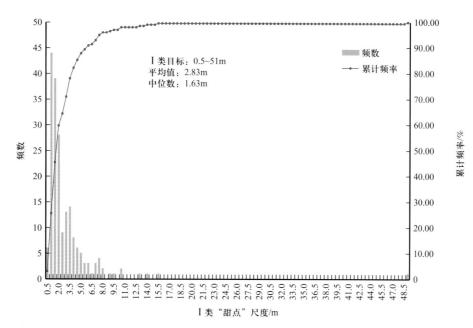

图 1-132　长 7 段致密油 I 类开发目标尺度分布特征（据华 H6 平台水平井）

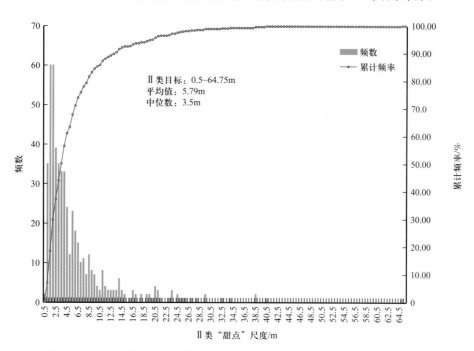

图 1-133　长 7 段致密油 II 类开发目标尺度分布特征（据华 H6 平台水平井）

I 类开发目标的尺度为 0.5～51m，平均值 2.83m，中位数为 1.63m，依据纵横尺度相当原理，4m 以上的 I 类开发目标可获工业油流，尺度小于 4m，空间规模受限制，产油能力快速降低。

II 类开发目标尺度为 0.5～64.75m，平均值为 5.79m，中位数为 3.5m，依据纵横尺度相当原理，6m 以上的 II 类开发目标可获工业油流，尺度小于 6m，平均钻遇接近 6m 的 II 类开发目标，具有较好预期产油能力。

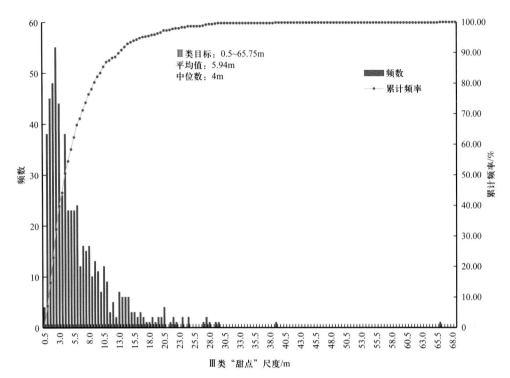

图 1-134　长 7 段致密油Ⅲ类开发目标尺度分布特征（据华 H6 平台水平井）

Ⅲ类开发目标的尺度为 0.5～65.75m，平均值为 5.94m，中位数为 4m，与Ⅱ类开发目标的发育尺度基本相当，Ⅲ类开发目标产油能力较弱，基本无法单独形成工业油流，作为辅助改造层选为备选目标。

（三）松辽盆地北部扶余致密油开发目标评价

龙西塔 21-4 区块作为大庆油田致密油重点效益建产示范区，因储层分散，受开发目标尺度所限，水平井开发存在储层钻遇率不足风险，为此开发了一套致密油直井缝网压裂开发技术，以解决大庆致密油开发难题，致密油"甜点"的分类评价，开发目标优选可为致密油储层改造提供依据。

松辽盆地北部扶余层致密油为上部青山口组生油岩向下运移而形成，被称为上生下储型，具有充注不饱满，致密油储层普遍含水，含油饱和度在 60% 以下，因此，又被称为低饱和度型致密油。

塔 285 井为塔 21-4 区块开发井，测井信息融合显示砂层以薄层状分散在扶余段内，储层明显充注不饱满，含油性较差，开发目标评价的 3 号、4 号、5 号层均含水率较高，原测井解释的 F86 号、F93 号、F96 号层为油层，见图 1-135。射孔试油，射开 1938.6～1980.2m 段内 7.4m，有效厚度 4.3m，试油日产油 0.7t，日产水 0.54m³，生产 190 天，累计产油 130.8t，累计产水 102.4m³，证实致密油储层产水，产出流体含水率高于 40%，以常规含油性储层评价应为油水同层。测井信息融合给出了松辽盆地致密油普遍含水显示，表明该方法开发目标评价结果符合地区实际。

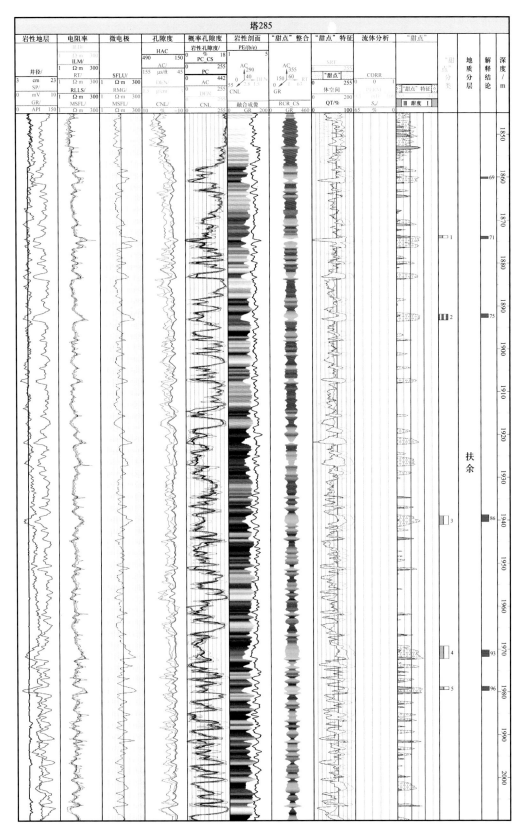

图 1-135　松辽盆地北部扶余致密油开发目标评价成果图（塔 285 井）

第二章　致密油孔喉结构与渗流机理

本章通过致密油储层渗流机理实验研究，建立致密油储层物性与渗流规律实验测试方法，定量评价致密油储层微观孔喉特征，表征储层渗流机理；利用数字岩心技术建立致密油储层实验测试及数字岩心模拟方法，开展致密油衰竭式开发模拟；通过致密油衰竭开采实验，认识致密油衰竭开采过程的压力传播特征。

第一节　致密油储层孔隙结构与渗流特征

一、致密油储层孔隙结构特征

致密油藏岩石孔隙微小、孔隙结构复杂，其渗流特性在很大程度取决于储层孔隙结构，如何表征孔隙结构对认识其渗流机理至关重要。为了研究致密油藏开采的机理和方法，团队研究成员首先从储集空间的孔隙度分布、比表面积特征、裂缝特征、分布空间和有效孔隙度等维度进行致密油藏孔隙特征结构研究。在此基础上建立了油藏条件下全直径长岩心物理模拟关键技术，揭示了致密油藏衰竭开采特征。

（一）致密油高压压汞技术

恒压压汞法是测定毛细管压力曲线的传统方法，传统方法最大进汞压力为 20MPa，液态汞所能进入的最小孔喉半径为 36nm，而对于以纳米级孔隙为主的致密储层，注入压力为 20MPa 时进汞饱和度仅为 25% 左右，36nm 以下孔隙液态汞不能进入，无法表征真实的孔隙结构。

在保证安全的条件下，实验采用高压压汞法，最高进汞压力为 160MPa，进汞最小孔喉半径为 4.5nm，致密岩心进汞饱和度可达 85%，可以有效地表征致密油岩心的微观孔隙结构（图 2-1）。因此，高压条件下测得的毛细管压力曲线能够较真实地反映油藏实际状况。

高压压汞法测定致密油典型岩心的毛细管压力曲线以及相应的孔喉半径分布和累计分布曲线如图 2-1 至图 2-7 所示。以毛细管压力曲线形态和排驱压力为基础，参考其他特征参数，可将毛细管压力曲线分为三类，代表了不同类型的孔隙结构特征。

1. I 类孔隙结构

I 类孔隙结构为中排驱压力—微喉道型（图 2-2、图 2-3）。该类毛细管压力曲线平台明显，相对偏向图的左下方，歪度系数平均为 0.39，孔喉分选中等，分选系数较大（平均值为 2.04），变异系数较大（平均值为 0.17），均值较小（平均值为 12.40）。孔喉半径较大，且分布范围较宽（0.005～9.19μm），最大孔喉半径平均值为 1.02μm；中值半径较大，平均值为 0.09μm。排驱压力和中值压力均较低，平均值分别为 1.06MPa 和 12.26MPa。非饱和孔隙体积分数低，平均值为 6.01%。孔喉半径分布曲线呈单峰态，跨度较大。

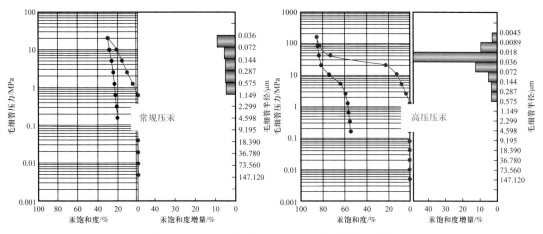

图 2-1　吉 174 井（3151.31m）毛细管压力曲线

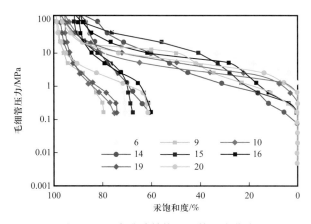

图 2-2　Ⅰ类孔隙结构毛细管压力曲线

图例中的阿拉伯数字是岩心编号，下同

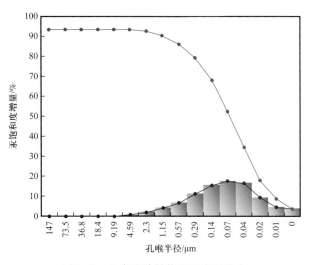

图 2-3　Ⅰ类孔隙结构孔喉半径分布

该类毛细管压力曲线所代表的孔隙结构好，孔隙度平均大于11%，渗透率平均大于3mD，孔隙结构整体上表现出相对较低的排驱压力、分选中等、微米级喉道、储集能力和渗流能力较好的特征。

2.Ⅱ类孔隙结构

Ⅱ类孔隙结构为高排驱压力—微喉道型（图2-4、图2-5）。该类毛细管压力曲线平台明显，相对偏向图的左下方，歪度系数平均为1.33，孔喉分选较好，分选系数（平均值2.04）和变异系数（平均值0.17）均较大，均值较大（平均值14.17）。孔喉半径较小，且分布范围窄（0.005～0.14μm），最大孔喉半径（平均值0.06μm）和中值半径（平均值0.02μm）均较小。排驱压力（平均值14.08MPa）和中值压力（平均值50.66MPa）均较高，非饱和孔隙体积分数低（平均值31.11%）。孔喉分布曲线呈单峰态，跨度较小。

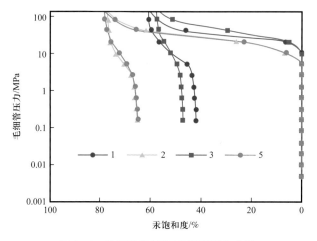

图2-4 Ⅱ类孔隙结构毛细管压力曲线

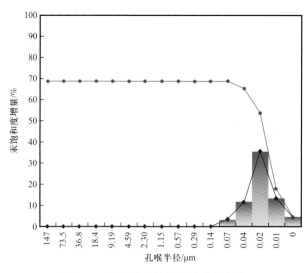

图2-5 Ⅱ类孔隙结构孔喉半径分布

该类毛细管压力曲线所代表的孔隙结构较差，孔隙度平均大于5%，渗透率平均大于0.05mD，孔隙结构整体上表现出相对较高的排驱压力、分选较好、微米级喉道、储集能力和渗流能力较差的特征。

3.Ⅲ类孔隙结构

Ⅲ类孔隙结构为高排驱压力—纳米级喉道型（图2-6、图2-7）。该类毛细管压力曲线平台段较短，相对偏向图的右上方，歪度系数平均为0.71，孔喉分选差，分选系数（平均值1.86）和变异系数（平均值0.13）均较大，均值（平均值14.50）较大。孔喉半径小，且分布范围窄（0.005～0.14μm），最大孔喉半径（平均值0.06μm）和中值半径（平均值0.01μm）均较小。排驱压力（平均值13.66MPa）和中值压力（平均值108.78MPa）均很高，非饱和孔隙体积分数高（平均值42.69%）。孔喉分布曲线呈双峰态，跨度很小。

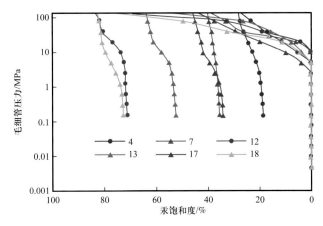

图2-6　Ⅲ类孔隙结构毛细管压力曲线

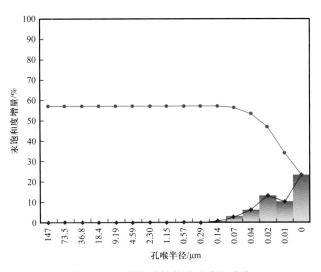

图2-7　Ⅲ类孔隙结构孔喉半径分布

该类毛细管压力曲线所代表的孔隙结构差，孔隙度平均大于5%，渗透率平均大于0.01mD，孔隙结构整体上表现出很高的排驱压力、分选差、纳米级喉道、储集能力较好而渗流能力较差的特征。

（二）基于核磁共振 T_2 谱特征的致密储层孔隙结构分析

目前评价储层岩石孔隙结构的主要方法之一是通过压汞实验测量毛细管压力曲线，

但该方法具有局限性。核磁共振 T_2 谱分布与孔隙结构有直接关系（图 2-8），与传统的压汞测量方法相比，核磁共振技术具有用量少、成本低、岩样无损、测量速度快、信息丰富和对孔隙结构变化反应灵敏等特点，为储层孔隙结构的研究提供了新途径。

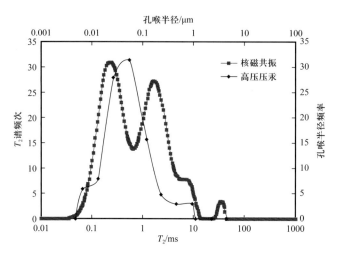

图 2-8　核磁共振 T_2 分布和压汞孔喉半径对比图

根据致密油储层岩石样品核磁共振检测技术的研究结果，实验样品核磁共振检测分析时设置的仪器测量参数与反演参数如表 2-1 所示。

表 2-1　核磁共振检测分析的测量参数与反演参数

测量参数		反演参数	
回波个数	1125	开始时间 /ms	0.01
半回波时间 /μs	80	结束时间 /ms	1000
重复采样次数	5000	反演点数	400
等待时间 /ms	500	迭代次数	2000000

核磁共振实验测量了 21 块致密油储层岩心 T_2 谱，图 2-9 为 21 块致密油储层岩心饱和水状态的核磁共振 T_2 谱。图 2-10 为所测量的 21 块样品中编号为 1 的核磁共振 T_2 谱图，这种 T_2 谱分布是 21 块样品中的典型代表。

1. 典型 T_2 谱主要特征

分析图 2-9 可知，典型致密油储层岩心 T_2 谱的主要特征有：

（1）核磁共振 T_2 谱有四个峰，与一般砂岩明显不同，说明致密油储层岩石的孔隙结构更复杂，在微纳米孔隙范围内可能发育有四种不同尺度孔隙类型。

（2）小的纳米级孔隙峰值最高，峰面积比例最大，说明纳米级孔隙最为发育；纳米级孔隙饱和和非饱和谱的形状变化较大，说明纳米级孔隙的连通性可能较好。

（3）大的微米级孔隙峰值最小，峰面积比例最小，且饱和和非饱和谱的形状变化较大，说明大的微米级孔隙的连通性也较好。

（4）小的纳米级孔隙和大的微米级孔隙两个峰值之间还有两个峰，这两个峰的饱和和非饱和谱的形状变化不大，几乎是重叠的，说明这类孔隙的连通性可能较差。

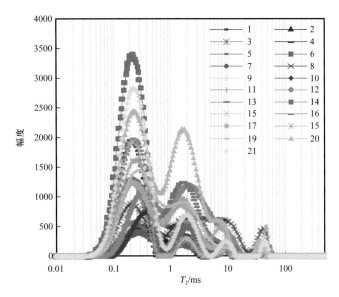

图 2-9　21 块致密油储层岩心饱和水状态下的核磁共振 T_2 谱

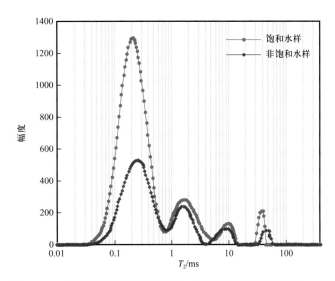

图 2-10　典型岩心饱和水和非饱和水样状态下的核磁共振 T_2 谱

2. 基于 T_2 谱特征的储层岩石孔隙结构分类

根据图 2-9 中 T_2 谱三峰、四峰特征以及峰的位置等特征，实验检测的致密油储层岩心的孔隙结构可分为 I 类、II 类、III 类共三种类型，分别如图 2-11 至图 2-13 所示。

致密油储层岩心的 I 类核磁共振 T_2 谱基本上呈明显的三峰态分布，如图 2-11 所示。实验检测的 21 块岩心中有 10 块岩心的核磁共振 T_2 谱属于 I 类。这类岩心孔隙大小连续分布，分选性较好，而且大的微米级孔隙的比例略大，属于较优质的孔隙结构。I 类核磁共振 T_2 谱的基本特征为：

（1）I 类核磁共振 T_2 谱以三个峰为主，T_2 值小的两个峰所占的比例大致相等，而且均以其峰值为中心具有较好的几何对称性，说明 I 类 T_2 谱的岩心中两类小的微纳米级孔隙同等发育。

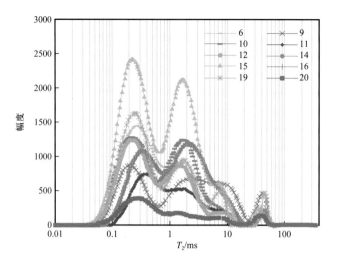

图 2-11 Ⅰ类核磁共振 T_2 谱

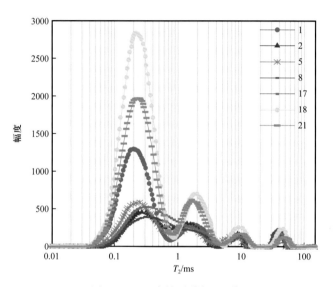

图 2-12 Ⅱ类核磁共振 T_2 谱

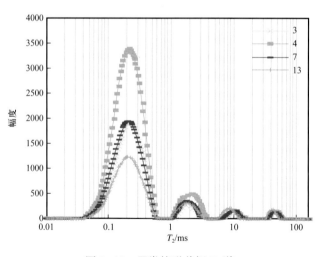

图 2-13 Ⅲ类核磁共振 T_2 谱

（2）小的纳米级孔隙峰值对应的 T_2 值在 0.3～0.7ms 范围内，大的微米级孔隙峰值在 40～70ms 范围内。

Ⅱ类核磁共振 T_2 谱具有明显的四峰态，如图 2-12 所示，实验检测的 21 块岩心中有 7 块岩心核磁共振 T_2 谱属于Ⅱ类。Ⅱ类核磁共振 T_2 谱的基本特征为：

（1）与Ⅰ类核磁共振 T_2 谱呈三峰态不同，Ⅱ类 T_2 谱以四个峰为主，小的纳米级孔隙峰所占的比例明显增大，四个峰均具有良好的对称性。

（2）小的纳米级孔隙峰值对应的 T_2 值与Ⅰ类的基本相同，大的微米级孔隙峰值在 40～60ms 范围内，小于Ⅰ类的峰值。

Ⅲ类核磁共振 T_2 谱呈四峰态分布，如图 2-13 所示，实验检测的 21 块岩心中有 4 块岩心核磁共振 T_2 谱属于Ⅲ类。Ⅲ类核磁共振 T_2 谱的基本特征为：

（1）Ⅲ类 T_2 谱均具有明显的四个峰，各峰位置均不连续，均具有很好的几何对称性。

（2）Ⅲ类 T_2 谱的四个峰的核磁共振信号幅度一个比一个小，反映出该类岩心的纳米级孔隙极为发育，微米级孔隙不发育。

（3）小的纳米级孔隙峰值对应的 T_2 值与Ⅰ类、Ⅱ类的基本相同，大的微米级孔隙峰值在 50～80ms 范围内，大于Ⅰ类的峰值。

（三）致密油储层孔喉全尺度图谱

吉木萨尔致密油储层孔喉分布范围广，跨度大，纳米级孔喉广泛分布，目前研究已经证实纳米级孔喉中致密油广泛分布，需要开展致密油储层孔喉全尺度展布规律的研究。

基于储层孔喉全尺度测试方法，建立研究区储层不同岩性全尺度孔喉分布和渗透率贡献率图谱（图 2-14），主要有以下特征：（1）跨度大（3 个数量级）；（2）分布集中（100nm 左右）；（3）渗透率贡献主要来自亚微米级孔隙。

从不同岩性不同尺度空间百分含量、空间渗透率贡献率可以看出（图 2-15、图 2-16），研究区致密油储层主要表现为：

纳米级（0.1μm 以下）孔喉是主要孔喉体系（55%～85%），但渗透率贡献小于 10%；亚微米级（0.1～1μm）孔喉既具有一定的含量（10%～45%），又是主要的渗透率贡献者（20%～80%），应为优先动用的储层；微米级孔喉占比小（5%～10%），渗透率贡献高。

二、致密油储层渗流特征

（一）致密油储层启动压力梯度测试技术

测定启动压力是非常精细而繁重的实验工作，目前还没有固定统一的测定方法。实验室中通常采用压差和流量的关系测量启动压力梯度，在油田现场常用试井分析的方法得到。这些方法测试时通常会遇到三个问题：（1）获得稳定流所需要的时间太长；（2）测量足够小的流速很困难；（3）最小启动压力较难捕捉。

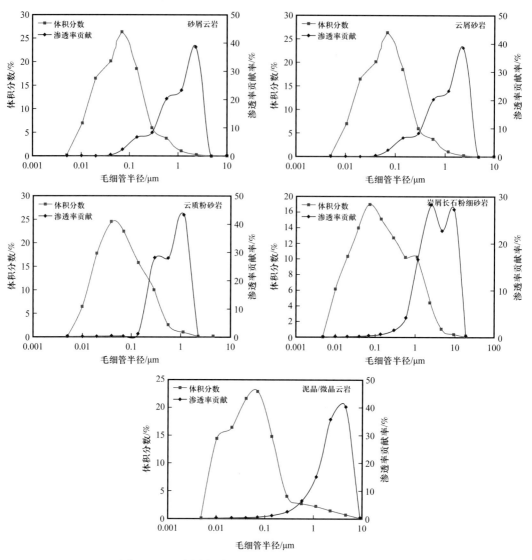

图 2-14　不同岩性全尺度孔喉分布和渗透率贡献率图谱

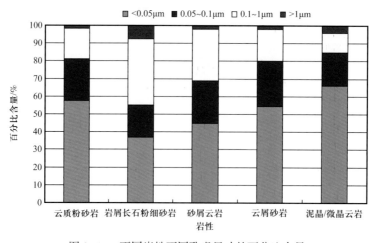

图 2-15　不同岩性不同孔喉尺寸的百分比含量

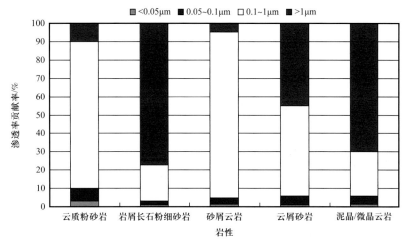

图 2-16　不同岩性不同孔喉尺寸的渗透率贡献率

针对目前测试方法存在的缺点，本节通过大量实验建立了一种能快速准确测定最小启动压力梯度的方法，即非稳态驱替—毛细管计量和平衡法相结合的方法，如图 2-17所示。

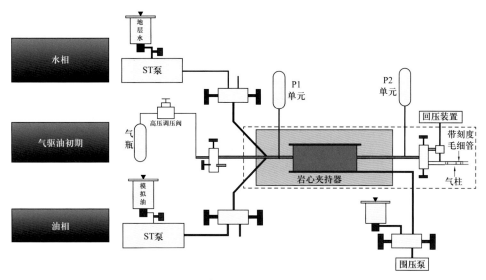

图 2-17　启动压力梯度测定流程图

该方法基本原理：使岩心中流体从不流动状态到流动状态，然后再回到不流动状态，利用平衡法测出最小启动压力梯度；根据最小启动压力梯度计算公式，当流量为零（$Q=0$）时，所测定的压力值即为最小启动压力。该测试方法为动态的，符合油田生产实际资料。在测量过程中，利用注入泵缓慢向饱和岩心中注入流体，通过观测出口端毛细管中气柱移动情况，判断驱动压力是否已克服岩心最小启动压力，以确定最小启动压力大小范围，从而有效缩短测定时间。由于观测毛细管中气柱向前移动瞬间的难度很大，因此通过记录气柱发生单位刻度位移 S 来判断岩心中流体的流动。当气柱发生单位位移

$$S=S_2-S_1=1\text{mm} \qquad (2-1)$$

停泵并关闭入口端阀门，此时驱动压力值稍大于最小启动压力，即

$$p_{驱} > p_g \qquad\qquad (2-2)$$

最终通过平衡法求出最小启动压力，即当毛细管中气柱不再移动且精密仪表读数不变时，此时读取的仪表压力值就是该岩心的最小启动压力，即

$$p_{仪表} = p_g \qquad\qquad (2-3)$$

进一步求得岩心的最小启动压力梯度为

$$\lambda = \frac{p_{仪表}}{l} \qquad\qquad (2-4)$$

式中，l 为该岩心的长度。

该方法的优点：（1）毛细管中气柱的移动能较敏感地反映岩心中流体的流动，易寻找最小启动压力大小范围，有效缩短测定时间；（2）采用仪表读取压力，大大增加了最小启动压力测量范围；（3）平衡过程中，通过同时记录气柱位置和精密仪表读数，保证测定结果的精确性；（4）能够测出两相流体的最小启动压力梯度。通过建立新的致密油启动压力测定实验技术，解决了致密油启动压力梯度快速、准确测定的难题，为描述渗流的难易程度，明确致密油渗流机理提供基础。

（二）致密油微观流动界限综合分析技术

1. 可动流体饱和度确定方法

1）核磁共振—离心法

按照核磁共振—离心法测量吉木萨尔致密储层典型井不同岩性代表性密闭取心样品32 块。按照核磁—离心法，将岩心样品洗油后饱和地层水，进行核磁共振测量，可获得样品有效孔隙体积；对测量后岩样进行气驱—离心处理（压力梯度 70MPa/m），再次进行核磁共振测量，可获得样品束缚水体积，通过计算即可确定该方法下岩样可动流体饱和度。

2）流动实验法

利用岩心驱替装置模拟地层压力条件，对岩心样品进行衰竭式开采实验，弹性采收率即为实验条件下岩心可动流体饱和度，可动流体饱和度所对应的毛细管半径即为油藏开发的孔喉流动下限。对于致密储层，目前多采用衰竭式开采方式，因此，该方法可表征无能量供应、仅靠储层弹性能量释放条件下油藏开发的孔喉流动下限。

3）启动压力梯度法

从孔喉中流体可动用的角度出发，结合启动压力与核磁共振—离心技术，依据致密油最小启动压力梯度与渗透率、平均孔喉半径的关系（图 2-18、图 2-19），确定储层可动流体分布情况。

2. 孔喉流动下限确定方法

1）J 函数法

毛细管压力曲线是毛细管压力与进汞饱和度的关系曲线，一定的毛细管压力对应一定的孔喉半径。但单个样品的毛细管力曲线受到渗透率、孔隙度等因素的影响，仅能代表油藏范围内某一点的性质。为了消除渗透率、孔隙度等因素的影响，将多块样品的毛

细管力曲线进行无量纲处理，可得到油藏的平均 J 函数曲线，进而获得可代表整个油藏特征的平均毛细管力曲线。

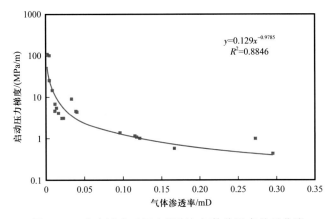

图 2-18　致密油启动压力梯度与气体渗透率关系曲线

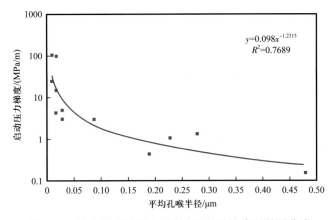

图 2-19　致密油启动压力梯度与平均孔喉半径关系曲线

利用毛细管压力曲线计算 J 函数分布，得出吉木萨尔致密储层综合毛细管压力曲线。根据流体饱和度与毛细管压力关系，即可确定该流体饱和度下孔喉半径，即流动下限。

2）边界层效应

致密储层渗透率低，孔隙半径较小，开采困难，边界层的存在会进一步降低流体的流动通道。

实验利用吉 174 井的岩心样品，放入岩心夹持器中用氮气进行驱替，计量不同压差下的采油量，再假设剩余油均匀地分布在岩心孔隙表面的条件下，采用张磊等（2012）提出的毛细管岩石模型来计算剩余油的厚度，即边界层厚度（图 2-20）。在实验基础上，通过理论研究边界层对致密油储层中流体渗流特征的影响，研究边界层内流体的流动规律。致密油在开发过程中，原油能够自由移动同时还要克服边界层的影响才能实现可动，并被驱替出来。

（三）致密油储层渗流曲线的非线性特征

根据18块岩心单相渗流实验结果，渗流速度与压力梯度的关系在直角坐标和对数坐标下的曲线如图 2-21 至图 2-38 所示。由图可知，所得渗流曲线均具有典型的非达西渗流特征。在低渗流速度下，渗流曲线呈现明显的非线性关系；随着渗流速度的增加，曲线由非线性关系过渡到线性关系，但是这一线性关系不通过坐标原点，即不符合达西线性渗流关系。同一种性质的流体在不同多孔介质中表现出不同的渗流特征，这充分说明了多孔介质的孔隙结构特征起着决定作用。

致密油储层岩心孔隙系统是由不同大小的孔隙"连通的"喉道所组成更复杂的孔喉网络，孔隙喉道半径细小，平均孔喉半径在几十纳米范围内。流体在细小的孔喉网络流动时，会产生显著的贾敏效应和严重的卡断现象。这种流动形态的变化导致了渗流阻力的增大，当驱动压力小、低速渗流时，流体渗流规律不遵循达西定律，具有非线性渗流特征。

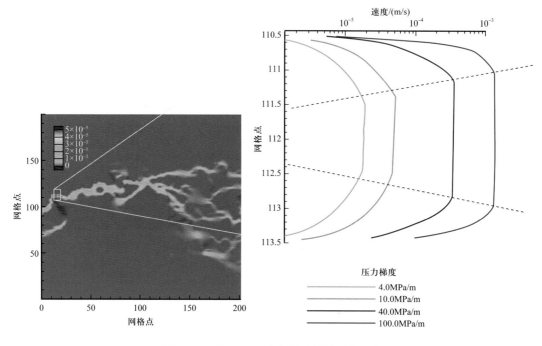

图 2-20　基于 N-S 方程的边界层厚度研究

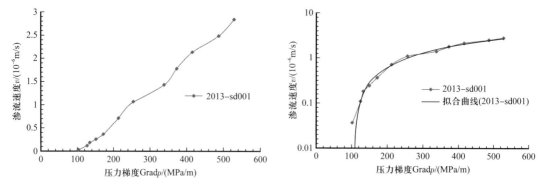

图 2-21　岩心 2013-sd001 的渗流速度与压力梯度关系

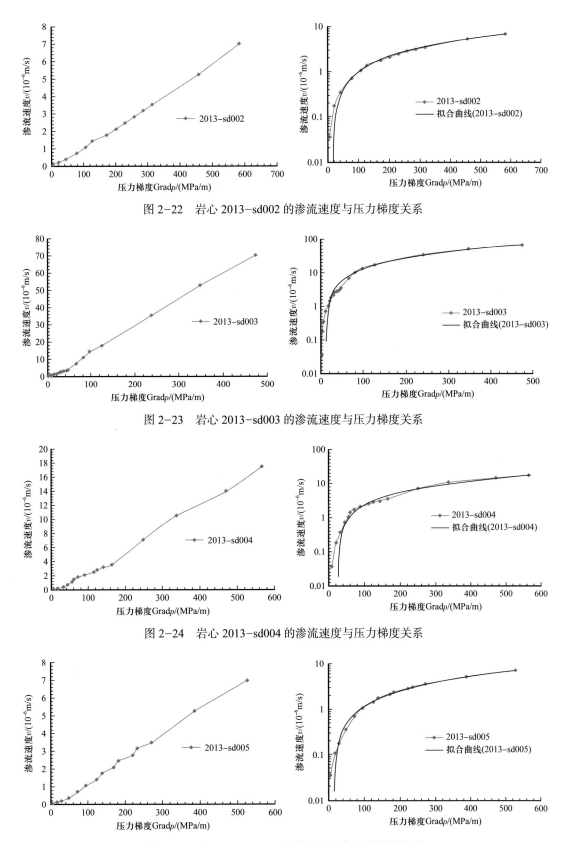

图 2-22　岩心 2013-sd002 的渗流速度与压力梯度关系

图 2-23　岩心 2013-sd003 的渗流速度与压力梯度关系

图 2-24　岩心 2013-sd004 的渗流速度与压力梯度关系

图 2-25　岩心 2013-sd005 的渗流速度与压力梯度关系

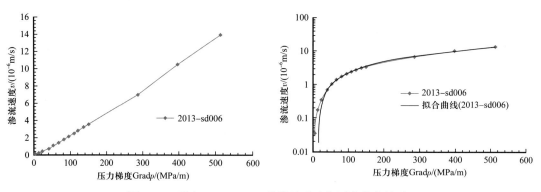

图 2-26　岩心 2013-sd006 的渗流速度与压力梯度关系

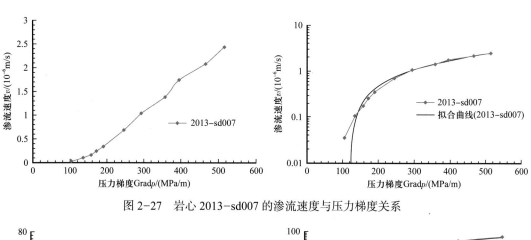

图 2-27　岩心 2013-sd007 的渗流速度与压力梯度关系

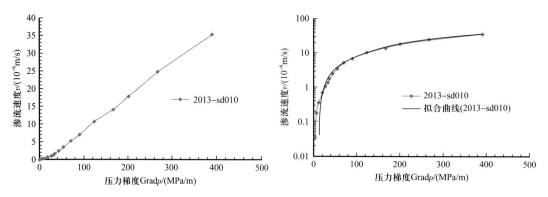

图 2-28　岩心 2013-sd008 的渗流速度与压力梯度关系

图 2-29　岩心 2013-sd010 的渗流速度与压力梯度关系

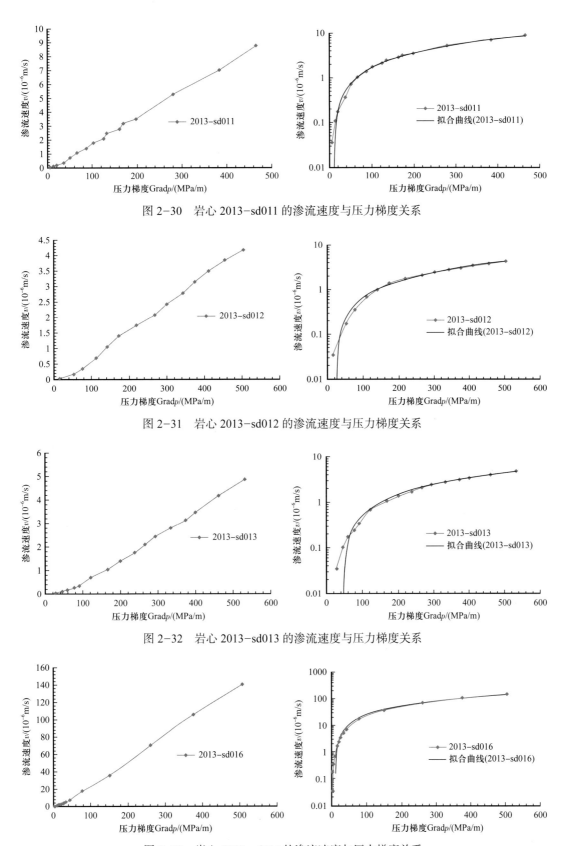

图 2-30　岩心 2013-sd011 的渗流速度与压力梯度关系

图 2-31　岩心 2013-sd012 的渗流速度与压力梯度关系

图 2-32　岩心 2013-sd013 的渗流速度与压力梯度关系

图 2-33　岩心 2013-sd016 的渗流速度与压力梯度关系

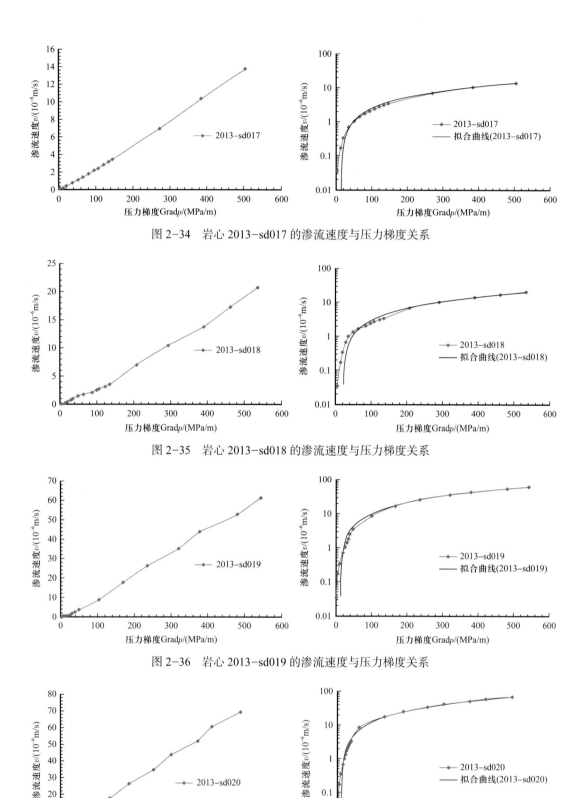

图 2-34 岩心 2013-sd017 的渗流速度与压力梯度关系

图 2-35 岩心 2013-sd018 的渗流速度与压力梯度关系

图 2-36 岩心 2013-sd019 的渗流速度与压力梯度关系

图 2-37 岩心 2013-sd020 的渗流速度与压力梯度关系

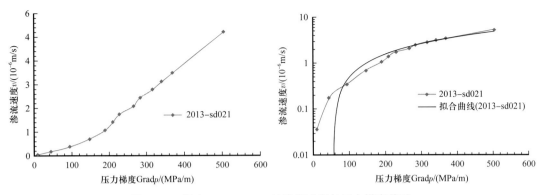

图 2-38　岩心 2013-sd021 的渗流速度与压力梯度关系

另外，致密油储层岩心的微观孔隙结构复杂、比表面积大、细小孔喉作用强，从而引发强烈的界面效应。根据流体与固体之间界面作用的边界层理论，由于致密油储层岩心的孔隙系统基本上是由微小孔隙组成，因此流体与固体之间的界面张力影响显著，在流动过程出现不可忽视的阻力。只有当驱动压力梯度大于界面张力时，该孔道中的流体才开始流动，因此启动压力在微观上是固液界面的张力。固液界面相互作用对流体渗流的影响随多孔介质的渗透率或孔隙半径增大而单调递减。当多孔介质的渗透率或孔隙半径减小到某个值以后，固液界面相互作用的影响变成较大的值，以至产生不可忽略的渗流阻力，从而流体渗流出现非线性特征。

（四）基于启动压力梯度的非线性数学模型

根据高压压汞和核磁共振分析，致密油储层属于微纳米级孔隙储层。根据边界层理论，在微纳米级孔隙储层中，随孔隙半径减小，储层渗透能力急剧减弱，孔隙壁面固液相互作用对流体渗流的影响不能忽略。考虑固液相互作用的影响，固液边界层使孔喉有效渗流半径发生变化，进而影响了流速的变化规律。采用毛细管模型和边界层理论，可推导出微纳米级孔隙介质的流体渗流速度与压力梯度具有三次函数关系。因此，采用以下公式的三次函数形式对渗流速度与压力梯度关系的实验数据进行拟合：

$$v=A\nabla p^3+B\nabla p^2+C\nabla p+D \qquad （2-5）$$

式中，v 为渗流速度，10^{-6}m/s；∇p 为压力梯度，MPa/m；A、B、C、D 均为拟合参数。

拟合函数关系式中三次项和二次项均表征边界层对渗流的影响，一次项表征黏滞阻力的影响，常数项表征启动压力梯度的影响。

拟合参数 A、B、C、D 与气测渗透率的关系如图 2-39 至图 2-43 所示。

拟合参数 A、B、C 与气测渗透率之间有较好的线性关系。拟合参数 C 与气测渗透率之间线性关系的相关系数 $R^2=0.9753$，因此拟合公式的 C 项可认为是达西渗流项，拟合参数 C 可认为是达西渗流系数，与岩石的渗透率和流体的黏度有关。

拟合参数 A、B、D 可认为是与边界层厚度有关的渗流项，这三项构成了流体在致密油储层岩心中的非线性渗流特征，均反映了流体在微纳米级孔隙结构的致密油储层岩心渗流时边界层的影响。拟合参数 D 在全部 18 个样品的实验数据范围内与气测渗透率的相关性不明显，但在致密油渗透率小于 0.1mD 界限范围内有一定的相关性。渗透率小于 0.1mD 时，

拟合参数 D 与气测渗透率呈对数函数关系，岩心孔隙半径越小，渗透率越小，拟合参数 D 越大，表明流体渗流的启动压力梯度越大，拟合参数 D 与气测渗透率的拟合公式为 $D=0.1058\ln K+0.3147$。

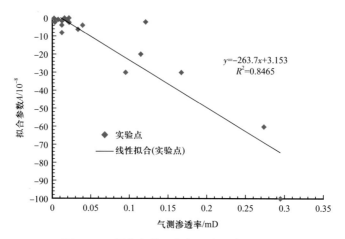

图 2-39 拟合参数 A 与气测渗透率的关系

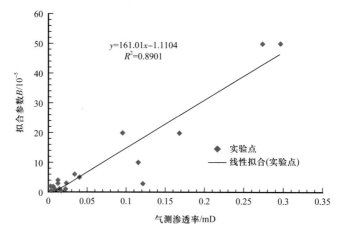

图 2-40 拟合参数 B 与气测渗透率的关系

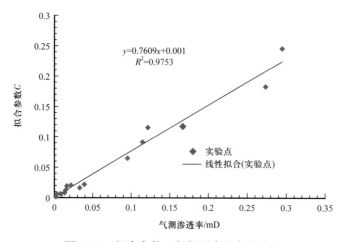

图 2-41 拟合参数 C 与气测渗透率的关系

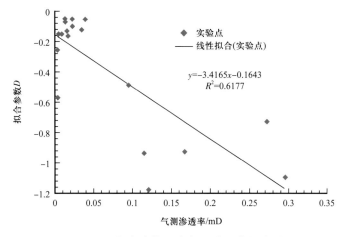

图 2-42　拟合参数 D 与气测渗透率的关系

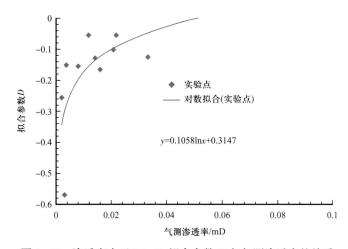

图 2-43　渗透率小于 0.1mD 拟合参数 D 与气测渗透率的关系

（五）致密油储层流动界限研究

储层孔喉流动下限是指低于该下限的孔喉半径孔隙空间对渗透率无贡献，赋存在低于该下限孔隙空间的流体也不参与流动。对于常规储层，孔喉流动下限的确定主要在统计分析储层常规压汞资料基础上结合经验判断完成。该方法缺乏足够的理论和实验支持，且应用于纳米级孔喉发育的致密储层具有一定的局限性。

按照核磁共振—离心法测量吉木萨尔致密储层典型井不同岩性代表性密闭取心样品21 块。计算得出各岩心的可动流体饱和度见表 2-2，典型岩样 T_2 谱图及核磁孔隙度如图 2-44 所示。

从表 2-2 中可以看出：岩性较好的粉砂岩 I 类储层可动流体饱和度为 9%～42%，平均为 24.23%；岩性较差的非 I 类储层可动流体饱和度为 8%～39%，平均为 23.51%，与 I 类储层相差不大。总体来看，吉木萨尔致密储层由于源储一体、无长距离运移，孔隙度与渗透率较低，储层致密，可动流体饱和度普遍较低，平均可动流体饱和度为 24%，流体流动能力差，这也意味着储层采出程度较低。

表 2-2 吉 174 井岩心可动流体饱和度

分类	岩性	深度 /m	孔隙度 /%	渗透率 /mD	可动流体饱和度 /%
I 类储层	灰色灰质粉砂岩	3193.35	5.4	0.019	8.97
		3271.74	5.5	<0.010	21.32
		3274.65	13.9	0.024	19.29
		3275.43	15.5	0.047	29.97
		3276.61	16.2	0.208	41.86
		3277.50	13.4	0.038	23.86
		3285.29	13.2	0.259	14.26
		3296.61	13.7	0.01	28.82
		3305.33	4.1	<0.010	17.11
	灰色泥质粉砂岩	3290.44	8.2	<0.010	19.39
	灰色泥灰岩	3282.14	15.1	0.108	40.19
	深灰色泥灰岩	3280.53	5.3	0.018	25.74
非 I 类储层	灰色灰质泥岩	3153.80	4.5	0.018	29.86
		3199.99	8.0	0.019	27.13
		3210.69	8.4	0.015	25.91
		3244.80	5.8	0.042	21.18
	灰色泥岩	3254.94	13.1	0.063	38.74
	深灰色灰质泥岩	3213.40	6.9	0.015	8.25
		3232.14	5.1	<0.010	8.02
	深灰色泥岩	3269.74	9.2	0.014	26.74
		3297.45	11.3	0.123	25.74

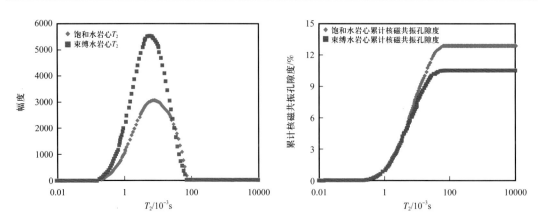

图 2-44 吉 174 井岩心 T_2 谱图及累计核磁共振孔隙度

采用流动实验法模拟地层压力条件，在初始压差30MPa下（初始压力梯度400MPa/m）进行衰竭式开采实验。实验条件下，衰竭式开采弹性采收率低于14%（图2-45），即可动流体饱和度低于14%。

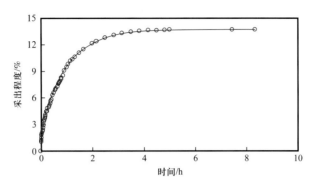

图2-45　吉木萨尔典型岩心衰竭采出程度

三、致密油储层流体赋存特征及开采过程应力效应分析

（一）致密油储层孔隙结构微观特征

本小节针对致密油储层影响渗吸、驱替相关参数的测试实验，分析致密油储层岩石物性（孔隙度、渗透率和饱和度）、岩石矿物组成和孔隙结构等，岩心采自松辽盆地扶余油层泉四段、准噶尔盆地吉木萨尔芦草沟组和鄂尔多斯盆地长7段致密油储层。

1. 孔隙度特征

长7段孔隙度分布在8%～14%，芦草沟组孔隙度主要分布在3%～6%，扶余油层泉四段孔隙度分布在3%～8%。可见，致密储层孔隙度低于10%。相比较而言，长7段孔隙度较高，泉四段次之，芦草沟组最低（图2-46）。

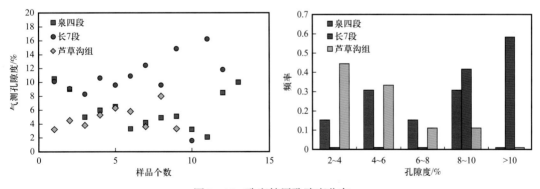

图2-46　致密储层孔隙度分布

2. 渗透率特征

长7段渗透率分布在0.02～0.1mD，芦草沟组渗透率分布在0.001～0.02mD，扶余油层泉四段克林肯贝格渗透率分布在0.005～0.1mD。可见，致密储层克林肯贝格渗透率主要分布在0.1mD以下，渗透率较低。相比较而言，扶余油层泉四段渗透率较高；长7段渗透率次之，芦草沟组最低（图2-47）。

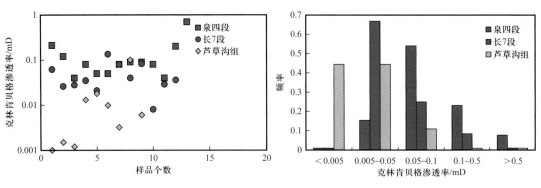

图 2-47　致密储层渗透率分布

　　研究致密油赋存特征对认识致密油"甜点"和富集规律具有重要的意义。从井底取出岩心后，立刻封存，防止油气逸散。按照 SEM 电镜样品要求，进行氩离子抛光，置于电镜下观测致密油的分布特征，如图 2-48 所示。致密油储层同时发育孔隙和微裂缝。有

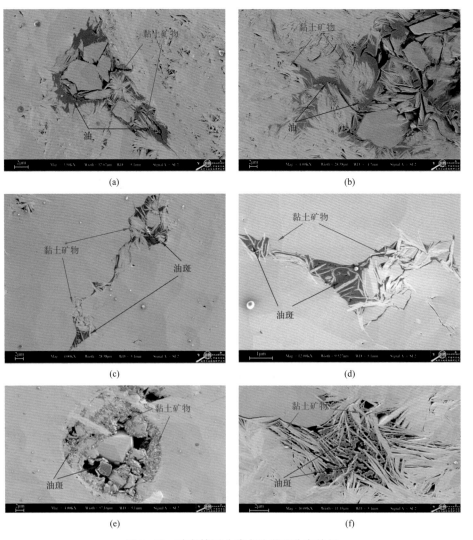

图 2-48　致密储层孔隙中油微观分布特征

必要分别研究孔隙和微裂缝对致密油赋存的影响。通过 SEM 可以看出，赋存在孔隙中的黑色油斑呈零星状分布，连续性较差。油斑聚集区往往发育黏土矿物，致密油与黏土矿物具有一定的伴生特征。通过 XRD 测试结果显示，黏土矿物主要为伊利石和伊蒙混层。因此，黏土矿物的含量及类型对致密油的赋存及运移具有重要影响。

致密油储层广泛发育不同尺度的微裂缝，研究微裂缝对致密油的赋存的控制机理具有重要意义。图 2-49 为致密储层微裂缝中油微观分布特征，可以看出大部分的微裂缝中没有充填黑色油斑，只有少量微裂缝的局部发现油迹，因此微裂缝并不是致密油赋存的主要空间。这很大程度上限制了致密油的可动用程度。

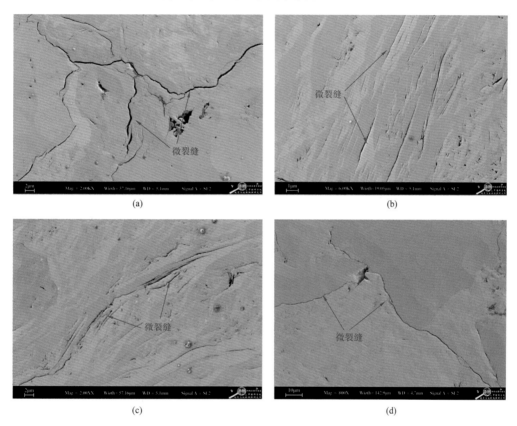

图 2-49　致密储层微裂缝中油微观分布特征

图 2-50 为致密储层微裂缝贯穿油斑特征。微裂缝呈网络状分布，部分微裂缝可以贯穿油斑或油迹，能够将零星状分布的油斑连接起来，很大程度上会提高原油的可动性。

为了进一步定量分析油的分布特征，钻取原始的岩心烘干，置于核磁共振分析仪中测量 T_2 谱。洗油之后，再测量一次 T_2 谱。通过对比 T_2 谱前后的变化，分析油原始的赋存状态，如图 2-51 所示。由图可以看出，洗油后样品的 T_2 谱信号幅度大幅度降低（<10），说明大量的烃类物质已经被去除。对比洗油前后的信号幅度可以看出，大孔中的信号幅度变化不大，而小孔中的信号明显降低。可见储层原始条件下，原油主要赋存于小孔中，大孔或裂缝中含油较少。这与 SEM 的观测结果一致。

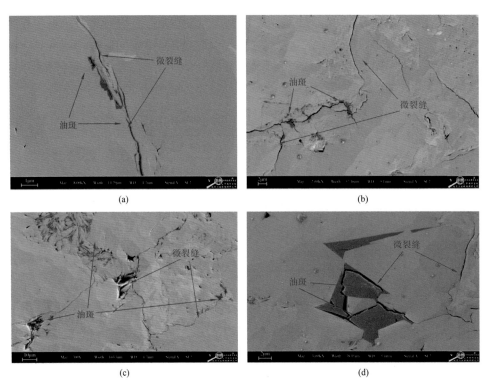

图 2-50　致密储层微裂缝贯穿油斑特征

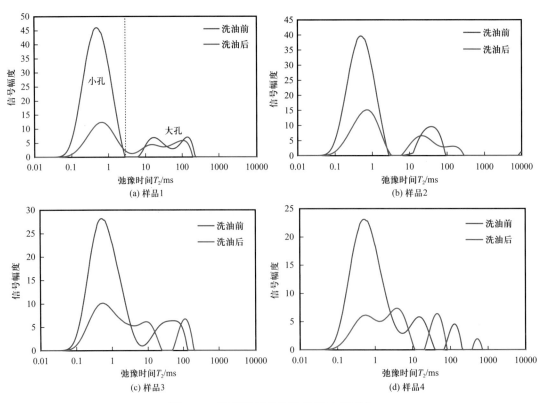

图 2-51　致密油样品洗油前后 T_2 谱变化

为了进一步分析致密储层可动流体饱和度，开展了离心核磁共振实验，分别选取与长7段和泉四组相同的样品，抽真空饱和水、油。置于离心机的4个样品室内，将转速提高至5000r/min，保持2h，测量一下T_2谱，之后分别提高转速至7000r/min、9000r/min和11000r/min，分别测量T_2谱，如图2-52和图2-53所示。致密储层样品饱和水、油，离心后信号幅度都出现不同程度的下降，饱和度的变化即为可动流体饱和度。其中长7段致密储层样品含水饱和度降低40.5%，含油饱和度下降29.2%；扶余油层的致密储层样品含水饱和度降低28.5%，含油饱和度降低11.3%。因此，长7段储层和扶余油层可动水饱和度分别为40.5%和28.5%，可动油饱和度分别为29.2%和11.3%。可见，致密储层可动水饱和度明显高于可动油饱和度。

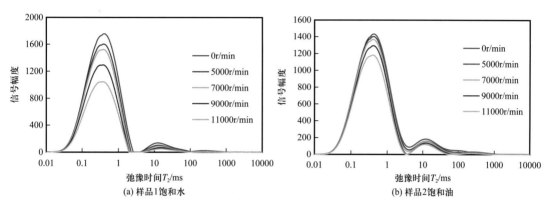

图2-52　长7段致密储层样品饱和水和油离心核磁共振测量的T_2谱

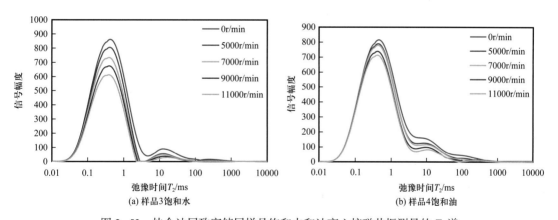

图2-53　扶余油层致密储层样品饱和水和油离心核磁共振测量的T_2谱

利用高压压汞实验对储层孔径特征进行分析。致密砂岩储层的毛细管力曲线主要受到最大进汞饱和度、排驱压力、歪度和孔喉分选程度控制。研究致密砂岩的压汞毛细管力曲线形态可以定性分析储层中孔隙的发育程度和连通性。

如图2-54所示，毛细管力曲线倾向于偏向左上方，进汞与退汞曲线间距较大，同时曲线中间平缓段较短，偏离水平坐标线。综上可知，致密岩石储层排驱压力高，孔隙分布较为分散，孔喉细小，连通性较差，属于细微孔隙型地层，不利于致密油的运移和聚集。随着汞饱和度的增加，汞注入压力逐渐增加。当汞饱和度小于10%时，注入压力变化不大；当汞饱和度大于 10%，注入压力迅速上升至约 10MPa。从压汞数据可以看出，致密油储层毛细管力大大高于常规储层。

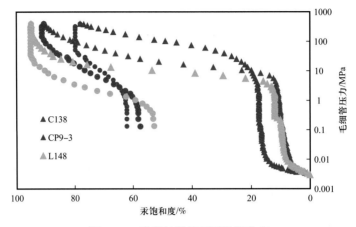

图 2-54　致密油样品压汞数据分布

图 2-55 为致密油样品的孔径分布。致密储层孔径分布范围广，主要分布于小于1μm和大于10μm尺度上。其中，可见致密储层孔隙以小于1μm的小孔为主，占总体积的80%以上。研究小孔的微观结构及渗流特征，有利于理解致密油的产出机理。

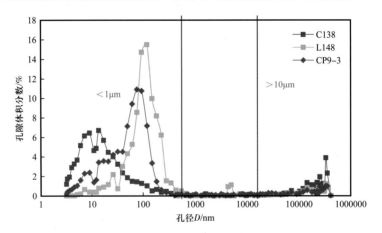

图 2-55　致密油样品孔径分布

核磁共振技术是一项非常有效的孔隙结构分析技术，通过测量样品中的氢核含量来评价孔隙流体的分布及饱和度变化。研究发现，核磁共振 T_2 谱与孔径分布具有一定关系。

目前，较为常用的方法是通过压汞实验获得的孔径分布与 T_2 谱进行对比，确定表面弛豫率，从而应用 T_2 谱对致密储层样品中的流体分布进行定量分析。

图 2-56 中，T_2 谱与压汞孔径分布在曲线形态上基本趋于一致。孔径分布越集中，两者吻合度越高。当致密储层样品孔径分布具有较大的范围时，两者的偏离度开始增加。致密储层样品非均质性较强，小孔富集区与大孔富集区具有不同的表面弛豫率，采用单一的表面弛豫率难以表征致密储层样品。当孔径分布为单峰特征时，两者吻合度较高。通过对比，可以确定出 C114、L136 和 CP9-3 的表面弛豫率分别为30nm/ms、50nm/ms 和8nm/ms。

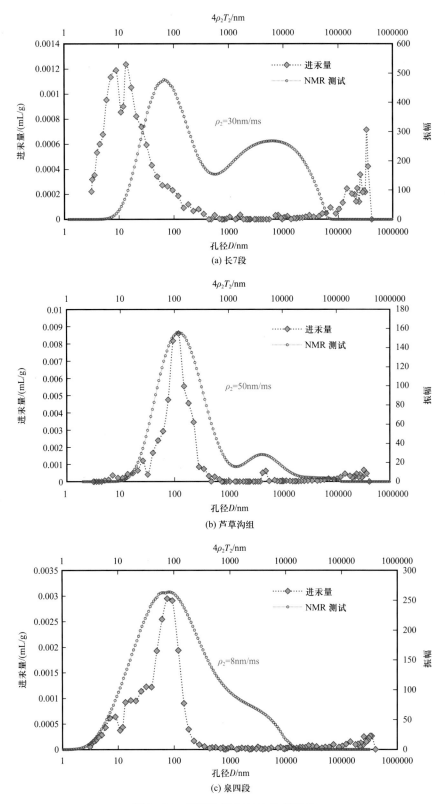

图 2-56 压汞孔径分布与 T_2 谱对比

致密储层 SEM 相关测试在中国科学院地质与地球物理研究所开展。图 2-57 为致密储层样品微观孔隙 SEM 特征，主要以粒间孔和溶蚀孔为主，粒间孔的孔径为 0.763～3.573μm，溶蚀孔的孔径为 62.03～148.9nm。可见孔径分布范围较大，且主要分布在小于 1μm 的尺度上，与压汞测试结果基本一致。

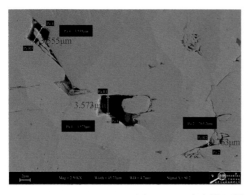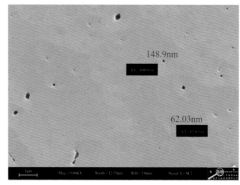

图 2-57　致密储层样品微观孔隙 SEM 特征

图 2-58 为致密储层样品微裂缝 SEM 特征，可以看出致密储层样品微裂缝较发育，孔径为 124～282nm。可见，微裂缝与溶蚀孔的发育尺度较为接近，说明在小于 1μm 的尺度上，致密储层发育孔隙和微裂缝，这与传统认识中微裂缝尺度大大高于孔隙不同。

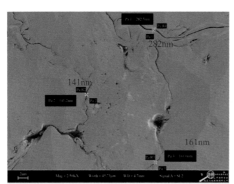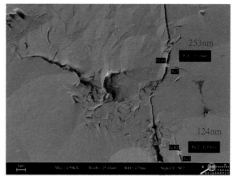

图 2-58　致密储层样品微裂缝 SEM 特征

本小节分析了影响致密油储层渗吸的相关参数，主要包括孔隙度、渗透率、含油饱和度、矿物组成、流体黏度、表面张力和润湿角等，以扶余油层泉四段、吉木萨尔芦草沟组和鄂尔多斯盆地长 7 段致密油储层为研究目标进行分析测试，主要研究成果如下：

（1）针对致密油储层压裂液渗吸相关的参数进行测试，研究发现致密油储层具有低孔、低渗、低黏土的特点，孔隙度为 8%～14%，渗透率为 0.005～0.1mD，黏土矿物含量低于 18%。

（2）致密油储层发育微裂缝和孔隙，孔径—缝宽分布范围广，主要分布于小于 1μm 和大于 10μm 尺度上，其中小于 1μm 的孔隙—裂缝的体积占到总体积的 80% 以上。孔隙主要分布于小于 1μm 的尺度上，微裂缝在两个尺度范围内均有分布。

（3）赋存在孔隙中的黑色油斑呈现零星状分布，连续性较差。油斑聚集区往往发育黏土矿物，致密油与黏土矿物具有一定的伴生特征。通过 XRD 测试结果显示，黏土矿物主要为伊利石和伊蒙混层。大部分的微裂缝中没有充填黑色油斑，只有少量微裂缝的局部发现油迹。因此微裂缝并不是致密油赋存的主要空间，但部分的微裂缝可以贯穿油斑或油迹，能够将零星状分布的油斑连接起来，很大程度上会提高原油的可动性。

（二）致密油储层渗吸、驱替状态下的流体赋存特征

研究致密油储层在毛细管力作用下吸水排油的微观机理，采用渗吸—核磁共振联测法，测量渗吸过程中岩石质量和核磁共振 T_2 谱变化。通过岩石质量变化，分析油水两相渗流规律；结合核磁共振 T_2 谱动态变化，研究油相在样品中的分布及迁移规律。

1. 实验装置、方法与样品制备

致密油储层孔隙为微纳米级别，毛细管力较大，该类储层具有很强的渗吸能力。地层条件下，致密油储层与水基工作液接触，大量的水基工作液在毛细管力作用下，渗吸进入孔隙中，孔隙中的油被排出，如图 2-59 所示。

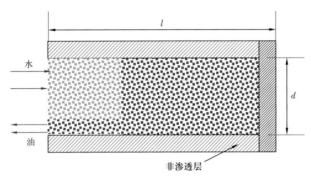

图 2-59　致密油储层样品渗吸排油示意图

传统的渗吸排油实验主要依靠渗吸瓶收集排出的油滴，瓶壁上的刻度可获得排出的油滴体积。具体方法是将饱和油的样品放置于渗吸瓶中，水自动渗吸进入岩石孔隙驱替出油滴。驱替出的油滴上浮至渗吸瓶顶部，通过上部刻度即可获取驱替出的渗吸排驱的油体积。然而，对于致密油储层而言，样品内含有的油量较少，难以通过渗吸瓶刻度读取，因此需要提高仪器的测量精度。该实验借助高精度的分析天平和核磁共振对渗吸驱油的过程进行监测、分析。

实验装置是精度为 0.0001g 的梅特勒分析天平（型号 ME204E），如图 2-60（a）所示。通过测量样品质量的变化，根据油和水的密度差推测吸入水和排出油的体积。核磁共振仪由苏州纽迈分析仪器股份有限公司提供，型号为 MiniMR-VTP，磁场强度 0.5T，如图 2-60（b）所示。测试温度为 25℃，湿度为 40%，压力为大气压力。核磁共振是一种无损测试方法，通过测量岩石内氢元素含量来分析岩石的物性特征。核磁共振 T_2 谱可以很好地反映孔隙结构和流体分布特征。T_2 值越大，说明赋存流体的孔径越大；某一孔径的岩石中流体越多，则 T_2 谱幅度越大。通过测量渗吸过程中致密储层样品的 T_2 谱，可以很好地获得毛细管力渗吸引起的孔隙流体饱和度分布特征。

核磁共振仪测试过程中的设置参数对测试结果影响较大。对于不同的储层岩石，需要确定不同范围的测试常数。一般来说，核磁共振仪的测试常数主要四个：等待时间（RD）、回波个数（NECH）、回波间隔（T_E）和扫描次数（SCANS）。等待时间设置太小，

会导致大孔隙信号丢失，但是如果设置太长会提高测量时间。对于常规砂岩来说，RD＞3000ms 是合适的；对于含有裂缝的页岩和致密砂岩来说，RD＞8000ms。同理，回波个数和扫描次数越大，越有利于提高测试精度，但是也会增加测试时间，实验中将两参数分别设置为 2048 和 64。此外，回波间隔指的是连续两个 180°的脉冲之间的间隔，如果超过 0.3ms，捕捉的小孔中的流体信号就会丢失。但是，对于低场核磁共振仪而言，最小的回波间隔只能设置为 0.3ms，因此采用低场核磁共振仪测量致密储层岩石，部分微纳米级孔隙是无法测量的。

(a) 分析天平　　　　　　　　　　　(b) 核磁共振仪

图 2-60　致密油渗吸排油实验装置

实验用致密储层样品参数见表 2-3，实验用液体性质参数见表 2-4。

表 2-3　致密储层物性特征参数

编号	直径 /cm	长度 /cm	孔隙度 /%	渗透率 /mD
L136	2.5	5.1	3.6	0.0062
C143	2.5	5.3	2.5	0.15
CP9-3	2.5	3.5	8.1	0.014

表 2-4　实验用液体性质参数（25℃条件下测得）

类型	密度 / (g/cm³)	黏度 /cP	表面张力 / (N/m)
蒸馏水	1.0	0.9	72
质量分数为 20% 的 $MnCl_2$	1.3	0.9	74.2
煤油	0.81	1.32	29
氘水	1.1	—	—

注：1cP=1mPa·s。

高浓度（＞20%）$MnCl_2$ 溶液能够很好地屏蔽水中的氢信号，抑制水中的核磁共振信号。由于水中加入的 $MnCl_2$ 屏蔽了水的核磁共振信号，因此测量的 T_2 谱动态曲线可以很好地反映出渗吸作用下岩石孔隙中的含油量变化，见图 2-61。

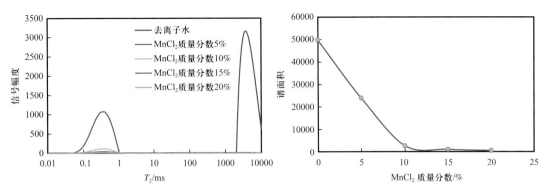

图2-61　加入 $MnCl_2$ 的 T_2 谱动态曲线

将致密储层样品进行洗油，由于储层含盐量不高，不需要洗盐。洗油一般采用索氏抽提器来提取样品中的原油，将加热溶解原油能力较强的有机溶剂（苯—乙醇）变成蒸气，冷凝后滴到含油的样品上，对孔隙中的原油进行溶解、清洗。当含油有机溶剂充满整个岩心室时，在虹吸作用下含油溶剂自动流入烧瓶中，再次加热、冷凝、滴入、回流。这样循环清洗，直到样品中的原油被清洗完毕为止。索氏抽提器主要包括岩心室、冷凝管、烧瓶和加热器，如图2-62（a）所示洗油完毕后，在105℃下烘干样品，至质量不再变化。置于饱和装置中，对样品进行抽气2~3h，除去压力室中的空气，然后通入煤油，转动手摇泵进行加压饱和，饱和时间持续48h，如图2-62（b）所示。

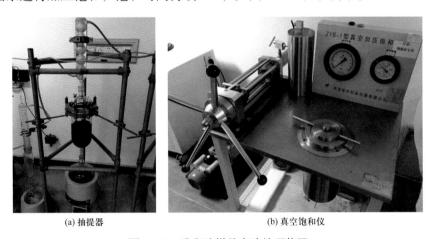

(a) 抽提器　　　　　　　　　　　　(b) 真空饱和仪

图2-62　致密油样品实验处理装置

取出饱和煤油的样品，测量样品质量和尺寸，全部浸泡于 $MnCl_2$ 溶液中，一段时间后，测量样品的质量，放置于核磁共振仪中，测量 T_2 谱。重复浸泡 $MnCl_2$ 溶液和核磁共振测试的步骤，绘制 T_2 谱随着时间的变化，如图2-63所示。根据逆向渗吸质量守恒定律，吸入的液体体积等于排出的煤油体积。可采用两种方法确定渗吸驱替出的煤油体积，分别是谱面积法和质量法。

2. 致密砂岩储层渗吸驱油实验结果

1）孔隙型致密储层油相迁移

浸没于水中的致密油样品逐渐发生渗吸排油作用，水在毛细管力作用下吸入岩石样品，油滴逐渐被排出并附着于样品表面，如图 2-64 所示。图中，油滴体积较小，在样品表面倾向于分布较为均匀，说明对于致密储层而言，毛细管力渗吸可以自发排驱孔隙中赋存的油，有助于致密油的产出。

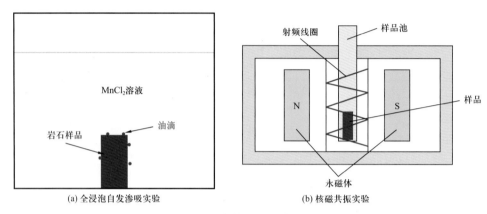

(a) 全浸泡自发渗吸实验　　　　　　　　(b) 核磁共振实验

图 2-63　致密储层样品渗吸实验图

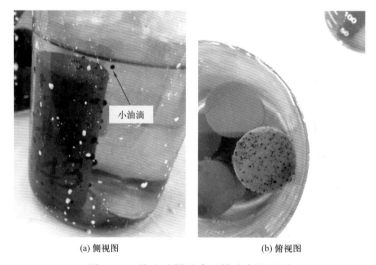

(a) 侧视图　　　　　　　　　　(b) 俯视图

图 2-64　饱和油样品渗吸排油肉眼观测

在渗吸初期阶段，T_2 谱包围面积迅速减小，同时峰值整体右移，说明水优先进入小孔驱替油，使得含油饱和度迅速减小；随着渗吸时间的增加，T_2 谱包围的面积变化速率降低，说明渗吸速率减小，含油饱和度下降速率减小；渗吸时间继续增加，T_2 谱包围面积不再变化，说明孔隙中残余的油无法仅仅依靠毛细管力排出，含油饱和度不再降低，渗吸作用基本结束。

核磁共振测试仪记录了致密储层样品 T_2 谱随着渗吸时间的变化，如图 2-65 所示。可以看出，随着渗吸时间的增加，T_2 谱包围的谱面积逐渐减小，说明样品中孔隙中煤油逐渐被水取代，排出的煤油体积等于吸入水的体积。虽然致密样品 T_2 谱左峰和右峰的谱面积都随着渗吸时间的增加逐渐减小，然而减小的速度却存在较大差异，说明不同孔径孔隙中的煤油排出的速度并不相同。左峰（S 区小孔）峰值信号幅度从 450 下降到 213，变化幅度约 52.7%；右峰（M 区和 L 区大孔）峰值信号幅度从 245 下降到 215，变化幅度约 12.2%。可见，水在毛细管力作用下优先进入小孔，小孔中的煤油优先被排出。此外，左峰（S 区小孔）峰顶逐渐向右移动，也说明小孔中的渗吸排油速度大大高于大孔。

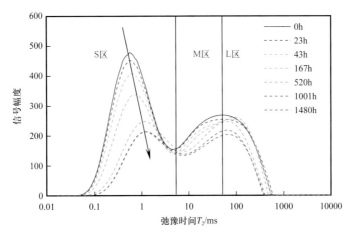

图 2-65　C143 致密储层样品渗吸 T_2 谱随时间的变化

随着渗吸时间的增加，孔隙中的煤油并不都是递减的。对于 S 区小孔而言，谱面积逐渐减小，当时间超过 1001h 后，谱面积基本不变，说明小孔中剩余油最终进入残余油状态，已经无法仅仅依靠毛细管力排出；对于 M 区中孔而言，谱面积开始逐渐减小，当渗吸时间超过 1001h 后，谱面积开始增加，说明部分煤油运移进入了中孔中；对于 L 区大孔而言，谱面积呈震荡式下跌，说明大孔中的原油处于动态运移过程中，排出的煤油体积高于进入的煤油。总的来看，孔隙越小，毛细管力越大，渗吸排驱作用越强。小孔中的煤油有两种排出路径：一种是排出到储层外部，直接被开采出来；另一种是从小孔中运移进入稍大一点的孔隙，逐渐被排出。因此，可以看到小孔的信号幅度逐渐单调下降，而大孔中的信号幅度呈震荡式下降。通过核磁共振成像可以很好地验证原油动态运移的特征，如图 2-66 所示。随着渗吸时间的增加，红色的煤油逐渐减少，然而煤油主要聚集于左侧。随着左侧的煤油逐渐被排出，其余部分的煤油逐渐向左侧运移，最终被排出。

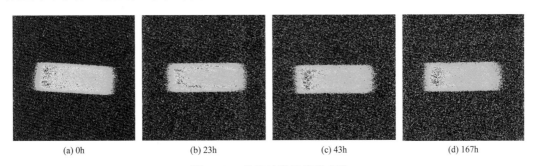

(a) 0h　　　　　(b) 23h　　　　　(c) 43h　　　　　(d) 167h

图 2-66　饱和油样品核磁成像

为了进一步分析渗吸排油规律，绘制谱面积随渗吸时间和时间平方根的变化曲线，可以看出随着时间的增加，谱面积起初下降较快，之后下降速度逐渐减缓，最终谱面积随着渗吸时间的延长不再增加。依靠毛细管力渗吸排驱作用开采原油可以达到 45%。谱面积的下降幅度与 $\sqrt{t}$ 基本呈线性关系，见图 2-67。

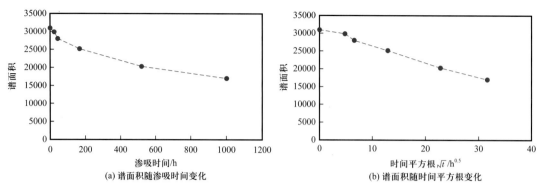

(a) 谱面积随渗吸时间变化　　　　　　(b) 谱面积随时间平方根变化

图 2-67　饱和油样品渗吸过程中谱面积变化

2）硬脆型致密储层油相迁移

图 2-68 为扶余油层致密储层样品渗吸 T_2 谱随时间的变化。扶余油层的核磁共振呈现出单峰特点，谱面积随着渗吸时间的增加，谱面积逐渐下降。但是，某一孔径中的煤油量并不是单调递减的。S 区和 L 区小孔，谱面积同步下降，说明小孔和大孔中的煤油优先被驱替出来，直至进入残余油状态。然而，M 区中孔的谱面积先呈震荡式下降的趋势，部分孔隙中煤油先减小后升高，甚至还产生了新的空间来储存煤油。结合图 2-69 肉眼观测的渗吸排油现象，可以看出大量的油滴从样品表面吸出，油滴体积明显高于 C143 样品。实验过后，样品表面产生了大量的微裂缝。可以推测，扶余油层特殊的 T_2 谱变化很大程度上与水敏性黏土矿物有关。水敏性黏土矿物含量较高，遇到水后膨胀，在水化膨胀应力作用下，诱发裂缝扩展。S 区和 L 区小孔的谱面积同步减小，可以得出，水优先进入小孔和微裂缝中排驱煤油。原有的中孔及新产生的中孔中的煤油，一直处于动态增加或减少中。

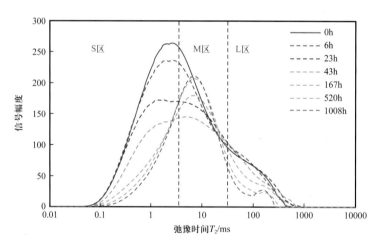

图 2-68　CP9-1 致密储层样品渗吸 T_2 谱随时间的变化

图 2-70 为饱和油样品渗吸过程中谱面积变化，可以看出谱面积的下跌呈两段式，初期迅速下跌，逐渐转为缓慢下跌。结合前期研究，可知样品内部含有微裂缝，微裂缝中渗吸排油速率较高。初期以微裂缝排油为主，后期则以基质孔隙排油为主。最终依靠渗吸作用驱替的煤油约为 44.3%。图 2-71 为饱和油渗吸过程中的核磁共振成像，可以看出

煤油（红色部分）逐渐被排驱出来。然而图 2-71（a）中，并没有发现明显的微裂缝，说明样品原始微裂缝较小，不易识别。

图 2-69　饱和油样品渗吸排油肉眼观测

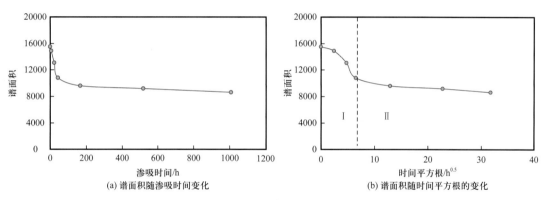

(a) 谱面积随渗吸时间变化

(b) 谱面积随时间平方根的变化

图 2-70　饱和油样品渗吸过程中谱面积变化

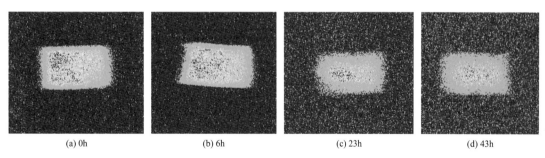

(a) 0h　　　　　(b) 6h　　　　　(c) 23h　　　　　(d) 43h

图 2-71　饱和油样品核磁共振成像

3）富黏土型致密储层油相迁移

图 2-72 为 C7 致密储层样品渗吸 T_2 谱随弛豫时间的变化，图 2-73 为渗吸后 C7 致密储层样品微裂缝形态。随着渗吸时间的延长，信号幅度整体呈下降趋势。此外，实验后，样品出现明显的微裂缝，这与黏土矿物水化膨胀有关。S 区小孔中信号幅度逐渐下降，煤油逐渐被水驱替出来。M 区中孔信号幅度逐渐增加，这与黏土矿物膨胀，诱发裂缝扩

展有关。部分煤油运移进入新产生的裂缝中。L 区大孔信号幅度震荡式增加，这也与微裂缝的产生有关。微裂缝既为煤油增加了新的赋存空间，同时在一定程度上也提高了煤油的运移速度。

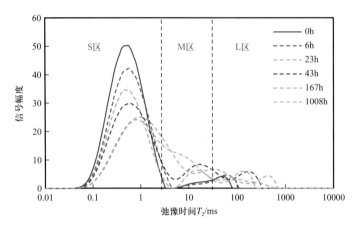

图 2-72　C7 致密储层样品渗吸 T_2 谱随弛豫时间的变化

图 2-73　渗吸后 C7 致密储层样品微裂缝形态

图 2-74 展示谱面积随渗吸时间和时间平方根关系。由图可以看出，当时间超过 36h 时，谱面积不再降低，说明依靠渗吸能够驱替出的煤油已经完全被排驱出来。可见，富

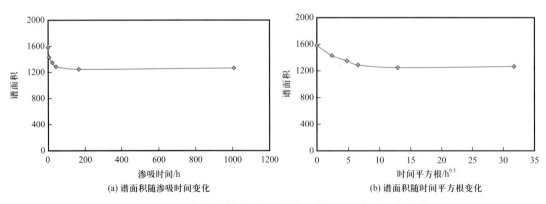

(a) 谱面积随渗吸时间变化　　　　　　　　(b) 谱面积随时间平方根变化

图 2-74　C7 致密储层样品饱和油样品渗吸过程中谱面积变化

含黏土的致密样品，渗吸平衡时间大大低于低黏土含量的储层，这与黏土矿物含量较高有关。黏土矿物遇到水膨胀，产生大量的裂缝，可为煤油的排驱提供高速通道。但是，富含黏土矿物的致密样品渗吸采收率仅为20%，约为普通致密储层样品的1/2。这说明黏土矿物膨胀产生的裂缝在一定程度上提高了渗吸排驱速率，但是也同样会压缩部分孔隙，提高了残余油饱和度，反而不利于提高采收率。

4）裂缝型致密储层相迁移

图2-75为含裂缝致密储层样品渗吸T_2谱随着时间的变化。实验前，样品C114-1可用肉眼观测出微裂缝，主要为顺层理方向。显微镜观测可知，裂缝宽度为100～350μm，如图2-76所示。与不含裂缝的致密样品相比，含裂缝的致密样品渗吸排油呈现出不同的特征。中孔（M区）和大孔（L区）的信号幅度下降速度明显高于小孔（S区）。相比小孔而言，微裂缝是渗吸排油的优势通道。结合图2-77饱和油样品的核磁共振成像，饱和油状态下，大量的煤油赋存于微裂缝中。随着渗吸时间的延长，水优先进入微裂缝中，将微裂缝中赋存的煤油驱替出来；随后小孔中的煤油慢慢被排出。渗吸采收率约为39.6%。图2-78展示饱和油样品渗吸过程中谱面积随渗吸时间和时间平方根关系。

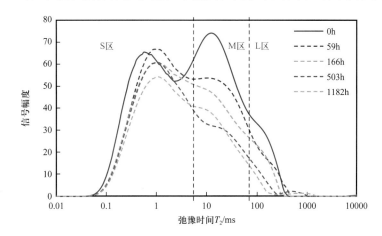

图2-75　C114-1含裂缝致密储层样品渗吸T_2谱随时间的变化

(a) 肉眼观测　　　　　　　　　　　　　　　(b) 显微镜观测

图2-76　渗吸前C114-1致密储层样品微裂缝形态

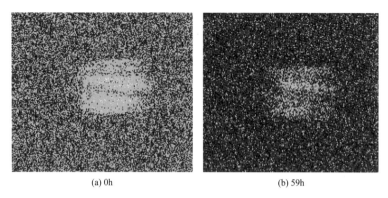

(a) 0h   (b) 59h

图 2-77　C114-1 致密储层样品饱和油样品核磁共振成像

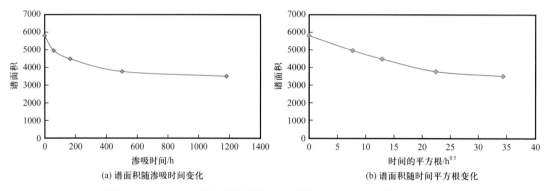

(a) 谱面积随渗吸时间变化   (b) 谱面积随时间平方根变化

图 2-78　C114-1 致密储层样品饱和油样品渗吸过程中谱面积变化

3. 小结

本章开展致密油储层压裂液自发渗吸实验，结合核磁共振测试分析仪，分析油相运移规律，研究孔隙结构、黏土矿物和微裂缝等因素对油相运移的影响。主要研究结论如下：

（1）渗吸实验结果显示，压裂液在毛细管力自发渗吸作用下进入致密油储层，置换基质孔隙中的原油，依靠自发渗吸作用置换出的原油比例为 40%～45%。

（2）对于致密储层而言，孔径分布范围较大，相互连通的大孔、小孔会出现显著的油运移现象，小孔吸水、大孔排油是自发渗吸的重要机理。

（3）部分致密油储层吸入压裂液后会导致微裂缝形成、扩展，微裂缝的产生会改变油的运移路径，油滴优先从小孔和微裂缝中排出，中孔中的油量基本不变。

（三）致密油岩石的三轴剪切压裂特征

为了对储层岩石的应力敏感性进行研究，首先进行致密岩石（无裂隙）应力敏感性研究；然后对致密岩石进行高压三轴试验，获得其应力—应变曲线和弹性模量，并对岩心进行致裂；最后研究裂隙性致密岩石的应力敏感性。

1. 实验研究方法介绍

岩石变形将影响岩石的物理性质和油气生产，岩石承受的有效应力和岩石力学性质对岩石变形有着重要的影响。由于致密油气开采过程中必不可少地要进行水力压裂和水压驱替等处理，裂隙性致密岩石的应力敏感性更值得研究。本章设计了一套实验方法对致密岩石以及裂缝性致密岩石的应力敏感性进行研究，该实验方法的研究思路如图2-79所示。

第一步：进行致密岩石的应力敏感性研究，获得岩石的应力敏感指数，在实验过程中设置六个不同的有效应力点，并通过调整气压和围压，得到去除气体滑脱效应的致密岩石的等效渗透率。

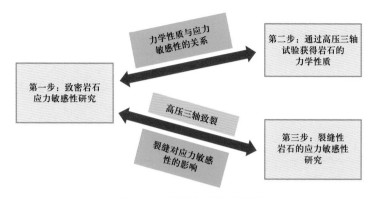

图2-79　实验方法的示意图

第二步：对第一步中已经获得应力敏感指数的致密岩石进行高压三轴试验，获得岩石的应力—应变关系，并得到岩石的应力敏感性与岩石的力学性质之间的关系。

第三步：在第二步实验过程中对岩石施加超过岩石弹性极限的应力，这样在岩石中就形成了一些微裂隙，部分岩心由于发生脆性断裂不可进行裂隙性岩心的应力敏感性研究。部分岩心外形完好，存在肉眼可见或者肉眼不可见的微裂纹。再次重复第一步中的实验，获得这些裂隙性岩石的应力敏感指数，并与产生微裂隙之前的应力敏感性进行比较。

考虑到不同岩性的岩石会有不同的力学特性，实验中选取了15块不同储层的岩石进行研究，其中包含祁连山砂岩2块、某致密砂岩3块（包含白砂岩1块）、长庆砂岩10块。所有岩石都属于低渗砂岩，其中渗透率为1.0～10mD的砂岩1块，1.0×10^{-1}～1.0mD的砂岩4块，1.0×10^{-2}～1.0×10^{-1}mD的砂岩7块，小于1.0×10^{-2}mD的砂岩3块。其中长庆砂岩的孔隙度较高，在10%左右；密度较低，在2.3～2.5g/cm³之间。致密砂岩和祁连山砂岩的孔隙度较低，密度相对较高。岩石的具体初始尺寸、孔隙度和渗透率等数据如表2-5所示。

表2-5　岩石初始数据对比（部分数据）

岩石分类	编号	样品体积/cm³	干重/g	密度/（g/cm³）	孔隙度/%	渗透率/mD
长庆砂岩	206	31.8	81.3	2.56	5.10	7.80×10^{-2}
	183	23.2	60.6	2.61	3.01	4.00×10^{-3}
	9	33.7	76.9	2.28	6.76	3.20×10^{-2}
	158	23.8	58.2	2.40	7.88	3.60×10^{-2}
	57	33.7	80.1	2.38	7.48	1.71×10^{-1}
	172	30.4	76.2	2.51	6.17	4.40×10^{-2}

岩石分类	编号	样品体积 /cm³	干重 /g	密度 /（g/cm³）	孔隙度 /%	渗透率 /mD
长庆砂岩	105	22.7	51.5	2.27	14.1	3.51×10^{-1}
	121	24.3	57.1	2.35	12.2	3.75×10^{-1}
	165	28.0	67.5	2.41	9.22	4.12
	197	28.7	71.1	2.48	6.76	3.10×10^{-2}
致密砂岩	A17	24.5	64.8	2.65	2.07	3.00×10^{-3}
	A18	33.8	81.9	2.43	7.60	1.05×10^{-1}
	A20	34.1	90.3	2.65	2.07	3.00×10^{-3}

在利用高压三轴实验设备测量岩石力学参数过程中，由于轴向应力逐渐增加，岩石骨架承受的有效应力逐渐变大，岩石有可能会经历弹性变形、弹塑性变形，岩石内部的缺陷会逐渐增大，内部包含的微裂隙会发生裂纹开裂扩展，岩石中包含的软弱夹层可能会发生断裂并形成新的裂缝。总之，实验过后可能会给岩石的孔渗特性带来很大的改变。

选用孔隙度变化率和渗透率变化率来表征岩石在三轴实验前后的孔渗特性变化，表达式为

$$\eta_\phi = \frac{\phi - \phi_0}{\phi_0} \tag{2-6}$$

$$\eta_k = \frac{k - k_0}{k_0} \tag{2-7}$$

式中，η_ϕ 和 η_k 分别为孔隙度和渗透率的变化率；ϕ_0 为初始孔隙度；ϕ 为实验后孔隙度；k_0 为初始渗透率；k 为实验后渗透率。

2. 实验设备及步骤

实验设备包括砸土样所需的模具、黏土、橡皮膜、高压三轴试验仪。

考虑到岩石在地层中受到围压，实验选择包含围压加载装置的高压三轴试验仪。如图 2-80 所示，高压三轴试验仪主要包含五个模块：（1）围压加载模块，通过液压加载给岩石样品施加一个恒定的围压；（2）压力室，将围压均匀传递给岩石样品；（3）轴向压力加载模块，给岩石持续施加轴向压力；（4）渗透率测量模块；（5）数据采集模块。图 2-81 所示为含围压加载的高压三轴试验仪实物图。

由于岩心样品高度与高压三轴试验仪要求不匹配（比设备要求的高度小），我们专门设计了一种实验样品制备方法，图 2-82 所示为压力室内岩石样品处理示意，用高强度圆柱形钢块进行垫高，并用黏土进行模具充填，以达到实验样品的尺寸要求。

实验过程包括样品的制备、三轴剪切试验以及再次测量岩石的裂隙和孔渗数据三个部分：

（1）样品的制备：实验所用高压三轴试验机的标准样尺寸为直径 Φ=3.9cm、试样

高 h=8.0cm。岩石样品的高度均在 8.0cm 以内，为达到实验的尺寸要求，岩石样品按照如图 2-81 所示制备，首先将岩石样品放在与之具有相同直径的高强度钢块上，套上模具，让样品和钢材位于模具中心，之后向模具与样品和岩石之间的缝隙中添加黏土，分多次砸实，以便可以更好地传递围压。去除模具，在制备好的样品外层套上包裹严密的橡皮膜，围压为液压加载，用橡皮膜隔离样品与加压防冻液。

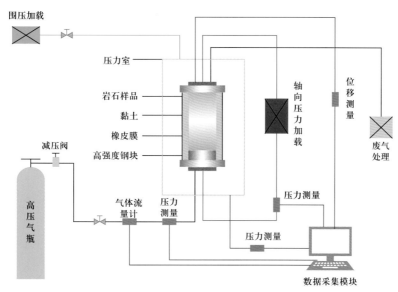

图 2-80　含围压加载的高压三轴试验仪示意图

图 2-81　含围压加载的高压三轴试验仪实物图

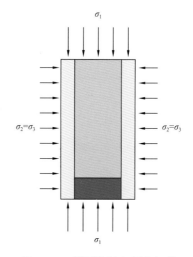

图 2-82　围压和轴向压力加载

（2）三轴剪切试验前，将样品装入高压三轴试验仪底座，在压力室内注入液体，并将围压调节到 10MPa，选择合适的轴向变形速率进行三轴加载试验，记录位移表和量力环读数。当量力环读数出现回撤时，即样品出现破坏，强度降低，停止实验，关闭实验仪器，拆除试样。

（3）经三轴加压测量力学参数完毕后，部分样品压碎，部分样品出现明显层状裂纹，部分样品出现了横向裂纹，部分样品出现了明显剪切破坏特性，剪切角在 50°～70°之间。再次测量岩石的裂隙和孔渗数据。

3. 实验数据整理与分析

高压三轴试验仪测量的是轴向的应力和应变，高强度钢块在加压过程中变形量可以忽略不计，黏土只起到传递围压的作用，强度低可忽略轴向应力。

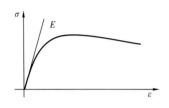

图 2-83　应力—应变曲线示意图

实验加载方式如图 2-82 所示，通过实验获得不同岩石在围压为 10MPa 下的应力—应变关系曲线。

从实验曲线中可以获得岩石的弹性模量 E，即初始阶段的切线斜率 $E = \dfrac{\Delta \sigma}{\Delta \varepsilon}$，其中 $\Delta \sigma$ 为应力增量，$\Delta \varepsilon$ 为应变增量，数据曲线示意如图 2-83 所示。

实验结束后，岩石产生不同程度和类型的变形，有些出现了弯曲，有些产生裂缝，需对岩石进行分类处理。本节按照岩石受压后的裂纹形态进行种类划分，分别为横向裂纹、纵向裂纹、剪裂、交叉裂纹和无明显可见裂纹五种。

图 2-84 所示为产生四种微裂纹的典型岩心对应的应力—应变曲线。下面将对五种岩石的应力—应变曲线和实验后的岩石形态进行分析。

第一类，横向裂纹致裂情况，图 2-85 为此类岩石的应力—应变曲线，出现此类现象的岩石编号为 A20 和 A17，试验后都出现了明显的横向裂纹，判断岩石为横向裂纹致裂。A20 和 A17 均为致密砂岩，孔隙度都在 2% 左右，渗透率均为 3.0×10^{-3}mD，实验中保持 10MPa 围压不变，加载轴向应力，此类岩石由于孔隙空间极小，难发生变形，横向裂纹为岩石受到纵向挤压所致，表 2-6 中两个岩石的弹性模量分别为 91MPa 和 160MPa 岩石，轴向应变量均不足 1.0%。试验后 A20 和 A17 形态如图 2-86 所示。

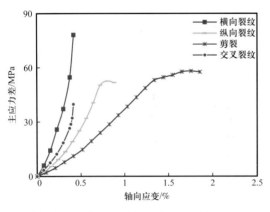

图 2-84　产生四种微裂纹的典型岩心对应的应力—应变曲线

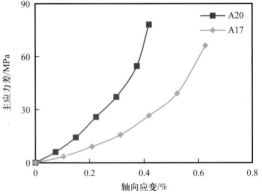

图 2-85　产生横向裂纹的岩石的应力—应变曲线

重新测量加载过后的岩石孔渗参数，具体的孔渗数据和应力应变数据如表 2-5 中所示。A20 号岩石在实验过程中被压碎，无法测量其孔渗变化。从 A17 得到的孔渗数据看，其孔隙度变化率和渗透率变化率均为负值，并且孔隙度变化率较小，但是渗透率变化率较大，说明致密砂岩在高压作用产生微小变形会对岩石的渗透率产生较大影响。

表 2-6　产生横向裂纹的岩石应力—应变及孔渗数据

编号	孔隙度变化率	渗透率变化率	弹性极限 /MPa	最大轴向应变（弹性范围内）/%	弹性模量 /MPa
A17	-4.0×10^{-2}	-0.78	66	0.63	91
A20	—	—	88	0.42	160

(a) A17

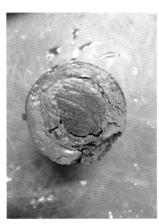

(b) A20

图 2-86　产生横向裂纹的岩石高压三轴实验后压裂形态

第二类，纵向裂纹致裂情况，图 2-87 为此类岩石的应力—应变曲线，符合此类情况的岩石有四个，岩石编号分别为 197、172、206 和 183，如图 2-88 所示，岩石中均存在多条裂纹，且裂纹角度几乎全部为高角度纵向裂纹。197 号岩石在达到弹性极限以后，仍然具备一定的承载能力，并发生了较大的塑性位移。206 号和 172 号岩石均发生粉碎性断裂，岩石断裂后不再具有承载力，岩石沿纵向出现多条裂纹。183 号岩石为砂岩，在应力加载过程中出现一条贯通的微裂隙，此微裂隙开度极小，肉眼不容易观测，但岩石在水洗后风干过程中明显可见裂纹形态，为纵向贯通裂隙。

本实验中产生的纵向裂纹断裂破坏为多种因素共同作用所致，主要的原因有两个：
（1）岩石中存在弱面或者节理，172 号岩石的断裂面非常整齐，推断节理或弱面的存在为其发生纵向裂纹致裂的关键因素；（2）存在微裂纹，裂纹尖端受力导致裂纹发生宏观扩展，197 号、206 号和 183 号岩石的断裂有可能受到岩石中微观缺陷的影响。

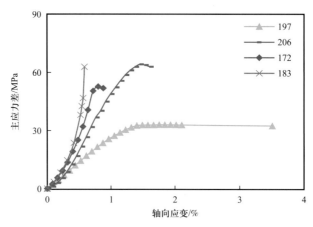

图 2-87　产生纵向裂纹的岩石的应力—应变曲线

| (a) 197号 | (b) 206号 | (c) 172号 | (d) 183号 |

图 2-88　产生纵向裂纹的岩石高压三轴试验后压裂形态

重新测量加载过后的岩石孔渗参数和应力应变数据如表 2-7 中所示。206 号岩石和 172 号岩石均在实验过程中被压碎，孔渗数据不可得；197 号岩石在三轴实验后出现了明显裂纹，其孔隙度变化率达到 0.32，渗透率变化率更是达到了 9.0×10^2；183 号岩石出现微裂纹后，其孔隙度变化为 0.11，渗透率变化率为 30，压裂对储层进行了较大的改造。

表 2-7　产生纵向裂纹的岩石应力—应变及孔渗数据

编号	孔隙度变化率	渗透率变化率	弹性极限 /MPa	最大轴向应变（弹性范围内）/%	弹性模量 /MPa
197	0.32	9.0×10^2	43	1.4	27
206	—	—	64	1.5	50
172	—	—	47	0.80	57
183	0.11	30	63	0.59	70

第三类，岩石发生剪裂，图 2-89 为此类岩石的应力—应变曲线。发生剪切破坏的岩石有 A18 号、105 号、121 号、158 号、9 号，如图 2-90 所示，六个岩石岩质均为砂岩，

其中 9 号岩石的砂质比其他岩石颗粒细小，岩石的侧面可以看到明显的剪切滑移面，剪切滑移面的角度在 50°～70°范围内。

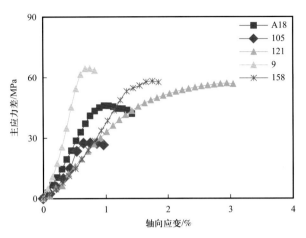

图 2-89 产生交叉裂纹的岩石的应力—应变曲线

(a) A18号   (b) 105号   (c) 121号

(d) 158号   (e) 9号

图 2-90 产生第三类微裂隙的岩石高压三轴实验后压裂形态

如表 2-8 所示，除了 9 号岩石弹性模量较大，其他岩石的弹性模量和弹性极限均较小，原因为砂岩中的砂质颗粒以较粗的大颗粒为主，颗粒之间缺少胶结成分，在围压和轴向压力共同下容易沿最大主应力方向发生剪切破坏，从而产生裂纹等新的孔隙空间。

对比表 2-8 中弹性模量和剪切角两列数据发现，除了 9 号岩石，其他岩石的弹性模量越高，则剪切滑移面角度越低。

表 2-8　产生剪裂的岩石应力—应变及孔渗数据

编号	孔隙度变化率	渗透率变化率	弹性极限 /MPa	最大轴向应变（弹性范围内）/%	弹性模量 /MPa	破坏角 /（°）
A18	—	—	46	0.97	55	56
105	—	—	28	0.75	43	62
121	-0.21	0.71	57	3.0	32	68
158	—	—	53	1.3	38	64
9	-2.0×10^{-2}	5.4	64	0.75	84	58

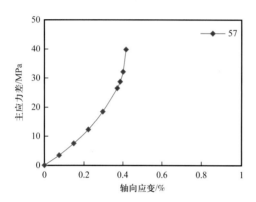

图 2-91　产生交叉裂纹的岩石的应力—应变曲线

重新测量加载过后的岩石孔渗参数，得到的孔渗数据和应力应变数据如表 2-8 所示。A18 号、105 号和 158 岩石由于发生了明显剪裂，因体积出现较大膨胀，无法装进渗透率夹持器。121 号岩石的孔隙度变小，但是渗透率却有较大的提高，原因为三轴试验过程中此岩石出现了 S 形变形，岩石在高度方向发生较大变化，而肉眼可见的裂纹使其渗透率出现较大提高。

第四类，岩石中出现交叉裂纹情况，图 2-91 为此类岩石的应力应变曲线，发生剪切破坏的岩石只有 57 号，如图 2-92 所示，由一条纵向裂纹和一条与垂直方向呈 20°的斜裂纹组成。

图 2-92　产生第四类微裂隙的岩石（57 号）高压三轴实验后压裂形态

如表 2-9 中所示，岩石的弹性极限和弹性范围内轴向应变较小，弹性模量为 62MPa，在所有岩石中属于中等大小。由于岩石发生了断裂，无法测量压裂后的孔隙度变化率和渗透率变化率。

表 2-9 产生交叉裂纹的岩石应力—应变及孔渗数据

编号	孔隙度变化率	渗透率变化率	弹性极限 /MPa	最大轴向应变（弹性范围内）/%	弹性模量 /MPa
57	—	—	40	0.42	62

第五类，无明显可见裂纹情况，图 2-93 为此类岩石的应力—应变曲线。其中 165 号和 2 号岩石由于量力环量程不够，未能达到弹性极限。22 号岩石在轴向应变超过 1.8% 后出现了应力不再增加而应变快速变化的现象，判断已达到岩石的弹性极限，因此结束应力加载。对比表 2-10 中三个岩石的弹性模量可发现，165 号岩石和 2 号岩石的弹性模量极高，超过 100MPa，岩石极难发生变形，岩石的弹性极限较大；而 22 号岩石弹性模量只有 14MPa，岩石极易发生变形，岩石达到弹性极限时，轴向应变将近 2.0%，加载超过弹性极限后，仍存在较高承载力，并继续产生轴向应变。高压三轴试验后三个岩石形态如图 2-93 所示。

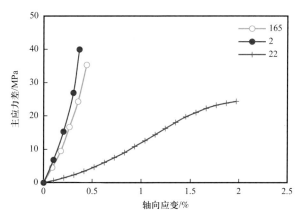

图 2-93 未产生肉眼可见微裂隙的岩石的应力—应变曲线

重新测量加载过后的岩石孔渗参数，具体的孔渗数据和应力应变数据如表 2-10 中所示。2 号和 22 号岩石的孔隙度略有增加，渗透率变化率均为 0.26，但是与实验前数据并没有出现量级上的变化，由于测量渗透率过程中也会产生一些误差，所以，少量的渗透率变化可以忽略；165 号岩石的孔隙度变化率和渗透率变化率均为负值，且变化较大，说明虽然此岩石的弹性模量很大，但是在三轴试验过程中给岩石的孔隙空间带来了较大影响。

表 2-10 未产生明显裂纹的岩石应力—应变及孔渗数据

编号	孔隙度变化率	渗透率变化率	弹性极限 /MPa	最大轴向应变（弹性范围内）/%	弹性模量 /MPa
165	-0.12	-0.56	—	—	100
2	1.0×10^{-2}	0.26	—	—	110
22	5.0×10^{-2}	0.26	24	1.8	14

4. 结论

本节利用高压三轴测试仪对岩心进行了应力—应变力学参数测量实验，获得了岩石的弹性模量和弹性极限，并利用高压三轴测试仪使岩心致裂，获得了部分含微裂纹的裂缝性致密岩石。

获得的结论主要有：

（1）对岩石力学性质进行了测量，所测量岩石弹性模量范围为14～160MPa。在高压三轴加压致裂过程获得了四种裂纹形态，包括横向微裂纹、纵向微裂纹、剪切微裂纹、交叉微裂纹（图2-94）。

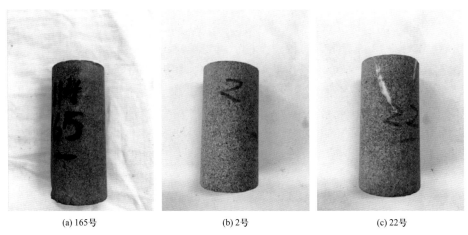

(a) 165号   (b) 2号   (c) 22号

图2-94　未产生肉眼可见微裂隙的岩石高压三轴实验后压裂形态

（2）产生横向裂纹的岩心弹性模量均极高，两个岩心的弹性模量分别为91MPa和160MPa；产生剪切微裂纹的岩心存在剪切滑移面，弹性模量范围为32～84MPa，剪切滑移面的角度在50°～70°范围内，且岩石的弹性模量与剪切滑移面角度之间存在一定关系，弹性模量越高，剪切滑移面角度越低，反之亦然；产生纵向裂纹的岩心均为脆性断裂，弹性模量较小，其范围为27～70MPa。

第二节　致密储层数字岩心

一、医用 CT 扫描

对吉木萨尔芦草沟组致密油方柱形岩心进行宏观 CT 扫描分析结果如图2-95和图2-96所示，上下"甜点"均主要以水平层理或低角度层理为主，基本不发育裂缝。因此可以总结出吉木萨尔凹陷芦草沟组储层形成过程中受沉积环境、成岩作用和构造作用影响，具有明显的水平层理特征；裂缝发育较少，尺度小，容易沿着层理面开启。为了便于采出致密油，需要进行压裂造缝。

二、微纳米 CT 扫描

CT 扫描成像技术可以用图像分析的手段，建立岩心三维孔隙网络模型，直观地统计出孔隙和喉道的尺寸。目前纳米 CT 扫描的最大精度可达 50nm，可以有效识别恒速压汞识别不了的喉道。由于纳米 CT 扫描法处理的岩样通常都很小，因此其获取的孔道几何参数分布往往代表性不强，不过由于此法是对岩心直接成像，不像压汞一样对岩心有损害，因而其在描述孔道展布、孔道连通以及孔道配位等方面具备前面方法所不具备的天然优势。

图 2-95 上"甜点"岩心扫描灰度图像及三维层理提取模型

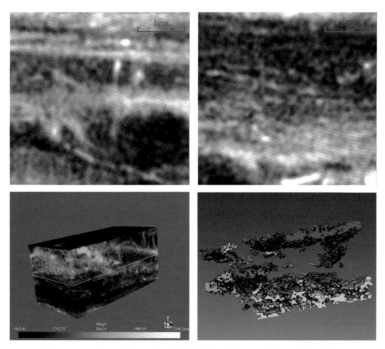

图 2-96 下"甜点"岩心扫描灰度图像及三维层理提取模型

结合实验测试结果、孔隙结构和地质上的认识，对样品的选取按照以下标准进行选取：

（1）岩性上，所选岩心包括砂岩、碳酸盐岩、砂岩和碳酸岩过渡岩性、泥岩等，具有广泛的代表性。

（2）粒度上，包括粉砂岩、细粒、极细粒粉砂岩可作对比分析。

（3）孔隙结构上，岩性相同情况下上下"甜点"可做孔隙结构对比分析。

（4）孔隙类型上，包含粒间孔、晶间孔、溶蚀洞和微裂缝。

基于以上原则，从15块岩心样品中选择了9块岩心进行了测试（表2-11）。

表 2-11　实验样品选择

井号	深度/m	岩性	层位	原因	已有实验项目	岩心编号	深度段/m		试油结论
吉251	3622.78	浅灰色细白云质粉砂岩	过渡带	过渡带的极细粒度分析	铸体薄片	3/36-38/17	3622.46	3622.98	
	3770.97	纹层状泥晶云岩	下"甜点"	碳酸盐类孔隙结构特征分析	铸体薄片、扫描电镜	7/55-57/19	3770.61	3771.35	吉251H水平井：4361～4976m，油层
吉30	4043.05	灰色灰质粉砂岩	上"甜点"	云质、灰质分析，上下"甜点"孔隙结构分析	扫描电镜	1/8-13/4	4042.65	4043.21	吉30试油层段：4018～4184m，油层
	4153.55	灰色白云质粉砂岩	下"甜点"		扫描电镜	3/45/27	4153.36	4153.62	
吉36	4137.14	含云泥质粉砂岩	上"甜点"	相同岩心条件下，上下"甜点"可做孔隙结构对比分析	岩石薄片	1/47-52/7	4136.99	4137.57	
	4211.77	黑灰色白云质粉砂岩	下"甜点"		岩石薄片	2/3-7/2	4211.23	4212.38	吉36试油：4209～4255m，油层
吉31	2725.27	极细粒砂岩	上"甜点"	粉晶、泥晶对比，极细粒砂岩结构的分析	铸体薄片、扫描电镜	3/17-33/35	2723.58	2725.57	
	2895.7	纹层状泥质粉晶云岩	下"甜点"		铸体薄片、扫描电镜	6/9-10/5	2895.63	2896.14	吉31试油层段：2875～2945m，含油
	2859.7	纹层状含陆屑砂屑粉晶云岩	过渡带	过渡带内的碳酸盐类分析	铸体薄片、扫描电镜	5/7-11/5	2859.01	2859.75	

对上下"甜点"和过渡带等9个样品进行了"毫米—微米—纳米"不同级别的CT扫描、背散射大面积成像和矿物成分分析（2个样品）。

（一）全岩心扫描

对9个样品号样品全部进行了毫米CT整体扫描实验（图2-97）。毫米CT扫描的像素大小为0.49mm，通过全岩心扫描来观察样品的非均质性，在此分辨率下，对样品的下一步扫描区域进行优选。

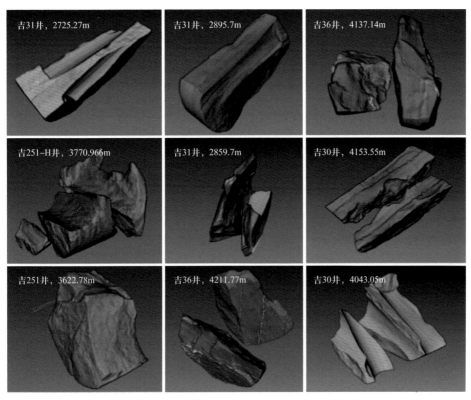

图 2-97　全岩心 CT 扫描

（二）微米 CT 扫描（粗扫）

对 9 个样品号样品全部进行了微米 CT 整体扫描实验（图 2-98）。微米 CT 扫描的像素大小为 16.89μm，通过全岩心扫描来观察样品的非均质性，在此分辨率下，对样品的下一步扫描区域进行优选。

（三）微米 CT 扫描（精扫）

对 9 个样品号样品全部进行了微米 CT 局部扫描实验（图 2-99）。微米 CT 扫描的像素大小为 1.0601μm，通过全岩心扫描来观察样品的非均质性，在此分辨率下，对样品的下一步纳米 CT 扫描区域进行优选。

（四）纳米级孔隙扫描

在微米 CT 精扫的基础上，选取有利区域进行纳米级别的孔隙扫描，本次试验分别采用了不同像素的扫描。其中同步加速器的像素大小为 280nm（图 2-100），纳米 CT 扫描的像素大小为 65nm（图 2-101）。

（五）背散射大面积成像（Maps）

高分辨率地图成像是通过扫描电镜获得的数千张图像使用地图软件拼接而成的大面积多级分辨率成像。图像可以像谷歌地图一样任意放大或缩。可以在二维的平面内，了

图 2-98　样品微米 CT 扫描（粗扫）

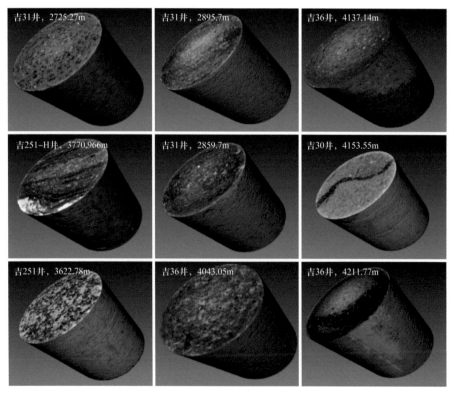

图 2-99　样品微米 CT 扫描（精扫）

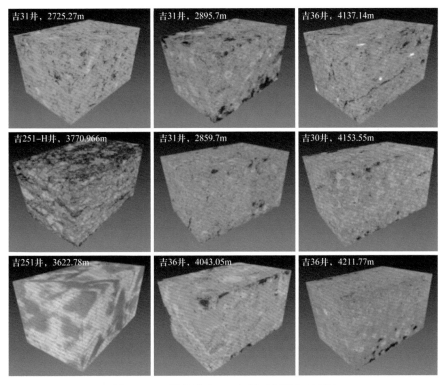

图 2-100 样品纳米 CT 扫描（同步加速器）

图 2-101 样品纳米 CT 扫描（纳米 CT）

解岩石骨架自然微细孔隙分布的区域，孔隙及孔喉大小，裂缝的构造及分布，同时还可以观察孔喉的尺寸分布范围，确定最佳的下级扫描精度（图 2-102）。

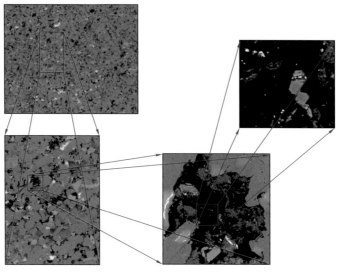

图 2-102　高分辨率地图成像（Maps）

9 个样品高分辨率地图成像如图 2-103 所示。

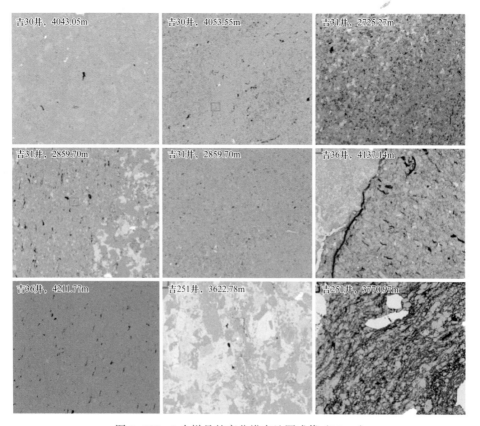

图 2-103　9 个样品的高分辨率地图成像（Maps）

三、数字岩心渗流模拟

根据致密岩心孔隙结构特征及孔喉尺寸分析的结果，可以知道致密储层纳米—微米级孔喉是控制致密储层渗流能力的主要通道，同时也是致密储层渗透率极低的主要原因。极小尺度的渗透通道使得储层渗透率随效应力变化的反应非常明显。数字岩心模拟技术将通过微观渗流模拟直观展示渗透率随围压变化而改变的趋势。

在上"甜点"样品纳米 CT 扫描结果、模型建立及孔隙网络提取的基础上，将三维孔隙网络模型导入 Comsol 模拟软件进行渗流模拟。选取了 300×300×300 像素尺寸的立方体作为渗流模拟平台，并在该平台上利用格子玻尔兹曼方法进行单相流渗流模拟。对于岩心的应力敏感性，将通过数字岩心图像孔隙度的变化来反映外加在岩心上的围压变化。对 6 种不同应力状态下对应的 6 个孔隙度的空间进行了渗流模拟，得到绝对渗透率和流场图如图 2-104 所示。

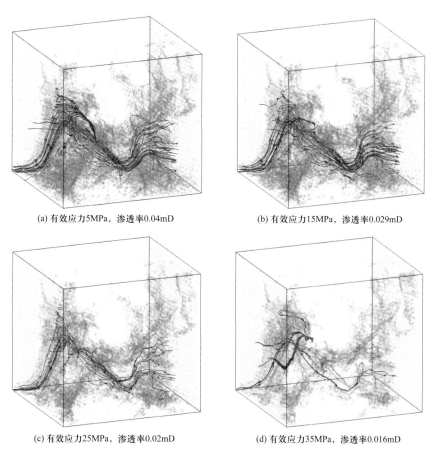

(a) 有效应力5MPa，渗透率0.04mD   (b) 有效应力15MPa，渗透率0.029mD

(c) 有效应力25MPa，渗透率0.02mD   (d) 有效应力35MPa，渗透率0.016mD

图 2-104　衰竭式开发过程中不同有效压力下致密油孔隙渗透率变化程度

从流场图中可以观察到，随着渗流空间孔隙度逐渐降低（有效应力逐渐升高），流场流线密度逐渐变稀疏，反映出流场的流速逐渐降低，因而渗透率也在逐渐降低。从微观渗流模拟工作中可以直观反映出储层岩心应力敏感性特征。与覆压液测渗透率实验数据相比较，不管是数字岩心模拟结果还是覆压渗透率实验结果，均体现出了渗透率随孔隙度或有效应力变化而递减的趋势。虽然数字岩心模拟是在很小的一个局部区域，但是也从微观机理上解释了致密储层的应力敏感性，从而有力地验证了致密储层中应力敏感性影响衰竭式开发阶段压力波及半径传播的距离。

四、压力传播半径模拟

上述理论分析与数值计算均建立在启动压力梯度不存在的前提假设之下。在这种情况下，局部的压力变化会影响到无穷远处，即理论上来说是可以开采到无穷远处的油藏，并且最终流量会稳定。但是实际过程中，只有一定范围的油藏内能够被开采出。我们认为，这与油藏本身存在启动压力梯度是紧密相关的，即随着压力波及范围的扩大，压力梯度逐渐减小直到达西定律不在成立出现启动压力梯度，此时流量近似为零。

求解方程如下：

$$\mu_s \frac{\partial p}{\partial t} = \nabla \cdot \vec{q} \tag{2-8}$$

$$\vec{q} = \begin{cases} k\nabla p & |\nabla p| > \mathrm{d}p_s \\ 0 & |\nabla p| \leqslant \mathrm{d}p_s \end{cases} \tag{2-9}$$

式中，k 为储层渗透率；μ_s 为与储层性质相关的参数；$\mathrm{d}p_s$ 为启动压力梯度。

由于开采井的深度约为 2850m，所以给定进口压力为 28.5MPa，地层压力为 60MPa。地层中压力传导界限如图 2-105 所示。

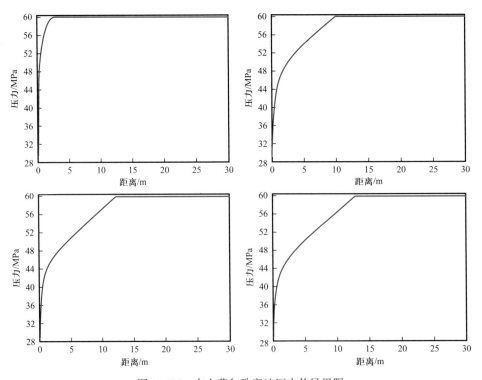

图 2-105　吉木萨尔致密油压力传导界限

第三节 致密油藏衰竭式开采机理

一、实验材料及实验平台

（一）实验材料

模拟油：采用航空煤油作为实验用油。其基本性质如表 2-12 所示。

表 2-12　模拟油性质

温度 /℃	密度 /（g/cm³）	黏度 /（mPa·s）
20.1	0.754	1.44
60	0.725	0.86

溶解气：溶解气为甲烷。饱和压力为 8.85MPa，溶解气量为 54.1m³/m³。

岩心：为了有效表征储层中的流动特征，从长 7 段致密储层对应的露头中，沿水平层理方向钻取的全直径长岩心，岩心物性参数如表 2-13 所示：致密油储层岩心渗透率低、孔隙度小，常规直径 1in 岩心孔隙体积小于 8mL，计量误差大，使用 3 块全直径长岩心对接进行实验，增大实验岩心孔隙体积至 800mL，减小系统误差。全直径岩心实物如图 2-106 所示。

表 2-13　岩心物性参数

编号	长度 /cm	直径 /cm	孔隙度 /%	孔隙体积 /mL	渗透率 /mD
A2	28.959	9.979	10.42	235.94	0.35
A3	29.264	9.975	10.67	234.90	0.32
AB1	30.060	9.906	13.18	305.16	0.30
总计	88.283			776	

图 2-106　全直径岩心实物图

岩心饱和：致密储层岩心的低渗透率不适宜使用常规岩心饱和油方法。在本实验中，将3块全直径岩心对接放入岩心夹持器之后，采用2台大功率离心泵分别从岩心夹持器入口、出口端进行抽真空，之后进行饱和煤油，计量饱和煤油体积，此法测得的煤油饱和程度大于96%。

（二）实验平台

致密油衰竭开采实验平台由于没有成熟的实验行业标准可以参考，因此本研究中自主设计了实验流程和方法，具体结构图如图2-107所示：为了满足极低流量计量，采用Quzix 5200系列泵，体积分辨率为10^{-6}mL。采用1m长的全直径岩心夹持器，沿夹持器从入口端开始共布置7个测压点，p_1是注入压力，p_0是回压，p_i是岩心入口压力，p_o是岩心出口压力。利用压力传感器实时监控岩心压力变化。

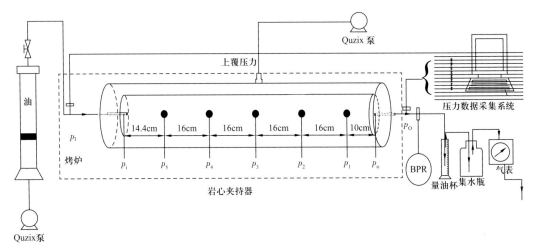

图2-107 自主设计的实验流程图

BPR—背压调节器

实验过程中，整个系统模拟的储层条件深度2000m，可施加不同压力系数（地层压力与等深度静水柱压力的比值）和温度来模拟地层压力和储层温度。施加恒定的围压46MPa模拟上覆压力，对于采收率的计算，假设全直径岩心孔隙压力恒定为模拟油藏原始地层压力p_0，此条件下岩心内孔隙模拟原油体积为V孔，此压力条件下泵的总体积标定为V_0=0。当岩石孔隙压力由p_0下降到p_i时，衰竭开采的流量为V_i。此时的衰竭开采采出程度计算公式为

$$R = \frac{V_i}{V_i + V_p} \times 100\% \qquad (2-10)$$

式中，V_p为岩心内孔隙模拟原油体积，mL；V_i为衰竭开采的流量，mL。

（三）实验条件设置

为了模拟实际储层情况，结合现场数据，确定试验围压为46MPa。孔隙压力根据需要设置为30MPa、25MPa、20MPa、16MPa。在不同的压力下进行衰竭式开采，其采收率计算

原理如图 2-108 所示。同时改变温度、原油性质（是否含溶解气）等来揭示衰竭开采机理。

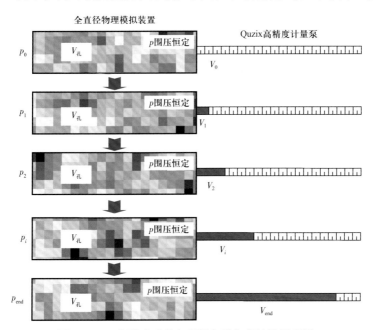

图 2-108　衰竭式开采实验平台采收率计算原理图

p_0、p_1、p_2、p_i、p_{end} 为岩心不同位置处孔隙压力，MPa；V_0、V_1、V_2、V_i、V_{end} 为对应不同孔隙压力下衰竭开采出的流量，mL

二、不含溶解气致密油藏衰竭开采实验研究

首先，对于自主设计的致密油衰竭式开采实验平台进行可靠性评价，采用 2h 内储层压力从 30MPa 衰竭降到 5MPa 的两组相同实验。从降压曲线、采油速度、采出程度等参数来评价实验方法的可行性，数据如图 2-109 所示。两次实验数据完全重合，表明实验平台测试结果具有可重复性和可靠性。

（一）压力系数为 1

采用无溶解气的模拟油，实际地层深度为 2000m，我们认为地层压力为 20MPa。当温度为室温、压力系数为 1 条件下，在全直径岩心上模拟了 6 种不同线性降压速度和 3 级阶梯降压衰竭开采实验。实验条件如表 2-14 和表 2-15 所示。即在同一储层压力下采用不同的降压方式来模拟实际油藏中的不同生产方式。

不含溶解气的模拟油几乎不具有可压缩性，利用地层压力进行衰竭式开采主要是表征岩石和流体的弹性能。降低地层压力时，引起流体膨胀、岩石孔隙缩小，岩石孔隙中流体的弹性能将会释放，从空隙中进入井筒中。压力从 20MPa 阶梯衰竭到 5MPa 的过程中，从采油速度和采出程度图上来看，降压速度越快，采油速度越快（图 2-110 至图 2-115）。原因主要是降压过程岩石弹性变形和流体弹性能释放速度，最终采出程度较低仅为 2% 左右，即在相同的初始地层压力和最终衰竭压力条件，使用不同的降压开采方式，弹性采出程度基本相同。

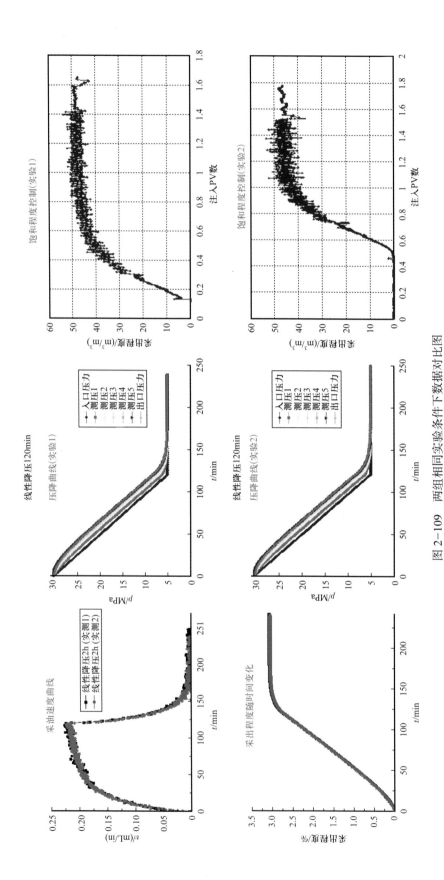

图 2-109 两组相同实验条件下数据对比图

表 2-14　6 种线性降压方式下的衰竭开采实验

序号	温度 /℃	地层压力 /MPa	降压压差 /MPa	降压时间 /min	降压速度 /（MPa/min）
1	20.1	20	15	10	1.5
2	20.1	20	15	20	0.75
3	20.1	20	15	30	0.5
4	20.1	20	15	40	0.375
5	20.1	20	15	50	0.3
6	20.1	20	15	60	0.25

表 2-15　三级阶梯降压方式

序号	温度 /℃	地层压力 /MPa	降压压差 /MPa	降压时间 /min
1	20.1	20	5	60
2	20.1	15	5	60
3	20.1	10	5	60
4	20.1	5	0	60

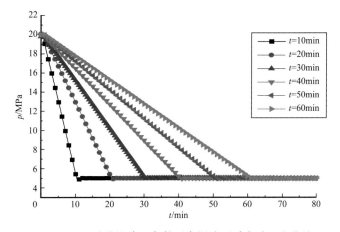

图 2-110　6 种线性降压条件下衰竭式开采实验压力曲线

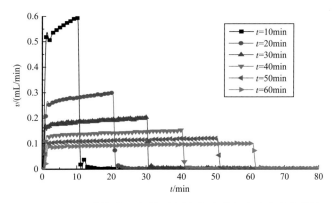

图 2-111　6 种线性降压条件下衰竭式开采实验采油速度曲线

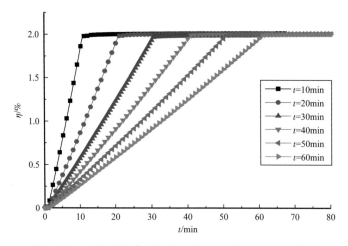

图 2-112　6种线性降压条件下衰竭式开采实验采出程度

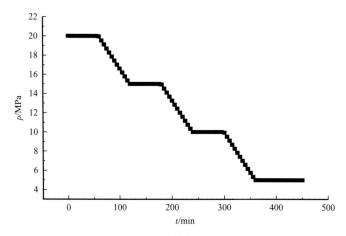

图 2-113　3级梯度降压条件衰竭式开采实验压力曲线

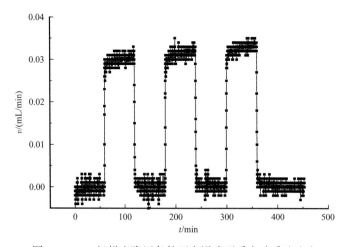

图 2-114　3级梯度降压条件下衰竭式开采实验采油速度

（二）压力系数1.5

采用无溶解气的模拟油，在室温下模拟压力系数为1.5的条件下（即储层压力为

30MPa），在全直径长岩心上进行了 9 种线性降压衰竭式开采实验，详细的实验条件设置如表 2-16 所示。

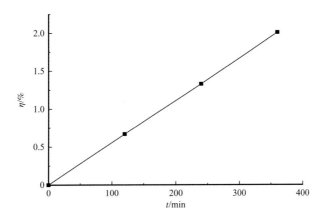

图 2-115　3 级梯度降压条件下衰竭式开采实验采出程度

表 2-16　9 种线性降压方式下的衰竭式开采实验

序号	温度 /℃	地层压力 /MPa	降压压差 /MPa	衰竭类型	降压时间 /min	降压速度 /（MPa/min）
1	20.1	30	25	线性降压	0	—
2	20.1	30	25	线性降压	1	25.0
3	20.1	30	25	线性降压	5	5.0
4	20.1	30	25	线性降压	60	0.4
5	20.1	30	25	线性降压	120	0.2
6	20.1	30	25	线性降压	120	0.1
7	20.1	30	25	线性降压	180	0.1
8	20.1	30	25	线性降压	240	0.1
9	20.1	30	25	线性降压	480	0.1

　　9 种衰竭式实验开采其温度、地层压力系数和最终衰竭压力相同的条件下，即岩石和流体所具有的弹性能完全相同，不同的降压开采方式其最终的采出程度相同，降压速度越快，采油速度越快（图 2-116 至图 2-118）。在不同的降压方式下，致密油储层衰竭式开采的最终采出程度均接近 3%，再一次印证地层弹性能决定了最终采出程度。

　　弹性驱采收率的计算模型一般采用公式（2-11），在不考虑溶解气驱的条件下，p_i 越大，E_R 越高，即在不同的压力系数下，衰竭式开采采出程度与储层压力呈正相关，地层压力系数为 1.5 时，其采出程度高于地层压力系数为 1 时的采出程度。不同的压力系数下，储层的岩石和流体具有的弹性能不同，压力系数越大，弹性能越高，弹性能释放时，采出程度将会提高。

$$E_R = \frac{B_{oi}}{B_{ob}} \frac{\left\{ C_f + \phi \left[C_o \left(1 - S_{wc} \right) + C_w S_{wc} \right] \right\}}{\phi \left(1 - S_{wc} \right)} \left(p_i - p_b \right) \qquad （2-11）$$

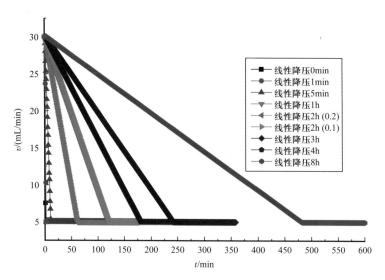

图 2-116　9 种线性降压条件下衰竭式开采实验压力曲线

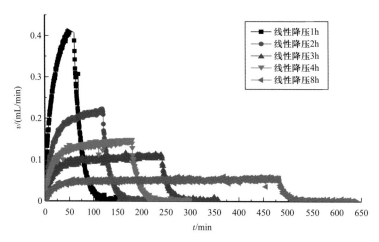

图 2-117　9 种线性降压条件下衰竭式开采实验采油速度

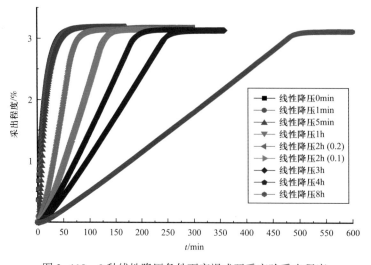

图 2-118　9 种线性降压条件下衰竭式开采实验采出程度

式中，E_R 为衰竭式开采采收率，% ；B_{oi} 为原始地层压力下的原油体积系数，MPa^{-1} ；B_{ob} 为饱和压力下原油体积系数，MPa^{-1} ；C_f 为岩石压缩系数，MPa^{-1} ；C_o 为原油压缩系数，MPa^{-1} ；S_{wc} 为束缚水饱和度，% ；C_w 为地层水压缩系数，MPa^{-1} ；ϕ 为地层孔隙度，% ；p_i 为原始地层压力，MPa ；p_b 为地层饱和压力，MPa。

（三）压力传播特征

致密油衰竭过程中，实时从全直径岩心夹持器沿程分布的压力点采集的数据，我们可以分析压力传播规律。地层压力从 30MPa 降到 5MPa 时，不同的降压方式下，各个测压点数据改变趋势基本相同，我们选取线性降压时间为 60min 的开采方式来分析压力。如图 2-119 所示，当衰竭实验从 30MPa 开始时，靠近出油端的压力立即下降，越远离出

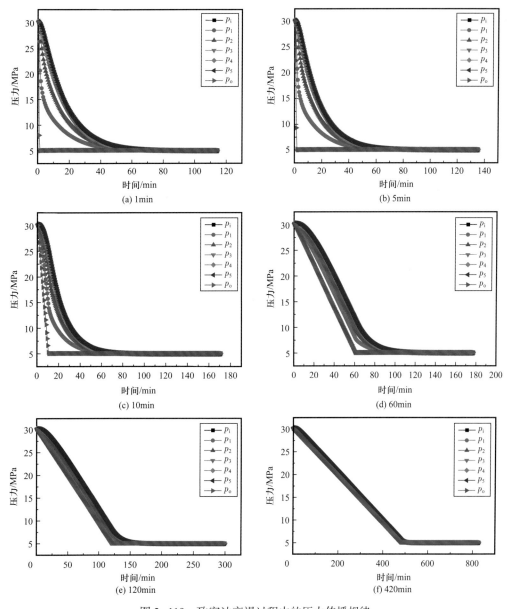

图 2-119　致密油衰竭过程中的压力传播规律

油端，压力下降得越慢，从出口端到末端存在压力传播速度慢，明显存在压力滞后现象，近井地带孔隙压力梯度大，压力传播速度快，远井地带压降速度慢。通过该实验，使用数值模拟方法，可以有效预测致密油藏衰竭开采压力动态变化规律。

第四节　含溶解气致密油藏衰竭开采实验研究

在实际储层中，不仅含有油相，常常是油、气、水多相共存，在进行衰竭式开采实验时，采用与实际地层匹配的储层流体进行试验得到的结果才具有实际意义。因此，我们需要进行采用含有溶解气的模拟油进行衰竭式开采实验，采用依据现场气油比的数据进行了活油的配制。岩心取自长庆油田，溶解气为甲烷，饱和压力为 8.85MPa，溶解气含量为 54.1m^3/m^3。在常温下进行了含溶解气和不含溶解气的 4 组对比衰竭式开采实验。实验参数设置如表 2-17 所示。地层压力为 20MPa，采用线性降压方式，从 20MPa 降到 5MPa，4 组实验条件均相同，唯一不同的是第 1 组不含溶解气（表 2-17）。

表 2-17　含溶解气衰竭开采实验条件

序号	衰竭类型	溶解气含量 / m^3/m^3	饱和压力 / MPa	降压过程（初始—目标压力）/ MPa	降压时间 / min	降压速度 / MPa/min
1	线性降压	—	—	20—5	240	0.0625
2	线性降压	54.1	8.85	20—5	240	0.0625
3	线性降压	54.1	8.85	20—5	240	0.0625
4	线性降压	54.1	8.85	20—5	240	0.0625

活油与死油是否含溶解气是它们的唯一不同，从活油与死油压降与采出程度图来看，饱和压力是一个主要分界点，衰竭式开采过程中，地层高于饱和压力时，4 组实验的采出程度曲线基本重合，低于饱和压力之后，活油组（1～3）其采出程度陡然上升，而死油的采出程度上升趋势基本平稳。地层压力由 20MPa 降至 5MPa，死油组最终衰竭采出程度仅为 2%。而活油（1～3）3 组全直径岩心衰竭采出程度分别为 14.1%、11.9% 和 11.6%。因此，溶解气对致密油衰竭开采采出程度具有显著的影响（表 2-18）。

表 2-18　活油在不同地层压力系数下衰竭式开采条件

开采类型	温度 /℃	压力变化过程 /MPa	油性质
衰竭式开采	60	30—5	活油
衰竭式开采	60	25—6	活油
衰竭式开采	60	16—6（1）	活油
衰竭式开采	60	16—6（2）	活油
衰竭式开采	60	16—6（3）	活油

衰竭式开采实验结果如表 2-19 所示。从图 2-120 中可以明显看出，地层压力越高，其采出程度越高，即采出程度与地层压力呈正相关关系。这与前面分析的储层岩石与流体弹性能释放规律一致。

表 2-19　60℃条件下衰竭式开采实验结果

类型	压力变化过程 /MPa	产气量 /mL	产油量 /mL	采出程度 /%
衰竭开采	30—5	11827.8	133.72	18.18
衰竭开采	25—6	5660.28	88.62	12.35
衰竭开采	16—6（1）	5496.11	77.6	11.27
衰竭开采	16—6（2）	6364.32	79.6	11.56
衰竭开采	16—6（3）	5234.4	78.42	11.39

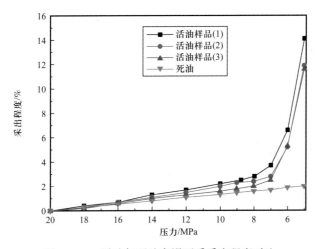

图 2-120　活油与死油衰竭开采采出程度对比

从图 2-121 来看，地层压力为 20MPa，压力系数无论是 0.8、1.25、1.5（对应的地层压力分别为 16MPa、25MPa、30MPa），在储层压力高于甲烷饱和压力时，此时储层中只存在单相流，各个测压点的压降同步调（图 2-122），低于饱和压力时，溶解气析出，形

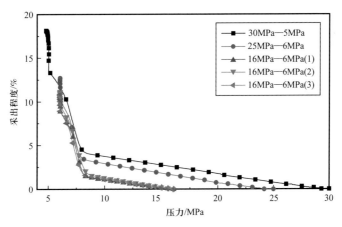

图 2-121　不同地层压力系数条件下活油衰竭开采采出程度

成气液两相流，此时压力传递存在滞后，形成类似溶解气驱过程，可提高储层的采出程度。这可以解释溶解气衰竭式开采采出程度远远高于不含溶解气衰竭式开采。

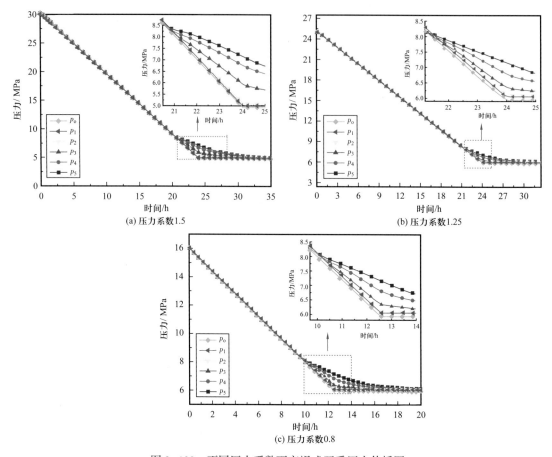

图 2-122　不同压力系数下衰竭式开采压力传播图

第五节　致密油藏衰竭式开采特征

尽管致密油藏的储量巨大，但依靠地层天然能量的衰竭式开采采出程度仅为3%～10%。衰竭式开采采收率主要受以下因素影响。

（1）地层压力系数影响：不同的地层压力系数将会影响储层岩石和流体物理性质，主要体现在弹性能上，从弹性能方程上看，地层压力系数越高，那么岩石与流体具有的弹性能就越高，在衰竭式开采时，其采出程度自然也就越高。

（2）衰竭降压方式影响：在致密油藏衰竭式开采时，可以使用的降压方式很多，在同一地层压力下，可以在不同的降压时间内降到不同的压力值。从我们实验结果来看，不同的降压方式只会影响采油速度，不会影响最终的采出程度。现场可根据生产需求和设备等条件确定降压方式。

（3）溶解气的影响：储层中是否含有溶解气对致密油衰竭式开采采出程度具有显著的影响。当储层压力高于饱和压力时，气体完全溶解于油中，储层中流体为单向流动，这种情况下，死油与活油的流动特征、采出程度基本上是一致的；当储层压力低于饱和压力时，溶解气从油中分离、膨胀，形成气液两相流，将会大幅提高致密油采出程度。

第六节　致密油渗流机理的应用

一、实验准备

吉木萨尔储层采用大规模体积压裂开发，目前国内外尚无针对致密油藏油藏岩心裂缝和基质流体交换规律的研究，直接研究复杂的天然裂缝体系和基质流体交换规律比较困难。因此，首先需要在岩心尺度上研究平板裂缝和基质间的流体交换规律，然后再延伸到更复杂的裂缝体系。岩心实验首先对多块吉木萨尔致密油进行医用 CT 扫描，选择一块不含明显大裂缝的岩心（裂缝宽度大于 0.1mm），然后对该岩心进行造缝。

传统岩心造缝方法主要有劈裂法和三轴应力压裂等，传统造缝方法产生的裂缝很复杂，很难保证裂缝不贯穿岩心，且裂缝条数、倾角、方向很难控制。因此，本次实验采用线切割法进行岩心造缝，研究理论条件下平板缝与基质间流体的交换规律。首先在岩心中部切出长 4cm、宽 0.3mm 的平板缝，然后在缝内用 100 目的石英砂填充进行支撑，防止黏土膨胀造成裂缝闭合，造缝后的岩心如图 2-123 所示。造缝后的岩心孔隙度提高了 32.7%，孔隙体积提高了 33%，造缝前后岩心基本物理参数如表 2-20 所示。

图 2-123　线切割造缝岩心（a）与三轴应力压裂岩心（b）对比

表 2-20　造缝前后岩心基本物理参数

参数	造缝前	造缝后
直径 /cm	2.511	2.511
长度 /cm	5.98	5.98
孔隙度 /%	9.3	12.35
孔隙体积 /mL	2.76	3.67
裂缝体积 /mL	—	0.91
空气渗透率 /mD	0.03	—

岩心裂缝和基质流体交换规律实验共进行一组岩心CT扫描实验和三组核磁共振渗吸交换实验，并将两种手段下得到的结果进行对比。岩心CT扫描实验所注入的流体为配制成黏度8.1mPa·s的地层原油和模拟的现场压裂液，共进行三轮次吞吐焖井返排，压裂液焖井时间分别为12h、18h和72h，由于可供CT扫描的岩心加持的压力限制，每组焖井压力设定为15MPa，衰竭压力为0.1MPa，并在不同关键时刻对岩心进行CT扫描，观察不同条件下裂缝和基质内含油饱和度的变化。核磁共振渗吸对比实验采用两块天然发育微裂缝的岩心和一块造缝后的岩心，每一级离心之间，需要将岩心静置一段时间后再进行下一级离心，通过对比不同焖井时间下核磁共振T_2谱的变化来研究岩心裂缝和基质流体交换规律。

二、注压裂液焖井返排提高采出程度效果对比

从不同阶段的采出程度来看（图2-124），岩心饱和油后直接衰竭开采，采出程度很低，仅为6.8%。衰竭式开采阶段为弹性驱，岩心内原始压力较高，第一次衰竭主要是将平板缝和大孔隙内的原油衰竭出，但衰竭后能量消耗快，因此裂缝内仍有较多的剩余油存在。第一次注压裂液焖井18h后返排，采出程度为13.4%，提高近1倍，表明第一次注压裂液返排后会带出岩心内大部分油，但所产油量中基质是否起到供油作用尚不可知，但第二次注入压裂液憋压至15MPa，焖井72h后，返排后采出程度为23.2%，大于平板缝内的含油体积，表明第二次注入压裂液后，压裂液在毛细管力和焖井压力的作用下，通过渗吸作用与基质中小孔隙内的原油发生了渗吸交换，在开井生产时，压裂液返排过程相当于驱替过程，将岩心基质内的原油置换出来，使得采出程度大大提高。第三次注入压裂液焖井72h返排后，采出程度为27%，表明在同一焖井压力和焖井时间下，裂缝和基质渗吸交换的效果会逐渐变差，随着吞吐生产的进行，产油量逐渐下降（图2-125）。

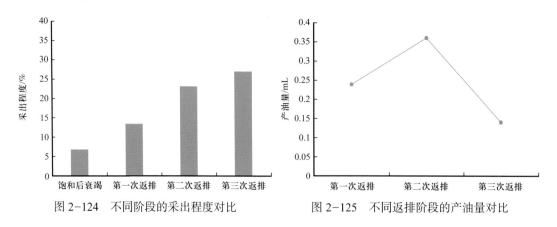

图2-124　不同阶段的采出程度对比　　　　图2-125　不同返排阶段的产油量对比

三、采出程度与焖井时间对裂缝—基质流体交换的影响

采出程度与焖井时间对裂缝—基质流体交换的效果有一定影响。第一次注入压裂液焖井时间从12h增大到18h后，焖井18h后的岩心X切面含油饱和度几乎没有变化（图2-126）。最终含油切片图为CT扫描后的各个端面的岩心切片图（图2-127），左上

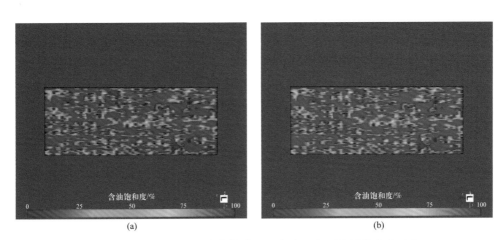

图 2-126 焖井 18h（a）与焖井 12h（b）X 切面含油饱和度对比

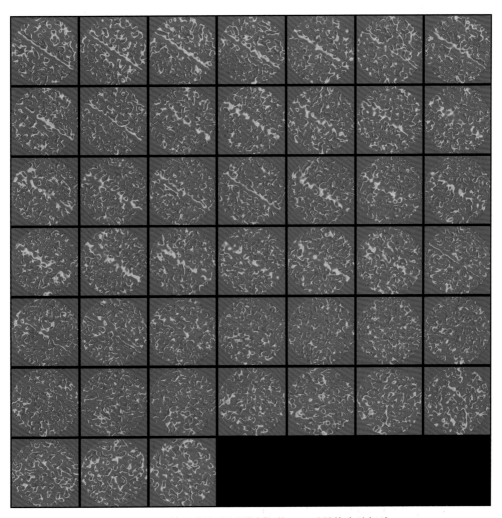

图 2-127 第一次注入压裂液焖井 18h 后最终含油切片

角第一张图代表含裂缝的岩心首端切片，右下角最后一张为不含裂缝的岩心尾端切片。从各个岩心切片图上可以看出，裂缝内的含油饱和度发生了明显变化，裂缝两侧和岩心底端的基质内含油饱和度变化较小，表明18h的焖井时间内压裂液主要进入平板缝，与岩心基质发生的渗吸交换量较少。主要原因是由于大裂缝的存在，第一次自然衰竭仅将裂缝内的部分原油衰竭出，基质内的油动用程度低，渗吸交换空间不大，且注压裂液后由于焖井时间短，导致压裂液与基质内的油渗吸交换不明显。

第二轮实验将焖井时间延长至3天后返排，岩心X切面含油饱和度发生明显变化（图2-128），岩心末端基质内的含油饱和度明显降低，总体有基质向裂缝供油的趋势，表明压裂液与基质内的流体发生了明显的渗吸交换。压裂液与岩心内部流体交换位置与裂缝位置有关，缝前端和远离缝末端的基质区域流体交换效果较好，但中部无明显交换。

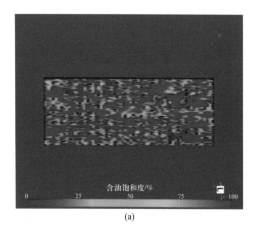 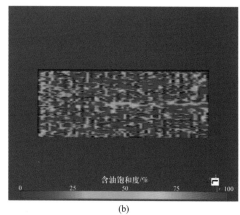

(a)   (b)

图2-128 第一次注压裂液焖井18h（a）与第三次焖井3天（b）含油饱和度X切面对比

从最终含油饱和度切片图（图2-129）可以看出，基质内的渗吸作用主要发生在连通的孔喉和微裂缝内，不连通区域渗吸交换作用较差，含油饱和度变化不明显，微观驱油效率低。

从图2-130至图2-132可以看出，三块岩心核磁共振T_2谱呈双峰分布，表明岩心中存在微裂缝和大孔道。三块岩心T_2谱曲线总体变化趋势相同，随着焖井时间的增长，每次离心后，曲线左峰逐渐降低，右峰逐渐升高，表明小孔喉所占可动流体逐渐减少，大孔道和裂缝所占可动流体逐渐增多。如图2-130第一块微裂缝发育岩心T_2谱所示，焖井时间从0到3h，T_2谱几乎没有发生明显变化，从3h到23h，曲线左峰出现明显下降，右峰出现明显上移，表明焖井至23h，压裂液已经渗吸进入岩心内部，部分离心后小孔喉内的油向大孔喉和裂缝运移。焖井时间从126.5h增大到439h，T_2谱左峰明显现下降，但右峰略向右偏移，表明小孔喉内的油仍向裂缝运移，且进入更大尺度的裂缝内。如图2-131第二块微裂缝发育岩心T_2谱所示，焖井时间从0逐渐增大到126.5h，左峰明显下降，后峰明显上升，表明延长焖井时间后，小孔中的油能够有效迁移进入大孔和裂缝中，但将焖井时间从126.5h延长至439h后，曲线变化不明显，表明焖井至126.5h离心后，岩心内的可动流体基本已经全部驱出。如图2-132第三块微裂缝发育并造缝后岩心的T_2谱所示，曲线左峰一直呈下降趋势，表明小孔喉内的可动流体不断减少。曲线右峰变化较大，从 0 到 6h，曲线右峰略微向右偏移，表明仅有大的裂缝内的流体被驱出，大孔喉内的流体还没有被动用，但焖井时间从 6h 到 167h，大孔喉所对应的 T_2 谱逐渐上移，右峰也逐渐向右偏移，所包围的面积也逐渐增大，表明小孔喉中的油逐渐向中孔迁移，中孔向大孔和裂缝中迁移，且由于在造缝过程中应力传导，会使得原先不连通的孔喉沟通，孔喉连通性变好，不同孔径大小油运移如图 2-133 所示。但焖井时间从 167h 到 1008h 后，左峰峰顶几乎不发生变化，表明小孔喉内的可动流体已经被全部取出。但右峰出现峰顶向左偏移的现象，可能由于焖井时间过长，小孔喉无法继续供油，使得大裂缝内的油"回流"，出现反向渗吸的现象。总体来看，随着焖井时间逐渐增大，核磁共振信号逐渐降低，说明压裂液渗吸进入储层，油逐渐开采出来。部分小孔中的油能够迁移进入大孔和裂缝中，综合不同焖井时间的渗吸效果，室内实验建议焖井时间为 5～7 天。

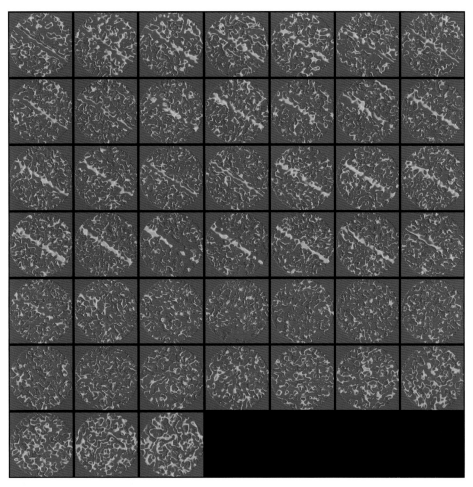

图 2-129　第三次注压裂液焖井 3 天衰竭后最终含油切片对比

CT 扫描技术可以别识别出含裂缝部分岩心和基质每个沿程切片内的平均含油饱和度变化情况。如图 2-134 所示，从第一次压裂液返排结束到第三次返排结束，基质部分含油饱和度不断下降，且第三次返排后，基质内含油饱和度下降幅度最大，表明基质内的原油动用程度高。含裂缝部分岩心含油饱和度下降幅度不大，表明岩心基质在返排过程会向裂缝端岩心进行供油，裂缝是主要流动通道。

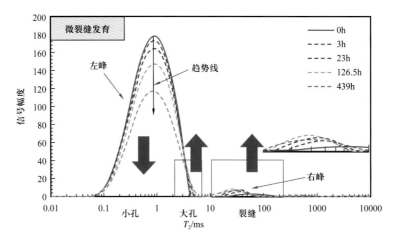

图 2-130 微裂缝发育岩样 1 核磁共振 T_2 谱分布

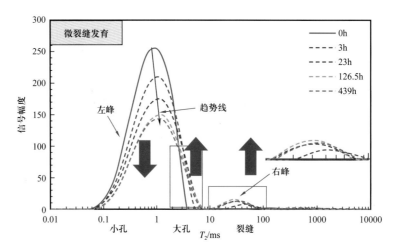

图 2-131 微裂缝发育岩样 2 核磁共振 T_2 谱分布

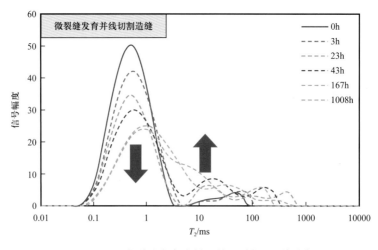

图 2-132 微裂缝发育岩样 3 核磁共振 T_2 谱分布

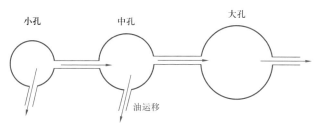

图 2-133 不同孔径大小油运移示意图

图 2-135 为第一次返排后含油饱和度 X 切面图，可以看出第一次返排后裂缝内的剩余油含量较高，岩心底部基质内的油动用程度低。从沿程切面含油饱和度平均值变化图来看，从基质到裂缝首端，表明整体含油饱和度呈下降趋势，基质内的油可以动用。如图 2-136 所示，第二次返排后，基质端的含油饱和度出现明显下降，含裂缝部分岩心含油饱和度变化不大，整体岩心各沿程切面饱和度平均值变化比较波动，表明焖井 3 天后，基质向裂缝供油效果较好。从图 2-137 来看，第三次返排后，岩心各沿程切面含油饱和度平均值差别不大。整体来看，三次吞吐返排后，裂缝前部区域和基质内的油动用效果好，裂缝中部区域基质为主要剩余油富集区域，含油饱和度普遍比裂缝前端和末端区域的要高。

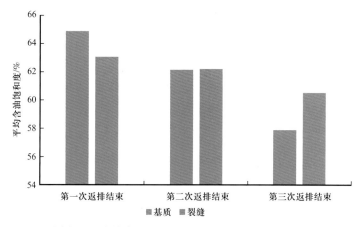

图 2-134 不同阶段返排结束后基质和裂缝沿程切面内平均含油饱和度变化图

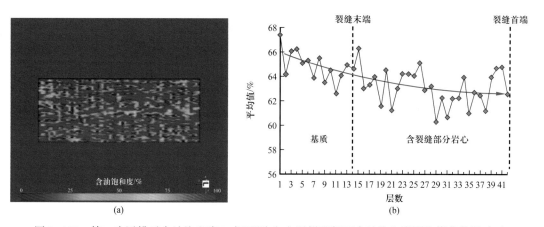

图 2-135 第一次返排后含油饱和度 X 切面图（a）及沿程切面含油饱和度平均值变化图（b）

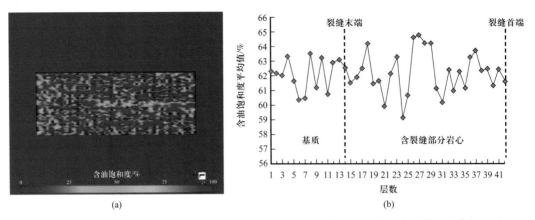

(a)   (b)

图 2-136　第二次返排后含油饱和度 X 切面图（a）及沿程切面含油饱和度平均值变化图（b）

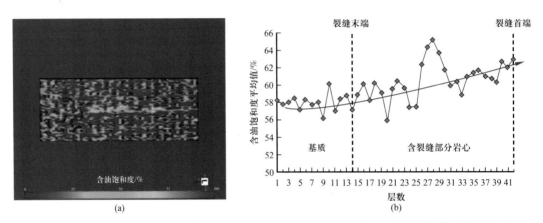

(a)   (b)

图 2-137　第三次返排后含油饱和度 X 切面图（a）及沿程切面含油饱和度平均值变化图（b）

第三章 致密油单井产能影响因素与评价预测

本章介绍致密油产能评价面临的关键技术问题，分析致密油储层条件与开发工艺技术因素对单井产能的影响，总结致密油产能主控因素；建立致密油单井产能模式、单井全生命周期产能预测模型，形成致密油产能评价与预测方法，指导致密油有效开发。

第一节 致密油产能主控因素

我国致密油类型多样，包括新疆油田低流度型、长庆油田低压型、吉林油田低饱和度型等，地质条件复杂，体积压裂模式下产能影响因素多，产能差异大，产能主控因素难以确定。采用灰色关联度法、Pearson 相关系数法、影响因子分析法，运用数据化与理论化分析相结合，揭示储层、流体、压裂效果、工作制度等对致密油产能的影响，基本搞清不同类型致密油产能主控因素，为不同类型致密油开发技术对策制定提供指导依据。

一、致密油单井产能影响因素分析方法

在研究因素间的关联程度时，灰色关联度法对样本容量和分布规律没有过分要求，具有原理简单、易于程序化等特点。这种方法具有极大的实际应用价值，并取得了较好的社会和经济效益。Pearson 相关系数法的优点在于原理简单，且不受两个变量的位置和尺度变化的影响，容易程序化。影响因子分析法是通过对比不同参数变化时目标参数的变化量来量化不同参数对目标参数的影响。三种分析方法对致密油产能影响程度的分类标准如表 3−1 所示。

表 3−1 致密油产能影响程度相关系数分类标准

影响因素分析方法	极强相关	强相关	中等程度相关	弱相关
灰色关联度法		>0.8	0.5～0.8	<0.5
Pearson 相关系数法	>0.8	0.6～0.8	0.4～0.6	<0.4
影响因子分析法		>0.6	0.3～0.6	<0.3

（一）灰色关联度法

（1）在对系统做关联分析时，首先确定反映系统行为的参考数列 x_0 和影响系统行为的比较数列 x_i：

$x_0=\{x_0(k)|k=1, 2, \cdots, n\}=\{x_0(1), x_0(2), \cdots, x_0(n)\}$，其中 k 表示第 k 个样本。

假设有 m 个比较数列 x_i，$x_i=\{x_i(k)|k=1,2,\cdots,n\}=\{x_i(1),x_i(2),\cdots,x_i(n)\}$，$i=1,2,\cdots,m$。

（2）对数列进行无量纲化。一般来讲，实际问题中各因素的物理意义、数据量纲和数量级不同，难以得出正确的结论，一般都要进行无量纲化处理。采用区间值化变换进行数据的无量纲化处理：

$$x'(k)=\frac{x(k)-\min_k x(k)}{\max_k x(k)-\min_k x(k)} \tag{3-1}$$

（3）求参数数列和比较数列的关联系数：

$$r_i(k)=\frac{\min_i\min_k\left|x_0'(k)-x_i'(k)\right|+\rho\cdot\max_i\max_k\left|x_0'(k)-x_i'(k)\right|}{\left|x_0'(k)-x_i'(k)\right|+\rho\cdot\max_i\max_k\left|x_0'(k)-x_i'(k)\right|} \tag{3-2}$$

式（3-2）为第 k 个样本的比较数列 x_i 与参考数列 x_0 的关联系数，其中 ρ 为分辨系数，$\rho=[0,1]$；i 为比较列数的个数，$i=1,2,\cdots,m$。

（4）求解关联度，并进行排序。

$$R=\frac{1}{n}\sum_{k=1}^{n}r_i(k) \tag{3-3}$$

式（3-3）为数列 x_i 与参考数列 x_0 的关联度。

一般而言，两者的关联度在 0.8 以上即可认为其关联性很强，而在 0.5～0.8 则认为有一定关联性，但是当关联度在 0.5 以下时即可认为两者间无关联性。

（二）Pearson 相关系数法

Pearson 相关系数本质上是一种线性相关系数，需要满足以下条件：（1）两变量均为由测量得到的连续变量；（2）两变量均来自正态分布，或接近正态的单峰对称分布的总体；（3）变量必须是成对的数据；（4）两变量间为线性关系。

相关系数的绝对值越大，相关性越强；相关系数越接近于 1 或 -1，相关强度越强；相关系数越接近于 0，相关度越弱。通常情况下通过表 3-2 判断变量的相关强度。

表 3-2　Pearson 相关系数和相关强度关系

相关系数	关联强度
0.8～1	极强相关
0.6～0.8	强相关
0.4～0.6	中等程度相关
0.2～0.4	弱相关
0～0.2	极弱相关或无相关

Pearson 相关系数的计算步骤如下：

（1）数据的初始化，采用式（3-1）的初始化方法。

（2）计算离均差平方和与离均差积和。

变量 x 的离均差平方和为

$$l_{xx} = \sum (x - \bar{x})^2 \tag{3-4}$$

变量 y 的离均差平方和为

$$l_{yy} = \sum (y - \bar{y})^2 \tag{3-5}$$

x 与 y 之间的离均差积和为

$$l_{xy} = \sum (x - \bar{x})(y - \bar{y}) \tag{3-6}$$

（3）计算两变量间的 Pearson 相关系数，并对相关系数进行排序：

$$r = \frac{l_{xy}}{\sqrt{l_{xx} l_{yy}}} \tag{3-7}$$

其中，当数据维度接近正态分布或对称分布时，$\bar{x}$ 和 $\bar{y}$ 代表数据集的均值；当数据维度呈偏态分布，且呈平峰分布时，$\bar{x}$ 和 $\bar{y}$ 代表数据集的中位数。

均值：

$$\mu = \frac{x_1 + x_2 + x_3 + \cdots + x_n}{n} = \frac{\sum_{i=1}^{n} x_i}{n}$$

中位数：

$$M_e = \begin{cases} x_{\frac{n+1}{2}}, & n \text{为数奇} \\ \frac{1}{2}\left(x_{\frac{n}{2}} + x_{\frac{n}{2}+1}\right), & n \text{为数偶} \end{cases}$$

（三）影响因子分析法

影响因子定义为参数每改变一个水平时，目标参数（产量、采出程度等）改变值归一化之后的结果：

$$r = \frac{\Delta E_i}{\Delta E_{\max}} \tag{3-8}$$

式中，r 为每个参数对应的影响因子；ΔE_i 为参数每改变一个单位时，目标参数的改变值；$\Delta E_{\max}$ 为 ΔE_i 的最大值。

由此可见，影响最大的参数对应的影响因子为 1。而某一个特定参数水平值选取的不同，也会影响计算结果。一般情况下，影响因子大于 0.6，为强相关；影响因子为 0.3～0.6 时，为中等相关；影响因子小于 0.3，为弱相关。

二、致密油开发的产能影响因素

我国致密油类型多样，包括川中油气矿低孔型、新疆油田低流度型、长庆油田低压型等，地质条件复杂，体积压裂模式下产能影响因素多，产能差异大，产能主控因素难以确定。现场解剖和动态分析表明：致密油单井产量取决于各压裂段产量，而各压裂段产量主要受储层含油性、物性、流体性质及压裂效果的控制；优质储层钻遇率以及有效压裂段数的有机匹配是单井产能的主控因素。

（一）地质因素对产能的影响

1.基质孔隙度对产能的影响

致密油储层孔喉结构复杂，储层物性非均质性强，井间孔隙度差异大。通过生产动态资料分析可以看出，即使同一钻井平台，不同井间孔隙度仍存在较大差异，随着孔隙度的增加，油井最高日产油量增加（图3-1）。孔隙度与油井峰值产量和投产一年累计产油量分别如图3-2和图3-3所示。

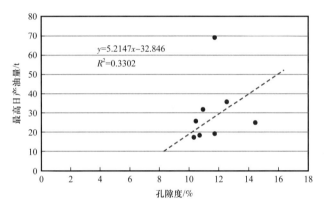

图3-1　孔隙度与油井峰值产量关系对比

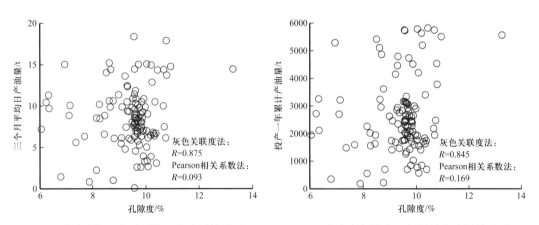

图3-2　孔隙度与三个月平均日产油量关系对比　　图3-3　孔隙度与投产一年累计产油量关系对比

采用TOPDD软件，分析储层孔隙度对产能的影响（图3-4至图3-6）。从图3-4中可以看出，随着孔隙度的增加，油井产量增大。孔隙度对油井初期日产量（生产前30天平均日产量）影响较大。孔隙度从1%增加到15%，油井初期日产量从10.8t增加到

28.2t，生产中期日产量（生产 365 天平均日产量）从 0.9t 增加到 10.5t，生产后期日产量（生产 3650 天平均日产量）从 0.04t 增加到 1.43t。从模拟结果可以看出，孔隙度越小，油井日产量递减速度越快，递减幅度越大，随着孔隙度增加，油井日产量递减幅度降低，累计产油量增加，孔隙度越大，累计产油量增加越明显。

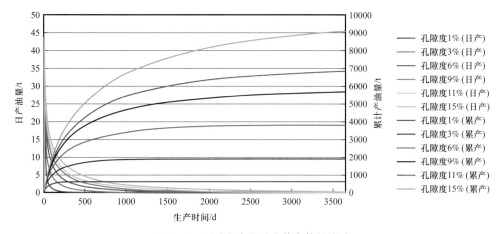

图 3-4　不同孔隙度对油井产能的影响

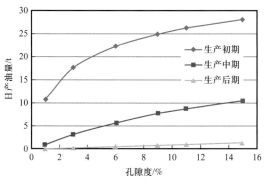

图 3-5　孔隙度对油井日产油量的影响

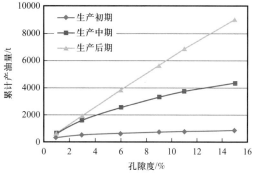

图 3-6　孔隙度对油井累计产油量的影响

2.“甜点”规模及分布与储层渗透率对产能的影响

1）“甜点”规模及分布对产能的影响

致密油储层平面连续性较好，纵向上发育多个含油层，单层厚度薄。平面上砂体展布不均，岩性变化差异大，导致水平井钻遇不同类型岩性储层，不同井间、不同类型储层钻遇率不同，进而严重影响油井产能。从生产动态资料分析可以看出，随着 I 类油层钻遇率的增加，油井最高日产油量增大（图 3-7）。随着钻遇油层长度的增加，油井产量增加，“甜点”钻遇率与油井产量呈明显正相关关系（图 3-8、图 3-9）。

采用数值模拟方法，选取不同的“甜

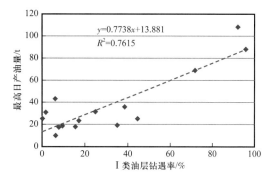

图 3-7　“甜点”储层钻遇率对油井产量的影响

点"钻遇率，评价砂体连续性对产能的影响，在钻遇率为 50% 时分别设置连续的"甜点"和非连续的"甜点"进行模拟实验。

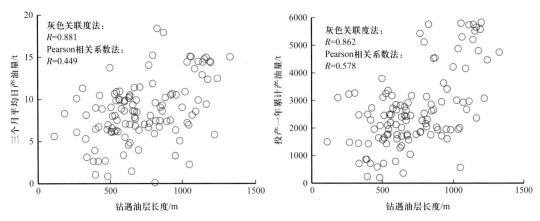

图 3-8　钻遇油层长度对油井日产油量的影响　图 3-9　钻遇油层长度对油井累计产油量的影响

可以发现随着"甜点"钻遇率的增加，压裂水平井的日产量和累计产量都有明显的增加（图 3-10、图 3-11）。当储层钻遇率从 25% 增加到 100% 时，油井的初期产量从

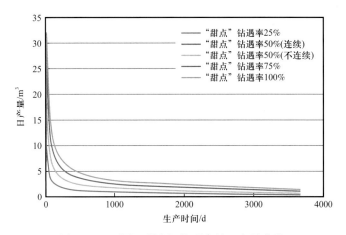

图 3-10　不同"甜点"钻遇率的日产量曲线

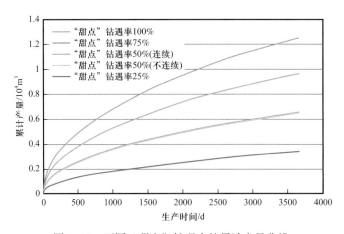

图 3-11　不同"甜点"钻遇率的累计产量曲线

9.8m³/d 增加到 31.2m³/d。油井的两年累计产量从 1566m³ 增加到 5791.1m³，增加到原来的 3.7 倍。另外，从 50% 钻遇率的两条曲线中可以发现，砂体的连续性对产能的影响很小。

2）储层渗透率对产能的影响

致密油储层纵向隔夹层发育，横向连通性较差，物性在纵向、横向变化较大，导致不同井间储层渗透率存在较大差异。水平井钻遇不同岩性储层，不同压裂段储层渗透率不同，导致油井产能存在较大差异（图 3-12）。渗透率与油井日产油量和累计产油量的关系分别如图 3-13 和图 3-14 所示。

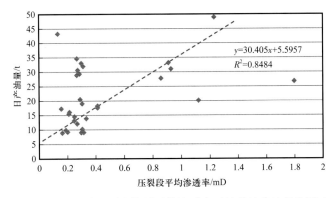

图 3-12　水平井压裂段储层平均渗透率对油井日产油量的影响

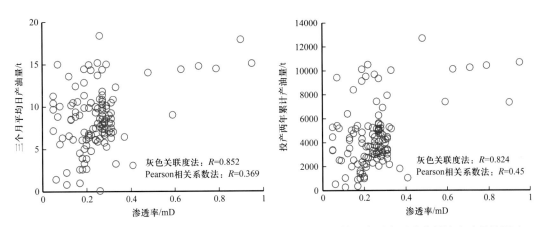

图 3-13　储层渗透率对油井日产油量的影响　　图 3-14　储层渗透率对油井累计产油量的影响

采用 TOPDD 软件，分析致密油储层渗透率对油井产能的影响（图 3-15 至图 3-17）。从图 3-15 中可以看出，随着储层渗透率的增加，油井日产量递减幅度降低，油井累计产量增大。渗透率对油井初期日产量和中期产量影响较大。当储层渗透率小于 0.2mD 时，随着储层渗透率增加，油井产量增加明显；当储层渗透率大于 0.2mD 时，随着储层渗透率增加，油井产量增加幅度明显降低，增幅平缓。渗透率从 0.05mD 增加到 0.62mD 时（变化 12 倍），油井初期日产量从 12.4t 增加到 25.4t，生产一年累计产油量从 815t 增加到 5993t；渗透率从 0.62mD 增加到 1mD 时，油井初期日产量仅从 25.4t 增加到 27t，生产一年累计产油量从 5993t 增加到 7066t，增加幅度缓慢。从模拟结果可以看出，渗透率越小，油井日产量递减速度越快，递减幅度越大，并很快递减到 0。

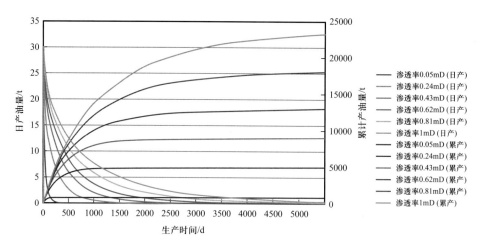

图 3-15 致密油储层渗透率对油井产能的影响

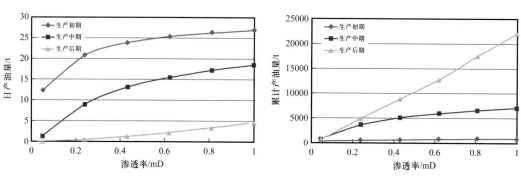

图 3-16 长 7 段致密油渗透率对日产油量的影响　图 3-17 致密油渗透率对累计产油量的影响

3. 天然裂缝发育程度与分布对产能的影响

无论常规油气储层还是非常规油气储层，天然裂缝的发育程度都是影响油气产能的关键因素。一方面，天然裂缝是油气运移的通道，天然裂缝发育有利于油气从储层中渗流到井底；另一方面，在天然裂缝发育的储层中进行水力压裂，压裂液进入天然裂缝中更容易形成复杂的裂缝系统。致密油储层发育层理缝、压溶缝、构造缝、溶蚀缝等不同成因类型裂缝，各井点的裂缝发育状况具有差异性。

将天然裂缝的方向近似成为垂直于井筒方向和平行于井筒方向的裂缝，等效处理成沿着不同方向上的渗透率大小，用油藏数值模拟软件进行模拟计算，分析不同裂缝方向和数目对压裂水平井产能的影响。

1）垂直缝对产能的影响

假设天然裂缝的导流能力为 0.05D·cm，预测裂缝密度分别为 0.2 条 /m、1 条 /m、2 条 /m 和 3 条 /m 时的开发效果（图 3-18、图 3-19）。

随着裂缝密度的增加，初期产量和累计产量的增加速率越来越慢，垂直方向天然裂缝数目和累计产量的相关性要好于与初期产量的相关性，随着开发时间的延长，垂直裂缝对产能的贡献越来越明显。

2）水平缝对产能的影响

假设与井筒方向平行的水平方向天然裂缝的导流能力为 0.05D·cm，预测裂缝密度分别为 0.2 条 /m、1 条 /m、2 条 /m 和 3 条 /m 时的开发效果（图 3-20、图 3-21）。

随着裂缝密度的增加，初期产量和累计产量的增加速率越来越慢，垂直方向天然裂缝数目和初期产量与累计产量呈近似的对数相关。与垂直裂缝相比，水平裂缝对压裂水平井的影响更大。

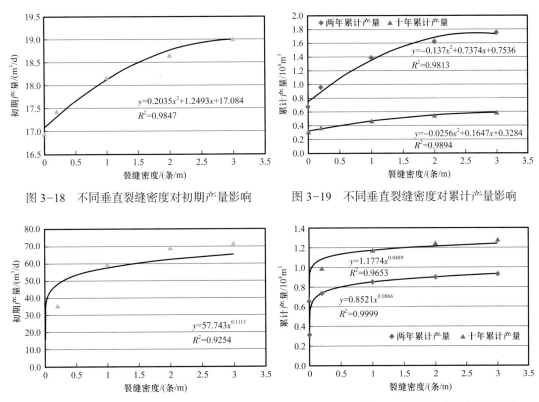

图 3-18　不同垂直裂缝密度对初期产量影响　　图 3-19　不同垂直裂缝密度对累计产量影响

图 3-20　不同水平裂缝密度对初期产量影响　　图 3-21　不同水平裂缝密度对累计产量影响

4. 含油性特征及分布对产能的影响

致密油赋存状态复杂，包括裂缝与中大孔中的连续状可动油、微缝与小孔内的毛细管油、微纳米级基质孔与溶蚀孔中孔壁薄膜油和有机质吸附油，储层含油级别以油斑与油迹为主，并含少量油浸及以上的储层，这种复杂的致密油赋存状态导致致密油平面含油性分布非均质性强，井间含油差异大。

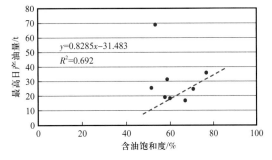

通过对开发试验井生产动态资料分析得到，随着钻遇储层平均含油饱和度增加，油井最高日产油增大（图 3-22）。

采用 TOPDD 软件分析芦草沟组致密油储层含油饱和度对油井产能的影响，从

图 3-22　致密油含油饱和度对最高日产油量的影响

分析结果可以看出，随着含油饱和度的增加，油井产量增大，当含油饱和度大于 70% 时，随着含油饱和度的增加，油井产量增加幅度变缓（图 3-23）。

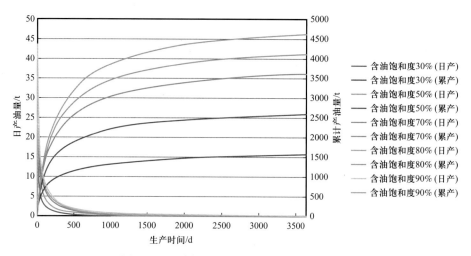

图 3-23 不同含油饱和度对油井产能的影响

通过分析储层地质因素对产能的影响，得到不同类型致密油储层地质因素对产能的影响程度（图3-24）。生产初期，储层地质因素中钻遇油层长度（储层"甜点"）对产能影响最明显，随着生产时间的推进，储层物性的作用逐渐增加，即基质渗流作用逐渐增加；生产后期，储层物性、钻遇油层长度及天然裂缝的作用对产能影响明显。综合对比，储层地质因素对产能的影响程度的顺序为：钻遇油层长度＞储层物性＞天然裂缝＞储层厚度＞孔隙度＞含油饱和度。揭示了新疆油田芦草沟组致密油与长庆油田长7段致密油储层地质因素的产能主控因素为优质储层钻遇率。为了提高油井产量，可以通过优选地质"甜点"、优质储层，采用水平井实时地质导向钻井，提高Ⅰ类、Ⅱ类优质储层的钻遇率。

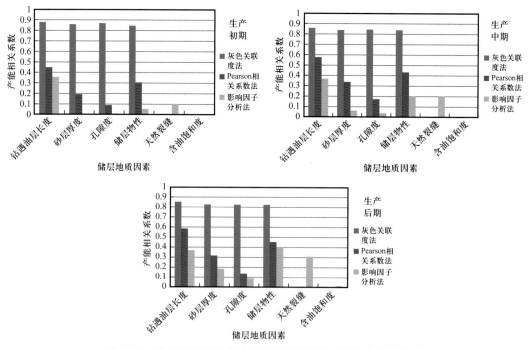

图 3-24 致密油不同生产阶段储层地质因素对油井产能的影响

（二）地质力学因素对产能的影响

致密油储层岩性复杂、变化快，导致储层敏感性、脆性、力学参数、局部地应力分布变化大，给钻井、压裂工艺带来巨大挑战。岩石力学性质、脆性及地应力差异影响压裂规模及缝网复杂程度，导致产能差异大。针对这些致密油开发面临的难题，基于新疆致密油生产实际资料，采用室内实验与数值模拟相结合的方法，搞清储层地质力学因素对产能的影响，为开发技术政策制定提供理论指导与依据。

1. 岩石力学参数对产能的影响

杨氏模量和泊松比是表征岩石脆性的主要岩石力学参数，杨氏模量的大小表征材料的刚性，杨氏模量越大，越不容易发生形变。在相同泊松比情形下，随着杨氏模量的增加，岩石脆性增强，有利于形成裂缝网络。泊松比是岩石材料的一种性质参数。泊松比越大，说明岩石在受到外力时越容易发生变形。一般情形下，岩石的泊松比与杨氏模量呈相反的关系，泊松比大时杨氏模量就低，此时岩石脆性较低，呈现塑性特征，压裂时不易形成缝网。因此，杨氏模量越高、泊松比越低，脆性越强。

通过数值模拟结果分析，得到缝长、缝高、改造体积与杨氏模量呈现正相关，与泊松比呈负相关关系，杨氏模量增加或泊松比减小，改造带宽度增加，裂缝长度减少，油井产能增加（图3-25至图3-28）。

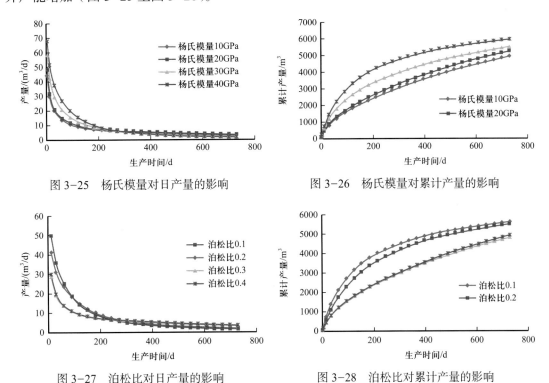

图3-25　杨氏模量对日产量的影响　　　图3-26　杨氏模量对累计产量的影响

图3-27　泊松比对日产量的影响　　　图3-28　泊松比对累计产量的影响

2. 脆性差异对产能的影响

岩石的脆性可以由杨氏模量和泊松比描述，杨氏模量与泊松比的大小反映了地层在一定受力条件下弹性变形的难易程度，杨氏模量越大，地层越硬，刚度越大，地层就容易破裂，对应泊松比小；反之，杨氏模量越小，地层越软，刚度越小，地层就不易破裂，对应泊松比大。采用 Rickman 法计算致密储层的脆性指数。计算结果如表 3-3 所示。

$$BI=（YM_{BI}+PR_{BI}）/2 \qquad\qquad（3-9）$$

$$YM_{BI}=（YMS_c-1）/（YMS_{max}-YMS_{min}）\times100\% \qquad（3-10）$$

$$PR_{BI}=（PR_c-0.4）/（PR_{max}-PR_{min}）\times100\% \qquad（3-11）$$

式中，YMS_c 为静态杨氏模量，10^4MPa；PR_c 为静态泊松比；YM_{BI}、PR_{BI} 分别为归一化之后的杨氏模量和泊松比；BI 为脆性指数。

表 3-3　不同杨氏模量、泊松比组合下的脆性指数数据表

杨氏模量 / 10^4MPa	不同泊松比下的脆性指数						
	0.1	0.15	0.2	0.25	0.3	0.35	0.4
1.5	75.0	63.6	53.6	43.6	33.6	23.6	13.6
2.0	77.1	67.1	57.1	47.1	37.1	27.1	17.1
2.5	80.7	70.7	60.7	50.7	40.7	30.7	20.7
3.0	84.3	74.3	64.3	54.3	44.3	34.3	24.3
3.5	87.9	77.9	67.9	57.9	47.9	37.9	27.9
4.0	91.4	81.4	71.4	61.4	51.4	41.4	31.4

通过数值模拟结果分析表明，随着脆性指数增加，缝网复杂程度增加，油井产量增大（图 3-29、图 3-30）。

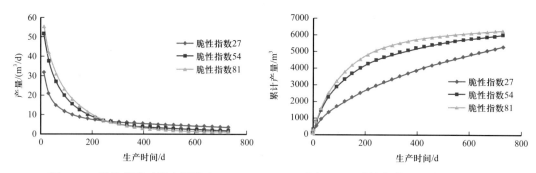

图 3-29　脆性指数对日产量影响　　　　图 3-30　脆性指数对累计产量影响

3. 地应力对产能的影响

水平应力差很大程度上决定着水力裂缝形态，采用数值模拟软件对裂缝扩展形态及由此引起的油井产能变化进行分析，得到随着水平应力差的增加，改造裂缝带宽降低，裂缝带长增加，缝网复杂程度降低，油井产能降低（图 3-31、图 3-32）。

通过地质力学因素对裂缝形态和压裂效果分析（图 3-33），揭示了致密油地质力学因素中的产能主控因素：地应力差＞杨氏模量＞泊松比＞脆性指数。

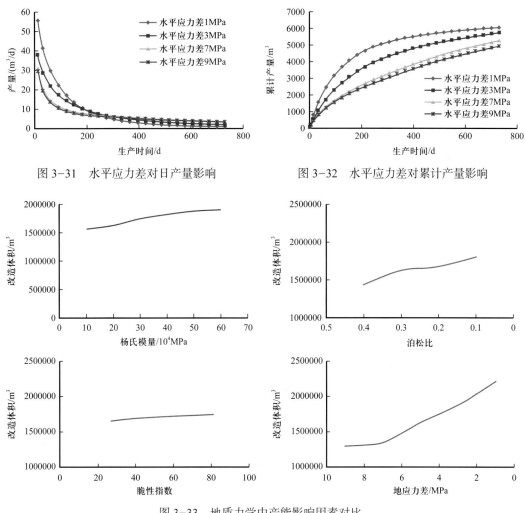

图 3-31 水平应力差对日产量影响　　图 3-32 水平应力差对累计产量影响

图 3-33 地质力学中产能影响因素对比

（三）流体性质及流动性对产能的影响

针对致密油流体性质的特殊性及原油流动的复杂性，采用矿场资料、室内实验与数值模拟相结合的方法，分析致密油流体性质及流动性对产能的影响，搞清流体性质中的产能主控因素，为提高致密油单井产量及开发技术政策制定提供理论依据。

1. 原油黏度对产能的影响

新疆昌吉致密油的典型特点之一就是原油黏度大，流动性差。相同条件下，原油黏度越大，流动性越差，油井的产量也就越低。利用油藏数值模拟软件进行产能的预测。随着原油黏度的减小，压裂水平井的初期产量和累计产量都明显增加（图 3-34、图 3-35）。

2. 原油流度对产能的影响

芦草沟组致密油具有高黏度、低流度的特征，流度接近页岩气，流动性差。长 7 段致密油原油黏度低，流动性好，采用 TOPDD 软件分析了原油流度对油井产能的影响，结果表明，随着原油流度的增加，油井日产量与累计产量明显增大。原油流度越低，油井日产量递减速率越快，随着原油流度增加，油井产量增大，当原油流度超过一定值时，产量增加幅度减缓（图3-36至图3-38）。

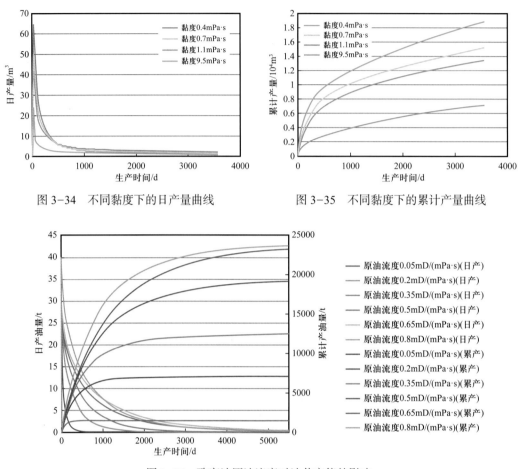

图3-34　不同黏度下的日产量曲线　　　图3-35　不同黏度下的累计产量曲线

图3-36　致密油原油流度对油井产能的影响

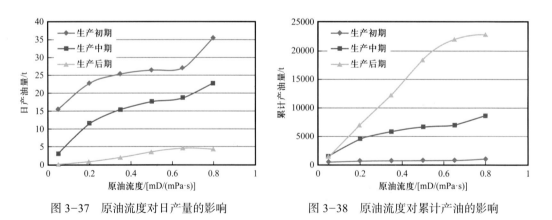

图3-37　原油流度对日产量的影响　　　图3-38　原油流度对累计产油的影响

3. 溶解气油比对产能的影响

气油比越高，原油中的溶解气越多。在油井开发时，原油中的溶解气会为原油的流动提供驱动力，增加原油的产量。对于新疆油田致密油，随着气油比增加，降低了原油黏度，油井产能增大；对于长庆油田致密油，随着气油比增加，原油脱气，油井产能降低（图3-39、图3-40）。

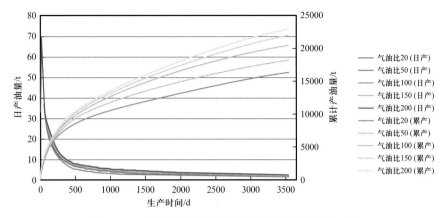

图3-39　芦草沟组致密油溶解气油比对产能的影响

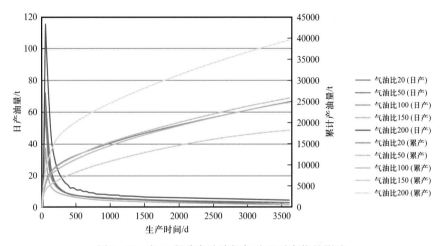

图3-40　长7段致密油溶解气油比对产能的影响

随着原油中溶解气油比的增加，水平井的初期产量和累计产量都会增加。其中产气量增加比产油量增加更加明显。当原油的溶解气油比从20增加到200时，压裂水平井的初期产油量从55m³/d增加到69m³/d，两年的累计产油量会从9596m³增加到11967m³。

4.地层压力对产能的影响

通过理论与矿场实验研究，结果表明，随着体积压裂规模的增大（入地液量、加砂量等），地层压力显著提高，增加了油藏驱动能量，油井累计产量增大。TOPDD软件结果表明，随着地层压力增加，油井日产量与累计产量均增大（图3-41）。

通过分析流体性质及流动性对产能的影响，得到致密油流体性质对产能的影响程度为：原油黏度＞地层压力＞原油流度＞溶解气油比（图3-42），揭示了致密油流体性质的产能主控因素。芦草沟组致密油流体性质中产能主控因素为原油黏度，长7段致密油流体性质中产能主控因素为地层压力，为了提高油井产量，可以通过注CO_2等降低原油黏度，提高流动性，补充地层能量，增加地层压力。

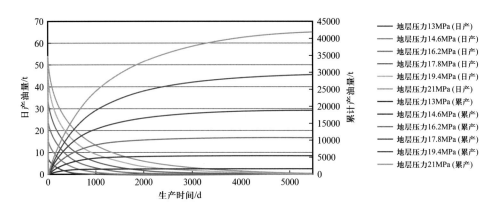

图 3-41　不同地层压力对油井产能的影响

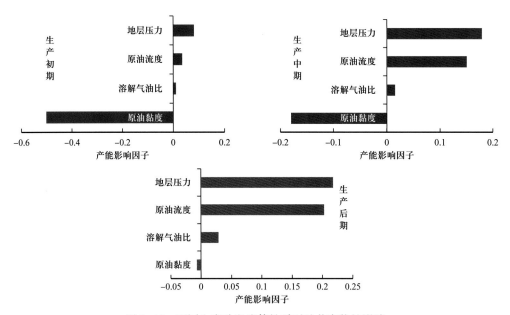

图 3-42　不同生产阶段流体性质对油井产能的影响

（四）工程因素对产能的影响

致密油储层发育纳米—微米—毫米级多尺度孔缝介质，储层结构复杂，基质储层物性差，需采用长井段水平井、体积压裂等新方法提高单井产量。体积压裂后，储层渗流场发生很大变化，储渗模式由单一孔隙渗流转变基质—裂缝耦合渗流，微尺度渗流机理和裂缝动态变化对产能影响大；同时水平井长度、分支数、压裂级数、裂缝间距、裂缝半长及压裂规模等因素对产能的影响较大。针对这些致密油开发面临的难题，搞清工程因素对产能的影响，揭示工程因素中的产能主控因素，为开发技术政策制定提供理论指导与依据。

1. 水平井位置对产能的影响

致密油储层纵向上多期砂体叠置，发育多个含油小层，平面上总体分布稳定，但局部岩性变化大，单油层分布不稳定，给井位部署和水平井轨迹设计增加难度。通过对致密油单井钻遇储层特征、水平井参数及生产动态资料分析得出如下结论：随着水平井钻遇储层长度、储层物性"甜点"与含油性"甜点"增加，油井产能增大（图 3-43 至图 3-45）。

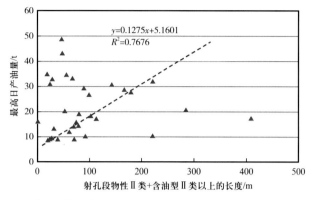

图 3-43 致密油水平井钻遇储层物性"甜点"与含油性"甜点"对油井产量的影响

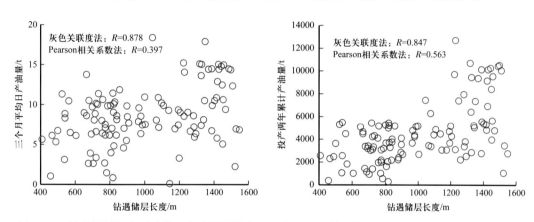

图 3-44 钻遇储层长度对油井日产油量的影响　　图 3-45 钻遇储层长度对油井累计产油量的影响

2. 水平井长度对产能的影响

随着水平井长度的增加，压裂改造规模和单井控制储量增加。通过分析致密油先导试验区试验井钻遇储层特征、测井解释资料及生产动态资料可知，随着水平井长度的增加，油井产能增大（图 3-46、图 3-47）。

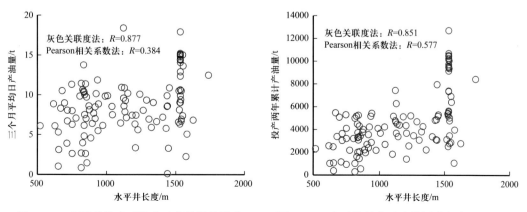

图 3-46 水平井长度对油井日产油量的影响　　图 3-47 水平井长度对油井累计产油量的影响

在相同的段间距和人工裂缝长度的条件下，水平井的水平段越长，人工裂缝的数目越多，储层基质和裂缝的接触面积越大，油井的开发效果越好。分别选取770m、1120m、1400m、1680m、1960m和2240m的水平段长度，利用油藏数值模拟软件进行开发效果的评价。随着水平井水平段长度的增加，压裂水平井的初期产量和累计产量都明显增加（图3-48、图3-49）。因此，致密油有效开发需优化水平井轨迹，提高储层钻遇率和单井控制范围。

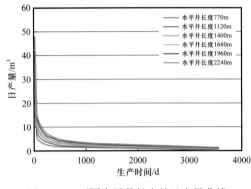

图3-48 不同水平井长度的日产量曲线

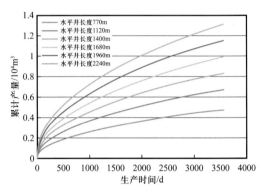

图3-49 不同水平井长度的累计产量曲线

3. 压裂方式对产能的影响

致密油储层发育纳微米级介质孔隙，孔隙结构复杂，储层物性差，为提高单井产量，多采用水平井+体积压裂的开发模式。水平井体积压裂存在多种方式，有裸眼完井、滑套压裂，有套管固井、速钻桥塞射孔压裂，有的采用了Hiway的压裂工艺，有的采用了常规的加砂方法，每口井的施工参数也有所不同，井与井之间的产量差异大，产量从3.1t/d到56.3t/d不等（表3-4）。通过对生产资料分析，得出水平井细分切割压裂是有效的开发方式，大规模体积压裂效果整体好于Hiway，在Hiway压裂的井中，复合Hiway略好于Hiway（图3-50）。

表3-4 芦草沟组致密油先导试验区水平井压裂方式与产能对比

井号	压裂工艺	完井方式	水平段长 / m	压裂段数	总液量 / m³	总砂量 / m³	排量 / m³/min	支撑剂	初期产量 / t/d
JHW001	复合 Hiway	裸眼封隔器	1304.0	18.0	11282.5	926.7	4.5～10.4	复合	3.1
								陶粒	25.4
JHW003	Hiway	裸眼封隔器	1292.0	17.0	12129.8	887.0	4～6.5	复合	19.6
JHW005	Hiway	裸眼封隔器	1302.0	18.0	12280.3	968.3	4～6.5	复合	16.4
JHW007	Hiway	裸眼封隔器	1301.0	17.0	10307.5	760.0	4～6.5	复合	4.1
JHW015	复合 Hiway	裸眼封隔器	1302.0	18.0	16905.0	1310.5	4.2～10.1	陶粒	17.9
JHW016	复合 Hiway	裸眼封隔器	1312.0	11.0	14025.0	1058.6	2.0～10	陶粒	5.2

井号	压裂工艺	完井方式	水平段长/m	压裂段数	总液量/m³	总砂量/m³	排量/m³/min	支撑剂	初期产量/t/d
JHW017	复合Hiway	套管固井—速钻桥塞	1800.0	24.0	24313.9	1293.0	4.5~10.5	陶粒	31.9
JHW018	普通	裸眼封隔器	1732.0	23.0	24346.9	1700.6	4.0~10.5	陶粒	36.2
JHW019	普通	裸眼封隔器	1228.0	13.0	18520.6	1164.0	2.1~11.6	陶粒	17.4
JHW020	普通	套管固井—速钻桥塞	1305.0	17.0	23992.3	1288.3	5.0~11.5	陶粒	17.7
吉172H	普通	裸眼封隔器	1233.0	15.0	16030.7	1798.0	6~8.75	陶粒	56.3
吉32H	Hiway	裸眼封隔器	1232.6	16.0	10363.5	729.1	5.0~8.0	陶粒	28.4

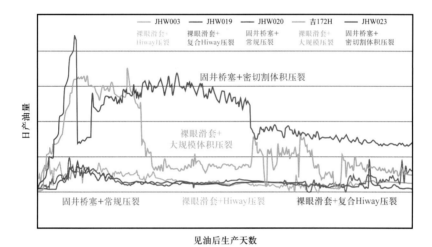

图3-50 不同压裂方式油井产能对比

4. 压裂规模对产能的影响

压裂规模包括压裂液量、排量、加砂量、压裂裂缝长度和压裂段数等，致密油不同水平井压裂规模不同，压裂簇数、裂缝带长与压裂带宽不同，导致油井产能不同。同样，水平井压裂规模相同时，压裂液排量不同，进而导致油井产能不同（图3-51）。

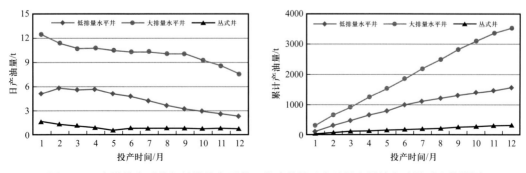

图3-51 大排量水平井与低排量水平井、丛式井的日产油量和累计产油量对比曲线图

1）压裂液量、排量、加砂量对油井产能的影响

通过对水平井体积压裂规模与水平井生产动态资料分析得出，随着压裂液量、排量和加砂量的增加，体积压裂缝网的裂缝带长和带宽不断增大，改造体积和泄油体积增大，油井产能增加（图3-52至图3-55）。

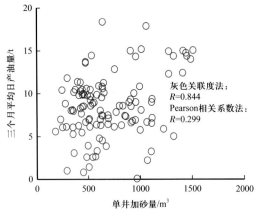

图3-52　不同加砂量对日产油量的影响

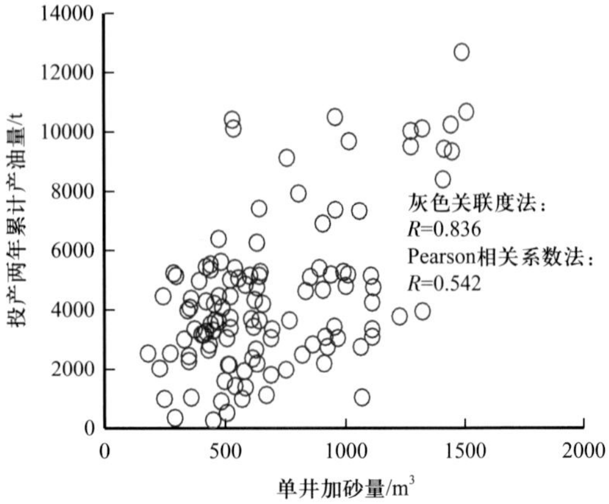

图3-53　不同加砂量对累计产油量的影响

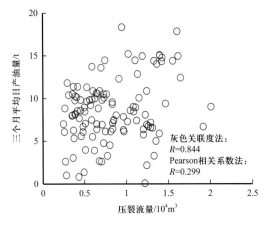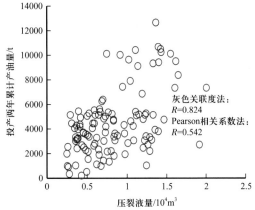

图3-54　不同压裂液量对日产油量的影响

图3-55　不同压裂液量对累计产油量的影响

2）压裂裂缝长度对油井产能的影响

采用 TOPDD 软件分析了不同类型致密油裂缝长度对油井产能的影响。随着裂缝半长的增加，增大了裂缝与油藏的接触面积，提高了储层改造程度，油井产能增大；裂缝半长越小，油藏供油面积越小，油井日产量递减越快，累计产量越低（图3-56）。

3）压裂裂缝级数对油井产能的影响

由于致密油储层砂体的不连续性、砂体钻遇率差异、储层岩石性质差异，以及水平井体积压裂时存在裂缝未压开的情况，导致不同水平井压裂级数、压裂簇数。裂缝密度存在较大差异，这些因素均影响油井产能。通过对长7段致密油及芦草沟组致密油水平井压裂工艺与生产动态资料分析得出，提高裂缝密度可有效提高水平井改造效果，随着水平井压裂裂缝级数增加，单井裂缝密度增大，初期日产量与累计产油量均增加（图3-57、图3-58）。

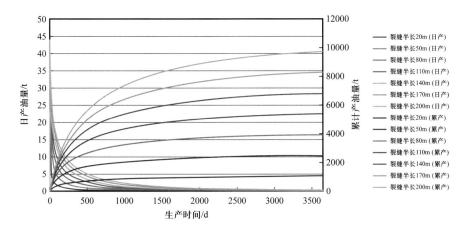

图 3-56 不同压裂裂缝半长对油井产能的影响

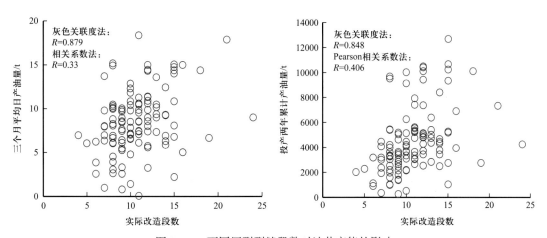

图 3-57 不同压裂裂缝段数对油井产能的影响

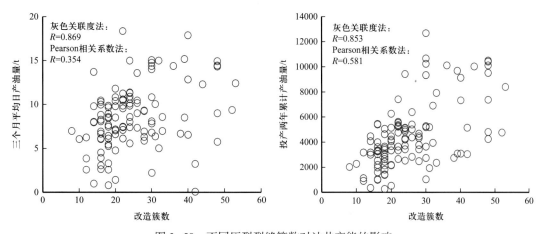

图 3-58 不同压裂裂缝簇数对油井产能的影响

采用 TOPDD 软件分析了裂缝级数对油井产能的影响，结果表明（图 3-59、图 3-60），随着裂缝级数的增加，油井日产量近似呈线性增加，产能增加。压裂级数越少，日产量递减速率越快，累计产量越低，压裂级数越多，日产量增加，产量递减幅度减缓，累计产量增大。

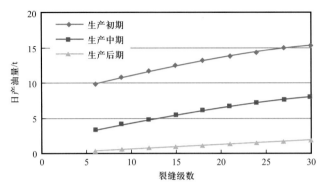

图 3-59　裂缝级数对油井不同阶段产量影响

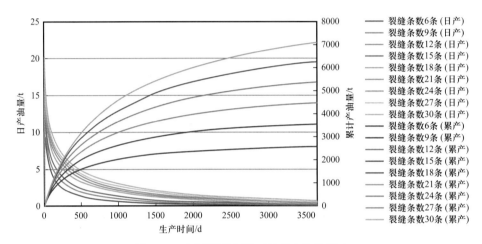

图 3-60　压裂裂缝级数对油井产能的影响

5. SRV 体积、缝网复杂程度对产能的影响

1）SRV 体积对产能的影响

在致密油开发的体积改造中，水力压裂形成的 SRV 体积大小是非常重要的人工裂缝参数。压裂形成的 SRV 体积越大，水平井的控制面积就越大，油藏的开发效果就越好。通过对致密油先导试验井分析，得到随着 SRV 体积增加，油井最高日产油量增大（图 3-61）。利用油藏数值模拟软件分别选取 $145.6 \times 10^4 m^3$、$179.2 \times 10^4 m^3$、$352.8 \times 10^4 m^3$ 和 $627.2 \times 10^4 m^3$ 的 SRV 体积，进行开发效果的评价。

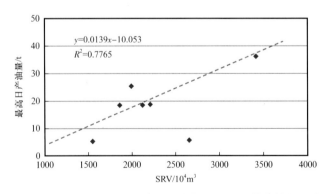

图 3-61　芦草沟组致密油先导试验井 SRV 对油井产能的影响

计算的结果如图 3-62 和图 3-63 所示。随着压裂形成的 SRV 体积的增加，压裂水平井的初期产量和累计产量都明显增加。当 SRV 的体积从 $145.6 \times 10^4 m^3$ 增加到 $627.2 \times 10^4 m^3$ 时，油井的初期产量从 $39.1 m^3/d$ 增加到了 $111.7 m^3/d$；两年的累计产量从 $5648.8 m^3$ 增加到了 $20924.4 m^3$，增加到了原来的 3.7 倍。通过增加压裂规模，形成更大的 SRV 体积，有助于提高压裂水平井的开发效果。

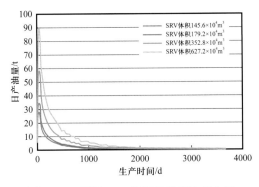

图 3-62　不同 SRV 体积的日产油量曲线

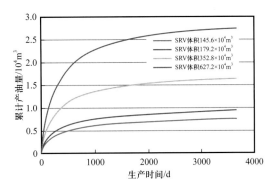

图 3-63　不同 SRV 体积的累计产油量曲线

2）缝网复杂程度对产能的影响

由于致密油储层致密，基质中原油的渗流距离小，需要在水力压裂中将储层打碎成更小的基质岩块使致密油基质的有效动用。为了模拟水力压裂形成不同复杂程度的裂缝网络，分别设置形成 $10m \times 10m$、$20m \times 20m$、$40m \times 40m$ 和 $100m \times 100m$ 大小的基质岩块形成的缝网系统，进行产能的预测。随着基质岩块的减小，压裂水平井的初期产量和累计产量都会增加。当基质岩块尺寸从 $100m \times 100m$ 减小到 $10m \times 10m$ 时，油井的初期产量从 $20.6 m^3/d$ 增加到了 $89.6 m^3/d$；两年的累计产量从 $5017.4 m^3$ 增加到了 $10086 m^3$，增加到了原来的 2 倍。基质岩块边长越小，裂缝复杂程度就越高。随着复杂程度的增加，初期产量增加越来越快，累计产量增加速率越来越慢（图 3-64、图 3-65）。

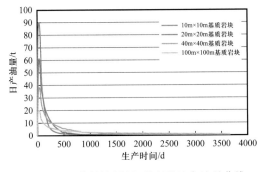

图 3-64　不同缝网复杂程度的日产油量曲线

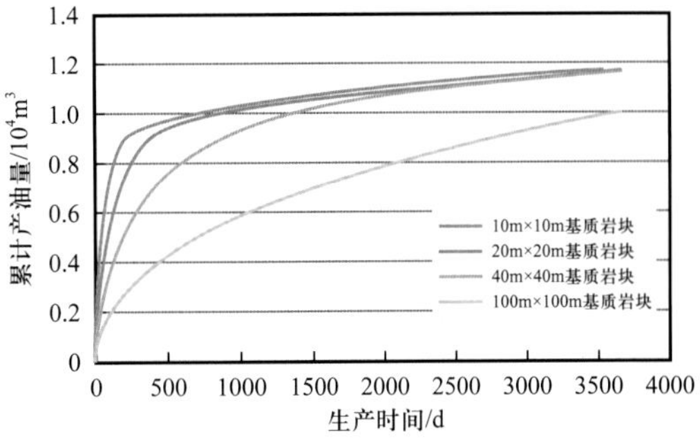

图 3-65　不同缝网复杂程度的累计产油量曲线

6. 压裂裂缝导流能力对产能的影响

水力裂缝的导流能力越强，裂缝中流体渗流的阻力越小，水平井的产量也就越高。分别选取 $0.5D \cdot cm$，$2.5D \cdot cm$，$5D \cdot cm$ 和 $10D \cdot cm$ 作为人工裂缝的导流能力，利用油藏数值模拟软件进行开发效果的评价。

随着人工裂缝导流能力的增加，压裂水平井的初期产量和累计产量都会增加。当压裂缝导流能力从 0.5D·cm 增加到 10D·cm 时，油井的初期产量从 4.2m³/d 增加到了 14.8m³/d；两年的累计产油量从 1027.8m³ 增加到了 3086.7m³，增加到了原来的 3 倍。随着裂缝导流的增加，初期产量和累计产量增加速率越来越慢（图 3-66、图 3-67）。

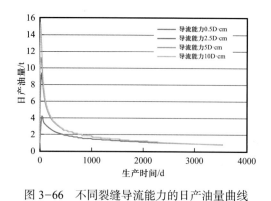
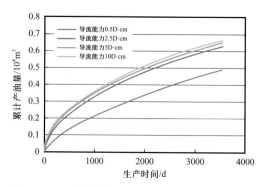

图 3-66 不同裂缝导流能力的日产油量曲线 　图 3-67 不同裂缝导流能力的累计产油量曲线

7. 工作制度对产能的影响

采用 TOPDD 软件分析了生产压差对油井产能的影响。随着井底流压降低，生产压差增大，地层供给能量增加，油井产能增大（图 3-68）。

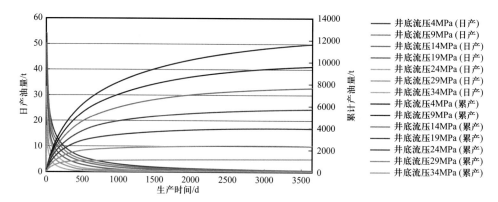

图 3-68 致密油生产压差对油井产能的影响

通过分析工程因素对产能的影响，得到不同类型致密油工程因素对产能的影响程度。长庆油田长 7 段致密油工程因素对产能的影响大小排序为：水平井参数＞压裂裂缝参数＞生产制度（图 3-69）。揭示了新疆芦草沟致密油与长庆长 7 段致密油开发工艺技术因素的产能主控因素为压裂效果。为了提高油井产量，可以通过改善压裂效果，提高裂缝导流能力，缩短基质到裂缝的渗流距离，进而提高单井产量和动用程度。

通过开展油藏条件、工程因素对产能影响研究，不同类型致密油产能控制因素不同。新疆油田昌吉致密油产能的主控因素为Ⅰ类和Ⅱ类油层钻遇率、压裂效果的好坏、原油黏度等；长庆油田长 7 段致密油产能的主控因素为Ⅰ类和Ⅱ类油层钻遇率、压裂效果的好坏等；大庆油田扶余致密油产能主控因素为压裂效果好坏和优质储层钻遇率；吉林油田扶余致密油产能主控因素为水平井长度、优质储层钻遇率、压裂效果及含油饱和度（图 3-70 至图 3-73）。针对不同类型致密油，提出了提高单井产量的相应技术对策。对于芦草沟组致密油来说，其开发技术对策包括：（1）优选地质"甜点"、优质储层，采

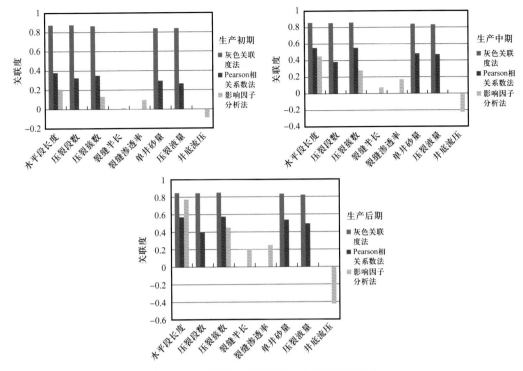

图 3-69　致密油工程因素对油井产能的影响

用水平井实时地质导向钻井，提高Ⅰ类、Ⅱ类优质储层钻遇率；（2）降低原油黏度，提高流动性；（3）改善压裂效果，密切割，提高裂缝导流能力，缩短基质到裂缝的渗流距离，进而提高单井产量和动用程度。长7段致密油的开发技术对策包括：（1）优选地质"甜点"、优质储层，采用水平井实时地质导向钻井，提高Ⅰ类、Ⅱ类优质储层钻遇率；（2）改善压裂效果，提高裂缝导流能力，缩短基质到裂缝的渗流距离，进而提高单井产量和动用程度。大庆扶余致密油的开发技术对策包括：（1）改善压裂效果；（2）提高优质储层钻遇率。吉林扶余致密油的开发技术对策包括：（1）采用长水平井，扩大油层接触面积，提高控制储量；（2）提高优质储层钻遇率；（3）采用长水平井＋密切割相结合的方式，缩短基质内流体流向裂缝的距离，提高储层动用程度。

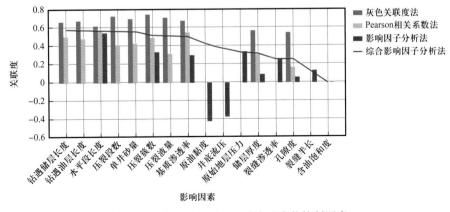

图 3-70　长庆油田长 7 段致密油产能控制因素

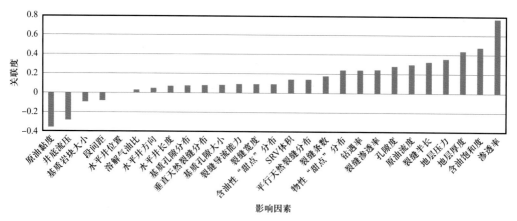

图 3-71　新疆油田芦草沟组致密油产能控制因素

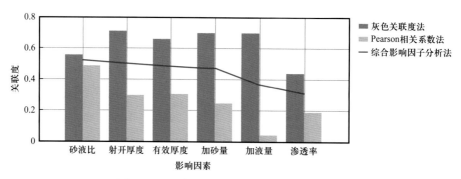

图 3-72　大庆油田扶余致密油产能控制因素

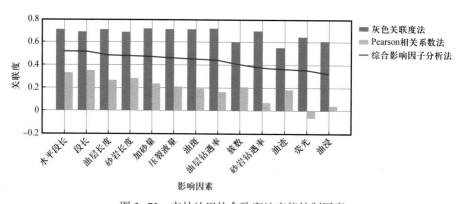

图 3-73　吉林油田扶余致密油产能控制因素

第二节　致密油产能评价与预测

我国致密油资源量丰富，开发潜力大。目前，国内致密油开发整体处于试验攻关阶段。由于致密油储层发育纳米—微米—毫米级不同尺度的孔缝介质，长井段水平井、体积压裂开发模式下渗流机理复杂，不同地区致密油特点不同，如新疆致密油具有高黏度、低流度、薄互层等特点，产能受储层油藏条件、渗流机理、工艺技术等多因素影响，具有产能控制因素多，水平井产量差异大，产量递减快，对产能变化规律认识不清等缺点。

针对致密油开发面临的难题，分析新疆芦草沟组致密油、长庆长 7 段致密油不同类型储层及工艺技术条件下单井生产动态及产量递减规律，建立致密油单井产能模式，考虑致密油多尺度、多介质、多流态耦合特征及复杂非线性渗流机理，建立致密油单井全生命周期产能预测模型，形成致密油产能评价与预测方法。

一、致密油单井产能模式与单井产能评价

（一）致密油单井生产动态及产能模式研究

由于致密油产能受储层油藏条件、渗流机理、工艺技术等多因素影响，不同类型致密油生产特征存在较大的差异。研究表明，长庆长 7 段致密油的生产特征表现为：产量较低，但较稳定，递减较慢（图 3-74）；新疆芦草沟组致密油的生产特征表现为：产量较高，递减较快（图 3-75）。

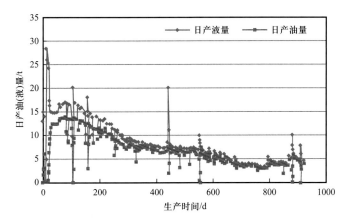

图 3-74　长庆西 233 井区阳平 3 井生产曲线

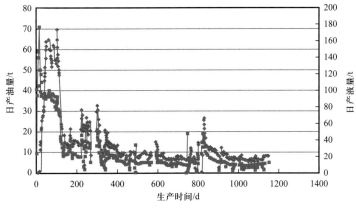

图 3-75　新疆芦草沟吉 172H 井生产曲线

1. 长庆长 7 段致密油单井产能模式

通过对西 233、庄 183、庄 230 开发试验区 170 多口压裂水平井生产动态规律分析，考虑储层条件、不同压裂方式及工作制度差异，建立了长庆低压型致密油单井产能模式（表 3-5），为低压型致密油规模建产提供了理论指导与依据。

表 3-5　长庆低压型致密油单井产能模式

类型	产能模式	无量纲产能模式图	储层条件及流体性质	压裂方式及工作制度
长庆低压型致密油	稳产型（控制压差）	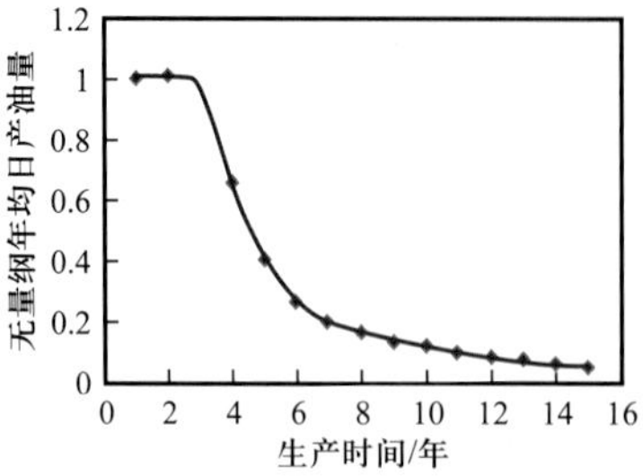	储层连续性好，裂缝发育，含油饱和度高达 70% 以上；气油比较高，为 103m³/m³；原油黏度低，为 1.04～1.27mPa·s；压力系数低，为 0.7～0.85	水平井大规模体积压裂（速钻桥塞）；自喷投产；控制生产压差，生产压差小
	递减型（大压差生产）	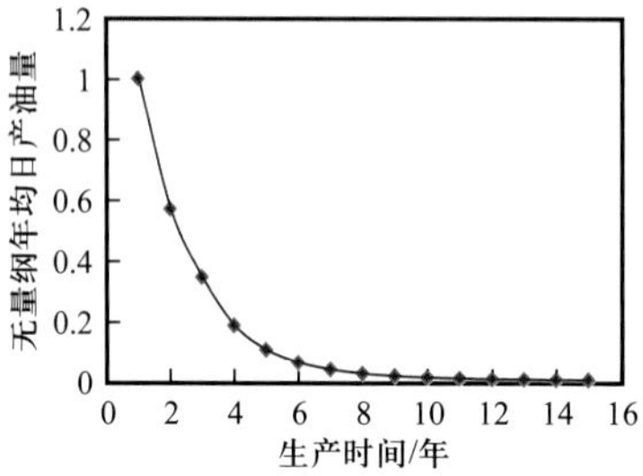	储层连续性好，裂缝较发育，含油饱和度低，为 50%～60%；气油比为 103m³/m³；原油黏度低，为 1.04～1.27mPa·s；压力系数低，为 0.7～0.85	水平井分段体积压裂（裸眼滑套）；机抽投产；生产压差大

2. 新疆芦草沟组致密油单井产能模式

通过对新疆吉木萨尔凹陷芦草沟组致密油不同压裂水平井生产动态规律分析，考虑储层条件、不同压裂方式及工作制度差异，建立了新疆低流度型致密油单井产能模式（表 3-6），为低流度型致密油规模建产提供了理论指导与依据。

表 3-6　新疆低流度型致密油单井产能模式

类型	产能模式	无量纲产能模式图	储层条件及流体性质	压裂方式及工作制度
新疆低流度型致密油	基质孔隙型（块状储层）	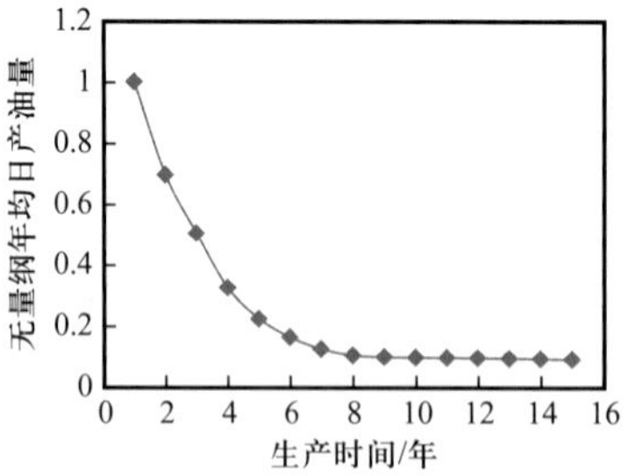	块状储层，物性好，含油饱和度高，达 90%；原油黏度高（10.5mPa·s）；压力系数高（1.8）	水平井体积压裂（常规体积压裂）；初期自喷投产、后期机抽；生产压差较大
	裂缝—孔隙型（裂缝发育的块状储层、薄互层）	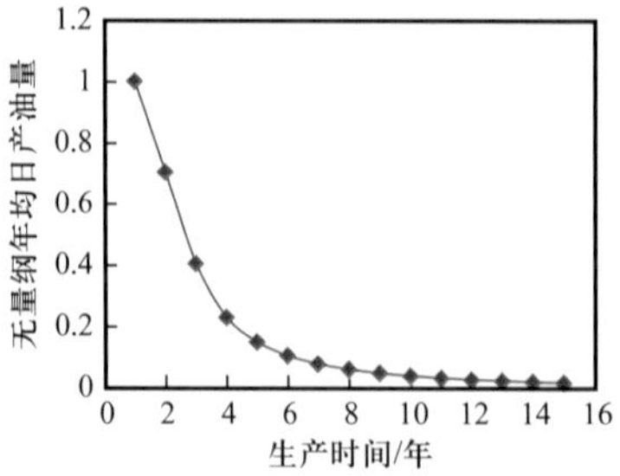	储层连续，薄互层储层，裂缝发育的块状储层；原油黏度高（10.5mPa·s）；压力系数较高（1.2～1.4）	水平井 Highway 压裂；机抽投产，生产压差大

（二）致密油单井产能递减规律及评价方法研究

1. 致密油单井产能递减规律研究

致密油藏发育纳微米级基质孔隙，孔喉细小，储层物性差，采用"长井段水平井 + 体积压裂"开发模式，毫米—微米—纳米级孔隙与裂缝介质并存，导致致密油井生产动态整体表现为"初期高产、快速递减和后期低产稳产"的特征，不同阶段的渗流特点不同。根据致密油井生产动态特征，体积压裂模式下致密油水平井的典型生产曲线可以将其生产划分为三个阶段，即初期阶段、过渡期阶段和后期阶段（图 3-76）。

初期阶段，生产特征表现为投产初期产量高，但递减快，高产期短；后期阶段表现为产量低，但递减慢，基本保持稳产，且稳产期长；过渡期阶段介于初期和后期阶段之间，产量仍然递减，但递减较慢。致密油压裂水平井各生产阶段的渗流机理见表 3-7。

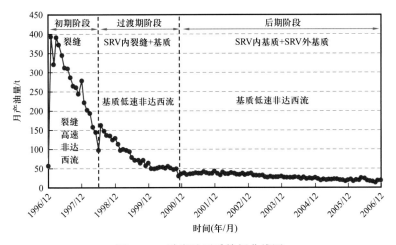

图 3-76　致密油开采特征曲线图

表 3-7　致密油压裂水平井各生产阶段的不同渗流机理对比表

阶段	流动介质	渗流区域	渗流机理	产能影响主因素	模型
早期段	裂缝	1区	高速非达西流（裂缝应力敏感）	压降 裂缝应力敏感性 水平井参数：水平井长度 裂缝参数：缝间距、条数、长度、导流能力	产量模型 $q_1(p_1)$，压力模型 $p_1(t)$，物性模型 $k_F(p_1)$
中期段	裂缝、基质	1区、2区	达西流（裂缝应力敏感）、低速非达西流（基质应力敏感）	压降 基质与裂缝的应力敏感性、启动压力梯度 水平井参数：水平井长度 裂缝参数：缝间距、条数、长度、导流能力	产量模型 $q_2(p_2)$，压力模型 $p_2(t)$，物性模型 $k_m(p_2)$，$k_F(p_2)$
晚期段	基质	2区	低速非达西流（基质应力敏感）	压降 基质：应力敏感性、启动压力梯度	产量模型 $q_3(p_3)$，压力模型 $p_3(t)$，物性模型 $k_m(p_3)$

2. 致密油单井产能评价方法研究

1）常规产能评价方法

目前，最常用的常规产量递减方法是 Arps 根据矿场实际资料的统计研究，提出的 Arps 产量递减分析方法。现在这种方法还非常流行，仍然是美国等国家常用预测产量的首选方法。Arps 递减方法最大的优点就是简单易用：它是一种经验方法，所以不需要知道有关油气藏和井的参数，只需要一个经验曲线拟合来预测未来的动态变化（图 3-4、图 3-5）。因此，这种方法可以应用于任何驱动机理的油气藏。

递减率定义为单位时间的产量变化率或单位时间内产量递减百分数。当油气田的产量进入递减阶段后，其递减率表示为

$$D = -\frac{1}{q_t} \frac{\mathrm{d}q_t}{\mathrm{d}t} \qquad (3-12)$$

式中，q_t 为油气田递减阶段 t 的产量，10^4t/mon 或 10^4t/a（油田），10^4m^3/mon 或 10^8m^3/a（气田）；D 为递减率，mon^{-1} 或 a^{-1}；dq_t/dt 为单位时间内的产量变化率。

Arps 给出的产量与递减率的关系为

$$\frac{D}{D_i} = \left(\frac{q_t}{q_i}\right)^n \qquad (3-13)$$

式中，D_i 为初始递减率；q_i 为初始递减产量，10^4t/mon 或 10^4t/a（油田），10^4m^3/mon 或 10^8m^3/a（气田）；n 为递减指数。

递减指数是判断递减类型、确定递减规律的重要参数。

Arps 通过经验公式将递减规律分为三种，即指数递减、双曲递减和调和递减。在分析时要求气井生产时间足够长，能发现产量递减趋势，适用于定井底流压生产情况；国内油田（井）在主要生产期一般采用定产降压的方式，一般到中后期才能识别产量递减趋势。从严格的流动阶段来说，递减曲线代表的是边界控制流阶段，不能用于分析生产早期的不稳定流阶段。Arps 曲线预估累计产量曲线如图 3-77 所示。

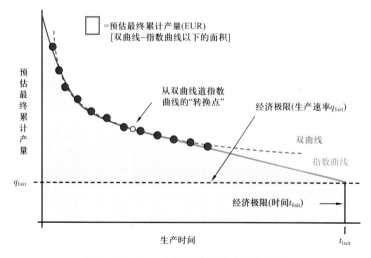

图 3-77　Arps 曲线预估累计产量曲线图

虽然 Arps 递减曲线预测方法是最常用的技术之一，但是 Arps 的递减方程是根据经验建立的，已经证实了递减方程中的参数 b 与流体性质和生产状况相关（图 3-78）。常规递减曲线分析固有假设的前提是在恒定井底压力和稳定流动状态下进行开采的单层储层，而在致密油井中是无法做到这一点的。此外，使用 Arps 方程意味着完井和操作条件并无变化，油井在实际生产过程中会有工作制度的变化（如更换油嘴、关井测压、试油试采等），而这些工作制度的变化使 Arps 递减预测方法不能适用于致密储层。

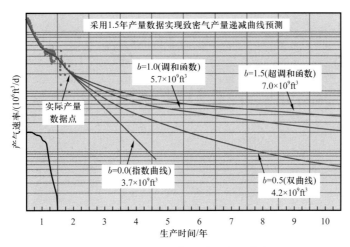

图 3-78　国外某致密储层单井产量曲线图

同时，虽然递减方程中的参数 b 与流体性质和生产状况有关，但是没有一个确定的参数 b 与流体性质的数学表达式，因此 Arps 递减预测方法是一种纯粹的数学方法。它只能基于已有的生产数据，并且是处于产量下降阶段的生产数据，通过拟合回归进行预测，而没有数据就不能对气井进行有效地预测其产能，从而不能正确评价一口新井的情况。

2）致密油藏单井产能评价方法

对于致密油藏，采用常规压裂技术单井产量增产效果不明显，需采用体积压裂改造模式，增大改造体积，有效提高单井产量。由于致密油体积压裂后，储层的介质转变为基质与天然裂缝（小裂缝）、复杂人工裂缝（大裂缝）。基质和天然裂缝中的流体通过复杂的人工裂缝流向井筒，复杂人工裂缝具有高导流能力，起到渗流通道的作用。不同生产阶段，致密油渗流特征不同。生产初期优先采出的是人工裂缝或大裂缝中的原油，基质中的流体通过天然裂缝或小裂缝不断向人工裂缝或大裂缝渗流供给，如图 3-79 所示，采用单井全周期产能预测模型进行产能评价。为了更多地采出基质与天然裂缝中的原油，通过优化配产提高不同介质的采出程度，以渗透率高的人工裂缝或大裂缝为节点，则基质向天然裂缝和人工裂缝中的渗流可视为流入曲线，相当于地层向井筒流动的 IPR 曲线；人工裂缝或大裂缝中流体向井筒的流动可视为流出曲线，相当于井筒底部向井口的 OPR曲线，这两条曲线的交点即为微观渗流的协调点，如图 3-80 所示。该协调点对应的油井产能既满足裂缝产出，也满足基质补给，即基质补给的产量通过裂缝产出，二者相互协调，达到平衡，此时的产能就是致密油井合理产能。

为实现投产初期高产、1～2 年收回投资，后期产量递减与低产稳产阶段盈利，需要提高生产初期油井产能，降低产能递减率，增加生产后期油井产能。提高生产初期油井产能，可通过提高人工压裂裂缝规模实现，如增加裂缝条数，增大裂缝导流能力与裂缝长度；降低产能递减率，可通过缩小裂缝导流能力与地层导流能力之间的差异实现；增加生产后期油井产能，即抬高、延长油井产能特征曲线生产后期的尾巴，可通过增加基质孔隙度、提高基质渗透率来实现。

3. 致密油不同储层及工艺技术条件下单井产能评价

通过对生产曲线形态特征分析，根据单井产能大小、递减特征对致密油单井产能进行分类，将生产井分为Ⅰ类、Ⅱ类、Ⅲ三大类（表3-8，图3-81、图3-82）。

表 3-8　长 7 段致密油产能评价分类方案

类别	初期产量 /（t/d）	产量递减率 /%	一年累计产量 /t	三年累计产量 /t
Ⅰ类井	>12	<15	>3500	>8000
Ⅱ类井	6～12	15～30	2000～3500	6000～8000
Ⅲ类井	<6	>30	<2000	<6000

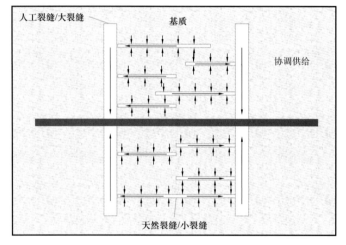

图 3-79　不同介质间协调供给示意图

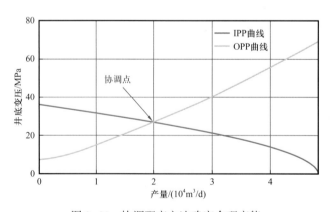

图 3-80　协调配产方法确定合理产能

分析不同类型生产井地质特征、可压性特征及产量变化规律，为致密油产能评价及规模建产提供依据（表3-9、表3-10）。

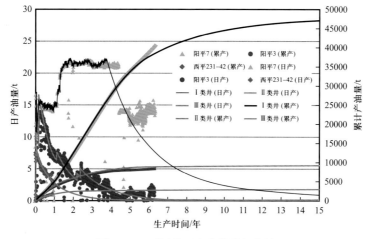

图 3-81 不同类型生产井特征曲线

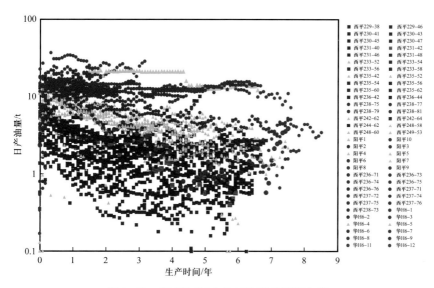

图 3-82 西 233 井区 65 口生产井特征曲线

表 3-9 长 7 段致密油不同类型井特征分析

产能类型	典型井地质特征	典型井可压性特征	产量变化规律
Ⅰ类	典型井：合平 8； 全烃含量高，Ⅰ类占 73.44%； 物性：油层全为Ⅰ类，占 100%	典型井：合平 8； 平均破裂压力 40.8MPa； 可压性：Ⅱ类占 91.7%，Ⅲ类占 8.3%	初期产量高（15t/d），基质孔隙供给能力强，产量稳定，生产 610 天，累计产油 8593t
Ⅱ类	典型井：阳平 3； 全烃以Ⅱ类为主，Ⅱ类占 69.1%； 物性：以Ⅱ类为主，Ⅱ类占 74.3%，Ⅲ类占 25.7%	典型井：阳平 3； 平均破裂压力 40MPa； 可压性：Ⅰ类占 36.4%，Ⅱ类占 45.5%，Ⅲ类占 18.1%	初期产量较高，基质孔隙供给能力较强，递减较快，生产 920 天，累计产油 6322.8t
Ⅲ类	典型井：西平 231-42； 全烃以Ⅱ类为主，Ⅰ类占 7.2%，Ⅱ类占 54.5%； 物性：以Ⅱ类为主，Ⅱ类占 85.1%，Ⅲ类占 14.9%	典型井：西平 231-42； 平均破裂压力 48.3MPa； 可压性：Ⅱ类占 28.6%，Ⅲ类占 71.4%	初期产量较低，基质孔隙供给能力较弱，产量快速递减，生产 341 天，累计产油 1636.05t

表3-10 长庆长7段致密油不同类型单井产能评价表

生产井类型	井号	投产天数/d	初期产量(三个月)/(t/d)	预测初期产量/(t/d)	目前日产油量/t	预测目前日产量/t	目前累计产油量/t	预测目前累计产油量/t	一年累计产油量/t	预测一年累计产油量/t	实际两年累计产油量/t	预测两年累计产油量/t	实际五年累计产油量/t	预测五年累计产油量/t	预测十年累计产油量/t	预测十五年累计产油量/t	产量预测符合率/%
I类井	西平233-54	1462	13.73	14.09	2.49	3.17	6309	6121	3790	3450	4419	4150	—	7108	9277	9769	93.78
	西平238-75	946	12.43	18.90	11.63	11.57	10928	12479	4474	5325	8398	9855	—	18885	22536	23266	78.72
	西平238-77	366	31.40	26.62	33.95	33.49	10284	11801	10284	11801	—	20393	—	28190	29813	30046	79.54
	西平238-79	246	18.70	30.03	15.54	18.01	2911	6058	—	7945	—	11488	—	14319	14676	14692	−28.94
	西平238-81	215	15.40	23.53	15.28	16.48	2225	4448	—	6620	—	10202	—	14573	16075	16337	−10.88
	阳平2	2224	13.61	17.25	4.10	4.37	14043	15542	4163	4761	6416	7666	12348	13782	19169	20644	87.00
	阳平6	1888	12.33	12.19	12.99	12.54	24207	24196	4792	4655	10045	9891	23417	23387	37744	41844	98.06
	阳平7	1858	14.03	14.19	12.86	13.08	34701	35024	5426	5358	12693	12638	34304	34605	51446	55862	98.51
	阳平8	1858	14.39	13.56	13.81	13.45	23337	23455	4867	4612	9369	9152	22909	23002	40233	44158	97.40
	阳平9	1888	15.22	15.19	13.68	13.42	20719	21198	5102	4967	9678	9644	19888	20363	30923	32302	97.29
	阳平10	1980	17.89	18.09	5.33	5.11	16693	17525	4538	4654	7355	7551	15943	16658	21514	22436	96.80
II类井	西平233-52	1462	6.16	5.62	4.71	4.13	8787	8325	2482	2218	5251	4903	—	9585	12191	12801	92.39
	西平233-56	1615	10.00	9.24	2.75	2.76	5007	5354	2186	2409	3312	3707	—	5874	7715	8064	91.98
	西平235-42	1281	9.87	9.22	2.65	3.33	6594	7011	2913	2770	4876	4787	—	8531	11006	11806	95.52
	西平242-62	1189	9.4	8.74	4.98	4.18	7644	8649	2362	3118	4778	5520	—	10081	11218	11652	82.28
	西平248-58	977	9.00	13.03	4.13	4.13	6668	7095	3112	3641	5418	5944	—	9513	11227	11609	84.20
	西平249-53	977	10.09	10.07	5.33	5.22	6341	6432	3224	3255	5196	5273	—	9128	10531	10747	98.89

生产井类型	井号	投产天数/d	初期产量（三个月）/(t/d)	预测初期产量/(t/d)	目前日产油量/t	预测目前日产量/t	目前累计产油量/t	预测目前累计产油量/t	一年累计产油量/t	预测一年累计产油量/t	实际两年累计产油量/t	预测两年累计产油量/t	实际五年累计产油量/t	预测五年累计产油量/t	预测十年累计产油量/t	预测十五年累计产油量/t	产量预测符合率/%
II类井	阳平 1	2224	10.51	12.26	0.06	1.40	9110	10145	2078	2257	4401	5052	8757	9392	11059	11365	86.18
	阳平 3	1858	10.60	12.04	1.44	0.79	8143	8601	3616	3894	5625	5910	8100	8574	9089	9174	93.27
	阳平 4	1858	10.51	13.06	1.81	1.61	8441	8832	3395	3824	5384	5746	8385	8778	9860	10022	92.08
	阳平 5	1858	9.89	13.46	2.07	2.29	9995	10706	2964	3703	5545	6165	9931	10629	12629	13026	86.82
III类井	西平 229-38	1462	3.32	3.52	0.61	0.68	2152	2225	772	832	1382	1521	—	2418	2675	2687	92.15
	西平 229-46	1462	2.66	2.75	0.55	0.53	1433	1475	582	596	1003	981	—	1613	1738	1739	96.24
	西平 230-41	1462	3.97	3.94	0.84	0.83	1984	1930	1028	896	1589	1495	—	2153	2400	2405	92.86
	西平 230-43	1462	2.61	3.32	1.06	1.09	2276	2330	849	812	1440	1463	—	2648	3165	3234	94.97
	西平 230-45	1462	4.53	4.47	0.97	1.07	3326	3359	1270	1210	2212	2154	—	3681	4271	4350	97.32
	西平 230-47	1462	6.17	5.80	1.71	1.65	3439	3521	1413	1405	1984	2011	—	4005	4792	4889	96.45
	西平 231-40	1281	6.70	6.64	2.33	2.49	3866	3960	1756	1791	2751	2791	—	4887	5623	5776	98.38
	西平 231-42	1281	6.79	7.57	1.10	1.46	3873	4084	1719	1866	2742	2980	—	4609	4987	5013	92.21
	西平 231-46	1462	2.22	3.31	0.48	0.25	1530	1637	555	642	1040	1084	—	1693	1718	1718	88.74
	西平 231-48	1584	6.36	8.59	1.87	1.53	4251	4863	1604	2038	2496	2883	—	5164	5771	5809	78.52
	西平 233-58	1554	6.12	6.69	2.23	2.22	3260	3504	1572	1647	2161	2396	—	4021	5267	5433	93.47
	西平 235-52	1523	7.02	9.10	4.75	4.93	6148	6226	1763	1933	2359	2466	—	7341	8710	8759	94.26
	西平 235-54	1523	6.41	5.42	4.23	4.32	3695	3762	1645	1670	1932	1983	—	4761	6038	6073	97.35

生产井类型	井号	投产天数/d	初期产量/（三个月）/t/d	预测初期产量/t/d	目前日产油量/t	预测目前日产油量/t	目前累计产油量/t	预测目前累计产油量/t	一年累计产油量/t	预测一年累计产油量/t	实际两年累计产油量/t	预测两年累计产油量/t	实际五年累计产油量/t	预测五年累计产油量/t	预测十年累计产油量/t	预测十五年累计产油量/t	产量预测符合率/%
Ⅲ类井	西平235-56	1523	7.47	6.64	0.23	1.73	4417	4465	1952	1791	3075	2791	—	4887	5623	5776	93.11
	西平235-60	1523	3.91	3.56	0.26	0.35	1667	1682	854	801	1142	1075	—	1765	1889	1896	96.98
	西平235-62	1523	2.62	2.94	0.58	0.62	1399	1450	705	628	930	891	—	1590	1747	1748	95.23
	西平236-42	1281	7.19	7.63	1.25	1.56	4593	4783	1948	2055	3346	3406	—	5306	5623	5672	96.46
	西平236-44	1431	6.65	7.09	0.26	0.26	2997	3091	1837	1839	2223	2318	—	3151	3184	3196	97.11
	西平242-64	1158	6.6	5.42	3.91	3.52	4552	4964	1640	1986	3120	3389	—	6396	7134	7182	81.18
	西平244-62	977	5.58	6.54	1.52	1.79	3043	3188	1503	1663	2527	2674	—	4144	4654	4727	91.31
	西平248-60	977	5.04	9.00	4.78	4.85	5378	6033	1928	2558	3958	4650	—	8692	10238	10486	68.42
	平均																86.28

二、致密油单井全生命周期产能预测模型与产能预测

致密油藏发育纳米级孔喉，储层致密，流体流动难度大，往往通过体积压裂改造形成裂缝网络，缩短流体从基质向裂缝的渗流距离，扩大接触面积，提高储层动用程度。体积压裂包括两种含义：一是提高储层纵向动用程度的分层压裂技术，以及增加储层渗流能力和储层泄油面积的水平井分段改造；二是通过压裂的方式将具有渗流能力的有效储集体"打碎"，形成裂缝网络，使裂缝壁面与储层基质的接触面积最大，使得油从任意方向基质向裂缝的渗流距离"最短"，极大地提高储层整体渗透率，实现对储层在长、宽、高三维方向的"立体改造"。体积压裂的开发模式使致密储层存在基质纳微米孔隙、复杂天然裂缝—人工裂缝网络等不同尺度介质，流体渗流、井筒与储层耦合流动机理更加复杂，如图3-83所示。主要体现在以下几个方面：

（1）介质的多样性：岩石基质孔、天然裂缝、人工裂缝共存。

（2）尺度的级差性：孔隙介质从纳米级到微米级，裂缝从微米级到米级。

（3）流态的复杂性：高速非达西流、达西流、低速非达西流共存。

（4）应力—应变特性：基质孔隙存在变形、缩小，裂缝存在变形、闭合。

（5）耦合特性：介质的耦合、流态的耦合、尺度的耦合、渗流与应力的耦合等。

（6）渗流机理特征：不同时间、不同介质渗流机理会发生变化。目前对体积压裂井流体渗流规律尚认识不清，无法准确评价油井产能。

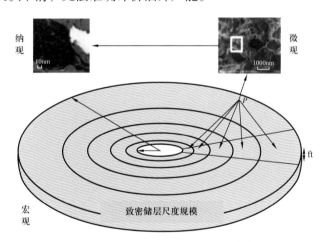

图3-83　纳观—微观—宏观的多尺度耦合

由于致密油藏开发过程中存在的这些问题，常规基于单一介质、稳态渗流的模型和方法不适用于致密油藏的产能预测与评价工作。因此，需要研究考虑致密油藏多尺度、多介质、多流态耦合的全生命周期产能预测模型与方法，以解决致密油藏产能预测与评价问题。

（一）致密油单井全生命周期产能预测模型研究

1.致密油多重介质耦合开采机理

针对致密油多尺度、多介质、多流态的特征，初步建立了致密油多重介质耦合流动模型，揭示了不同生产阶段多重介质间耦合的开采机理（图3-84）。

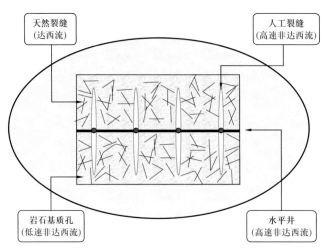

图 3-84　多介质—多流态耦合示意图

由图 3-85（a）所示，致密油气藏发育五重介质，其中两重为裂缝介质，三重孔隙介质。致密油气开发过程中，不同介质发挥的作用不同（表 3-11），不同介质的耦合直接影响开发动态和产能大小。

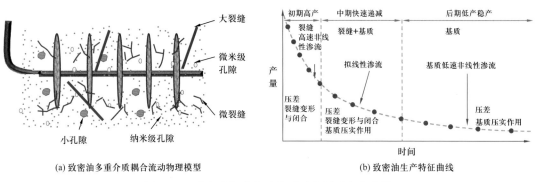

(a) 致密油多重介质耦合流动物理模型　　　　　(b) 致密油生产特征曲线

图 3-85　致密油气藏多重介质示意图及生产曲线

表 3-11　多重介质耦合开采机理

介质类型	介质组成	多重介质耦合开采机理
多重介质	大裂缝	① 延伸远，控制范围大，井控储量大； ② 导流能力强，影响初产高低及产量规模
	微裂缝	延伸短，控制范围有限，连通基质与大裂缝，有效动用基质岩块
	小孔隙 微米级孔隙 纳米级孔隙	① 储量为基础，发挥补给作用； ② 不同级别孔隙对产能的贡献不同，影响中后期产量水平

不同生产阶段，如图 3-85（b）所示，不同介质开采机理不同，建立了致密油多重介质耦合流动模型，如图 3-86 所示。

1）生产初期

大裂缝为主力产油介质，影响初期产量高低及产量规模；微米级裂缝和小孔隙发挥作用，向大裂缝供油补给；生产初期产量较高。

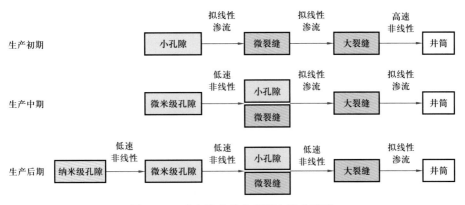

图 3-86　致密油多重介质耦合流动模型

2）生产中期

大裂缝转为主要渗流通道，小孔隙、微裂缝为主力产油介质，微孔隙开始向微裂缝补给；生产中期产量递减较快。

3）生产后期

纳米级孔隙进一步向裂缝补给，为生产后期的主力产油介质，纳米级孔隙的储油能力大小影响后期低产稳产水平；生产后期产量趋于稳定，累计产量高。

2. 致密油藏渗流基本数学模型

致密油储层岩性致密，发育纳微米级（残余）粒间孔、粒间溶孔、粒内溶孔和杂基内微孔等基质孔隙及不同尺度成岩缝、构造缝和溶蚀缝等多种裂缝。孔隙结构复杂，储渗模式多样，不同尺度孔缝介质的孔喉半径差异大，流体渗流机理复杂（表 3-12）。

表 3-12　致密油基本渗流数学模型

流态	渗流机理	渗流介质	影响因素	数学模型
高速非达西	高速非达西渗流	孔喉半径大于 100μm 储层的近井筒区域、裂缝宽度大于 0.1mm	裂缝应力敏感 基质应力敏感	$\nabla p = \dfrac{\mu v}{K_\alpha} + \beta_\alpha \rho \lvert v \rvert v$
达西	达西渗流	孔喉半径大于 10μm 储层远井筒区域、裂缝宽度小于 0.1mm	裂缝应力敏感 基质应力敏感	$v = \dfrac{K_\alpha}{\mu} \nabla p$
低速非达西	低速非达西渗流	孔喉半径小于 10μm 储层	基质应力敏感 启动压力梯度	$v = \dfrac{K_\mathrm{m}}{\mu} (\nabla p - G)$

1）高速非达西渗流数学模型

致密储层孔喉半径大于 100μm，在油井井底附近，渗流面积小，生产压差大，流体流速高，符合高速非达西渗流；对于大尺度裂缝，裂缝宽度大于 0.1mm，其导流能力强，流体渗流流速大，符合高速非达西渗流；对于压裂投产井，人工压裂裂缝宽度大于0.1mm，导流能力强，流体在裂缝内渗流同样符合高速非达西渗流。采用 Forchheimer 二项式方程描述高速非达西渗流的运动学特征，其运动学方程为

$$\nabla p = \frac{\mu v}{K_\alpha} + \beta_\alpha \rho \lvert v \rvert v \qquad\qquad （3-14）$$

式中，∇p 为压力梯度，MPa/m；μ 为流体黏度，mPa·s；K_α 为 α 介质的气测渗透率，mD；β_α 为 α 介质内高速非达西系数，m^{-1}；v 为流速，m/s。

2）达西渗流数学模型

通常情况下，流体在孔喉半径大于 10μm 的储层内渗流，或者在裂缝宽度小于 0.1mm 的微裂缝内渗流，符合达西渗流定律，其运动学方程为

$$v = \frac{K_\alpha}{\mu}\nabla p \qquad (3-15)$$

3）低速非达西渗流数学模型

致密储层孔喉半径小于 10μm，喉道细小，储层物性差，流体渗流阻力大，流体渗流符合低速非达西渗流。考虑启动压力梯度影响，其运动学方程为

$$v = \frac{K_m}{\mu}(\nabla p - G) \qquad (3-16)$$

式中，K_m 为基质气测渗透率，mD；G 为启动压力梯度。

4）应力敏感效应数学模型

随着地层压力降低，不同尺度孔缝介质发生收缩变形，存在应力敏感效应。致密储层孔喉细小，应力敏感作用较强；对于天然裂缝发育储层，天然裂缝易发生变形或闭合；对于人工压裂裂缝，随着地层压力降低，受支撑剂失效等影响，人工压裂裂缝发生变形或闭合，同样产生较强的应力敏感效应。基质孔喉、天然裂缝及人工压裂裂缝变形引起渗透率 K 与孔隙度 ϕ 的应力敏感关系式分别为

人工压裂缝：

$$K_F = K_{F0}e^{-\alpha_F(p_e - p_F)} \qquad (3-17)$$

$$\phi_F = \phi_{F0}e^{-\varphi_F(p_e - p_F)} \qquad (3-18)$$

天然裂缝：

$$K_f = K_{f0}e^{-\alpha_f(p_e - p_f)} \qquad (3-19)$$

$$\phi_f = \phi_{f0}e^{-\varphi_f(p_e - p_f)} \qquad (3-20)$$

基质：

$$K_m = K_{m0}e^{-\alpha_m(p_e - p)} \qquad (3-21)$$

$$\phi_m = \phi_{m0}e^{-\varphi_m(p_e - p)} \qquad (3-22)$$

式（3-17）至式（3-22）中，下标 α 代表介质，α=m 表示基质，α=F 表示宽度大于 0.1mm 的天然裂缝或人工压裂缝，α=f 表示宽度小于 0.1mm 的天然裂缝；ϕ 为孔隙度；t 为生产时间，d；p 为地层压力，MPa；p_e 为原始地层压力，MPa；∇p 为压力梯度，MPa/m；K_α 为介质 α 的气测渗透率，mD；K_m 为基质气测渗透率，mD；K_{m0} 为原始条件下基质气测渗透率，mD；K_F 为人工裂缝气测渗透率，mD；K_{F0} 为原始条件下人工裂缝的气测渗

透率，mD；K_f 为天然裂缝气测渗透率，mD；K_{f0} 为原始条件下天然裂缝的气测渗透率，mD；α_F 为人工裂缝渗透率的变形因子，MPa^{-1}；α_f 为天然裂缝渗透率的变形因子，MPa^{-1}；α_m 为基质渗透率的变形因子，MPa^{-1}；φ_m 为基质孔隙度变形因子，MPa^{-1}；φ_f 为天然裂缝的变形因子，MPa^{-1}；φ_F 为人工裂缝的变形因子，MPa^{-1}。

3. 致密油基质动用半径评价模型与方法

致密储层发育纳微米级基质孔隙，孔喉细小，储层物性差，压力在致密储层内传播规律与常规储层传播规律不同（图3–87）。常规储层内，压力瞬时传播至边界，基质动用半径为一定值。致密储层内，压力传播具有非瞬时效应的特点，随着传播时间的延长，基质动用半径逐渐增加。影响基质动用半径变化规律的因素主要是储层物性，储层物性越差，压力传播越慢，基质动用半径越小。

(a) 常规储层
瞬时传播至边界→定容

(b) 致密储层
非瞬时传播，动用半径随时间变化

图3–87　不同类型储层基质动用半径变化规律对比

在每一瞬间液体运动的整个区域实际上波及了整个地层，可以将其分为两个区，即压力波影响到的激动区和没有影响到的未激动区。从井壁开始的激动区的外边界可作为该瞬间的供给边缘，激动区的径向距离即为泄油半径。

依靠天然能量开采的油藏，随开采量的增加，地层压力便会不断下降，压降边界也会向远处传播。随着时间的增加，传播半径越来越大。因此，基质泄油半径应该是一个随着时间变化的非瞬态的值（图3–88、图3–89）。

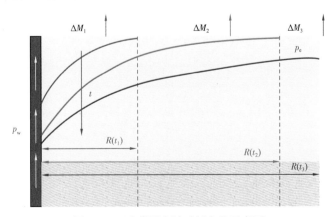

图3–88　油藏压力随时间变化示意图

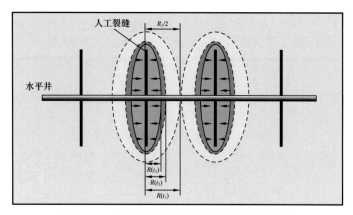

图 3-89　定井底压力时压力传播侧面示意图

致密储层中的基质发育纳微米级的孔喉，流体的渗流主要表现为低速非达西渗流规律，同时基质岩块存在一定的应力敏感性。因此，针对致密储层特征及基质动用半径非瞬时传播的特点，考虑基质启动压力梯度与应力敏感等复杂非线性渗流机理，建立了致密油基质动用半径评价模型，形成了致密油基质动用半径评价方法，揭示了动用半径的变化规律，搞清了基质岩块动用范围［式（3-23）］。

$$R(t) = \sqrt{r_{\mathrm{w}}^2 + \frac{4K_{\mathrm{m0}}t}{\mu C_{\mathrm{t}}} \Bigg/ \left[\alpha_{\mathrm{m}} + \frac{2\alpha_{\mathrm{m}}\mathrm{e}^{-\alpha_{\mathrm{m}}(p_{\mathrm{e}}-p)} \cdot G \cdot R(t) \cdot \ln\dfrac{R(t)}{r_{\mathrm{w}}}}{1 - \mathrm{e}^{-\alpha_{\mathrm{m}}(p_{\mathrm{e}}-p_{\mathrm{wf}})} - \alpha_{\mathrm{m}}\mathrm{e}^{-\alpha_{\mathrm{m}}(p_{\mathrm{e}}-\bar{p})} \cdot G \cdot \left[R(t)-r_{\mathrm{w}} \right]} \right]} \qquad (3-23)$$

式中，$R(t)$ 为 t 时刻基质动用半径，m；α_{m} 为基质渗透率应力敏感系数，MPa^{-1}；p_{e} 为原始地层压力，MPa；p 为 t 时刻任意点地层压力，MPa；G 为启动压力梯度，MPa/m；C_{t} 为综合压缩系数，Pa^{-1}；μ 为原油黏度，mPa·s；r_{w} 为井筒半径，m；p_{wf} 为井底流压，MPa；$\bar{p}$ 为平均地层压力，MPa。

基质动用半径采用迭代与解析相结合的方法求解，具体步骤为（图 3-90）：

（1）确定致密油气纳微米级基质孔隙介质模型，计算不同区域地层压力。

（2）考虑复杂渗流机理，计算基质动用半径。

（3）迭代法预测不同阶段产能。

（4）基于物质平衡原理，重复步骤（1）至步骤（3）。

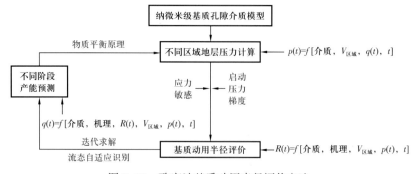

图 3-90　致密油基质动用半径评价方法

4. 致密油复杂介质非线性渗流动态储量评价模型与方法

致密油压裂水平井的泄油区中主要包含三种流动介质，即发育纳微米级孔隙的基质、天然微裂缝和人工压裂裂缝，其中具有高导流能力的人工裂缝集中于井筒处（图 3-91）。将单井泄油区域划分为两个渗流区，即 SRV 内和 SRV 外，其中 SRV 内的主要流动介质包括人工压裂裂缝、天然裂缝和基质，其总渗透率相对较高，是相对高渗的 1 区；SRV 外的主要流动介质为天然裂缝和基质，其总渗透率相对较低，是相对低渗的 2 区（图 3-92）。

由于致密油水平井体积压裂模式下具有多介质耦合特性，渗流机理复杂，不同介质、不同区域与开发阶段，储量动用不同，创新发展了致密油复杂介质非线性渗流动态储量评价模型，形成了致密油复杂介质动态储量评价方法，为致密油储量评价提供了技术支撑。

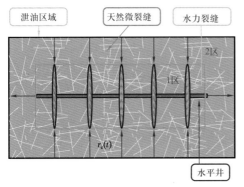

图 3-91　压裂水平井泄流区域示意图

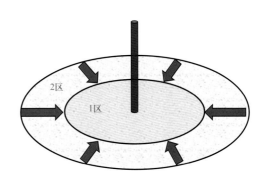

图 3-92　单井等效分区示意图

当 $t < T_0$ 时，高渗 1 区参与渗流：

$$N = N_1 = \frac{N_p \left[B_{o1} + \left(R_{p1} - R_{s1} \right) B_{g1} \right]}{\left(R_{si} - R_{s1} \right) B_{g1} + B_{oi} C_{t1} \left(p_e - \overline{p}_1 \right)} \tag{3-24}$$

当 $t \geq T_0$ 时，低渗 2 区向高渗 1 区补给，参与渗流：

$$N = N_1 + N_2 = \frac{N_p \left[B_{o1} + \left(R_{p1} - R_{s1} \right) B_{g1} \right] - N_{p2} \left[B_{o1} + \left(R_{si} - R_{s1} \right) B_{g1} \right]}{\left[\left(R_{si} - R_{s1} \right) B_{g1} + B_{oi} C_{t1} \left(p_e - \overline{p}_1 \right) \right]} +$$
$$\frac{N_{p2} \left[B_{o2} + \left(R_{p2} - R_{s2} \right) B_{g2} \right]}{\left[\left(R_{si} - R_{s2} \right) B_{g2} + B_{oi} C_{t2} \left(p_e - \overline{p}_2 \right) \right]} \tag{3-25}$$

式（3-24）和式（3-25）中，N 为动态储量，m^3；N_1 为高渗 1 区的动态储量，m^3；N_p 为累计产油量，m^3；B_{o1} 为高渗 1 区原油体积系数；R_{p1} 为高渗 1 区生产气油比，m^3/m^3；R_{s1} 为高渗 1 区溶解气油比，m^3/m^3；B_{g1} 为高渗 1 区气体体积系数；R_{si} 为原始溶解气油比，m^3/m^3；B_{oi} 为原油原始体积系数；C_{t1} 为高渗 1 区综合压缩系数，Pa^{-1}；p_e 为原始地层压力，Pa；$\overline{p}_1$ 为高渗 1 区平均地层压力，Pa；N_2 为低渗 2 区的动态储量，m^3；N_{p2} 为低渗 2 区累计产油量，m^3；B_{o2} 为低渗 2 区原油体积系数；R_{p2} 为低渗 2 区生产气油比，m^3/m^3；R_{s2} 为低渗 2 区溶解气油比，m^3/m^3；B_{g2} 为低渗 2 区气体体积系数；C_{t2} 为低渗 2 区综合压缩系数，Pa^{-1}；$\overline{p}_2$ 为低渗 2 区平均地层压力，Pa；T_0 为压力从高渗 1 区传播到低渗 2 区的生产时间，d。

动态储量采用迭代方法求解。具体步骤如下（图3-93）。

（1）确定致密油多重介质耦合模型，计算地层压力。

（2）考虑复杂渗流机理，计算动用半径。

（3）迭代法预测不同区域、不同阶段产能。

（4）评价不同区域与阶段的动态储量。

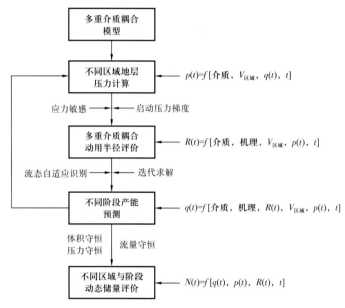

图3-93 致密油不同区域动态储量评价方法

5. 直井多层压裂模式下的全周期产能预测模型

对于致密油藏，直井投产往往采用大规模的体积压裂，多见于直井多层压裂。由于各层物性参数与力学参数的差异，导致各层裂缝扩展规模不同，呈现锯齿状，采用单一层状储层产能预测模型难以预测油井真实产能，需要建立致密油藏直井压裂多层的产能预测模型。

由于层间非均质性，流体在层间流动时会发生窜越流的情况，简便起见，本书忽略层间窜越流，仅考虑层间非均质差异，将各层视为单一小层，总产量等于各小层产量之和。

考虑的流动介质为基质、人工压裂裂缝；流体渗流机理需考虑裂缝内高速非达西流、达西渗流，基质低速非达西渗流；考虑裂缝与基质的应力敏感性；渗流模式是流体从基质流入裂缝，再由裂缝流入井筒。

1）物理模型

（1）地层为非均质可压缩变形多孔介质。

（2）流体等温渗流为可压缩流体，无任何特殊的物理化学现象发生。

（3）将高角度天然裂缝视为人工压裂垂直裂缝，沿井眼对称分布，裂缝剖面为与储层厚度等高的矩形（图3-94），裂缝具有有限导流能力（图3-95）。

（4）裂缝内流体渗流符合高速非达西渗流，储层内流体渗流符合低速非达西渗流。

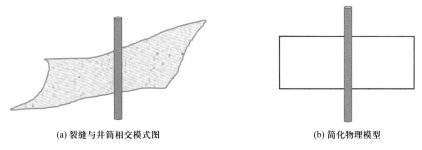

（a）裂缝与井筒相交模式图 　　　　　　　（b）简化物理模型

图 3-94　高角度天然裂缝与井筒相交物理模型

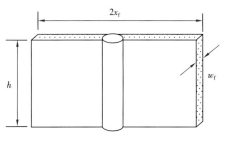

图 3-95　直井压裂垂直缝

（5）忽略重力与毛细管力作用。

依据质量守恒与势能守恒原理，不同渗流区域交界面处流量相同、压力相等为模型衔接条件。

2）模型建立

（1）产量方程。

将人工压裂垂直裂缝等效为垂直薄板，流体在薄板中的流动视为平面线性流（图 3-96a），假设沿裂缝无启动压力，且压裂裂缝高度为地层厚度，则裂缝内流体流速 $v = \dfrac{q}{2x_\mathrm{F} w_\mathrm{F} h}(x_\mathrm{F} - x)$，其中 x 为裂缝内距离井筒的距离。由达西定律得

$$v = \frac{q}{2x_\mathrm{F} w_\mathrm{F} h}(x_\mathrm{F} - x) = -\frac{K_\mathrm{F}}{\mu}\frac{\mathrm{d}p}{\mathrm{d}x} \tag{3-26}$$

则人工裂缝内产量表达式为

$$q = \frac{2w_\mathrm{F} h x_\mathrm{F}}{x_\mathrm{F} - x} v \tag{3-27}$$

式（3-26）和式（3-27）中，q 为流体体积流量，m^3/d；w_F 为压裂裂缝宽度，m；x_F 为高角度天然裂缝半长／人工压裂垂直裂缝半长，m。

垂直压裂井生产时，诱发地层中的平面二维椭圆渗流，形成以裂缝端点为焦点的共轭等压椭圆和双曲线流线族，如图 3-96（b）所示。其直角坐标和椭圆坐标的关系为

$$\begin{aligned} x &= a\cos\eta, \ y = b\sin\eta \\ a &= x_\mathrm{F}\cosh\xi, \ b = x_\mathrm{F}\sinh\xi \end{aligned} \tag{3-28}$$

式中，a 为人工裂缝泄流椭圆长半轴，m；b 为人工裂缝泄流椭圆短半轴，m；ξ 为椭圆坐标；η 为直角坐标，类同 ξ 为椭圆坐标。

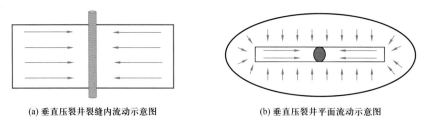

(a) 垂直压裂井裂缝内流动示意图　　　　　　　(b) 垂直压裂井平面流动示意图

图 3-96　垂直压裂井渗流示意图

基于扰动椭圆的概念，用发展的矩形族来描述等压椭圆族，得到流体流速在椭圆坐标中表示为

$$v = \frac{q}{A} = \frac{q}{4x_{\mathrm{F}}h\cosh\xi} = \frac{K_{\mathrm{F}}}{\mu}\frac{\pi}{2x_{\mathrm{F}}\cosh\xi}\frac{\mathrm{d}p}{\mathrm{d}\xi} \qquad (3-29)$$

式中，A 为流体渗流的面积，m^2。则人工压裂缝诱发的致密储层内流体椭圆渗流的产量表达式为

$$q = 4x_{\mathrm{F}}h\cosh\xi \cdot v \qquad (3-30)$$

式（3-29）和式（3-30）中，K_{F} 为人工裂缝渗透率，mD。

（2）边界条件。

考虑内外边界为定压边界，边界条件为

$$\begin{cases} x = r_{\mathrm{w}}, & p = p_{\mathrm{w}} \\ x = x_{\mathrm{F}}, & p = p_{\mathrm{F}} \\ \xi = \xi_{\mathrm{F}}, & p_{\xi} = p_{\mathrm{F}} \\ \xi = \xi_{\mathrm{e}}, & p_{\xi} = p_{\mathrm{e}} \end{cases} \qquad (3-31)$$

式中，ξ_{F} 为人工压裂裂缝尖端椭圆坐标；ξ_{e} 为椭圆渗流边界坐标。

（3）产能模型。

将产量方程式（3-27）代入运动方程式（3-14），方程式（3-30）代入运动方程式（3-16），结合应力敏感方程式（3-17）、式（3-21）与边界条件式（3-31），分离变量积分，得到致密油藏考虑启动压力梯度及应力敏感性下直井压裂垂直裂缝全生命周期产能预测模型：

$$\begin{aligned} m(p_{\mathrm{e}}) - m(p_{\mathrm{wf}}) = {} & \frac{q_i\mu}{2K_{\mathrm{F}0i}w_{\mathrm{F}i}h_i} + \frac{4.8\times10^{12}\rho q_i^2}{4K_{\mathrm{F}0i}^{1.176}e^{-0.176\alpha_{\mathrm{F}}(p_{\mathrm{e}}-p_{\mathrm{wf}})}w_{\mathrm{F}i}^2 h_i^2 x_{\mathrm{F}i}} + \\ & \frac{q_i\mu}{2\pi K_{\mathrm{m}0i}h_i}\ln\frac{a_i + \sqrt{a_i^2 - x_{\mathrm{F}i}^2}}{x_{\mathrm{F}i}} + \frac{2x_{\mathrm{F}i}}{\pi}G_{\mathrm{T}i}(\sinh\xi_{ei} - \sinh\xi_{\mathrm{F}i}) \end{aligned} \qquad (3-32)$$

式中，p_{e} 为原始地层压力，MPa；$m(p_{\mathrm{e}})$ 为原始地层压力对应的拟压力函数，MPa；$m(p_{\mathrm{wf}})$ 为井底流压对应的拟压力函数，MPa；μ 为流体黏度，$\mathrm{mPa\cdot s}$；α_{F} 为人工裂缝渗

透率的变形因子，MPa^{-1}；K_{m0i} 为第 i 条裂缝原始条件下的基质气测渗透率，mD；下标 i 表示第 i 小层；p_{wf} 为井底流压，MPa；h_i 为第 i 小层有效厚度，m；$m(p)$ 为油藏考虑应力敏感的拟压力函数，$m(p)=\int_{p_0}^p \mathrm{e}^{-\alpha_\alpha(p_e-p)}\mathrm{d}p$，MPa；$G_T$ 为考虑应力敏感的拟启动压力梯度函数，$G_T=\mathrm{e}^{-\alpha_m(p_e-p)}G$，MPa/m；$K_{Fi0}$ 为第 i 小层裂缝初始渗透率，mD。

通过致密油藏油井生产特征分析，不同生产阶段、不同介质内流体渗流机理不同，油井产能预测模型不同。

生产初期，以人工裂缝/大裂缝流动为主，次级裂缝/大孔隙补给。在人工裂缝/大裂缝中渗流以高速非达西渗流为主，同时需要考虑应力敏感效应，则致密油藏直井压裂垂直裂缝的产能预测模型为

$$m(p_e)-m(p_{wf})=\frac{q_i\mu}{2K_{F0i}w_{Fi}h_i}+\frac{4.8\times10^{12}\rho q_i^2}{4K_{F0i}^{1.176}\mathrm{e}^{-0.176\alpha_F(p_e-p_{wf})}w_{Fi}^2h_i^2x_{Fi}}+\frac{q_i\mu}{2\pi K_{m0i}h_i}\ln\frac{a_i+\sqrt{a_i^2-x_{Fi}^2}}{x_{Fi}} \quad （3-33）$$

生产中后期，主要在次级裂缝/大孔隙中流动，以裂缝边界控制流为主，微裂缝/小孔隙补给。考虑基质的低速非达西渗流和裂缝、基质的应力敏感效应，则致密油藏直井压裂垂直裂缝的产能预测模型为

$$m(p_e)-m(p_{wf})=\frac{q_i\mu}{2K_{F0i}w_{Fi}h_i}+\frac{q_i\mu}{2\pi K_{m0i}h_i}\ln\frac{a_i+\sqrt{a_i^2-x_{Fi}^2}}{x_{Fi}}+\frac{2x_{Fi}}{\pi}G_{Ti}(\sinh\xi_{ei}-\sinh\xi_{Fi}) \quad （3-34）$$

则致密气藏直井压裂多层的产能预测模型为

$$q=\sum_{i=1}^m q_i \quad （3-35）$$

式中，q_i 为第 i 小层体积流量，m^3/d；q 为直井压裂多层体积流量，m^3/d；m 为直井体积压裂小层个数。

6. 水平井多级压裂横向缝的全周期产能预测模型

1）物理模型

（1）地层为非均质可压缩变形多孔介质。

（2）流体等温渗流为可压缩流体，无任何特殊的物理化学现象发生。

（3）将高角度天然裂缝视为不等长的人工压裂横向裂缝，沿水平井筒对称分布（图 3-97），裂缝具有有限导流能力，水平井具有无限导流能力。

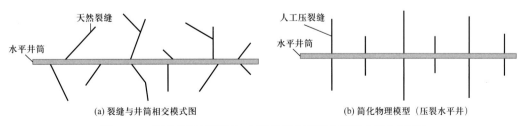

(a) 裂缝与井筒相交模式图　　　　　　　(b) 简化物理模型（压裂水平井）

图 3-97　高角度天然裂缝与水平井筒相交物理模型（横向压裂）

（4）忽略重力与毛细管力作用，流体从基质流入裂缝，再由裂缝流入井筒。

（5）裂缝内流体渗流符合高速非达西渗流，基质内流体渗流符合低速非达西渗流。

不同渗流区域交界面处流量相同、压力相等，流体渗流遵循质量守恒定律与势能守恒原理。

2）模型建立

（1）产量方程。

流体在人工裂缝中远离井筒的流动可视为平板内的平面线性流，靠近水平井筒，流线向井筒汇聚，为平面径向流，如图 3-98（a）所示，则裂缝内平面线性流的速度表达式为

$$v = \frac{q}{A} = \frac{q(x_F - x)}{2x_F w_F h} = -\frac{K_F}{\mu}\frac{dp}{dx}$$

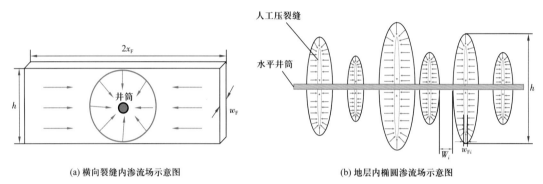

（a）横向裂缝内渗流场示意图 　　　　　（b）地层内椭圆渗流场示意图

图 3-98　水平井多级压裂渗流场示意图（横向压裂）

则平面线性流的产量表达式为

$$q = \frac{2w_F h x_F}{x_F - x}v \qquad （3-36）$$

近井筒的平面径向流，相当于供给半径为 $h/2$、地层厚度为 w_F、中心井径为 r_w 的油井生产，则裂缝内平面径向流的速度表达式为

$$v = \frac{q}{2\pi r w_F} = \frac{K_F}{\mu}\frac{dp}{dr} \qquad （3-37）$$

则平面径向流的产量表达式为

$$q = 2\pi r w_F v \qquad （3-38）$$

人工裂缝诱发的储层中的流体渗流可视为平面二维椭圆渗流，如图 3-98（b）所示，则储层基质内的产量表达式为

$$q = 4x_F h \cosh\xi v \qquad （3-39）$$

（2）边界条件。

考虑内外边界为定压边界，边界条件为

$$\begin{cases} r = r_{\mathrm{w}}, \quad p = p_{\mathrm{w}} \\ r = h/2, \quad p = p_{h/2} \\ x = h/2, \quad p = p_{h/2} \\ x = x_{\mathrm{F}}, \quad p = p_{\mathrm{F}} \\ \xi = \xi_{\mathrm{F}}, \quad p_{\xi} = p_{\mathrm{F}} \\ \xi = \xi_{\mathrm{e}}, \quad p_{\xi} = p_{\mathrm{e}} \end{cases} \tag{3-40}$$

（3）产能模型。

将产量方程式（3-36）、方程式（3-38）代入运动方程式（3-14），方程式（3-39）代入运动方程式（3-16），结合应力敏感方程式（3-17）与式（3-21）及边界条件式（3-40），分离变量积分，得到考虑应力敏感性与启动压力梯度的致密油藏水平井压裂多条横向裂缝产能预测模型：

$$m(p_{\mathrm{e}}) - m(p_{\mathrm{wfi}}) = \frac{q_i \mu}{2\pi K_{Fi0} w_{Fi}} \ln \frac{h_i/2}{r_{\mathrm{w}}} + \frac{4.8 \times 10^{12}}{K_{Fi0}^{1.176} \mathrm{e}^{-0.176\alpha_{\mathrm{F}}(p_{\mathrm{e}} - p_{\mathrm{wfi}})} 4\pi^2 w_{Fi}^2} \left(\frac{1}{r_{\mathrm{w}}} - \frac{2}{h_i} \right) +$$
$$\frac{q_i \mu}{2 K_{Fi0} w_{Fi} h_i} + \frac{4.8 \times 10^{12} \rho q_i^2}{K_{Fi0}^{1.176} \mathrm{e}^{-0.176\alpha_{\mathrm{F}}(p_{\mathrm{e}} - p_{\mathrm{wf}})} 4 w_{Fi}^2 h_i^2 x_{Fi}} + \tag{3-41a}$$
$$\frac{q_i \mu}{2\pi K_{m0} h_i} \ln \frac{a_i + \sqrt{a_i^2 - x_{Fi}^2}}{x_{Fi}} + \frac{2 x_{Fi}}{\pi} G_{\mathrm{T}} (\sinh \xi_i - \sinh \xi_{Fi})$$

$$q = \sum_{i=1}^{n} q_i \tag{3-41b}$$

生产初期，以人工裂缝/大裂缝流动为主，次级裂缝/大孔隙补给。在人工裂缝/大裂缝中渗流以高速非达西渗流为主，同时需要考虑应力敏感效应，则致密油藏水平井压裂多条横向裂缝的单条裂缝产能预测模型为

$$m(p_{\mathrm{e}}) - m(p_{\mathrm{wfi}}) = \frac{q_i \mu}{2\pi K_{Fi0} w_{Fi}} \ln \frac{h_i/2}{r_{\mathrm{w}}} + \frac{4.8 \times 10^{12}}{K_{Fi0}^{1.176} \mathrm{e}^{-0.176\alpha_{\mathrm{F}}(p_{\mathrm{e}} - p_{\mathrm{wfi}})} 4\pi^2 w_{Fi}^2} \left(\frac{1}{r_{\mathrm{w}}} - \frac{2}{h_i} \right) +$$
$$\frac{q_i \mu}{2 K_{Fi0} w_{Fi} h_i} + \frac{4.8 \times 10^{12} \rho q_i^2}{K_{Fi0}^{1.176} \mathrm{e}^{-0.176\alpha_{\mathrm{F}}(p_{\mathrm{e}} - p_{\mathrm{wf}})} 4 w_{Fi}^2 h_i^2 x_{Fi}} + \tag{3-42}$$
$$\frac{q_i \mu}{2\pi K_{m0} h_i} \ln \frac{a_i + \sqrt{a_i^2 - x_{Fi}^2}}{x_{Fi}}$$

生产中后期，主要在次级裂缝/大孔隙中流动，以裂缝边界控制流为主，微裂缝/小孔隙补给。考虑基质的低速非达西渗流和裂缝、基质的应力敏感效应，则致密油藏水平井压裂多条横向裂缝的单条裂缝产能预测模型为

$$m(p_{\mathrm{e}}) - m(p_{\mathrm{wfi}}) = \frac{q_i \mu}{2\pi K_{Fi0} w_{Fi}} \ln \frac{h_i/2}{r_{\mathrm{w}}} + \frac{q_i \mu}{2 K_{Fi0} w_{Fi} h_i} +$$
$$\frac{q_i \mu}{2\pi K_{m0} h_i} \ln \frac{a_i + \sqrt{a_i^2 - x_{Fi}^2}}{x_{Fi}} + \frac{2 x_{Fi}}{\pi} G_{\mathrm{T}} (\sinh \xi_i - \sinh \xi_{Fi}) \tag{3-43}$$

式（3-41）至式（3-43）中，r_w 为井筒半径，m；下标 i 为第 i 条裂缝，i=1，2，…，n，其中 n 为水平井压裂裂缝条数，$n=L/d+1$，d 为水平井压裂裂缝间距，m；q_i 为第 i 条裂缝体积流量，m^3/d；q 为压裂水平井体积流量，m^3/d；h_i 为第 i 条裂缝贯穿储层的有效厚度，m；K_{Fi} 为第 i 条裂缝渗透率，mD；K_{Fi0} 为第 i 条裂缝初始渗透率，mD；w_{Fi} 为第 i 条裂缝宽度，m；x_{Fi} 为第 i 条裂缝半长，m；p_{wfi} 为第 i 条裂缝井底流压，MPa；ξ_i 为第 i 条裂缝泄流椭圆坐标。

7. 水平井多级多簇压裂的全周期产能预测模型

致密油藏储层发育纳微米级孔隙，物性差，水平井开发，往往需要进行多级多簇压裂改造（图 3-99）。

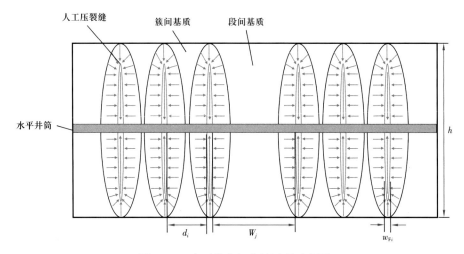

图 3-99　水平井多级多簇压裂示意图

w_{Fi} 为第 i 条裂缝宽度，m；h 为有效厚度，m；d_i 为水平井多级多簇压裂的第 j 段第 i 簇的簇间距，m；W_j 为水平井多级多段压裂的第 j 段的段间距，m

1）物理模型

（1）地层为非均质可压缩变形多孔介质。

（2）流体等温渗流为可压缩流体，无任何特殊的物理化学现象发生。

（3）人工压裂横向裂缝沿水平井筒对称分布，裂缝具有有限导流能力，水平井具有无限导流能力。

（4）忽略重力与毛细管力，流体从基质流入裂缝，再由裂缝流入井筒。

（5）裂缝内气体渗流符合高速非达西渗流，基质内流体渗流符合低速非达西渗流。

不同渗流区域交界面处流量相同、压力相等，流体渗流遵循质量守恒定律与势能守恒原理。

2）模型建立

（1）产量方程。

水平井采用多段多簇压裂（图 3-99），段间距设为 W，簇间距设为 d，流体在单条人工裂缝内的流动与水平井多级压裂横向裂缝内流动相同，为平板内的平面线性流与平面径向流的组合，则人工裂缝内平面线性流的产量表达式为

$$q = \frac{2w_{\mathrm{F}}hx_{\mathrm{F}}}{x_{\mathrm{F}} - x}v \qquad (3\text{-}44)$$

人工裂缝内平面径向流的产量表达式为

$$q = 2\pi r w_{\mathrm{F}} v \qquad (3\text{-}45)$$

流体从水平井压裂改造的簇间基质、段间基质流入裂缝，流动可视为平面二维椭圆渗流，其流量表达式为

$$q = 4x_{\mathrm{F}}h\cosh\xi v \qquad (3\text{-}46)$$

由于簇间基质与段间基质物性参数差异，可将流体的椭圆渗流划分为两个区域的椭圆渗流，即簇间基质椭圆渗流与段间基质椭圆渗流。

（2）边界条件。

考虑内外边界为定压边界，边界条件为

$$\begin{cases} r = r_{\mathrm{w}}, & p = p_{\mathrm{w}} \\ r = h/2, & p = p_{h/2} \\ x = h/2, & p = p_{h/2} \\ x = x_{\mathrm{F}}, & p = p_{\mathrm{F}} \\ \xi = \xi_{\mathrm{F}}, & p_{\xi} = p_{\mathrm{F}} \\ \xi = \xi_{\mathrm{e}}, & p_{\xi} = p_{\mathrm{e}} \end{cases} \qquad (3\text{-}47)$$

（3）产能模型。

将产量方程式（3-44）、方程式（3-45）代入运动方程式（3-14），方程式（3-46）代入运动方程式（3-16），结合应力敏感方程式（3-17）与式（3-21）及边界条件式（3-47），同时考虑簇间基质与段间基质的区域渗流，分离变量积分，得到考虑应力敏感性与启动压力梯度的致密油藏水平井多级多簇压裂的产能预测模型：

$$
\begin{aligned}
m(p_{\mathrm{e}}) - m(p_{\mathrm{wfi}}) =& \frac{q_i\mu}{2\pi K_{\mathrm{Fi0}}w_{\mathrm{Fi}}}\ln\frac{h_i/2}{r_{\mathrm{w}}} + \frac{4.8\times10^{12}\rho q_i^2}{4\pi^2 K_{\mathrm{Fi0}}^{1.176}\mathrm{e}^{-0.176\alpha_{\mathrm{F}}(p_{\mathrm{e}}-p_{\mathrm{wfi}})}w_{\mathrm{Fi}}^2}\left(\frac{1}{r_{\mathrm{w}}} - \frac{2}{h_i}\right) + \\
& \frac{q_i\mu}{2K_{\mathrm{Fi0}}w_{\mathrm{Fi}}h_i} + \frac{4.8\times10^{12}\rho q_i^2}{4K_{\mathrm{Fi0}}^{1.176}\mathrm{e}^{-0.176\alpha_{\mathrm{F}}(p_{\mathrm{e}}-p_{\mathrm{wf}})}w_{\mathrm{Fi}}^2 h_i^2 x_{\mathrm{Fi}}} + \\
& \frac{q_i\mu}{2\pi K_{\mathrm{m10}}h_i}\ln\frac{a_{i1}+\sqrt{a_{i1}^2-x_{\mathrm{Fi}}^2}}{x_{\mathrm{Fi}}} + \frac{2x_{\mathrm{Fi}}}{\pi}G_{\mathrm{T1}}(\sinh\xi_{i1}-\sinh\xi_{\mathrm{Fi}}) + \\
& \frac{q_i\mu}{2\pi K_{\mathrm{m20}}h_i}\ln\frac{a_{i2}+\sqrt{a_{i2}^2-x_{\mathrm{Fi}}^2}}{a_{i1}+\sqrt{a_{i1}^2-x_{\mathrm{Fi}}^2}} + \frac{2x_{\mathrm{Fi}}}{\pi}G_{\mathrm{T2}}(\sinh\xi_{i2}-\sinh\xi_{i1})
\end{aligned} \qquad (3\text{-}48\mathrm{a})
$$

$$q = \sum_{j}^{m}\sum_{i=1}^{n_j} q_i \qquad (3\text{-}48\mathrm{b})$$

式中，下标 i 表示第 j 段内的第 i 条裂缝；q_i 为第 i 条裂缝体积流量，$\mathrm{m^3/d}$；h_i 为第 i 条裂

缝贯穿储层的有效厚度，m；K_{Fi} 为第 i 条裂缝渗透率，mD；K_{Fi0} 为第 i 条裂缝初始渗透率，mD；x_{Fi} 为第 i 条裂缝半长，m；p_{wfi} 为第 i 条裂缝井底流压，MPa；ξ_i 为第 i 条裂缝泄流椭圆坐标；q 为水平井多级多簇压裂的体积流量，$\mathrm{m^3/d}$；n_j 为水平井压裂第 j 段内压裂裂缝簇数；m 为水平井压裂段数。

如果 $\sqrt{a_{i1}^2-x_{Fi}^2}\leqslant d_i/2$，则流体在簇间基质内流动（图 3-99）。

如果 $\sqrt{a_{i1}^2-x_{Fi}^2}>d_i/2$ 且 $\sqrt{a_{i2}^2-x_{Fi}^2}-d_i/2<W_j/2$，则流体在段间基质内流动。

如果 $\sqrt{a_{i2}^2-x_{Fi}^2}-d_i/2\geqslant W_j/2$，则体积压裂水平井段与段间产生干扰。

生产初期，以人工裂缝/大裂缝流动为主，簇间的次级裂缝/大孔隙补给。在人工裂缝/大裂缝中渗流以高速非达西渗流为主，同时需要考虑应力敏感效应，则致密油藏水平井多级多簇压裂的单条裂缝产能预测模型为

$$
\begin{aligned}
m(p_e)-m(p_{wfi})=&\frac{q_i\mu}{2\pi K_{Fi0}w_{Fi}}\ln\frac{h_i/2}{r_w}+\frac{4.8\times10^{12}\rho q_i^2}{4\pi^2 K_{Fi0}^{1.176}e^{-0.176\alpha_F(p_e-p_{wfi})}w_{Fi}^2}\left(\frac{1}{r_w}-\frac{2}{h_i}\right)+\\
&\frac{q_i\mu}{2K_{Fi0}w_{Fi}h_i}+\frac{4.8\times10^{12}\rho q_i^2}{4K_{Fi0}^{1.176}e^{-0.176\alpha_F(p_e-p_{wf})}w_{Fi}^2 h_i^2 x_{Fi}}+\\
&\frac{q_i\mu}{2\pi K_{m10}h_i}\ln\frac{a_{i1}+\sqrt{a_{i1}^2-x_{Fi}^2}}{x_{Fi}}
\end{aligned}
\tag{3-49}
$$

生产中后期，主要在次级裂缝/大孔隙中流动，以裂缝边界控制流为主，微裂缝/小孔隙补给。簇间基质与段间基质均参与渗流。考虑基质的启动压力梯度和裂缝、基质的应力敏感效应，则致密油藏水平井多级多簇压裂的单条裂缝产能预测模型为

$$
\begin{aligned}
m(p_e)-m(p_{wfi})=&\frac{q_i\mu}{2\pi K_{Fi0}w_{Fi}}\ln\frac{h_i/2}{r_w}+\frac{q_i\mu}{2K_{Fi0}w_{Fi}h_i}+\\
&\frac{q_i\mu}{2\pi K_{m10}h_i}\ln\frac{a_{i1}+\sqrt{a_{i1}^2-x_{Fi}^2}}{x_{Fi}}+\frac{2x_{Fi}}{\pi}G_{T1}(\sinh\xi_{i1}-\sinh\xi_{Fi})+\\
&\frac{q_i\mu}{2\pi K_{m20}h_i}\ln\frac{a_{i2}+\sqrt{a_{i2}^2-x_{Fi}^2}}{a_{i1}+\sqrt{a_{i1}^2-x_{Fi}^2}}+\frac{2x_{Fi}}{\pi}G_{T2}(\sinh\xi_{i2}-\sinh\xi_{i1})
\end{aligned}
\tag{3-50}
$$

8. 缝网压裂水平井的全周期产能预测模型

1）物理模型

（1）地层为非均质可压缩变形的多孔介质。

（2）流体等温渗流为可压缩流体，无任何特殊的物理化学现象发生。

（3）高角度裂缝与水平井井筒相交，高角度裂缝简化为人工压裂主裂缝（横向裂缝），低角度裂缝简化为次级裂缝（水平裂缝），与人工压裂主裂缝相交，构成复杂缝网（图 3-100）。

（4）人工压裂主裂缝沿水平井筒对称分布，裂缝具有有限导流能力，水平井具有无限导流能力。

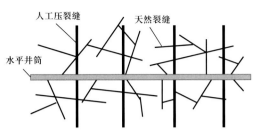 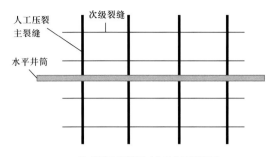

(a) 裂缝与井筒相交模式图　　　　　　　(b) 简化物理模型（水平井压裂缝网）

图 3-100　复杂天然裂缝与水平井筒相交物理模型（压裂缝网）

（5）忽略重力与毛细管力作用，流体从基质流入次级裂缝，由次级裂缝流入人工压裂主裂缝，再由主裂缝流入水平井筒（图 3-101）。

（6）人工压裂主裂缝内气体渗流符合高速非达西流，次级裂缝内符合达西渗流，基质内流体渗流符合低速非达西渗流。

流体渗流遵循质量守恒定律与势能守恒原理，不同孔缝介质间气体渗流，满足交界面处流量相等、压力相等的原则。

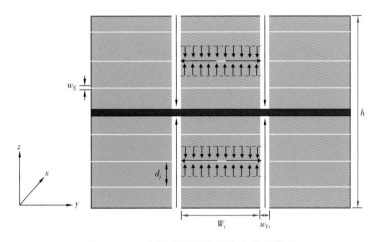

图 3-101　水平井压裂缝网渗流物理模型

x，y，z 为坐标轴方向；w_{fj} 为第 j 条次级裂缝宽度，m；d_j 为第 j 条次级裂缝与第 $j+1$ 条次级裂缝间距离，m；W_i 为第 i 条主裂缝与第 $i+1$ 条主裂缝间距离，m；w_{Fi} 为第 i 条主裂缝宽度，m；h 为有效厚度，m

2）模型建立

（1）产量方程。

流体在人工压裂主裂缝中流体流动为平板内的平面线性流，靠近水平井筒，流线向井筒汇聚，为平面径向流，则人工裂缝内平面线性流的产量表达式为

$$q = \frac{2w_F h x_F}{x_F - x} v \tag{3-51}$$

人工裂缝内平面径向流的产量表达式为

$$q = 2\pi r w_F v \tag{3-52}$$

次级裂缝内的流体渗流可视为平面线性流，其产量表达式为

$$q = 4x_f w_f v \qquad (3-53)$$

基质内渗流符合平面线性流，其产量方程为

$$q = 2x_f d v \qquad (3-54)$$

式（3-51）至式（3-54）中，x_F 和 x_f 分别为水平井缝网压裂形成的主裂缝和次级裂缝的裂缝半长，m；w_F 和 w_f 分别为水平井缝网压裂形成的主裂缝和次级裂缝的裂缝宽度，m。

（2）边界条件。

考虑内外边界为定压边界，边界条件为

$$\begin{cases} x = r_w, & p = p_w \\ x = x_F, & p = p_F \\ y = 0, & p = p_F \\ y = W_i / 2, & p = p_f \\ z = 0, & p = p_f \\ z = d_i / 2, & p = p_m \\ \xi = \xi_h, & p = p_m \\ \xi = \xi_e, & p = p_e \end{cases} \qquad (3-55)$$

（3）产能模型。

将产量方程式（3-52）至式（3-55），分别代入运动方程式（3-14）至式（3-16），考虑基质与裂缝应力敏感方程式（3-17）、式（3-19）、式（3-21）、结合边界条件式（3-55），分离变量积分，得到考虑应力敏感与启动压力梯度的致密油藏水平井压裂缝网产能预测模型：

$$\begin{aligned} m(p_e) - m(p_{wfi}) = & \frac{q_i \mu}{2 K_{Fi0} w_{Fi} h} + \frac{4.8 \times 10^{12}}{K_{Fi0}^{1.176} e^{-0.176 \alpha_F (p_e - p_{wfi})}} \frac{\rho q_i^2}{4 w_{Fi}^2 h^2 x_{Fi}} + \\ & \frac{q_i \mu}{2\pi K_{Fi} w_{Fi}} \ln \frac{h/2}{r_w} + \frac{4.8 \times 10^{12}}{K_{Fi0}^{1.176} e^{-0.176 \alpha_F (p_e - p_{wfi})}} \frac{\rho q_i^2}{4\pi^2 w_{Fi}^2} \left(\frac{1}{r_w} - \frac{2}{h} \right) + \\ & \frac{q_i \mu}{N \cdot 4 K_{fj0} x_{fj} w_{fj}} + \frac{q_i \mu d_j}{N \cdot 4 K_{m0} x_{fj} W_i} + \frac{G_T d_j}{2} + \\ & \frac{n q_i \mu}{2\pi K_{m0} h} \ln \frac{A + \sqrt{A^2 - (L/2)^2}}{L/2} + \frac{L}{\pi} G_T \sinh \left(\ln \frac{A + \sqrt{A^2 - (L/2)^2}}{L/2} \right) \end{aligned} \qquad (3-56a)$$

$$q = \sum_{i=1}^{n} q_i \qquad (3-56b)$$

式中，p_{wfi} 为第 i 条主裂缝井底流压，MPa；p_e 为地层压力，MPa；n 为水平井人工压裂主裂缝条数；K_{Fi} 为第 i 条主裂缝渗透率，mD；K_{Fi0} 为第 i 条主裂缝初始渗透率，mD；i 为第 i 条主裂缝，$i=1, \cdots, n$；j 为第 i 条主裂缝对应的第 j 条次级裂缝，$j=1, \cdots, N$；K_{fj0} 为

第 j 条次级裂缝初始渗透率，mD。

生产初期，以人工裂缝／大裂缝流动为主，压裂缝网间的次级裂缝／大孔隙补给。在人工裂缝／大裂缝中渗流以高速非达西渗流为主，次级裂缝／大孔隙以达西渗流为主，同时需要考虑应力敏感效应，则致密油藏水平井压裂缝网的单条主裂缝产能预测模型为

$$m(p_e) - m(p_{wfi}) = \frac{q_i \mu}{2K_{Fi0} w_{Fi} h} + \frac{4.8 \times 10^{12}}{K_{Fi0}^{1.176} e^{-0.176 \alpha_F (p_e - p_{wfi})}} \frac{\rho q_i^2}{4 w_{Fi}^2 h^2 x_{Fi}} +$$

$$\frac{q_i \mu}{2\pi K_{Fi} w_{Fi}} \ln \frac{h/2}{r_w} + \frac{4.8 \times 10^{12}}{K_{Fi0}^{1.176} e^{-0.176 \alpha_F (p_e - p_{wfi})}} \frac{\rho q_i^2}{4\pi^2 w_{Fi}^2} \left(\frac{1}{r_w} - \frac{2}{h} \right) + \frac{q_i \mu}{N \cdot 4 K_{fj0} x_{fj} w_{fj}}$$

（3-57）

式中，N 为第 i 条主裂缝对应的次级裂缝条数。

生产中后期，主要在次级裂缝／大孔隙中流动，以裂缝边界控制流为主，缝网内微裂缝／小孔隙补给，地层内微裂缝／小孔隙向水平井压裂缝网补给渗流。考虑基质的启动压力梯度和裂缝、基质的应力敏感效应，则致密油藏水平井压裂缝网的单条主裂缝产能预测模型为

$$m(p_e) - m(p_{wfi}) = \frac{q_i \mu}{2K_{Fi0} w_{Fi} h} + \frac{q_i \mu}{2\pi K_{Fi} w_{Fi}} \ln \frac{h/2}{r_w} +$$

$$\frac{q_i \mu}{N \cdot 4 K_{fj0} x_{fj} w_{fj}} + \frac{q_i \mu d_j}{N \cdot 4 K_{m0} x_{fj} W_i} + \frac{G_T d_j}{2} +$$

$$\frac{n q_i \mu}{2\pi K_{m0} h} \ln \frac{A + \sqrt{A^2 - (L/2)^2}}{L/2} + \frac{L}{\pi} G_T \sinh \left[\ln \frac{A + \sqrt{A^2 - (L/2)^2}}{L/2} \right]$$

（3-58）

式中，x_{fj} 为水平井缝网压裂形成的第 j 条次级裂缝的裂缝半长，m；K_{m0} 为基质的气测渗透率，mD。

（二）致密油产能预测方法研究

1. 致密油多尺度、多介质、多流态耦合的全周期产能预测方法

基于致密油多尺度、多介质、多流态耦合的产能预测模型，针对现场的开发问题，形成了致密油多尺度、多介质、多流态耦合的全周期产能预测方法，可有效解决新井、老井的产能预测问题（图3-102）。

1）无生产资料新井的全周期产能预测

致密油的开发在我国尚处于起步阶段，能够参考利用的现场资料较少。部分先导试验区的新井开发时间也比较短。针对致密油开发的新井可以根据储层参数、水平井参数和人工裂缝参数，选择合适的产能预测模型，预测致密油全生命周期的产能。

2）有生产资料老井的全周期产能预测

对于致密油开发区块内已经生产了一段时间的老井，可以根据区块内储层的参数和工程参数，选择合适的产能预测模型对历史生产数据进行拟合，得到实际的储层参数和压裂施工参数。利用拟合得到的实际参数可以进一步对水平井产能进行更加合理的预测。

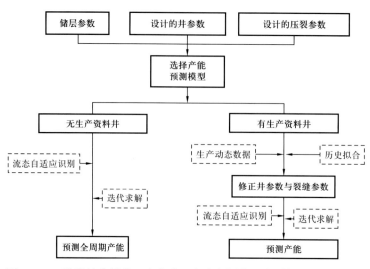

图 3-102　致密油多尺度、多介质、多流态耦合的全周期产能预测方法

2. 致密油产能控制因素诊断方法

在致密油的开发中，由于地质情况复杂，工艺条件有限，往往实际的施工情况和设计具有较大差别。但是由于致密油的开发经验较少，实际的开发情况很难判断。基于致密油多尺度、多介质、多流态耦合的产能预测模型，形成了致密油产能控制因素诊断方法，可有效诊断致密油气产能主控因素（图 3-103）。

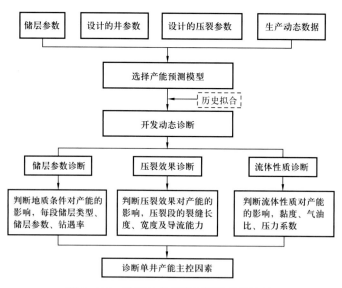

图 3-103　致密油产能控制因素诊断方法

1）储层参数诊断

通过开发动态诊断，判断地质条件或压裂段的储层类型对产能的影响，修正Ⅰ类、Ⅱ类储层参数及钻遇率。

2）压裂效果诊断

通过开发动态诊断，判断压裂效果对产能的影响，修正压裂段的裂缝长度、宽度及导流能力。

3）流体性质诊断

通过开发动态诊断，判断流体性质对产能的影响，修正黏度、气油比、压力系数。

3.致密油开发工艺参数优化设计方法

对于致密油开发中的产量目标，由于缺少实用的工具，往往很难进行合理的施工参数选择。基于致密油多尺度、多介质、多流态耦合的产能预测模型，形成了致密油开发工艺参数优化设计方法，解决了在特定储层条件下如何优化设计水平井及压裂参数，达到期望的产量目标的问题。

以初期产量和累计产量为生产目标，考虑到致密油的多重耦合特性，将储层的参数和不同的施工参数代入产能预测模型进行产能预测，根据储层参数、产量规模，初步设计水平井、压裂参数，循环优化，在实际地质情况和工艺条件的限制内，给出最终优化的水平井及压裂参数（图3-104）。

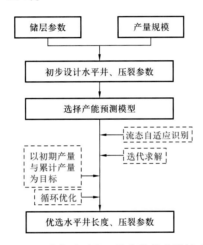

图 3-104　致密油开发工艺参数优化设计方法

第三节　致密油产能预测与开发优化软件

一、致密油产能预测与开发优化软件功能模块

致密油发育纳米—微米—毫米级多尺度孔缝介质，不同尺度介质耦合的渗流机理复杂，传统的模型、方法及软件多基于单一介质、稳态渗流，致密油适应性差，使得动态储量、全周期产能评价与预测、开发工艺参数优化设计等面临极大挑战，亟须开展致密油产能评价与预测方法研究及软件研发。

根据致密油产能评价和预测软件的研发需求，软件研发理念由常规油藏工程分析向非常规油藏开发动态预测转变，由创新理论、特色技术与方法向成果有形化方向转变。按照这样的研发理念，设计了致密油产能预测与开发优化软件总体框架（图3-105）。

致密油产能预测与开发优化软件具有基质动用半径评价、储量与EUR评价、产能评价与优化配产、参数优化设计四个功能模块（表3-13）。该软件的主界面如图3-106所示。

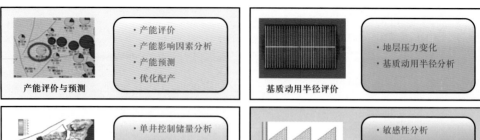

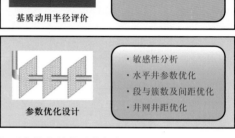

图 3-105　致密油产能预测与开发优化软件总体框架

表 3-13　致密油产能预测与开发优化软件功能模块

序号	功能模块	功能描述	解决问题
1	基质动用半径评价模块	① 地层压力变化规律分析； ② 基质动用半径变化规律分析	计算致密油藏不同类型储层基质动用半径变化规律，分析地层压力变化规律
2	储量与 EUR 评价模块	① 控制储量评价； ② 储量动用评价； ③ EUR 评价； ④ 采出程度评价	解决致密油藏体积压裂模式下不同井型复杂介质非达西渗流条件下不同生产阶段的控制储量评价、动态储量评价、EUR 评价及采出程度评价
3	产能评价与优化配产模块	① 产能评价； ② 产能影响因素分析； ③ 产能预测； ④ 优化配产	解决产能主控因素分析问题，解决已有生产资料井的历史拟合、产能评价问题以及新井的产能预测问题，对已有井或新井进行优化配产
4	参数优化设计模块	① 敏感性分析； ② 水平井参数优化； ③ 段与簇数及间距优化； ④ 井网井距优化	解决不同参数对基质动用半径、动态储量、产能的影响；以初期产量或累计产量为目标；解决不同类型井参数及压裂规模参数；解决不同类型储层井网井距优化问题；解决不同压裂规模下产能预测问题

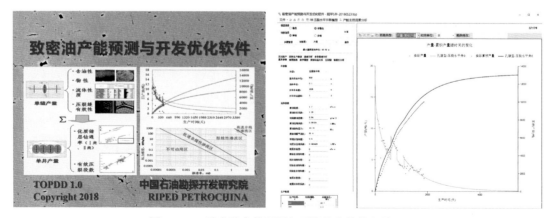

图 3-106　致密油产能预测与开发优化软件主界面

二、致密油产能评价软件功能应用测试

采用新疆吉木萨尔致密油试验区压裂水平井生产数据对所研制的软件模块进行了应用测试。通过历史拟合，对典型井进行了产能评价与预测。

采用长庆长 7 段致密油典型区块西 233 井区 42 口压裂水平井生产数据对所研制的软件模块进行了应用测试（图 3-107 至图 3-109）。通过对单井产能评价与预测，预测 3 年

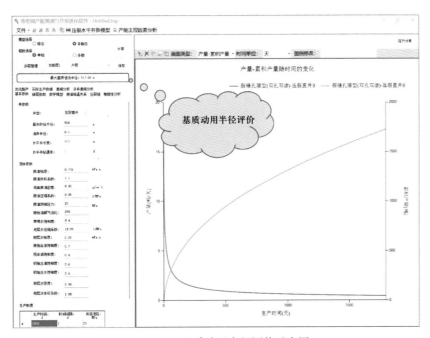

图 3-107　基质动用半径评价示意图

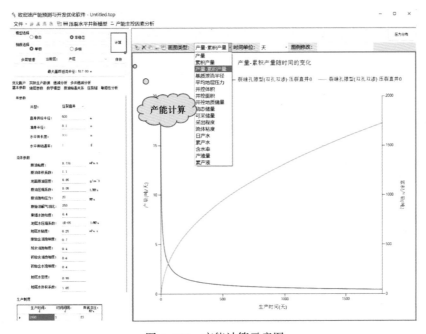

图 3-108　产能计算示意图

累计产量 6000t 以上高产井 21 口，3 年平均日产量 6.9t，水平井产量符合率达 83% 以上（图 3-110 至图 3-112，表 3-14）。

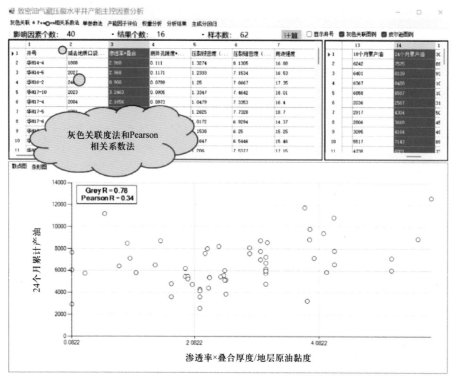

图 3-109 影响因素分析模块

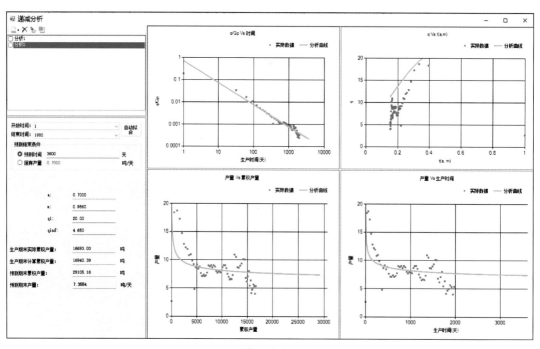

图 3-110 典型井产能评价分析

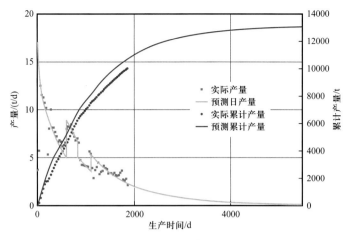

图 3-111　典型井历史拟合与产能预测分析

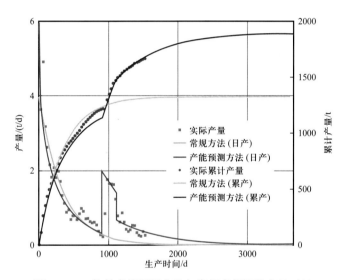

图 3-112　软件产能预测方法与常规产能评价方法对比

表 3-14　长 7 西 233 井区致密油 42 口压裂水平井产能评价结果

井类型	参数	参数值
实际井	统计井数 / 口	42
	三年平均累计产量 /t	5553
	三年累计产量大于 6000t 的井数 / 口	21
	三年累计产量范围 /t	1118~20588
预测井	统计井数 / 口	42
	三年平均累计产量 /t	6749
	三年累计产量大于 6000t 的井数 / 口	21
	三年累计产量范围 /t	1129~24690
平均预测符合率 /%	83.15	

第四节　致密油单井产能评价与预测技术应用

以长 7 段致密油规模建产示范区为研究对象，采用"水平井 + 密切割体积压裂"的开发新模式开发，结合矿场生产实践情况，应用自主研发的致密油产能预测与开发优化软件，建立概念模型，优化井距、水平段长度、压裂参数、裂缝分布、开发方式等关键指标，编制出华 H6 平台全生命周期产能优化方案，从而为长 7 段致密油规模建产示范区水平井效益开发提供理论依据，为同类型油藏的效益开发提供借鉴。

一、示范区概况

长 7 段致密油规模建产示范区主要发育三角洲相和湖泊相，油层组内发育多套泥质隔夹层，长 7_1 亚段、长 7_2 亚段两套层系，长 7_1^2、长 7_2^1 和长 7_2^2 三个小层油层均发育，纵向厚度大，横向连续性好。西 233 区致密油储层物性差，长 7 段渗透率主要分布在 0.1～0.3mD，长 7_2^2 小层平均渗透率为 0.09mD，长 7_2^1 小层平均渗透率为 0.16mD，长 7_1^2 小层平均渗透率为 0.13mD。采用水平井 + 小井距 + 密切割 + 立体式开发新模式，水平段长 1500m，井距 200～400m，段间距 30～50m、簇间距 10～15m，单井液量 $2×10^4$～$3×10^4$$m^3$、加砂量 2000～3000$m^3$。

二、压裂水平井产能模型

选取长 7_2^1 主力小层为研究对象，以实际地质参数为依据，储层的有效厚度为 9.3m，平均渗透率为 0.16mD，储层物性差，平均孔隙度为 9.01%，原始地层压力为 15.8MPa，地层原油黏度为 1.27mPa·s，原油体积系数为 1.24。针对水平井 + 密切割体积压裂开发的新模式，利用致密油产能预测与开发优化软件，建立了压裂水平井单井概念模型。模拟井水平段长为 1500m，压裂 20～30 段，每段 2～3 簇，段间距 30～60m，簇间距 10～30m。考虑到启动压力梯度和应力敏感等影响因素，油井采用衰竭式开发方式进行生产。

三、压裂参数优化设计

（一）压裂段数、簇数

水平段长 1500m 的水平井压裂 20 段、25 段、30 段，每段压裂 2 簇，簇间距 10m，裂缝长度 200m，裂缝分布如图 3-113 所示。随着压裂缝段数、簇数的增加，压裂水平井产量增加，采出程度增大如图 3-114 所示。依据示范区压裂成本投资计算，水平井压裂 20 段、25 段和 30 段的总投资分别为 2888.84 万元、3046.34 万元和 3189.84 万元。随着压裂段数、簇数增加，单井投资增大，所获得的净现值相应增加；相同压裂段数，压裂簇数越多，产量越大，越易获得经济效益。1500m 水平段长的水平井压裂 25 段，每段压裂 3 簇，若想达到盈亏平衡、获得效益，要求油价至少为 67 美元 /bbl（图 3-115）。

（二）压裂加砂量、液量

水平井压裂加砂量、液量的多少影响压裂裂缝规模，同时随着压裂段数的增加，单井

压裂投资增大（图3-116），同时单井总投资增加（图3-117）。当单井加砂量、液量一定时，随着压裂缝段数、簇数的增加，每段的压裂规模（长、宽、高）变小，采出程度增加幅度降低（图3-118）；所获净现值减少；当单段加砂量、液量一定时，单条裂缝压裂规模（长、宽、高）变化不大，随着压裂缝段数、簇数的增加，单井总加砂量、液量增加，采出程度增大（图3-119），相同段数、簇数下，采出程度及净现值增加明显（图3-120）。

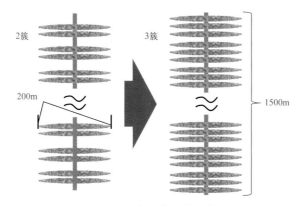

图3-113 水平井压裂示意图

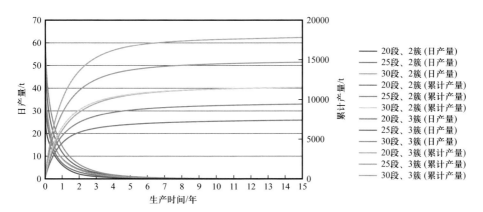

图3-114 压裂段数、簇数对水平井产量的影响

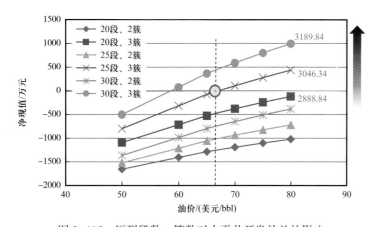

图3-115 压裂段数、簇数对水平井开发效益的影响

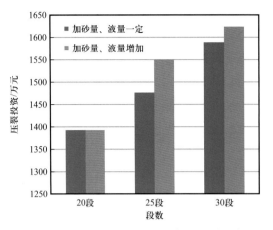

图 3-116　水平井压裂不同段数的压裂投资

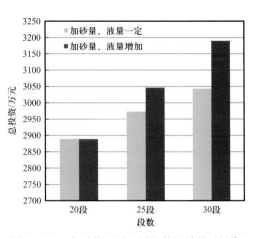

图 3-117　水平井压裂不同段数的单井总投资

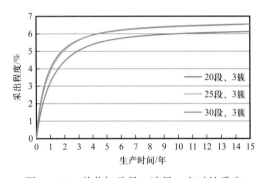

图 3-118　单井加砂量、液量一定时的采出
程度变化

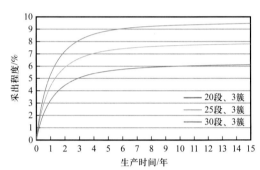

图 3-119　单段加砂量、液量一定时的采出
程度变化

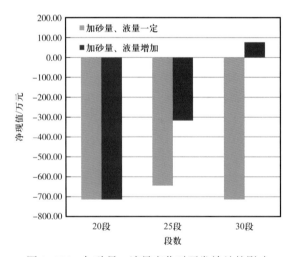

图 3-120　加砂量、液量变化对开发效益的影响

（三）段间距、簇间距

调整段间距、簇间距大小，分析其对水平井产量的影响（图 3-121）。簇间距 15m 不变，随着压裂缝段间距的减小，压裂段数增大，产量增加，水平井动用程度与采出程度增大（图 3-122）；段间距 30m 不变，随着压裂缝簇间距的减小，水平井与采出程度增大

（图 3-123）。段间距变化对产量影响程度大于簇间距的影响（图 3-124），为提高油井产量，在投资允许范围内，应尽量缩减段间距，获取效益。

图 3-121　水平井段间距、簇间距示意图

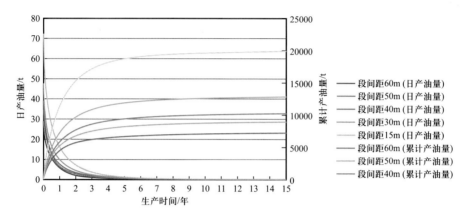

图 3-122　段间距变化对产量的影响

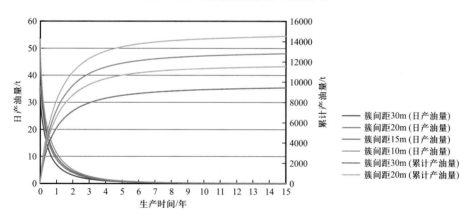

图 3-123　簇间距变化对产量的影响

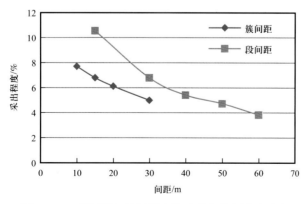

图 3-124　段间距与簇间距变化对采出程度影响对比

（四）井距

示范区以小井距开发模式为主，因此研究井距对油井产量和开发效益的影响，井组布置如图3-125所示。随着井距的减小，单井产量降低，井组总产量增加，井控程度与采出程度增加如图3-126、图3-127所示。

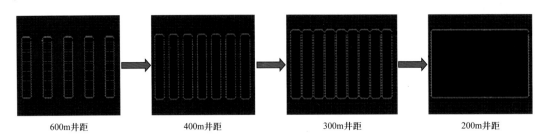

| 600m井距 | 400m井距 | 300m井距 | 200m井距 |

图3-125　井组布置示意图

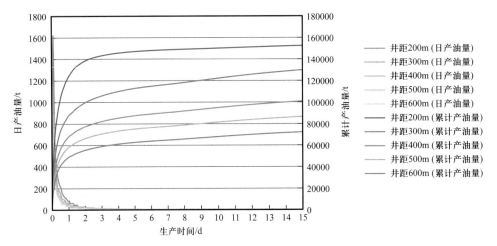

图3-126　井距变化对油井产量的影响

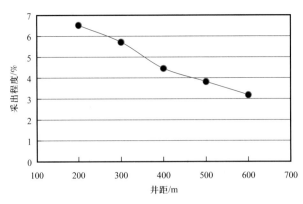

图3-127　井距变化对油井采出程度的影响

随着井距的减小，采出程度增大，油井井数增多，总投资增加，如图3-128所示。以华H6示范区为例，在当前的储层条件及储量丰度下，当井距大于300m时，随着井距增加，所获净现值降低；当井距小于300m时，随着井距增加，所获净现值增加，如图3-129所示。因此，300m为合理井距。

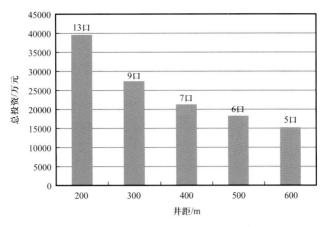

图 3-128　不同井距下的油井总投资

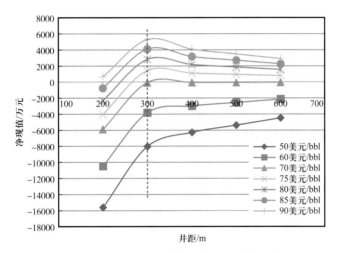

图 3-129　不同油价下井距变化对净现值的影响

（五）开发效益评价

为了确定水平井密切割新模式下，水平井如何压裂能够获得收益，对压裂段数的开发效益进行评价。1500m 水平段长的水平井随着压裂段数的增加，压裂投资增加，总投资增加，见表 3-15。当前油价下，随着压裂段数的增加，水平井产量增大，所获净现值增加，如图 3-130 所示；当油价为 60 美元 /bbl 时，水平井压裂 27 段，每段压裂 3 簇，达到盈亏平衡，见图 3-131。

表 3-15　水平井压裂不同段数下的总投资

参数	压裂段数					
	20	23	25	27	30	35
总投资 / 万元	2888.84	2988.94	3046.34	3103.74	3189.84	3333.34

通过参数优化设计，编制出了华 H6 平台全生命周期产能优化方案，见表 3-16。

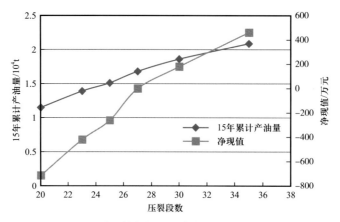

图 3-130 压裂段数变化对累计产油量、净现值的影响

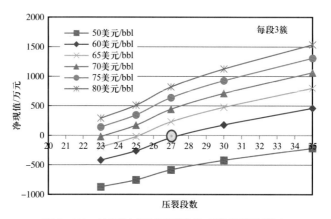

图 3-131 不同油价下压裂段数对净现值的影响

表 3-16 华 H6 平台全生命周期产能优化方案设计表

内容		平台南区	平台北区
改造思路		按照长 7 段一套层系进行设计	按长 7_1 亚段、长 7_2 亚段两套层系设计
井距 /m		400	200
水平段长 /m		1500～2000	1500～2000
布缝方式		相邻井间交错布缝	同层相邻井间交错布缝
段间距 /m		30～40	
簇间距 /m		5～10	
改造强度	液量 /m³	30000～40000	20000～30000
	加砂量 /m³	4000～5000	3000～4000
	排量 /（m³/min）	10～14	10～14

第四章　致密油开发模式与方案优化

本章介绍了致密油开发模式与方案优化设计技术，包括五个方面：致密油 EUR 评价方法与稳产对策；致密油个性化井型、井网井距优化技术；致密油开发政策与不同油价条件下致密油经济极限产量；不同类型致密油开发方式及其适应条件，个性化开发模式；致密油开发方案优化。

第一节　致密油 EUR 评价

一、致密油 EUR 评价物理模型

致密油储层物性极差，渗透率极低，自身流动能力极差，依靠储层本身的渗流能力进行生产难以满足工业生产需要。只有在进行大规模压裂后，将储层压碎，形成大规模复杂的裂缝网络，使流体从基质流入裂缝，通过裂缝流到井底，才能满足生产的需求。从致密油开发的发展历史可以看出，正是因为水平井大规模压裂技术的突破，才使致密油、页岩油的开发成为热点，因此，水平井大规模压裂是目前致密油开发的主要开发方式。

（一）致密油压裂裂缝网络模型

目前水平井压裂大多以分段方式来进行，沿着水平井选取压裂"甜点"，在一个压裂段内同时射开 1～5 个孔，进行大排量、大液量的压裂，微地震监测结果清楚地显示，在一个压裂段内形成一个裂缝带，如图 4-1 所示。

由于致密油有效的泄流距离很小，在井间形成难以动用的区域。为了提高动用效率，小井距大规模压裂成为一种趋势。在大井距条件下形成一个一个的裂缝条带，而在小井距条件下，相邻两口井的裂缝条带往往会连在一起，甚至相交，形成的裂缝网络形态如图 4-2 所示。

（二）致密油压裂水平井渗流物理模型

人工压裂形成的裂缝网络越复杂，越有利于致密油储量的动用，但同时也使致密油的流动模型变得异常复杂。为了使模型易于理解，便于求解，必须对其进行简化，将各段裂缝条带简化为一条主裂缝与围绕主裂缝的压裂带，其中压裂带简化为一个矩形条带。在此条带内，可以采用双重介质进行描述，或者采用等效的原则进行处理，适当提高裂缝带内的渗透率和孔隙度，从而与裂缝带之外的区域进行区别处理。根据裂缝间距、裂缝条带的大小及井距，可以将致密油压裂水平井渗流模型简化为如下四种情形。

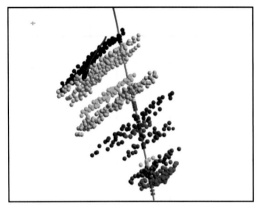

图4-1　单井压裂缝微地震监测典型图

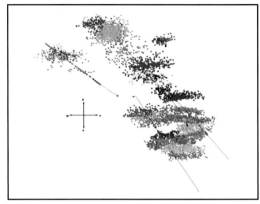

图4-2　多口水平井压裂微地震监测图

　　模型1：小井距密切割模型如图4-3所示。该模型认为压裂激活了所有的区域，整个地层都被压开，相邻压裂段的裂缝条带相接，相邻两口井的裂缝条带相接。该模型适用于小井距、多压裂段的情形，流体直接从压裂区域流向主裂缝，再由主裂缝流向井底。

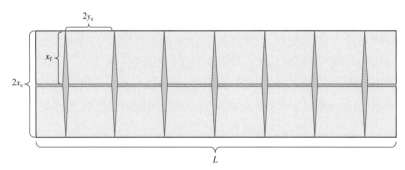

图4-3　小井距密切割模型示意图

x_f为裂缝半长；$2y_e$为裂缝间距；$2x_e$为水平井在垂直井筒方向控制距离

　　模型2：小井距多级分段压裂模型如图4-4所示。如果压裂段之间的距离较远，或者储层脆性较差，形成的裂缝条带宽度较小，在裂缝段之间还有未被压开的区域，而井距较小，相邻裂缝条带相连接，就会形成如图4-4所示的渗流模型。在该模型内，未被压开区域内的流体先流向被压开区域，再经被压开区域流向裂缝，进而到达井底。

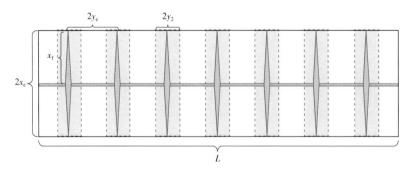

图4-4　小井距多级分段压裂模型示意图

模型3：大井距密切割模型如图4-5所示。相邻裂缝之间的区域完全被压开，但井距较大，在相邻两口井之间还有未被压开的区域，形成图4-5所示的渗流模型。未被压开区域需要先流向压开区域，再由被压开区域流向裂缝。

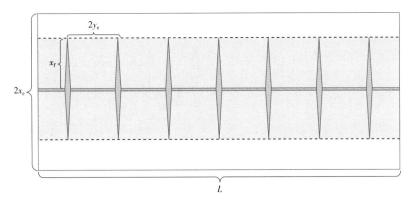

图4-5　大井距密切割模型示意图

模型4：大井距多级分段压裂模型如图4-6所示。由于裂缝间距较大，储层脆性较差，压裂形成的条件较窄，同时，井距也较大，相邻井之间也有未被压开的区域，形成图4-6所示的渗流模型。相邻井之间未被压开区域内的流体可以流向裂缝段之间未被压开的区域，或者直接流向压开区域；裂缝段之间未被压开区域的流体直接流向被压开区域，再由被压开区域流向裂缝，从而达到生产的目的。

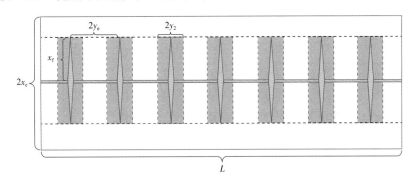

图4-6　大井距多级分段压裂模型示意图

二、致密油 EUR 评价数学模型

油藏渗流问题可以划分为定产求压力与定压求产量两种模式。两者的边界条件不同，求解方法也不同。通过杜阿梅尔（Duhamel）原理与压降叠加原理，可以将定压求产量模式转换为定产求压力模式，从而可以先求得定产条件下的压力解，再通过转换得到定压条件下的产量变化。

目前，对压裂水平井非稳态模型的建立与求解方法是：根据致密油压裂水平井的流动特征，采用多线性流的方法进行处理，既可以将模型简化，又可以很好地处理由压裂形成裂缝条带而造成的非均质问题。

针对上述致密油压裂水平井开发的四种渗流物理模型（包括小井距密切割模型、小井距多级分段压裂模型、大井距密切割模型、大井距多级分段压裂模型），分别建立双线性流模型、组合双线性流模型、三线性流模型和五区多线性流模型四种渗流数学模型。

（一）任意区域渗流运动方程与状态方程

1. 运动方程

任意区域储层渗流符合达西渗流规律，其运动方程为

$$v_o = -C \frac{k_i}{\mu} \frac{\partial p_i}{\partial o} \tag{4-1}$$

式中，v_o 为 o 方向的渗流速度，o 取 x、y、z；k_i 为区域 i 的渗透率；μ 为流体黏度；p_i 为区域 i 中任意一点的压力；C 为单位转换系数，取不同的单位制，C 的值不同，具体如表 4-1 所示。

表 4-1　不同单位制的转换系数表

方案	v_o	k_i	μ	$\dfrac{\partial p_i}{\partial o}$	C
1	cm/s	μm^2（D）	mPa·s	10^{-1}MPa/cm	1
2	m/s	m^2	Pa·s	Pa/m	1
3	m/d	mD	mPa·s	MPa/m	0.0864

在本书中，一律取方案 3，因此，$C = 0.0864$，以下不再赘述。

2. 状态方程

流体与储层均微可压缩，对于流体，其压缩系数定义为

$$C_L = \frac{1}{\rho} \frac{\mathrm{d}\rho}{\mathrm{d}p} \tag{4-2}$$

式中，C_L 为流体压缩系数，MPa^{-1}。

对式（4-2）两边进行积分并化简，可以得到

$$\rho = \rho_0 e^{C_L(p-p_0)} \approx \rho_0 \left[1 + C_L \left(p - p_0\right)\right] \tag{4-3}$$

对于任意区域 i，其岩石的压缩系数定义为

$$C_{fi} = \frac{1}{\phi_i} \frac{\mathrm{d}\phi_i}{\mathrm{d}p_i} \tag{4-4}$$

式中，C_{fi} 为区域 i 的岩石压缩系数，MPa^{-1}；ϕ_i 为区域 i 的孔隙度。

对式（4-4）两边进行积分并化简，可以得到

$$\phi_i = \phi_{i0} e^{C_{fi}(p_i-p_0)} \approx \phi_{i0} \left[1 + C_{fi} \left(p_i - p_0\right)\right] \tag{4-5}$$

3. 无量纲量的定义

为了更方便地对致密油压裂水平井渗流特征进行研究，定义如下的无量纲量：

无量纲压力：

$$p_{j\mathrm{D}} = \frac{Ck_{20}h}{q_{\mathrm{f}}\mu B}\left(p_i - p_j\right), \qquad j = 1, 2, \cdots \tag{4-6}$$

无量纲传导系数：

$$\eta_{j\mathrm{D}} = \frac{\eta_j}{\eta_2} = \frac{\dfrac{Ck_{j0}}{\phi_{j0}\mu C_{jt}}}{\dfrac{Ck_{20}}{\phi_{20}\mu C_{2t}}} = \frac{k_{j0}\phi_{20}C_{2t}}{k_{20}\phi_{j0}C_{jt}}, \qquad j = 1, 2, \cdots \tag{4-7}$$

无量纲时间：

$$t_{\mathrm{D}} = C\frac{k_{20}t}{\phi_{20}\mu C_{2t}x_{\mathrm{f}}^{\,2}} \tag{4-8}$$

无量纲渗透率：

$$k_{j\mathrm{D}} = \frac{k_j}{k_{20}} \tag{4-9}$$

其他无量纲量有

$$C_{\mathrm{FD}} = \frac{k_1 w_{\mathrm{f}}}{k_2 x_{\mathrm{f}}}, \quad x_{\mathrm{D}} = \frac{x}{x_{\mathrm{f}}}, \quad x_{\mathrm{eD}} = \frac{x_{\mathrm{e}}}{x_{\mathrm{f}}}, \quad y_{\mathrm{D}} = \frac{y}{x_{\mathrm{f}}}, \quad y_{2\mathrm{D}} = \frac{y_2}{x_{\mathrm{f}}}, \quad y_{\mathrm{eD}} = \frac{y_{\mathrm{e}}}{x_{\mathrm{f}}}, \quad w_{\mathrm{fD}} = \frac{w_{\mathrm{f}}}{x_{\mathrm{f}}} \tag{4-10}$$

（二）双线性流模型

对于图 4-3 中的小井距密切割渗流物理模型，根据模型的对称性，取任意一条裂缝的 1/4 作为研究对象，如图 4-7 所示。将整个区域分成两个区域，区域 1 为裂缝，区域 2 为基质，流体从基质线性流入裂缝，再由裂缝线性流向井筒，形成双线性流模型。

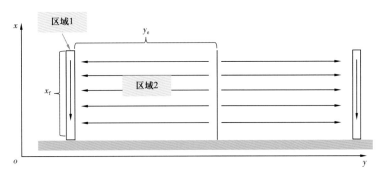

图 4-7　双线性流渗流模型示意图

在双线性流模型中，设定沿水平井方向为 x 方向，沿裂缝方向为 y 方向，裂缝半长为 x_{f}，裂缝间距为 $2y_{\mathrm{e}}$，并假定各条裂缝沿水平井均匀分布，裂缝长度相同，储层厚度相等，裂缝穿透整个储层，渗流为等温渗流，忽略水平井筒井中的压力损失，区域 2 可以为单一介质，也可以为双重介质。

1. 渗流数学模型

在区域 2 中，流体沿 y 方向线性流向裂缝，因此，只考虑 y 方向一个方向的流动即

可，其连续性方程为

$$-\frac{\partial(\rho v_y)}{\partial y} = \frac{\partial(\rho \phi_2)}{\partial t} \quad (4-11)$$

式中，ρ 为流体密度，kg/m^3；ϕ 为区域 2 孔隙度；v_y 为区域 2 中任意一点沿 y 方向的流速，m/d；t 为时间，d。

区域 2 为储层，其运动方程为

$$v_y = -C\frac{k_2}{\mu}\frac{\partial p_2}{\partial y} \quad (4-12)$$

将区域 2 运动方程式（4-12），状态方程式（4-2）、式（4-4）代入区域 2 连续性方程式（4-11），化简可以得到区域 2 的控制方程：

$$\frac{\partial^2 p_2}{\partial y^2} = \frac{\mu \phi_{20} C_{2t}}{C k_{20}}\frac{\partial p_2}{\partial t} \quad (4-13)$$

式中，C_{2t} 为区域 2 的综合压缩系数，$C_{2t}=C_{2f}+C_L$，其中 C_{2f} 为区域 2 的岩石压缩系数。

同时，区域 2 在外边界 y_e 处相当于封闭边界，即

$$\left.\frac{\partial p_2}{\partial y}\right|_{y=y_e} = 0 \quad (4-14)$$

区域 2 的内边界，即与区域 1 相连接的地方，两区压力相等，即

$$p_2\big|_{y=w_f/2} = p_1\big|_{y=w_f/2} \quad (4-15)$$

对于区域 1，流体沿 x 方向线性流向井筒，但因为区域 2 有流体流向区域 1，因此，区域 1 的连续性方程为

$$-\frac{\partial(\rho v_x)}{\partial x} + 2\rho C\frac{k_2}{\mu w_f}\left.\frac{\mathrm{d}p_2}{\mathrm{d}y}\right|_{y=\frac{w_f}{2}} = \frac{\partial(\rho \phi_1)}{\partial t} \quad (4-16)$$

式中，ϕ_1 为区域 1 的孔隙度；v_x 为区域 1 中任意一点沿 x 方向的流速，m/d。

区域 1 的运动方程与区域 2 类似，其运动速度方程为

$$v_x = -C\frac{k_1}{\mu}\frac{\partial p_1}{\partial x} \quad (4-17)$$

将区域 1 的运动方程式（4-17）与岩石、流体的状态方程式（4-2）、式（4-4）代入区域 1 的连续性方程式（4-16），并整理可以得到

$$\frac{\partial^2 p_1}{\partial x^2} + 2\frac{k_2}{k_1 w_f}\left.\frac{\mathrm{d}p_2}{\mathrm{d}y}\right|_{y=\frac{w_f}{2}} = \frac{\mu}{k_1 C}\phi_1 C_{1t}\frac{\partial p_1}{\partial t} \quad (4-18)$$

式中，C_{1t} 为区域 1 的综合压缩系数，MPa^{-1}，$C_{1t}=C_{1f}+C_L$，其中 C_{1f} 为区域 1 的岩石压缩系数。

在裂缝的末端，没有流体流入，因此区域 1 的外边界条件为

$$\left.\frac{\partial p_1}{\partial x}\right|_{x=x_f} = 0 \qquad (4\text{-}19)$$

内里，在裂缝与井筒相交的地方，流体从裂缝流向井筒，因此区域1的内边界条件为

$$\left.C\frac{k_1}{\mu}w_f h\frac{\partial p_1}{\partial x}\right|_{x=0} = \frac{q_f}{2}B \qquad (4\text{-}20)$$

式中，w_f 为裂缝宽度，m；h 为储层厚度，m；B 为流体体积系数；q_f 为单条裂缝流入井筒的流量，m^3/d。

在初始条件下，区域2与区域1的地层压力相等，均为 p_i，即

$$\left.p_2\right|_{t=0} = \left.p_1\right|_{t=0} = p_i \qquad (4\text{-}21)$$

式中，p_i 为初始条件下的地层压力，MPa。

2. 无量纲渗流模型

利用无量纲量的定义式（4-6）至式（4-10），可以分别将区域2与区域1的渗流模型无因次化。

区域2的无量纲渗流模型为

$$\begin{cases} 控制方程：\dfrac{\partial^2 p_{2D}}{\partial y_D{}^2} = \dfrac{\partial p_{2D}}{\partial t_D} \\[3mm] 外边界条件：\left.\dfrac{\partial p_{2D}}{\partial y_D}\right|_{y_D=y_{eD}} = 0 \\[3mm] 内边界条件：\left.p_{2D}\right|_{y_D=w_{fD}/2} = \left.p_{1D}\right|_{y_D=w_{fD}/2} \\[3mm] 初始条件：\left.p_{2D}\right|_{t_D=0} = 0 \end{cases} \qquad (4\text{-}22)$$

区域1的无量纲渗流模型为

$$\begin{cases} 控制方程：\dfrac{\partial^2 p_{1D}}{\partial x_D{}^2} + \dfrac{2}{C_{FD}}\left.\dfrac{\partial p_{2D}}{\partial y_D}\right|_{y=\frac{w_f}{2}} = \dfrac{1}{\eta_{1D}}\dfrac{\partial p_{1D}}{\partial t_D} \\[3mm] 内边界条件：\left.\dfrac{\partial p_{1D}}{\partial x_D}\right|_{x_D=0} = -\dfrac{1}{2C_{FD}} \\[3mm] 外边界条件：\left.\dfrac{\partial p_{1D}}{\partial x_D}\right|_{x_D=1} = 0 \\[3mm] 初始条件：\left.p_{1D}\right|_{t_D=0} = 0 \end{cases} \qquad (4\text{-}23)$$

（三）组合双线性流模型

对于小井距多级分段压裂模型，根据模型的对称性，取任意一条裂缝的1/4作为研究对象，如图4-8所示。将整个区域分成三个区域：区域1为裂缝，区域2为被压开储层，区域3为未压开储层。流体从区域3线性流入区域2，再由区域2线性流入裂缝，再由裂缝线性流向井筒，形成组合双线性流模型。

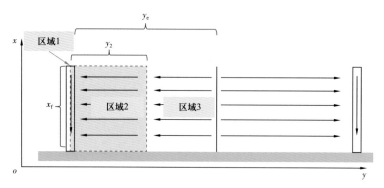

图 4-8　组合双线性流渗流模型示意图

在组合双线性流模型中，设定沿水平井方向为 x 方向，沿裂缝方向为 y 方向，裂缝半长为 x_f，裂缝间距为 $2y_e$，压开储层末端与裂缝的距离为 y_2。假定各条裂缝沿水平井均匀分布，裂缝长度相同，储层厚度相等，裂缝的纵向上穿透整个储层，渗流为等温渗流，忽略水平井筒井中的压力损失。区域 2、区域 3 可以为单一介质，也可以为双重介质。

1. 渗流数学模型

对比上述双线性流模型，组合双线性流模型在区域 2 外多了区域 3，该区域为未压开区域，保持储层原始的状态。区域 3 沿 y 方向线性地流向区域 2，其渗流模型与双线性流模型的区域 2 渗流模型类似，有

$$\begin{cases} \text{控制方程：} \dfrac{\partial^2 p_3}{\partial y^2} = \dfrac{\mu \phi_3 C_{3t}}{C k_3} \dfrac{\partial p_3}{\partial t} \\[2mm] \text{外边界条件：} \left. \dfrac{\partial p_3}{\partial y} \right|_{y=y_e} = 0 \\[2mm] \text{内边界条件：} \left. p_3 \right|_{y=y_2} = \left. p_2 \right|_{y=y_2} \\[2mm] \text{初始条件：} \left. p_3 \right|_{t=0} = p_i \end{cases} \qquad (4\text{-}24)$$

式中，p_3 为区域 3 的压力，MPa；k_3 为区域 3 的渗透率，mD；C_{3t} 为区域 3 的综合压缩系数，$C_{3t}=C_{3f}+C_L$，其中 C_{3f} 为区域 3 的孔隙压缩系数；其他参数说明同前。

区域 2 中的渗流方程与前文介绍的双线性流的区域 2 的渗流方程一致，只是外边界条件不一样，区域 2 与区域 3 连接处，两区不仅压力相等，流量也相等，则区域 2 的渗流方程为

$$\begin{cases} \text{控制方程：} \dfrac{\partial^2 p_2}{\partial y^2} = \dfrac{\mu \phi_2 C_{2t}}{C k_2} \dfrac{\partial p_2}{\partial t} \\[2mm] \text{内边界条件：} \left. p_2 \right|_{y=\frac{w_f}{2}} = \left. p_1 \right|_{y=\frac{w_f}{2}} \\[2mm] \text{外边界条件：} \left. \dfrac{\partial p_2}{\partial y} \right|_{y=y_2} = \dfrac{k_3}{k_2} \left. \dfrac{\partial p_3}{\partial y} \right|_{y=y_2} \\[2mm] \text{初始条件：} \left. p_2 \right|_{t=0} = p_i \end{cases} \qquad (4\text{-}25)$$

区域 1 的渗流模型与前文介绍的双线性流模型中区域 1 的渗流模型一致，其渗流方程为

$$\begin{cases} \text{控制方程：} \dfrac{\partial^2 p_1}{\partial x^2} + 2\dfrac{k_2}{k_1 w_{\mathrm{f}}}\dfrac{\mathrm{d} p_2}{\mathrm{d} y}\bigg|_{y=\frac{w_{\mathrm{f}}}{2}} = \dfrac{\mu}{k_1 C}\phi_1 C_{1\mathrm{t}}\dfrac{\partial p_1}{\partial t} \\[4mm] \text{内边界条件：} C\dfrac{k_1}{\mu}w_{\mathrm{f}}h\dfrac{\partial p_1}{\partial x}\bigg|_{x=0} = \dfrac{q_{\mathrm{f}}}{2}B \\[4mm] \text{外边界条件：} \dfrac{\partial p_1}{\partial x}\bigg|_{x=x_{\mathrm{f}}} = 0 \\[4mm] \text{初始条件：} p_1\big|_{t=0} = p_{\mathrm{i}} \end{cases} \tag{4-26}$$

2. 无量纲渗流模型

利用无量纲量的定义式（4-6）至式（4-10），对区域 3、区域 2 和区域 1 的渗流方程进行无量纲化处理，分别得到各个区的无量纲渗流方程。

区域 3 无量纲渗流方程：

$$\begin{cases} \text{控制方程：} \dfrac{\partial^2 p_{3\mathrm{D}}}{\partial y_{\mathrm{D}}^{\,2}} = \dfrac{1}{\eta_{3\mathrm{D}}}\dfrac{\partial p_{3\mathrm{D}}}{\partial t_{\mathrm{D}}} \\[4mm] \text{内边界条件：} p_{3\mathrm{D}}\big|_{y_{\mathrm{D}}=y_{2\mathrm{D}}} = p_{2\mathrm{D}}\big|_{y_{\mathrm{D}}=y_{2\mathrm{D}}} \\[4mm] \text{外边界条件：} \dfrac{\partial p_{3\mathrm{D}}}{\partial y_{\mathrm{D}}}\bigg|_{y_{\mathrm{D}}=y_{e\mathrm{D}}} = 0 \\[4mm] \text{初始条件：} p_{3\mathrm{D}}\big|_{t_{\mathrm{D}}=0} = 0 \end{cases} \tag{4-27}$$

其中，

$$\dfrac{1}{\eta_{3\mathrm{D}}} = \dfrac{k_{20}\phi_3 C_{3\mathrm{t}}}{k_3\phi_{20}C_{2\mathrm{t}}} \tag{4-28}$$

区域 2 的无量纲渗流方程为

$$\begin{cases} \text{控制方程：} \dfrac{\partial^2 p_{2\mathrm{D}}}{\partial x_{\mathrm{D}}^{\,2}} = \dfrac{\partial p_{2\mathrm{D}}}{\partial t_{\mathrm{D}}} \\[4mm] \text{内边界条件：} p_{2\mathrm{D}}\big|_{y_{\mathrm{D}}=\frac{w_{\mathrm{fD}}}{2}} = p_{1\mathrm{D}}\big|_{y_{\mathrm{D}}=\frac{w_{\mathrm{fD}}}{2}} \\[4mm] \text{外边界条件：} \dfrac{\partial p_{2\mathrm{D}}}{\partial y_{\mathrm{D}}}\bigg|_{y_{\mathrm{D}}=y_{2\mathrm{D}}} = k_{3\mathrm{D}}\dfrac{\partial p_{3\mathrm{D}}}{\partial y_{\mathrm{D}}}\bigg|_{y_{\mathrm{D}}=y_{2\mathrm{D}}} \\[4mm] \text{初始条件：} p_{2\mathrm{D}}\big|_{t_{\mathrm{D}}=0} = 0 \end{cases} \tag{4-29}$$

区域 1 的无量纲渗流方程为

$$\begin{cases} \text{控制方程：} \dfrac{\partial^2 p_{1\mathrm{D}}}{\partial x_{\mathrm{D}}^{\,2}} + \dfrac{2}{C_{\mathrm{FD}}}\dfrac{\partial p_{2\mathrm{D}}}{\partial y_{\mathrm{D}}}\bigg|_{y_{\mathrm{D}}=\frac{w_{\mathrm{fD}}}{2}} = \dfrac{1}{\eta_{1\mathrm{D}}}\dfrac{\partial p_{1\mathrm{D}}}{\partial t_{\mathrm{D}}} \\[4mm] \text{内边界条件：} \dfrac{\partial p_{1\mathrm{D}}}{\partial x_{\mathrm{D}}}\bigg|_{x_{\mathrm{D}}=0} = -\dfrac{1}{2C_{\mathrm{FD}}} \\[4mm] \text{外边界条件：} \dfrac{\partial p_{1\mathrm{D}}}{\partial x_{\mathrm{D}}}\bigg|_{x_{\mathrm{D}}=1} = 0 \\[4mm] \text{初始条件：} p_{1\mathrm{D}}\big|_{t_{\mathrm{D}}=0} = 0 \end{cases} \tag{4-30}$$

（四）三线性流模型

对于图4-5所示的大井距密切割渗流物理模型，根据模型的对称性，取任意一条裂缝的1/4作为研究对象，如图4-9所示。将整个区域分成三个区域：区域1为裂缝，区域2为被压开储层，区域3为未压开储层。流体从区域3线性流入区域2，再由区域2线性流入裂缝（区域1），最后从裂缝线性流向井筒，形成三线性流模型。

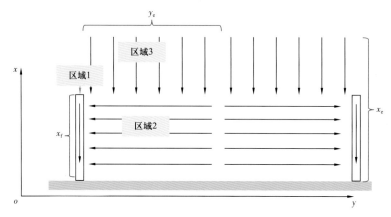

图4-9　三线性流渗流模型示意图

在三线性流模型中，设定沿水平井方向为x方向，沿裂缝方向为y方向，裂缝半长为x_f，裂缝间距为$2y_e$，未压开储层末端与水平井筒的距离为x_e。假定各条裂缝沿水平井均匀分布，裂缝长度相同，储层厚度相等，裂缝的纵向上穿透整个储层，渗流为等温渗流，忽略水平井筒井中的压力损失。区域2、区域3可以为单一介质，也可以为双重介质。

1.渗流数学模型

区域3中的流体沿x方向线性流向区域2，再由区域2沿y方向线性流向裂缝，最后进入井筒。在区域3与区域2的连接界面上，区域3与区域2的压力相等。在区域2与区域1（裂缝）的连接界面上，区域2与区域1的压力相等。而在区域3的末端，没有流体通过，为封闭边界。

区域3沿y方向线性流向区域2，其连续性方程为

$$-\frac{\partial(\rho v_x)}{\partial x}=\frac{\partial(\rho \phi_3)}{\partial t} \qquad (4-31)$$

式中，ϕ_3为区域3的孔隙度。

区域3中流体流动符合达西定律，其运动方程为

$$v_x=-C\frac{k_3}{\mu}\frac{\partial p_3}{\partial x} \qquad (4-32)$$

式中，k_3为区域3的渗透率，mD；p_3为区域3的压力，MPa；其他参数的定义与单位与前述相同。

将运动方程式（4-32）、流体状态方程式（4-2）和区域3的岩石状态方程式（4-4）代入连续性方程式（4-31），整理得到区域3的控制方程为

$$\frac{\partial^2 p_3}{\partial x^2} = \frac{Ck_{30}}{\mu\phi_{30}C_{3t}}\frac{\partial p_3}{\partial t} \tag{4-33}$$

在区域 3 的末端没有流体通过，为封闭边界，即

$$\left.\frac{\partial p_3}{\partial x}\right|_{x=x_e} = 0 \tag{4-34}$$

在区域 3 与区域 2 的连接界面上，区域 3 与区域 2 的压力相等，即

$$p_3\big|_{x=x_f} = p_2\big|_{x=x_f} \tag{4-35}$$

在初始状态下，所有区域的压力值均为原始地层压力，即

$$p_3\big|_{t=0} = p_i \tag{4-36}$$

由于区域 3 中的流体沿 x 方向流向区域 2，而区域 2 中的流体沿 y 方向流向区域 1，因此，区域 2 中的连续性方程为

$$-\frac{\partial(\rho v_y)}{\partial y} + \rho C\frac{k_3}{\mu x_f}\frac{\mathrm{d}p_3}{\mathrm{d}x}\bigg|_{x=x_f} = \frac{\partial(\rho\phi_2)}{\partial t} \tag{4-37}$$

区域 2 中的流体渗流也符合达西定律，其运动方程为

$$v_y = -C\frac{k_2}{\mu}\frac{\partial p_2}{\partial y} \tag{4-38}$$

式中，k_2 为区域 2 的渗透率，mD；p_2 为区域 2 的压力，MPa；其他参数的定义与单位与前述相同。

将运动方程式（4-38）、流体状态方程式（4-2）和区域 3 的岩石状态方程式（4-4）代入连续性方程式（4-37），整理得到区域 2 的控制方程为

$$\frac{\partial^2 p_2}{\partial y^2} + \frac{k_3}{k_2 x_f}\frac{\mathrm{d}p_3}{\mathrm{d}x}\bigg|_{x=x_f} = \frac{\mu\phi_2 C_{2t}}{Ck_2}\frac{\partial p_2}{\partial t} \tag{4-39}$$

区域 2 的边界条件与前文介绍的双线性流中区域 2 的边界条件一致，则区域 2 的渗流方程为

$$\begin{cases} \text{控制方程：} \dfrac{\partial^2 p_2}{\partial y^2} + \dfrac{k_3}{k_2 x_f}\dfrac{\mathrm{d}p_3}{\mathrm{d}x}\bigg|_{x=x_f} = \dfrac{\mu\phi_2 C_{2t}}{Ck_2}\dfrac{\partial p_2}{\partial t} \\[3mm] \text{内边界条件：} p_2\big|_{y=\frac{w_f}{2}} = p_1\big|_{y=\frac{w_f}{2}} \\[3mm] \text{外边界条件：} \dfrac{\partial p_2}{\partial y}\bigg|_{y=y_e} = 0 \\[3mm] \text{初始条件：} p_2\big|_{t=0} = p_i \end{cases} \tag{4-40}$$

区域 1 的渗流方程与前文介绍的双线性流模型中的区域 1 的渗流方程完全相同，即

$$\begin{cases} \text{控制方程：} \dfrac{\partial^2 p_1}{\partial x^2} + 2\dfrac{k_2}{k_1 w_\mathrm{f}} \dfrac{\mathrm{d}p_2}{\mathrm{d}y}\bigg|_{y=\frac{w_\mathrm{f}}{2}} = \dfrac{\mu}{k_1 C}\phi_1 C_{1\mathrm{t}} \dfrac{\partial p_1}{\partial t} \\[3mm] \text{内边界条件：} C\dfrac{k_1}{\mu}w_\mathrm{f}h\dfrac{\partial p_1}{\partial x}\bigg|_{x=0} = \dfrac{q_\mathrm{f}}{2}B \\[3mm] \text{外边界条件：} \dfrac{\partial p_1}{\partial x}\bigg|_{x=x_\mathrm{f}} = 0 \\[3mm] \text{初始条件：} p_1\big|_{t=0} = p_\mathrm{i} \end{cases} \quad (4\text{-}41)$$

2. 无量纲渗流模型

利用无量纲量的定义式（4-6）至式（4-10），对区域3、区域2和区域1的渗流方程进行无量纲化处理，分别得到各个区的无量纲渗流方程。

区域3无量纲渗流方程：

$$\begin{cases} \text{控制方程：} \dfrac{\partial^2 p_{3\mathrm{D}}}{\partial x_\mathrm{D}{}^2} = \dfrac{1}{\eta_{3\mathrm{D}}}\dfrac{\partial p_{3\mathrm{D}}}{\partial t_\mathrm{D}} \\[3mm] \text{内边界条件：} p_{3\mathrm{D}}\big|_{x_\mathrm{D}=1} = p_{2\mathrm{D}}\big|_{x_\mathrm{D}=1} \\[3mm] \text{外边界条件：} \dfrac{\partial p_{3\mathrm{D}}}{\partial x_\mathrm{D}}\bigg|_{x_\mathrm{D}=x_{\mathrm{eD}}} = 0 \\[3mm] \text{初始条件：} p_{3\mathrm{D}}\big|_{t_\mathrm{D}=0} = 0 \end{cases} \quad (4\text{-}42)$$

其中，

$$\frac{1}{\eta_{3\mathrm{D}}} = \frac{k_{20}\phi_3 C_{3\mathrm{t}}}{k_3 \phi_{20} C_{2\mathrm{t}}} \quad (4\text{-}43)$$

区域2的无量纲渗流方程为

$$\begin{cases} \text{控制方程：} \dfrac{\partial^2 p_{2\mathrm{D}}}{\partial y_\mathrm{D}{}^2} + k_{3\mathrm{D}}\dfrac{\partial p_{3\mathrm{D}}}{\partial x_\mathrm{D}}\bigg|_{x=x_\mathrm{f}} = \dfrac{\partial p_{2\mathrm{D}}}{\partial t_\mathrm{D}} \\[3mm] \text{内边界条件：} p_{2\mathrm{D}}\big|_{y_\mathrm{D}=\frac{w_{\mathrm{fD}}}{2}} = p_{1\mathrm{D}}\big|_{y_\mathrm{D}=\frac{w_{\mathrm{fD}}}{2}} \\[3mm] \text{外边界条件：} \dfrac{\partial p_{2\mathrm{D}}}{\partial y_\mathrm{D}}\bigg|_{y_\mathrm{D}=y_{\mathrm{eD}}} = 0 \\[3mm] \text{初始条件：} p_{2\mathrm{D}}\big|_{t_\mathrm{D}=0} = 0 \end{cases} \quad (4\text{-}44)$$

区域1的无量纲渗流方程为

$$\begin{cases} \text{控制方程：} \dfrac{\partial^2 p_{1\mathrm{D}}}{\partial x_\mathrm{D}{}^2} + \dfrac{2}{C_{\mathrm{FD}}}\dfrac{\partial p_{2\mathrm{D}}}{\partial y_\mathrm{D}}\bigg|_{y_\mathrm{D}=\frac{w_{\mathrm{fD}}}{2}} = \dfrac{1}{\eta_{1\mathrm{D}}}\dfrac{\partial p_{1\mathrm{D}}}{\partial t_\mathrm{D}} \\[3mm] \text{内边界条件：} \dfrac{\partial p_{1\mathrm{D}}}{\partial x_\mathrm{D}}\bigg|_{x_\mathrm{D}=0} = -\dfrac{1}{2C_{\mathrm{FD}}} \\[3mm] \text{外边界条件：} \dfrac{\partial p_{1\mathrm{D}}}{\partial x_\mathrm{D}}\bigg|_{x_\mathrm{D}=1} = 0 \\[3mm] \text{初始条件：} p_{1\mathrm{D}}\big|_{t_\mathrm{D}=0} = 0 \end{cases} \quad (4\text{-}45)$$

（五）五区多线性流模型

对于大井距多级分段压裂渗流物理模型，根据模型的对称性，取任意一条裂缝的 1/4 作为研究对象，如图 4-10 所示。将整个区域分成五个区域：区域 1 为裂缝，区域 2 为被压开储层，区域 3、区域 4、区域 5 均为未压开储层。区储层参数一致，只是每个区域的流动线路不一样。区域 4 中的流体沿 x 方程线性流向区域 3，再由区域 3 沿 x 方向线性流向区域 2，而区域 5 中的流体沿 x 方程线性流向区域 2，再统一由区域 2 线性流向区域 1（裂缝），进而流向井筒，得到生产，形成五区多线性流模型。

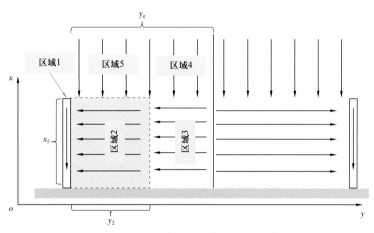

图 4-10　五区多线性流渗流模型示意图

在五区多线性流模型中，设定沿水平井方向为 x 方向，沿裂缝方向为 y 方向，裂缝半长为 x_f，裂缝间距为 $2y_e$，区域 2 右端与裂缝的距离为 y_2，区域 4、区域 5 上端距离井筒的距离为 x_e，并假定各条裂缝沿水平井均匀分布，裂缝长度相同，储层厚度相等，裂缝的纵向上穿透整个储层，渗流为等温渗流，忽略水平井筒井中的压力损失。区域 2 至区域 5 可以为单一介质，也可以为双重介质。

1. 渗流数学模型

区域 5 中的流体沿 x 方向线性流向区域 2，其渗流控制方程与前述的三线性流模型的区域 3 的渗流控制方程完全一致。在区域 5 与区域 2 的连接界面上，两区压力相等，因此区域 5 的渗流模型分别为

$$
\begin{cases}
控制方程： & \dfrac{\partial^2 p_5}{\partial x^2} = \dfrac{\mu \phi_5 C_{5t}}{C k_5} \dfrac{\partial p_5}{\partial t} \\[2mm]
内边界条件： & p_5\big|_{x=x_f} = p_2\big|_{x=x_f} \\[2mm]
外边界条件： & \dfrac{\partial p_5}{\partial x}\bigg|_{x=x_e} = 0 \\[2mm]
初始条件： & p_5\big|_{t=0} = p_i
\end{cases}
\tag{4-46}
$$

式中，p_5 为区域 5 的压力，MPa；k_5 为区域 5 的渗透率，mD；ϕ_5 为区域 5 的孔隙度；$C_{5t}=C_{5f}+C_L$，其中 C_{5f} 为区域 5 的孔隙压缩系数，C_L 为流体压缩系数；其他参数的含义和单位与前述一致。

区域 4 中的流体沿 x 方向线性流向区域 3，其渗流控制方程与前述三线性流模型区域 3 的渗流控制方程完全一致。在区域 4 与区域 3 的连接界面上，两区压力相等，因此区域 4 的渗流模型分别为

$$
\begin{cases}
\text{控制方程：} \ \dfrac{\partial^2 p_4}{\partial x^2} = \dfrac{\mu \phi_{40} C_{4t}}{C k_{40}} \dfrac{\partial p_4}{\partial t} \\[2mm]
\text{内边界条件：} \ p_4\big|_{x=x_f} = p_3\big|_{x=x_f} \\[2mm]
\text{外边界条件：} \ \dfrac{\partial p_4}{\partial x}\bigg|_{x=x_e} = 0 \\[2mm]
\text{初始条件：} \ p_4\big|_{t=0} = p_i
\end{cases}
\tag{4-47}
$$

式中，p_4 为区域 4 的压力，MPa；k_4 为区域 4 的渗透率，mD；ϕ_4 为区域 4 的孔隙度；$C_{4t} = C_{4f} + C_L$，其中 C_{4f} 为区域 4 的孔隙压缩系数。

其他参数说明与前文所述一致。

区域 4 中的流体沿 x 方向线性流向区域 3，再由区域 3 沿 y 方向线性流向区域 2，因此，区域 3 的连续性方程为

$$
-\frac{\partial(\rho v_y)}{\partial y} + \rho C \frac{k_4}{\mu x_f} \frac{\mathrm{d} p_4}{\mathrm{d} x}\bigg|_{x=x_f} = \frac{\partial(\rho \phi_3)}{\partial t}
\tag{4-48}
$$

区域 3 的渗流符合达西定律，其运动方程为

$$
v_x = -C \frac{k_3}{\mu} \frac{\partial p_3}{\partial x}
\tag{4-49}
$$

式中，k_3 为区域 3 的渗透率，mD；其他参数的含义和单位与前文一致。

将运动方程式（4-49）、流体状态方程式（4-2）和岩石状态方程式（4-4）代入连续性方程式（4-48），整理可得区域 3 的渗流控制方程，有

$$
\frac{\partial^2 p_3}{\partial y^2} + \frac{k_4}{k_3 x_f} \frac{\mathrm{d} p_4}{\mathrm{d} x}\bigg|_{x=x_f} = \frac{\mu \phi_3 C_{3t}}{C k_3} \frac{\partial p_3}{\partial t}
\tag{4-50}
$$

式中，C_{3t} 为区域 3 的综合压缩系数，MPa^{-1}，$C_{3t} = C_{3f} + C_L$，其中 C_{3f} 为区域 3 的孔隙压缩系数，MPa^{-1}。

在区域 3 的右端，没有流体流过，为封闭边界。在区域 3 的左端，区域 3 与区域 2 相连接，两区的压力相等。因此，区域 3 的渗流方程为

$$
\begin{cases}
\text{控制方程：} \ \dfrac{\partial^2 p_3}{\partial y^2} + \dfrac{k_4}{k_3 x_f} \dfrac{\mathrm{d} p_4}{\mathrm{d} x}\bigg|_{x=x_f} = \dfrac{\mu \phi_3 C_{3t}}{C k_3} \dfrac{\partial p_3}{\partial t} \\[2mm]
\text{内边界条件：} \ p_3\big|_{y=y_2} = p_2\big|_{y=y_2} \\[2mm]
\text{外边界条件：} \ \dfrac{\partial p_3}{\partial y}\bigg|_{y=y_e} = 0 \\[2mm]
\text{初始条件：} \ p_3\big|_{t=0} = p_i
\end{cases}
\tag{4-51}
$$

区域 5 中的流体沿 x 方向线性流向区域 2，因此区域 2 的渗流控制方程与前述三线性流模型中的区域 2 的渗流控制方程类似。区域 2 的右端与区域 3 连接，两区不仅压力相等，流量也相等。因此区域的渗流方程为

$$
\begin{cases}
\text{控制方程：} & \dfrac{\partial^2 p_2}{\partial y^2} + \dfrac{k_5}{k_2 x_\mathrm{f}} \dfrac{\mathrm{d} p_5}{\mathrm{d} x}\bigg|_{x=x_\mathrm{f}} = \dfrac{\mu \phi_2 C_{2\mathrm{t}}}{C k_2} \dfrac{\partial p_2}{\partial t} \\[2mm]
\text{内边界条件：} & p_2\big|_{y=\frac{w_\mathrm{f}}{2}} = p_1\big|_{y=\frac{w_\mathrm{f}}{2}} \\[2mm]
\text{外边界条件：} & \dfrac{\partial p_2}{\partial y}\bigg|_{y=y_2} = \dfrac{k_3}{k_2} \dfrac{\partial p_3}{\partial y}\bigg|_{y=y_2} \\[2mm]
\text{初始条件：} & p_2\big|_{t=0} = p_\mathrm{i}
\end{cases}
\tag{4-52}
$$

区域 1 的渗流方程与图 4-7 的双线性流模型中区域 1 的渗流方和完全一致，即

$$
\begin{cases}
\text{控制方程：} & \dfrac{\partial^2 p_1}{\partial x^2} + 2\dfrac{k_2}{k_1 w_\mathrm{f}} \dfrac{\mathrm{d} p_2}{\mathrm{d} y}\bigg|_{y=\frac{w_\mathrm{f}}{2}} = \dfrac{\mu}{k_1 C} \phi_1 C_{1\mathrm{t}} \dfrac{\partial p_1}{\partial t} \\[2mm]
\text{内边界条件：} & C\dfrac{k_1}{\mu} w_\mathrm{f} h \dfrac{\partial p_1}{\partial x}\bigg|_{x=0} = \dfrac{q_\mathrm{f}}{2} B \\[2mm]
\text{外边界条件：} & \dfrac{\partial p_1}{\partial x}\bigg|_{x=x_\mathrm{f}} = 0 \\[2mm]
\text{初始条件：} & p_1\big|_{t=0} = p_\mathrm{i}
\end{cases}
\tag{4-53}
$$

2. 无量纲渗流模型

利用无量纲的定义式（4-6）至式（4-10），分别对区域 1 至区域 5 的渗流方程进行无量纲化，得到各区的无量纲渗流方程。

区域 5 无量纲渗流模型：

$$
\begin{cases}
\text{控制方程：} & \dfrac{\partial^2 p_{5\mathrm{D}}}{\partial x_\mathrm{D}^2} = \dfrac{1}{\eta_{5\mathrm{D}}} \dfrac{\partial p_{5\mathrm{D}}}{\partial t_\mathrm{D}} \\[2mm]
\text{内边界条件：} & p_{5\mathrm{D}}\big|_{x_\mathrm{D}=1} = p_{2\mathrm{D}}\big|_{x_\mathrm{D}=1} \\[2mm]
\text{外边界条件：} & \dfrac{\partial p_{5\mathrm{D}}}{\partial x_\mathrm{D}}\bigg|_{x_\mathrm{D}=x_{\mathrm{eD}}} = 0 \\[2mm]
\text{初始条件：} & p_{5\mathrm{D}}\big|_{t_\mathrm{D}=0} = 0
\end{cases}
\tag{4-54}
$$

其中，

$$
\frac{1}{\eta_{5\mathrm{D}}} = \frac{k_{20} \phi_5 C_{5\mathrm{t}}}{k_5 \phi_{20} C_{2\mathrm{t}}}
\tag{4-55}
$$

区域 4 无量纲渗流模型：

$$
\begin{cases}
\text{控制方程：} \dfrac{\partial^2 p_{4D}}{\partial x_D^{\,2}} = \dfrac{1}{\eta_{4D}} \dfrac{\partial p_{4D}}{\partial t_D} \\[2mm]
\text{内边界条件：} \left. p_{4D} \right|_{x_D=1} = \left. p_{3D} \right|_{x_D=1} \\[2mm]
\text{外边界条件：} \left. \dfrac{\partial p_{4D}}{\partial x_D} \right|_{x_D=x_{eD}} = 0 \\[2mm]
\text{初始条件：} \left. p_{4D} \right|_{t_D=0} = 0
\end{cases}
\tag{4-56}
$$

其中，

$$
\frac{1}{\eta_{4D}} = \frac{k_{20}\phi_4 C_{4t}}{k_4 \phi_{20} C_{2t}}
\tag{4-57}
$$

区域 3 的无量纲渗流方程为

$$
\begin{cases}
\text{控制方程：} \dfrac{\partial^2 p_{3D}}{\partial y_D^{\,2}} + \dfrac{k_{4D}}{k_{3D}} \left. \dfrac{\partial p_{4D}}{\partial x_D} \right|_{x_D=1} = \dfrac{1}{\eta_{3D}} \dfrac{\partial p_{3D}}{\partial t_D} \\[2mm]
\text{内边界条件：} \left. p_{3D} \right|_{y_D=y_{2D}} = \left. p_{2D} \right|_{y_D=y_{2D}} \\[2mm]
\text{外边界条件：} \left. \dfrac{\partial p_{3D}}{\partial y_D} \right|_{y_D=y_{eD}} = 0 \\[2mm]
\text{初始条件：} \left. p_{3D} \right|_{t_D=0} = 0
\end{cases}
\tag{4-58}
$$

其中，

$$
\frac{1}{\eta_{3D}} = \frac{k_{20}\phi_3 C_{3t}}{k_3 \phi_{20} C_{2t}}
\tag{4-59}
$$

区域 2 的无量纲渗流方程为

$$
\begin{cases}
\text{控制方程：} \dfrac{\partial^2 p_{2D}}{\partial y_D^{\,2}} + k_{5D} \left. \dfrac{\partial p_{5D}}{\partial x_D} \right|_{x_D=1} = \dfrac{\partial p_{2D}}{\partial t_D} \\[2mm]
\text{内边界条件：} \left. p_{2D} \right|_{y_D=\frac{w_{fD}}{2}} = \left. p_{1D} \right|_{y_D=\frac{w_{fD}}{2}} \\[2mm]
\text{外边界条件：} \left. \dfrac{\partial p_{2D}}{\partial y_D} \right|_{y_D=y_{2D}} = k_{3D} \left. \dfrac{\partial p_{3D}}{\partial y_D} \right|_{y_D=y_{2D}} \\[2mm]
\text{初始条件：} \left. p_{3D} \right|_{t_D=0} = 0
\end{cases}
\tag{4-60}
$$

区域 1 的无量纲方程为

$$
\begin{cases}
\text{控制方程：} \dfrac{\partial^2 p_{1D}}{\partial x_D^{\,2}} + \dfrac{2}{C_{FD}} \left. \dfrac{\partial p_{2D}}{\partial y_D} \right|_{y_D=\frac{w_{fD}}{2}} = \dfrac{1}{\eta_{1D}} \dfrac{\partial p_{1D}}{\partial t_D} \\[2mm]
\text{内边界条件：} \left. \dfrac{\partial p_{1D}}{\partial x_D} \right|_{x_D=0} = -\dfrac{1}{2C_{FD}} \\[2mm]
\text{外边界条件：} \left. \dfrac{\partial p_{1D}}{\partial x_D} \right|_{x_D=1} = 0 \\[2mm]
\text{初始条件：} \left. p_{1D} \right|_{t_D=0} = 0
\end{cases}
\tag{4-61}
$$

三、致密油 EUR 评价数学模型解析解

本节将 Laplace 变换法应用到四种渗流数学模型中，求解得到了四种情形下的致密油压裂水平井压力解，然后求取致密油压裂水平井产量解。

（一）Laplace 变换与数值反演

Laplace 变换法广泛用于求解不稳定渗流问题，这是因为应用 Laplace 变换的方法能将时间变量的偏导数从渗流微分方程中消去，可以很大程度上简化渗流微分方程的求解。其定义如下：

$$L\left[F(t)\right] \equiv \overline{F}(u) = \int_0^\infty \mathrm{e}^{-ut'} F(t'') \mathrm{d}t' \qquad (4-62)$$

其反变换式为

$$F(t) = \frac{1}{2\pi i} \int_{u=v-i\infty}^{v+i\infty} \mathrm{e}^{ut} \overline{F}(u) \mathrm{d}u \qquad (4-63)$$

虽然 Laplace 变换能极大地简化偏微分方程的求解过程，但要对 Laplace 变换后得到的解进行反变换，一般是相当复杂的，幸运的是，Stehfest（1970）发表了题为"Laplace 变换的数值反演"一文，使得问题得到了很好的解决，其又在随后的文章中对反演算法进行了修正，使计算更为稳定可靠，其主要的计算公式为

$$F(t) = \frac{\ln 2}{t} \sum_{i=1}^N V_i \overline{F}\left(\frac{\ln 2}{t} i\right) \qquad (4-64)$$

其中，

$$V_i = (-1)^{N/2+i} \sum_{k=\frac{i+1}{2}}^{\mathrm{Min}(i, N/2)} \frac{k^{N/2}(2k)!}{(N/2-k)!k!(k-1)!(i-k)!(2k-i)!} \qquad (4-65)$$

（二）双线性流模型求解

区域 2 与区域 1 的无量纲渗流模型为偏微分方程，可以利用变量替换的方法进行求解，但求解较为烦琐。可以使用 Laplace 变换，将对时间的偏微分项进行转换，从而转换到 Laplace 空间的常微分方程，求解可以得到

$$\overline{p}_{1\mathrm{D}} = -\frac{1}{2C_{\mathrm{FD}} u \sqrt{f_1(u)}} \frac{\sinh\left[\sqrt{f_1(u)}(x_{\mathrm{D}}-2)\right] - \cosh\left(\sqrt{f_1(u)} x_{\mathrm{D}}\right)}{\cosh\left(2\sqrt{f_1(u)}\right) - 1} \qquad (4-66)$$

取 $x_{\mathrm{D}} = 0$ 处的压力值为井底压力，则可以得到双线性流模型的井底压力方程：

$$\overline{p}_{\mathrm{wD}} = \frac{1}{2C_{\mathrm{FD}} u \sqrt{f_1(u)}} \frac{\sinh\left(2\sqrt{f_1(u)}\right) + 1}{\cosh\left(2\sqrt{f_1(u)}\right) - 1} \qquad (4-67)$$

利用 Laplace 数值反演方法，对式（4-67）进行反演计算，则可以得到实空间的双线性流模型无量纲井底压力。

（三）组合双线性流模型求解

同样方法，为了求解区域 1 至区域 3 的渗流方程，分别对区域 3、区域 2 和区域 1 的无量纲渗流模型式（4-27）、式（4-29）和式（4-30）利用式（4-62）进行 Laplace 变换。将对时间的偏微分项进行转换，从而转换到 Laplace 空间的常微分方程，求解得

$$\bar{p}_{1D} = -\frac{1}{2uC_{FD}\sqrt{f_1(u)}} \frac{\sinh\left[\sqrt{f_1(u)}(x_D-2)\right]-\sinh\left(\sqrt{f_1(u)}x_D\right)}{\cosh\left(2\sqrt{f_1(u)}\right)-1} \tag{4-68}$$

取 $x_D=0$ 处的压力值为井底压力，则可以得到双线性流模型的井底压力方程：

$$\bar{p}_{wD} = \frac{1}{2C_{FD}u\sqrt{f_1(u)}} \frac{\sinh\left(2\sqrt{f_1(u)}\right)+1}{\cosh\left(2\sqrt{f_1(u)}\right)-1} \tag{4-69}$$

利用 Laplace 数值反演方法，对式（4-69）进行反演计算，则可以得到实空间的组合双线性流模型无量纲井底压力。

（四）三线性流模型求解

同样地，得到该模型的解：

$$\bar{p}_{1D} = -\frac{1}{2C_{FD}u\sqrt{f_1(u)}} \frac{\sinh\left[\sqrt{f_1(u)}(x_D-2)\right]-\cosh\left(\sqrt{f_1(u)}x_D\right)}{\cosh\left(2\sqrt{f_1(u)}\right)-1} \tag{4-70}$$

取 $x_D=0$ 处的压力为井底井力，则有

$$\bar{p}_{wD} = \frac{1}{2C_{FD}u\sqrt{f_1(u)}} \frac{\sinh\left(2\sqrt{f_1(u)}\right)+1}{\cosh\left(2\sqrt{f_1(u)}\right)-1} \tag{4-71}$$

（五）五区线性流模型求解

同上方法，可求解区域 1 至区域 5 的渗流方程的解：

$$\bar{p}_{1D} = -\frac{1}{2uC_{FD}\sqrt{f_1(u)}} \frac{\sinh\left[\sqrt{f_1(u)}(x_D-2)\right]-\sinh\left(\sqrt{f_1(u)}x_D\right)}{\cosh\left(2\sqrt{f_1(u)}\right)-1} \tag{4-72}$$

取 $x_D=0$ 处的压力为井底井力，则有

$$\bar{p}_{wD} = \frac{1}{2uC_{FD}\sqrt{f_1(u)}} \frac{\sinh\left(2\sqrt{f_1(u)}\right)}{\cosh\left(2\sqrt{f_1(u)}\right)-1} \tag{4-73}$$

四、致密油 EUR 评价方法

在致密油压裂水平井多线性流模型建立的基础上，拟合得到了定产条件下边界控制

流阶段无量纲产量的渐近表达式，结合 Blasingame 曲线的制作方法，得到了致密油压裂水平井多线性流模型的 Blasingame 曲线，建立了实际生产数据的 Blasingame 曲线分析方法，得到了油藏参数及动态储量评估的计算公式，进而可以计算单井 EUR。

（一）Blasingame 曲线分析方法

1.Blasingame 理论曲线的建立

在边界控制流阶段，封闭油藏的无量纲压力曲线都变成一条斜率为 1 的直线，可以通过式（4-74）进行描述：

$$p_{wD} = \alpha t_D + \beta \qquad (4-74)$$

式中，α 和 β 均为回归系数，不同试井模型回归得到的 α 和 β 不同；p_{wD} 为无量纲井底压力；t_D 为无量纲时间。

将式（4-74）转换到 Laplace 空间，可以得到 Laplace 空间上的无量纲井底压力：

$$\overline{p}_{wD} = \frac{\alpha}{u^2} + \frac{\beta}{u} \qquad (4-75)$$

式中，u 为 Laplace 空间变量。

根据叠加原理，定产生产的无量纲井底压力与定压生产时的无量纲产量存在如下的关系式：

$$\overline{p}_{wD}\overline{q}_D = \frac{1}{u^2} \qquad (4-76)$$

式中，$\overline{q}_D$ 为 Laplace 空间上的无量纲产量。

无量纲产量 q_D 的定义为

$$q_D = \frac{q_f \mu B}{C k_{20} h (p_i - p_{wf})}$$

将式（4-75）代入式（4-76），有

$$\overline{q}_D = \frac{1}{\beta \left(\dfrac{\alpha}{\beta} + u \right)} \qquad (4-77)$$

对式（4-77）进行 Laplace 反变换得到

$$q_D = \frac{1}{\beta} \exp \left(-\frac{\alpha}{\beta} t_D \right) \qquad (4-78)$$

定义无量纲递减时间为

$$t_{Dd} = \frac{\alpha}{\beta} t_D \qquad (4-79)$$

定义无量纲递减产量为

$$q_{Dd} = \frac{\beta}{L^{-1}[\overline{p}_D]} = \beta q_D \qquad (4-80)$$

式中，L^{-1} 为 Laplace 逆变换；$\bar{P}_D$ 为 Laplace 空间的无量纲压力。

无量纲规整化产量积分为

$$q_{\mathrm{Ddi}} = \frac{N_{\mathrm{pDd}}}{t_{\mathrm{Dd}}} = \frac{1}{t_{\mathrm{Dd}}} \int_0^{t_{\mathrm{Dd}}} q_{\mathrm{Dd}}(\tau) \, \mathrm{d}\tau \tag{4-81}$$

式中，N_{pDd} 为无量纲产量积分，$N_{\mathrm{pDd}} = \int_0^{t_{\mathrm{Dd}}} q_{\mathrm{Dd}}(\tau) \, \mathrm{d}\tau$。

无量纲规整化产量积分导数为

$$q_{\mathrm{Ddid}} = -\frac{\mathrm{d}q_{\mathrm{Ddi}}}{\mathrm{d}\ln t_{\mathrm{Dd}}} = -t_{\mathrm{Dd}} \frac{\mathrm{d}q_{\mathrm{Ddi}}}{\mathrm{d}t_{\mathrm{Dd}}} = -t_{\mathrm{Dd}} \frac{\mathrm{d}\left(N_{\mathrm{pDd}}/t_{\mathrm{Dd}}\right)}{\mathrm{d}t_{\mathrm{Dd}}} \tag{4-82}$$

Iik（2007）引入了 β 积分导数函数，其定义如下：

$$\beta\left[q_{\mathrm{Ddi}}(t_{\mathrm{Dd}})\right] = \frac{q_{\mathrm{Ddid}}(t_{\mathrm{Dd}})}{q_{\mathrm{Ddi}}(t_{\mathrm{Dd}})} \tag{4-83}$$

通过定义新的无量纲递减时间与无量纲递减产量，从而得到任意渗流模型对应的 Blasingame 曲线。

2. 实际数据的处理

1）物质平衡时间

根据 Blasingame 提出的物质平衡时间的概念，并定义为累计产油与当前日产油量的比值，其含义是以当前产量进行定产时间到当前累计产量所需的时间，即

$$t_c = \frac{Q}{q} \tag{4-84}$$

式中，t_c 为物质平稳时间，d；Q 为当前累计产油量，m³；q 为当前产油量，m³/d。

2）规整化产油量

规整化产油量定义为当前日产油量除以原始地层压力与当前生产流压的差值，代表当前的生产能力，即

$$\frac{q}{\Delta p} = \frac{q}{p_{\mathrm{i}} - p_{\mathrm{wf}}} \tag{4-85}$$

式中，Δp 为生产压差，MPa；p_{i} 为原始地层压力，MPa；p_{wf} 为井底流压，MPa。

3）规整化产油量积分

为了过滤掉产量曲线变化太大的噪声，Blasingame 等（1989）增加了规整化产油量积分的概念，定义如下：

$$\left(\frac{q}{\Delta p}\right)_{\mathrm{i}} = \frac{\int_0^{t_c} \frac{q}{\Delta p} \, \mathrm{d}t_c}{t_c} \tag{4-86}$$

4）规整化产油量积分导数

为了更好地区别不同条件的生产曲线，Blasingame 将规整化产油量积分对物质平衡

时间进行对数求导，得到

$$\left(\frac{q}{\Delta p}\right)_{id} = -\frac{d\left(\frac{q}{\Delta p}\right)_i}{d\ln t_c} = -\frac{d\left(\frac{q}{\Delta p}\right)_i}{dt_c}t_c \qquad (4-87)$$

5）β 积分导数函数

$$\beta\left[\left(\frac{q}{\Delta p}\right)_{id}\right] = \frac{\left(\frac{q}{\Delta p}\right)_{id}}{\left(\frac{q}{\Delta p}\right)_i} \qquad (4-88)$$

（二）双线性流模型 Blasingame 曲线

1. Blasingame 曲线制作

由前述致密油压裂水平井双线性流模型的建立与求解可知，影响双线性流模型边界控制流阶段压力的参数只有裂缝间距 y_{eD}。为了得到以线性流模型边界控制流阶段压力的拟合表达式，分别取 y_{eD} 为 0.1、0.2、0.3、0.4、0.5、0.6、0.7、0.8、0.9、1.0，计算得到边界控制流阶段无量纲压力与无量纲时间的关系，在双对数坐标中两者都呈现出线性关系，如图 4-11 所示，拟合结果如表 4-2 所示。

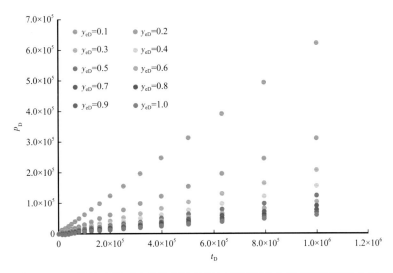

图 4-11　双线性流模型边界控制流阶段无量纲压力与无量纲时间的关系

表 4-2　双线流模型边界控制流阶段无量纲压力拟合参数

y_{eD}	α	β
0.1	0.6239	109.97
0.2	0.3122	108.2
0.3	0.2082	106.33

y_{eD}	α	β
0.4	0.1562	104.65
0.5	0.125	101.16
0.6	0.1042	101.82
0.7	0.0893	100.61
0.8	0.0781	99.505
0.9	0.0695	98.493
1.0	0.0625	97.558

拟合参数 α、β 与 y_{eD} 的关系如图 4-12 所示，其中 α 与 y_{eD} 呈幂函数关系，而 β 与 y_{eD} 的关系可拟合为二阶多项式形式，拟合结果非常好，相关系数达到 0.9999 以上，二者拟合关系式分别为

$$\alpha = 0.0625 y_{eD}^{-0.998} \qquad （4-89）$$

$$\beta = 6.4466 y_{eD}^{2} - 20.863 y_{eD} + 112.02 \qquad （4-90）$$

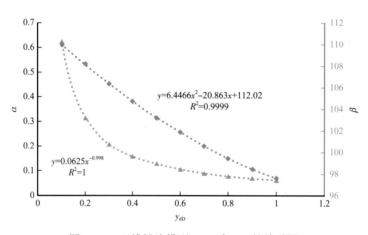

图 4-12　双线性流模型 α、β 与 y_{eD} 的关系图

从而得到了压裂水平井双线性流模型边界控制流的渐近方程式，将 α、β 拟合关系式代入式（4-89）和式（4-90）中，可以得到双线性流模型的 Blasingame 曲线。

2. 参数拟合

由油藏原始压力、实测井底压力、实测产量数据，可以计算得到实测数据的规整化产量 $\dfrac{q}{\Delta p}$ 和物质平衡时间 t_c，并求取曲线积分和导数，然后把这三组数据绘制到无量纲双对数图上，移动实测曲线，使实测曲线与理论图版相拟合（图 4-13），就可以计算出拟合参数：

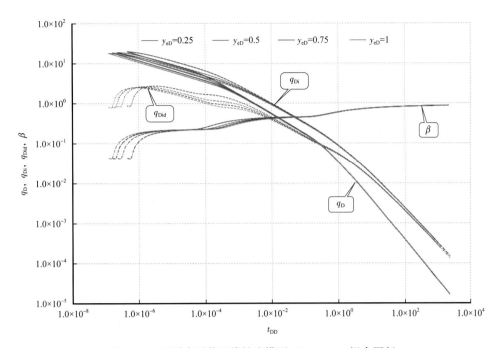

图 4-13　压裂水平井双线性流模型 Blasingame 拟合图版

产量拟合参数：

$$\left(\frac{q/\Delta p}{q_{Dd}}\right)_m \tag{4-91}$$

时间拟合参数：

$$\left(\frac{t_c}{t_{Dd}}\right)_m \tag{4-92}$$

裂缝间距拟合参数：

$$\left(\frac{y_e}{x_f}\right)_m \tag{4-93}$$

由产量拟合参数式及无量纲递减产量的定义式联合，可以得到

$$k_{20} = \frac{\mu B}{ChN_f}\left(\frac{q/\Delta p}{q_{Dd}}\right)_m\left[6.4466\left(\frac{y_e}{x_f}\right)_m^2 - 20.863\left(\frac{y_e}{x_f}\right)_m + 112.02\right] \tag{4-94}$$

式中，N_f 为裂缝条数。

由时间拟合参数式、无量纲递减时间定义式和无量纲时间的定义式，得到

$$x_f = \sqrt{\frac{\alpha_m}{\beta_m}C\frac{k_{20}\left(\dfrac{t_c}{t_{Dd}}\right)_m}{\phi_{20}\mu C_{2t}}} \tag{4-95}$$

式中，

$$\alpha_{\mathrm{m}} = 0.0625 \left(\frac{y_{\mathrm{e}}}{x_{\mathrm{f}}} \right)_{\mathrm{m}}^{-0.998} \tag{4-96}$$

$$\beta_{\mathrm{m}} = 6.4466 \left(\frac{y_{\mathrm{e}}}{x_{\mathrm{f}}} \right)_{\mathrm{m}}^{2} - 20.863 \left(\frac{y_{\mathrm{e}}}{x_{\mathrm{f}}} \right)_{\mathrm{m}} + 112.02 \tag{4-97}$$

由裂缝间距拟合参数式和式（4-95）可以得到

$$y_{\mathrm{e}} = \left(\frac{y_{\mathrm{e}}}{x_{\mathrm{f}}} \right)_{\mathrm{m}} \sqrt{\frac{\alpha_{\mathrm{m}}}{\beta_{\mathrm{m}}} C \frac{k_{20} \left(\frac{t_{\mathrm{c}}}{t_{\mathrm{Dd}}} \right)_{\mathrm{m}}}{\phi_{20} \mu C_{2\mathrm{t}}}} \tag{4-98}$$

那么，单井控制储量为

$$G = \frac{4N\rho h S_{\mathrm{o}}}{B} x_{\mathrm{f}} y_{\mathrm{e}} \phi_{20} \tag{4-99}$$

式中，S_{o} 为初始含油饱和度；ρ 为地面油密度，$\mathrm{kg/m^3}$。其他参数，如双重介质油藏的储容比与窜流系数，通过修改参数以改变理论图版来直接拟合得到。

（三）组合双线性流模型 Blasingame 曲线

1. Blasingame 曲线制作

致密油压裂水平井组合双线性流的试井模型，得到了组合双线性流的试井曲线图版，得到致密油双线性流模型 Blasingame 曲线（图 4-14）。

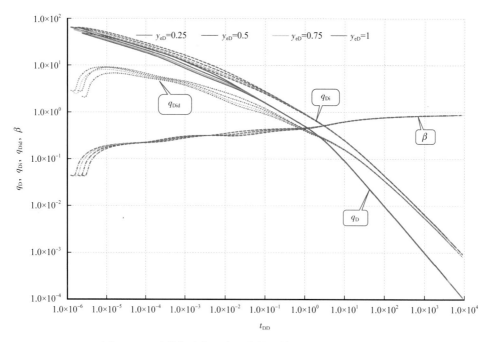

图 4-14　压裂水平井组合双线性流模型 Blasingame 曲线

2. 参数拟合

由油藏原始压力、实测井底压力、实测产量数据，可以计算得到实测数据的规整化产量 $\dfrac{q}{\Delta p}$ 和物质平衡时间 t_c，并求取曲线积分和导数，然后把这三组数据绘制到无量纲双对数图上，修改参数 ξ、k_{3D}、y_{2D}、压开区储容比 ω_2 及对应的窜流系数 λ_2、未压开区储容比 ω_3 对及对应的窜流系数 λ_3，移动实测曲线，使实测曲线与理论图版相拟合，就可以计算出拟合参数

其他参数，如双重介质油藏的储容比与窜流系数，通过修改参数以改变理论图版来直接拟合得到。

（四）三线性流模型 Blasingame 曲线

1. Blasingame 曲线制作

Brown（2009）曾给出了三线性流模型边界控制流的无量纲压力的渐近表达式。

利用 Blasingame 曲线的一般制作方法，即可得到 Brown（2009）三线性流模型的 Blasingame 曲线图版。

但 Brown（2009）所给出的边界控制流阶段无量纲压力的渐近表达式考虑了 $x_{eD} y_{eD}$ 的影响，但其公式只有在 $\xi=1$ 的条件下才适用，当 $\xi \neq 1$ 时，其得到的 Blasingame 曲线如图 4-15 所示。从图中可以看出，不同 x_{eD} 时无量纲产量曲线（q_D-t_{DD}）在边界控制流阶段出现了分离的现象，难以用来进行实际产量的分析。究其原因是因为 Brown（2009）没有考虑到 ξ 对三线性流模型的边界控制流阶段无量纲压力的影响。

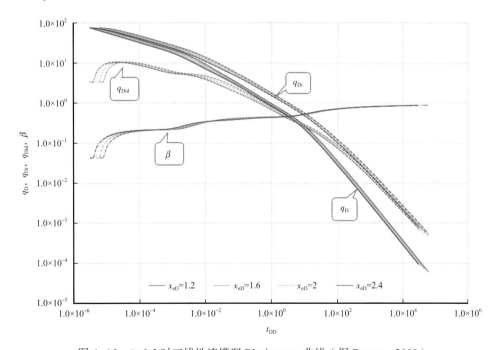

图 4-15 $\xi=0.5$ 时三线性流模型 Blasingame 曲线（据 Brown，2009）

压裂水平井三线性流模型边界控制流阶段无量纲压力的渐近式，代入到 Blasingame 曲线推导的一般过程，即可得到压裂水平井三线性流模型 Blasingame 曲线（图 4-16）。

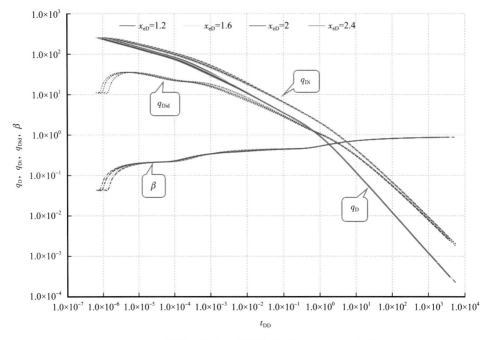

图 4-16　压裂水平井三线性流模型 Blasingame 曲线

利用上述公式得到的 Blasingame 曲线，解决了使用 Brown 无量纲压力渐近式得到了的 Blasingame 曲线在边界段出现分离的问题。

2. 参数拟合

由油藏原始压力、实测井底压力、实测产量数据，可以计算得到实测数据的规整化产量 $\dfrac{q}{\Delta p}$ 和物质平衡时间 t_c，并求取曲线积分和导数，然后把这三组数据绘制到无量纲双对数图上，修改参数 ξ、k_{3D}、y_{2D}、压开区储容比 ω_2 及其窜流系数 λ_2、未压开区储容比 ω_3 对及其窜流系数 λ_3，移动实测曲线，使实测曲线与理论图版相拟合，就可以计算出拟合参数。其他参数，如双重介质油藏的储容比与窜流系数，通过修改参数以改变理论图版来直接拟合得到。

（五）五区线性流模型 Blasingame 曲线

对压裂水平井五区线性流试井模型进行计算，并对边界控制流阶段的无量纲压力与无量纲时间进行拟合，得到了考虑 $\xi \neq 1$ 时的压裂水平井五区线性流模型边界控制流阶段无量纲压力的渐近式，代入到 Blasingame 曲线推导的一般过程，即可以得到压裂水平井五线性流模型 Blasingame 曲线（图 4-17）。

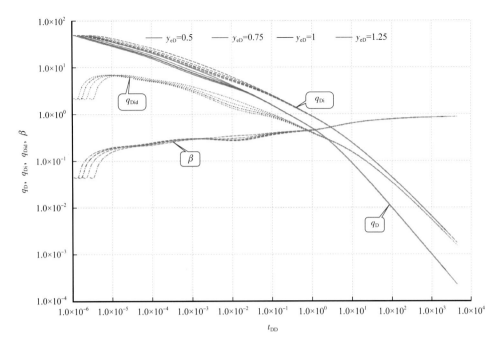

图 4-17　压裂水平井五区线性流模型 Blasingame 曲线

第二节　致密油开发井网井距优化

一、致密油开发井型优选

陆相致密油储层类型多，砂体形态、规模、叠置关系复杂，需要选择不同井型以适应储层特点。对于连续性较好的单层致密油，主要采用单分支长井段水平井；对于连续性较好的多层致密油，可采用多分支水平井实现纵向多层同时动用；对于较为分散的致密油，可采用复杂结构水平井，通过"一井多体"，实现多个有利砂体的有效动用；对于分散型或者断层发育、构造形态急剧变化的致密油，可采用高效直井或大斜度井以实现贯穿纵向及侧向多套油层的目的。

陆相致密油储层条件的复杂性，需要优选不同井型以满足不同类型致密油的开发需要（图 4-18）。

单分支长井段水平井适用于国内鄂尔多斯盆地长 7 段、四川盆地侏罗系大安寨组等储层相对集中、单层厚度较大、储层连续性好（通常大于 2km）的致密油。通过单分支长井段水平井能钻遇较长的有效厚度并获得较高的储层钻遇率，同时增大了储层基质的泄油面积，提高了井控储量和单井产量。

单分支适度井段水平井适用于两种类型的致密油：一类是以四川盆地沙溪庙组为代表的储层厚度较大但砂体平面展布范围和连续性有限（0.5~2km 不等）的致密油，通过控制水平段长度并优化水平井轨迹可确保大部分井段位于含油砂体中，降低无效井段的比例；第二类为松辽盆地扶余组和青山口组中储层非均质性较强但砂体纵向上互层或邻

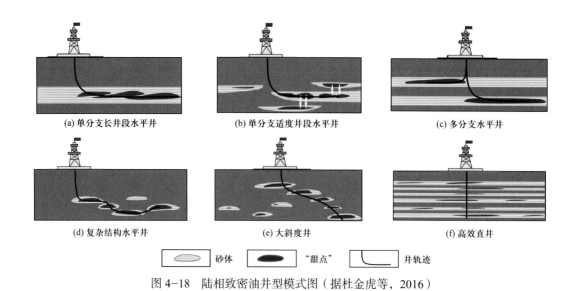

(a) 单分支长井段水平井　　　(b) 单分支适度井段水平井　　　(c) 多分支水平井

(d) 复杂结构水平井　　　(e) 大斜度井　　　(f) 高效直井

　　砂体　　　"甜点"　　　井轨迹

图 4-18　陆相致密油井型模式图（据杜金虎等，2016）

近（纵向距离小于 200m）的致密油，通过"穿层压裂"能沟通邻近含油砂体，从而实现多套油层的有效动用。

多分支水平井适用于准噶尔盆地芦草沟组、渤海湾盆地沙河街组等纵向发育多套主力油层，但层间无法通过压裂缝沟通的致密油。通过多分支水平井可实现纵向上多套油层的同时动用，在提高单井产量和井控储量的同时减少钻井数量，节省钻井成本并减少用地面积。

复杂结构水平井适用于松辽盆地扶余油层储层非均质较强、"甜点"局部富集但又相对分散的致密油。由于储层形态、平面与纵向构造位置的变化，使得固定方向的水平井难以有效钻遇多个含油砂体，且会面临井网对储量控制程度低的问题。复杂结构水平井通过钻井轨迹在三维空间内的优化，能实现"一井多体"的目的，动用了多个分散的有利砂体，从而提高了井控储量和单井产量。

大斜度井、高效直井适用于纵向跨度较大（>200m）的薄互层、多层致密油或者断层发育、构造形态急剧变化等复杂类型致密油。利用大斜度井和高效直井可同时钻遇多套油层，实现纵向上多层的有效动用，从而获得较大的井控储量和单井产量。

二、致密油开发井网优选

为满足大规模钻井、压裂施工和地面设施建设需要，以及减少井场用地，陆相致密油开发总体采用集中井口的平台式井网。鉴于储层条件的多样性和差异性，陆相致密油井网选择要遵循以下两条原则：一是对于储量丰度较高、分布稳定、连续性较好的致密油，可采用规则井网，实现对储量的有效控制；二是对于非均质性较强的非连续型，以及储层展布具有多方向性、条带状、多层状的致密油，宜采用不规则井网，实现对"甜点"的有效控制并提升井网效率。

针对致密油储层规模及连续性特点，主要考虑规则和不规则两种井网形式。

规则井网主要针对储量丰度较高、分布稳定、连续性较好的致密油。以准噶尔盆地吉木萨尔凹陷二叠系芦草沟组致密油为例，其目的层位为芦草沟组上"甜点"砂屑云岩、岩屑长石粉细砂岩、云屑砂岩致密油，主力层为岩屑长石粉细砂岩储层，具有单层厚度相对较大（5～7m）、分布稳定、物性（孔隙度11%）和含油性（含油饱和度80%）较好等特点。同时，目标区天然裂缝和最大主应力方向稳定，均为北西—南东方向，有利于规则井网的部署和工厂化钻井、压裂作业。

2013年在上"甜点"按照规则井网300m井距部署先导试验水平井10口（图4-19）。1号、2号平台4口井（JHW001、JHW003、JHW005、JHW007）于2013年钻井，当年实现"工厂化"压裂并建产；3号平台6口井（JHW015、JHW016、JHW017、JHW018、JHW019、JHW020）于2013年实施"工厂化"钻井，2014年实现"工厂化"压裂并建产。截至2014年底，10口先导试验水平井全部完钻并压裂投产，水平段长度1228～1800m，储层钻遇率60%～93%，平均单井产量20t/d，证明规则井网在该类连续型致密油的开发中具有一定效果。

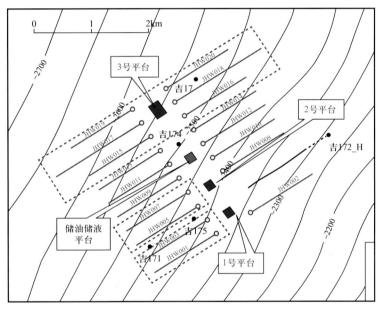

图4-19　芦草沟组致密油规则井网设计图（据杜金虎等，2016）

等值线单位：m

不规则井网适用于非均质性较强的非连续型、储层展布具有多方向性、多层状致密油。以松辽盆地白垩系扶余组致密油为例，其主要储集岩为曲流河、分流河道砂体，具有单层厚度小、砂体横向不连续、单砂体规模有限等特点。统计结果表明，扶余组致密油单砂体规模小，展布范围仅为200～500m；储层孔隙度8%～12%，含油饱和度35%～55%，含油性较差；天然裂缝和最大主应力方向主要为近东西向；同时，区内断层发育，储层连续性及地应力等易受断层影响。因此，不利于规则井网的部署实施。

根据扶余组致密油构造及储层特点，在松辽盆地北部采用不规则井网部署试验井18口，投产14口，初期产量为1.4～55t/d，平均为22.1t/d，目前平均产量为6.2t/d，与周边直井相比，提产1.3～33.7倍，平均可达17倍，提产效果明显（杜金虎等，2016）。据估算，通过不规则井网及井位的进一步优化，水平井平均单井控制储量可达$20×10^4$t以上，试验区储量动用率可达80%以上，因此，不规则井网在松辽盆地扶余油层致密油开发中具有较好的应用前景。

三、致密油开发井距评价

本章拟用复合流动的方法，研究致密储层中带有启动压力梯度和动外边界的垂直裂缝井不稳态渗流问题，并由此建立产量预测和生产数据分析方法。

（一）一维非线性流动模型（动外边界）

研究一维单向流动问题是解决二维问题的基础，一维流动模型更能够清晰地反映启动压力梯度对储层压力分布和流量变化的影响。

如图4-20所示，考虑宽为w（单位：m）、长为x_e（单位：m）的河道型微可压缩致密储层，其右端为封闭边界，左端由于水力压裂产生半长为y_f（单位：m）、横向贯穿的均匀流量垂直裂缝（$w=2y_f$）。取坐标原点位于左下角，设定井（带有贯穿垂直裂缝）的工作制度为定流量或者定流压，产出黏度恒为μ的常规原油（牛顿流体）。当井工作伊始，诱发致密储层产生不稳定渗流过程。在启动压力梯度λ（单位：MPa/m）的作用下，渗流过程中存在动外边界$x_f(t)$，当动外边界到达物理边界时$[x_f(t)=x_e]$时对应的时间为t_c（单位：d）。

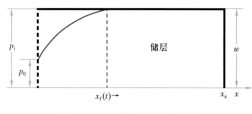

图4-20　一维流动物理模型

1. 数学模型及其无量纲化

以$x_f(t)$为动外边界，考虑启动压力梯度的渗流控制方程及其定解条件为

$$\frac{\partial}{\partial x}\left[\frac{\partial(p-\lambda x)}{\partial x}\right]=\frac{\phi\mu c_t}{\alpha_t k}\frac{\partial p}{\partial t}，\quad 0\leqslant x\leqslant x_f(t),\ 0\leqslant t<\infty \qquad （4-100）$$

初始条件为

$$p(x,\ 0)-x\lambda=p_i-x\lambda$$
$$x_f(0)=0 \qquad （4-101）$$

内边界条件为

$$\left.\frac{\partial[p(x,\ t)-x\lambda]}{\partial x}\right|_{x=0}=\frac{q\mu B}{\alpha_p khw}\qquad （定流量）$$

$$p(0,\ t)=p_{wf}\qquad （定流压） \qquad （4-102）$$

动外边界条件为

$$\left.\frac{\partial[p(x,\ t)-x\lambda]}{\partial x}\right|_{x=x_f(t)}=0 \qquad （4-103）$$

$$[p_i-p(x_f,\ 0)]+x\lambda=x\lambda$$

式（4-100）至式（4-103）中，k 为储层渗透率，mD；p_i 为初始静压，MPa；c_t 为系统压缩系数，1/MPa；t 为延续时间，d；q 为井的产量，m³/d；ϕ 为储层孔隙度。

根据问题的特点，有意将各个方程写成方便的形式，以便无量纲化和解析求解。

考虑初始条件边界、边界条件对方程进行解析求解，得到动边界运动方程；计算过程则步骤相反。

2. 定流量压力分布—动边界模型

对控制方程组进行 Laplace 变换：

$$\frac{\mathrm{d}^2 \tilde{p}_{\mathrm{pD}}}{\mathrm{d}x_{\mathrm{D}}^2} - s\tilde{p}_{\mathrm{pD}} = -\lambda_{\mathrm{D}} x_{\mathrm{D}}, \qquad 0 \leqslant x_{\mathrm{D}} \leqslant X, \qquad X = s\tilde{x}_{\mathrm{D}}(s) \qquad （4-104）$$

式中，$\tilde{p}_{\mathrm{pD}}$ 为 Laplace 空间无量纲压力；s 为 Laplace 变量。

查表进行 Laplace 反变换，得到

$$x_{\mathrm{fD}}(t_{\mathrm{D}}) = \ln\left(\frac{1 + \lambda_{\mathrm{D}} + \sqrt{1 + 2\lambda_{\mathrm{D}}}}{\lambda_{\mathrm{D}}}\right)\sqrt{\frac{4t_{\mathrm{D}}}{\pi}}, \qquad x_{\mathrm{fD}}(t_{\mathrm{D}}) > 0 \qquad （4-105）$$

计算结果如图 4-21 所示。

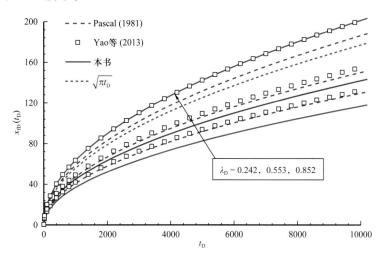

图 4-21　定流量情形动外边界变化特征

得到化简的压力分布公式：

$$\cosh\left(\sqrt{s}X\right) = \frac{(1 + \lambda_{\mathrm{D}})}{\lambda_{\mathrm{D}}}, \quad \sinh\left(\sqrt{s}X\right) = \sqrt{\frac{(1 + \lambda_{\mathrm{D}})^2}{\lambda_{\mathrm{D}}^2} - 1} = \frac{\sqrt{1 + 2\lambda_{\mathrm{D}}}}{\lambda_{\mathrm{D}}}$$

$$(1 + \lambda_{\mathrm{D}})\cosh\left(\sqrt{s}X\right) - \lambda_{\mathrm{D}} = \frac{(1 + \lambda_{\mathrm{D}})^2}{\lambda_{\mathrm{D}}} - \lambda_{\mathrm{D}} = \frac{1 + 2\lambda_{\mathrm{D}}}{\lambda_{\mathrm{D}}}$$

$$s\tilde{p}_{\mathrm{D}}(x_{\mathrm{D}}, s) = \frac{\sqrt{1 + 2\lambda_{\mathrm{D}}}\cosh\left(\sqrt{s}x_{\mathrm{D}}\right) - (1 + \lambda_{\mathrm{D}})\sinh\left(\sqrt{s}x_{\mathrm{D}}\right)}{\sqrt{s}} \qquad （4-106）$$

给定基础参数，不同时刻压力分布计算结果如图4-22所示。

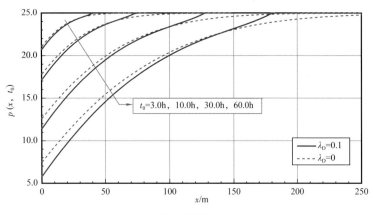

图4-22 定流量情形压力分布特征

3. 定流量压力分布—定边界模型（$\lambda_D=0$）

从压力控制方程组出发，利用定边界问题压力分布反演和导数曲线，得到一维流动的探测距离公式：

$$x_{eD} = \sqrt{\pi t_D} \tag{4-107}$$

4. 定流压产量递减—动边界模型

利用动边界方程，压力分布可以化简为

$$\sinh\left(\sqrt{s}X\right) = \frac{\sqrt{s}}{\lambda_D}, \quad \sqrt{s}\sinh\left(\sqrt{s}X\right) + \lambda_D = \frac{s+\lambda_D^2}{\lambda_D}, \quad \cosh\left(\sqrt{s}X\right) = \frac{\sqrt{s+\lambda_D^2}}{\lambda_D}$$

$$s\tilde{p}_D\left(x_D,s\right) = \cosh\left(\sqrt{s}x_D\right) - \sqrt{\frac{s+\lambda_D^2}{s}}\sinh\left(\sqrt{s}x_D\right) \tag{4-108}$$

利用Darcy定律可知，无量纲产量函数为

$$s\tilde{q}_D\left(s\right) = -s\frac{\partial \tilde{p}_{pD}\left(0,s\right)}{\partial x_D} = \sqrt{s+\lambda_D^2} - \lambda_D \tag{4-109}$$

解析反演得到实时域产量递减公式：

$$q_D\left(t_D\right) = L^{-1}\left(\frac{1}{s}\sqrt{s+\lambda_D^2}\right) - \lambda_D = \frac{e^{-\lambda_D^2 t_D}}{\sqrt{\pi t_D}} + \lambda_D\,\mathrm{erf}\left(\lambda_D\sqrt{t_D}\right) - \lambda_D \tag{4-110}$$

显然，若$\lambda_D=0$，则式（4-110）可以化简为无限延展的常规储层情形。

类似地，可以得到产量递减方程：

$$q_D\left(t_D\right) = \frac{2}{x_{eD}}\sum_{n=1}^{\infty}\exp\left(-\lambda_n^2 t_D\right) \tag{4-111}$$

式（4-111）为常规封闭储层定流压情形下的产量递减函数。

5. 定流压产量递减—定边界模型（$\lambda_D \neq 0$）

若井定流压生产，考虑启动压力梯度但不考虑动外边界，则数学模型为

$$\frac{\partial^2 p_{pD}}{\partial x_D^2} = \frac{\partial p_{pD}}{\partial t_D}, \qquad 0 \leq x_D \leq x_{eD}, \ 0 \leq t_D < \infty \tag{4-112}$$

利用 Laplace 变换进行求解。

6. 定流压临界模型

在定流压生产条件下动边界存在最大值，即压力扰动达到最大，此时无量纲地层压力分布表现为一条直线，直线斜率为无量纲启动压力梯度，满足下列临界稳态模型：

$$\frac{d}{dx}\left[\frac{d(p - x\lambda)}{dx}\right] = 0 \tag{4-113}$$

求解可得仅与生产压差和启动压力梯度有关的最大泄流距离。算例：

$$x_{f\max} = \frac{p_i - p_{wf}}{\lambda} = \frac{10(\text{MPa})}{0.189(\text{MPa/m})} = 53.00(\text{m})$$

相应地，可以计算多段压裂水平井的最大动用面积，最大泄流面积为

$$A_{\max} = w x_{f\max}$$

（二）双动边界复合模型

本小节综合运动的上述结果构建考虑启动压力梯度（动外边界）影响的三线性流动复合模型。物理模型如图 4-23 所示。三线性流动复合的渗流数学模型可以从经典的二维流动模型简化得到。

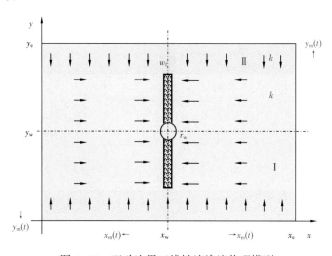

图 4-23　双动边界三线性流渗流物理模型

1. 数学模型及其解析解

带有纵向完全贯穿垂直裂缝的生产井工作时能够引发储层产生二维不稳定渗流过程，

考虑到对称性，其不稳定控制方程为

$$\frac{\partial}{\partial x}\left[\frac{k}{\mu}\left(\frac{\partial p}{\partial x}-\lambda\right)\right]+\frac{\partial}{\partial y}\left[\frac{k}{\mu}\left(\frac{\partial p}{\partial y}-\lambda\right)\right]=\frac{\phi c_t}{\alpha_t}\frac{\partial p}{\partial t} \qquad (4-114)$$

考虑初始条件、边界条件，通过 Laplace 变换和求解得到采用裂缝能力导流函数来包含裂缝导流的影响方程：

$$s\tilde{p}_{pIID}=s\tilde{p}_{pIID}^{inf}+s\tilde{f}(c_{fD}) \qquad (4-115)$$

由此，通过 Laplace 数值反演方法可以计算无量纲井壁压力。

2. 多段压裂 SRV 复合模型

在矿场上，通过分段多簇射孔、高排量、大液量、低黏液体，以及转向材料及相应技术的应用，能够在主裂缝的侧向强制形成次生裂缝，并在次生裂缝上继续分枝形成二级次生裂缝，以此类推，结果能够在近井地带让主裂缝与多级次生裂缝交织形成裂缝网络系统。

Stalgorova 和 Mattar（2012）曾经采用"五区域线性复合"方法研究类似问题，本节采用四区域线性复合叠加导流能力影响函数的方法建立数学模型，较之前者，本节方法在中期阶段具有更真实的流动段特征。经过 Laplace 变换得到不稳定渗流控制方程组。

通过 Stehfest 数值反演方法计算可以得到考虑 SRV 的无量纲井壁压力曲线。利用褶积定理可以预测复合工作制度（定产＋定流压）下的 SRV 井的生产动态（图 4-24）。

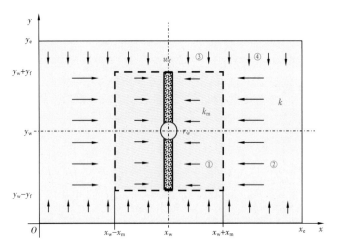

图 4-24 SRV 线性复合流渗流物理模型

3. 井距评价方法及应用

如图 4-25 所示的布井方式，为避免产生死油区，井距和排距应当控制在最大动用范围之内。根据最大动用范围研究结果，若多段压裂水平井筒长度为 $2L_f$，平面中心位置为 (x_w, y_w)，水力填砂裂缝半长为 y_f，则井距应小于 $2\times(L_f+x_{max})$，排距应小于 $2\times(y_f+x_{max})$，否则理论上存在未动用区。

在最大动用范围内，若井距和排距较小，则井间容易形成干扰，结果使得单井的泄流面积变小，计算结果如图 4-26 和图 4-27 所示。

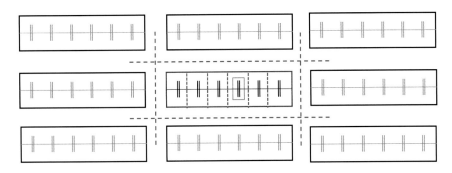

图 4-25　多段压裂水平井典型布置示意图

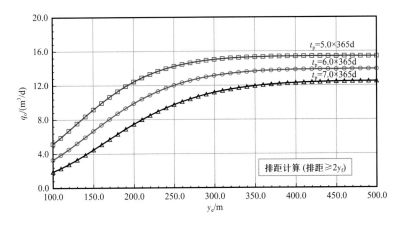

图 4-26　不同排距井产量变化分析曲线

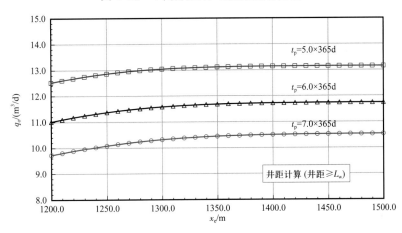

图 4-27　不同井距井产量变化分析曲线

由图 4-26 和图 4-27 可以看出，受井间干扰的影响，当井距和排距变小时，有效泄流面积变小，在同一生产压差下井产量变小。随着井距和排距的增加，有效泄流面积增大，而同一生产压差下井产量有所增加，但增加幅度逐渐变缓，当井距和排距接近最大泄流距离时，尽管井距和排距增加，但井的产量几乎不增加。产量随井距和排距的变化曲线没有明显的极值点或者拐点，只是从产量曲线上不能严格得到井距和排距的最优值，但如果结合经济评价方法，则能够得到井距和排距的约束最优值。

四、致密油开发井距优选

由于我国陆相致密油开发存在单储系数低、储层渗透性差、非线性渗流严重、单井产能偏低、控制范围小等问题，井距优化难度大。因此必须采用不同于常规油藏的开发井距优化技术，才能够实现较低油价下的效益开发。

在考虑致密油低速非线性渗流特点的基础之上，建立了适合我国陆相致密油开发的井距优化技术，其技术思路如图4-28所示。

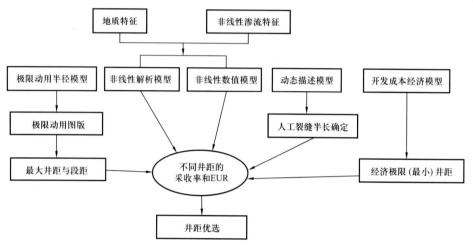

图4-28　致密油开发井距优选技术

结合第三章和第五章的研究成果以及经济极限井距、生产动态分析结果、试井解释成果、极限井距图版等，确定了井距综合优化技术。

以生产动态分析和试井解释成果确定人工裂缝的半长，以经济极限井距为最小井距、极限井距图版结果为最大井距，采用本书井网井距优化解析模型及方法和井网井距优化数值模型及方法，优化计算不同井距的采收率和EUR，最终确定最优井距。具体步骤如下：

（一）裂缝半长确定

以试井解释成果为依据，建立单井动态描述模型，结合生产动态分析，确定人工裂缝半长。人工裂缝长度对井距优化影响较大，是研究工作中的难点。结合试井解释成果，确定了人工裂缝有效长度，为井距优化提供依据。

吉木萨尔JHW036井各段裂缝半长在80～120m之间（表4-3）。

表4-3　吉木萨尔JHW036井不同压裂段试井资料分析

段数	网体积占比系数	基质与裂缝窜流能力系数	裂缝半长 /m	裂缝导流能力 /（mD·m）
JHW036-1	0.133	1.89×10^{-8}	112.00	850.00
JHW036-2	0.121	1.90×10^{-8}	115.00	570.00
JHW036-3	0.089	1.80×10^{-8}	115.00	500.00
JHW036-4	0.120	1.00×10^{-8}	109.00	500.00
JHW036-5	0.120	1.50×10^{-8}	110.00	100.00

段数	网体积占比系数	基质与裂缝窜流能力系数	裂缝半长 /m	裂缝导流能力 /（mD·m）
JHW036-6	0.130	1.35×10^{-8}	113.00	570.00
JHW036-7	0.130	1.70×10^{-8}	105.00	524.00
JHW036-13	0.086	1.00×10^{-8}	115.00	769.37
JHW036-19	0.100	1.10×10^{-8}	103.00	750.00
JHW036-21	0.100	1.12×10^{-8}	107.00	900.00
JHW036-22	0.110	1.40×10^{-8}	100.00	400.00
JHW036-23	0.115	1.45×10^{-8}	97.00	400.00
JHW036-24	0.115	1.45×10^{-8}	120.00	1000.00
JHW036-25	0.115	1.45×10^{-8}	83.08	874.44
JHW036-26	0.115	1.45×10^{-8}	97.00	396.89
JHW036-27	0.115	1.45×10^{-8}	100.00	400.00
JHW036-28	0.115	1.45×10^{-8}	97.00	500.00
JHW036-29	0.115	1.45×10^{-8}	120.00	500.00
JHW036-30	0.115	1.45×10^{-8}	100.00	400.00
JHW036-31	0.112	1.00×10^{-8}	107.00	524.00

从表 4-4 可以看出，各井的裂缝半长裂在 80～100m 之间。因此在进行水平井井距优化时，人工裂缝的半长应在 100m 左右。

表 4-4　吉木萨尔试井资料分析结果

井号	测试年份	裂缝段数	每段压裂规模 /m³	裂缝半长 /m
JHW023	2017	27	1477.33	80.11
JHW025	2017	27	1501.01	80.00
JHW033	2018	28	1742.63	90.00
JHW034	2018	30	2005.08	95.00
JHW035	2018	28	2234.62	95.00
JHW036	2018	33	2261.21	97.00
JHW037	2018	23	1744.45	80.00
JHW038	2018	27	1715.54	90.00

（二）最大井距及段距

研究结果表明，基质极限动用半径受井型、裂缝半长或水平段长度、生产压差和启动压力梯度等参数的影响，建立基质最大动用半径模型，绘制了相应图版（图 4-29）。

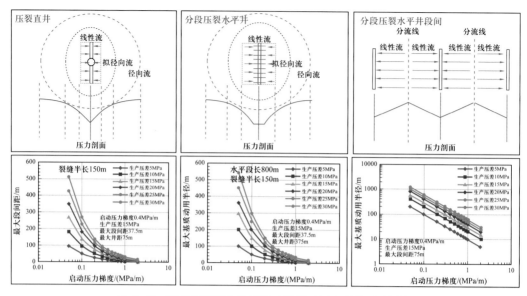

图 4-29　准自然能量和注采吞吐极限动用半径模型及图版

（三）井距经济性优化

利用开发成本、产量与油价关系模型（详见本章第三节第二部分内容：致密油开发成本、产量与油价关系模型），形成经济极限井距与成本关系图版，确定最小经济极限井距。

（四）最优井距的模型优化

采用本书井网井距优化解析模型及方法或井网井距优化数值模型及方法，优化计算不同井距的采收率和 EUR，最终确定最优井距。

第三节　致密油开发政策与开发模式

一、致密油开发经济评价

（一）致密油开发项目经济评价指标

致密油开发项目的经济效益可以采用折现现金流量法来进行评价，通常选取净现值（NPV）、内部收益率（IRR）和投资回收期（P_t）等经典指标来评价致密油开发的经济效益。作为一种动态评价方法，净现值和内部收益率在充分考虑资金时间价值的基础上考察评价期内项目的可行性，具有直观且明确的经济意义。

1.净现值

净现值是指按企业的目标收益率或设定的折现率，将项目计算期内各年净现金流量折现到项目建设期初的现值累加值。净现值是石油投资经济评价的基本指标，是考察项目在计算期内盈利能力的动态评价指标。

净现值的表达式为

$$NPV = \sum_{t=1}^{n} (CI - CO)_t (1+i)^{-t} \qquad (4-116)$$

式中，NPV 为致密油井按设定的折现率计算的项目计算期内净现金流量的现值之和，NPV ≥ 0 时，方案经济有效益，否则没有效益；CI 为项目计算期内致密油井的净现金流入；CO 为项目计算期内致密油井的净现金流出；(CI − CO)$_t$ 为第 t 年的净现金流量；t 为评价期；i 为设定的折现率。

2. 内部收益率

内部收益率是指致密油开发项目在计算期内净现值累计为零时的折现率，即资金流入现值总额与资金流出现值总额相等、净现值等于零时的折现率。

内部收益率的表达式为

$$\sum_{t=1}^{n} (CI - CO)_t (1+i)^{-t} = 0 \qquad (4-117)$$

式中，IRR 为内部收益率，IRR ≥ i_0（i_0 为基准收益率），则项目经济有效益，否则无效益。

3. 投资回收期

投资回收期是指以项目的净收益抵偿全部投资所需要的时间。它是考察项目在财务上回收投资能力的主要静态指标。

其表达式为

$$\sum_{t=1}^{P_t} (CI - CO)_t = 0 \qquad (4-118)$$

式中，P_t 为投资回收期，可通过如下公式计算：

P_t = 累计净现金流量开始出现正值的年份 −1+ 上年累计净现金流量的绝对值 / 当年净现金流量

将求出的投资回收期 P_t 与行业的基准回收期进行比较，当 P_t ≤ 行业的基准回收期，表明项目投资回收期满足行业规定的要求。

（二）致密油开发项目经济评价参数

1. 现金流入（CI）的确定

现金流入主要包括致密油的销售收入、政府补贴收入、回收固定资产余值和回收流动资金等。

致密油的销售收入可按以下公式计算：

$$R_t = q_t f P \qquad (4-119)$$

式中，R_t 为第 t 年致密油的销售收入；q_t 为第 t 年致密油的产量，根据致密油开发全生命周期产能预测模型来确定；f 为原油商品率；P 为油价。

政府补贴收入是指中央、地方两级政府颁布的优惠政策所给予企业的各种形式财政补贴。回收固定资产余值和回收流动资金根据实际情况获得。

2. 现金流出（CO）的确定

现金流出主要包括投资、流动资金、经营成本和税费等。

1）投资

致密油资源采用"水平井＋体积压裂"技术开发，压裂水平井的投资主要由钻井投资、压裂改造投资、地面工程与其他投资构成。钻井投资主要发生在钻井过程中，包括垂深段及水平段投资。随着水平井水平段长度的变长，钻井周期增加，长水平段下轨迹控制难度加大，对钻井配套设备的要求也不断提升，钻井投资相应增加。压裂投资主要发生在压裂完井过程中，随着水平井水平段长度变长，压裂级数增加，压裂设备与材料使用量增加，压裂投资随之提升。地面及其他投资主要包括地面各种设备设施及其他相关费用，其与水平段长度无直接关系，投资额相对固定。

2）流动资金

流动资金是指运营期内长期占用并周转使用的资金，等于流动资产与流动负债的差额，但不包括运营中临时性需要的营运资金。其是为保障项目的顺利进行而投入的资金，在项目结束时全部收回。在项目评价中，流动资产的构成要素通常包括存货、现金、应收账款和预付账款；流动负债的构成要素一般只考虑应付账款和预收账款。流动资金的估算基础是经营成本、营业收入和商业信用等。按前期研究阶段的不同，流动资金的估算方法可采用扩大指标估算法按运营期年经营成本的一定比例计算；或分项详细估算法，对流动资产与流动负债的主要构成要素分项进行估算。

3）经营成本

经营成本是指运营期内为生产产品和提供劳务而发生的各种耗费，是财务分析中现金流量分析的主要现金流出。油气开发建设项目经营成本（不含矿产资源补偿费及石油特别收益金）由油气操作成本、其他管理费用和营业费用构成。

油气操作成本（也称作业成本）是指对油水井进行作业、维护及相关设备设施生产运行而发生的费用，包括为上述井及相关设备设施的生产运行提供作业的人员费用、作业、修理和维护费用，物料消耗，财产保险，矿区生产管理部门产生的费用等。

4）税费

致密油开发项目经济评价的税费主要包括城市维护建设税、教育费附加、资源税、增值税、企业所得税等。城市维护建设税、教育费附加和资源税构成营业税金及附加。

二、致密油开发成本、产量与油价关系模型

致密油开发成本、产量与油价关系模型的建立是基于折现现金流理论，将净现值和内部收益率作为主要的评价指标而建立的经济评价模型。评价模型中的主要参数包括收入、投资、成本和税费参数，各参数的估算按照参数构成和前述方法分别进行估算，并将各参数计算公式代入净现值和内部收益率基本模型中，最后形成致密油开发成本、产量与油价关系模型。

（一）精细评价模型

精细评价模型考虑了致密油开发中各个环节的投资费用，如钻井工程、压裂工程、开发工程、地面工程等投资，所用参数较多，见表4-5。

表 4-5 致密油开发成本、产量与油价关系模型参数

序号	参数名称	参数符号	序号	参数名称	参数符号
1	评价期	t	16	投资	I
2	第 t 年产量	q_t	17	开发工程投资	I_d
3	评价期的生产初期	t_1	18	钻井工程投资	I_{dr}
4	生产初期产量	q_{t1}	19	压裂工程投资	I_f
5	评价期的过渡期	t_2	20	地面工程投资	I_s
6	过渡期产量	q_{t2}	21	流动资金投资	I_c
7	评价期的生产后期	t_3	22	流动资金回收	C_c
8	生产后期产量	q_{t3}	23	经营成本	C_o
9	开发工程建设年限	N_1	24	税费	T_x
10	生产初期	N_2	25	所得税	T_I
11	过渡期	N_3	26	城市维护建设税	T_U
12	生产后期	N_4	27	教育费附加	T_E
13	油气商品率	f_s	28	资源税	T_R
14	石油价格	P	29	基准折现率	i
15	销售收入	R			

其中，致密油各生产阶段的产量通过致密油压裂水平井全生命周期产能预测模型计算得出，致密油压裂水平井压裂多条裂缝的全生命周期产能预测模型为

$$q = \sum_{t_1=N_1+1}^{N_1+N_2} q_{t1} + \sum_{t_1=N_1+N_2+1}^{N_1+N_2+N_3} q_{t2} + \sum_{t_1=N_1+N_2+N_3+1}^{N_1+N_2+N_3+N_4} q_{t3} \tag{4-120}$$

根据上述方法和参数建立的致密油开发成本、产量与油价关系模型如下：

$$\sum_{t_1=N_1+1}^{N_1+N_2} f_s \times P \times q_{t1} \times (1+i)^{-t} + \sum_{t_1=N_1+N_2+1}^{N_1+N_2+N_3} f_s \times P \times q_{t2} \times (1+i)^{-t} + \sum_{t_1=N_1+N_2+N_3+1}^{N_1+N_2+N_3+N_4} f_s \times P \times q_{t3} \times (1+i)^{-t}$$

$$+ \sum_{t=0}^{N_1+N_2+N_3+N_4} C_c \times (1+i)^{-t} - \sum_{t=0}^{N_1+N_2+N_3+N_4} (I_{dr} + I_f + I_s + I_c) \times (1+i)^{-t}$$

$$- \sum_{t=0}^{N_1+N_2+N_3+N_4} C_o \times (1+i)^{-t} - \sum_{t=0}^{N_1+N_2+N_3+N_4} (T_I + T_U + T_E + T_R) \times (1+i)^{-t} = 0 \tag{4-121}$$

（二）快速评价模型

由于精细模型所需参数较多，现场应用中很难实现获取所有参数。目前长庆油田致密油开发中一般采用包干制，即单井总投资为某一固定值，钻井工程投资、压裂工程投资、地面工程投资等总承包。因此将致密油开发成本、折现率与油价关系（图 4-30）模

型进行化简形成快速评价模型如式（4-122）所示：

$$\sum_{t=1}^{n}\left(q_t \times f \times P - C_o - T\right)_t\left(1+IRR\right)^{-t} - C_t = 0 \qquad （4-122）$$

式中，q_t 为第 t 年产油量；f 为油气商品率；P 为原油价格；C_o 为原油吨操作成本；T 为税费；C_t 为单井总投资，包括钻井成本、压裂等完井成本以及地面投资。

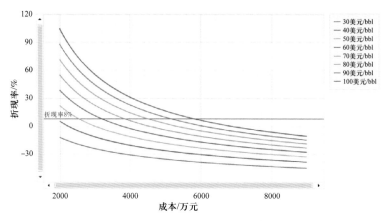

图 4-30　致密油开发成本、折现率与油价关系图

获取每年产量数据的常规方法是首先确定第一年的年产油量，然后根据现场生产数据确定年递减率，按照这个固定的递减率计算每年的年产量。但是对于致密油来说，第一年的递减率很大，以后递减率会逐年减小，因此不能采用常规方法来计算年产量数据。这里我们根据致密油开发全生命周期产能预测模型来确定年产油量。致密油开发全生命周期产能预测模型及预测方法参见前述致密油单井产能影响因素与评价的研究内容。

三、开发技术政策

（一）经济极限产量

经济极限累计产量的求解方法为：构建致密油开发项目经济评价模型，通过令内部收益率为 8% 时求解产量剖面，所得每年产量之和即为经济极限累计产量。针对不同类型致密油，在油藏条件不变的情况下，可以分析不同致密油区块在不同油价下的经济极限累计产量数据：

$$\sum_{t=1}^{n}\left(q_t \times f \times P - C_o - T\right)_t\left(1+8\%\right)^{-t} - C_t = 0 \qquad （4-123）$$

从式（4-123）可以看出，不能直接求出经济极限累计产量，需要不断进行迭代。方法如下：首先建立致密油开发全生命周期产能预测模型，预测每年产量以及累计产量，计算对应的 IRR 值，如果 IRR 小于 8%，说明累计产量小了，需要调整致密油开发全生命周期产能预测模型的参数，使累计产量增加；如果 IRR 大于 8%，说明累计产量大了，需要调整致密油开发全生命周期产能预测模型的参数，使累计产量减小，最终达到 IRR 值等于8%，此时的累计产量就是我们要求的经济极限累计产量。

（二）经济极限井距

经济极限井距评价模型和评价方法的建立也是采用相同的思路：不同的井距对应不同的单井控制范围，因此建立不同的致密油开发全生命周期产能预测模型，对应的年产量及累计产量也不同，把这些不同模型预测的产量数据代入式（4-123）中，可以得到给定油价和折现率下，不同单井总成本与井距的关系，该井距即为经济极限井距（图4-31）。

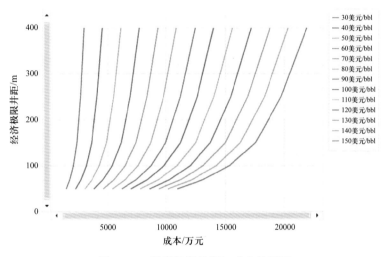

图4-31　经济极限井距与成本关系图

第四节　致密油个性化开发模式

根据不同类型致密油的地质特征、流体物性、地层能量特征以及岩石力学特征，结合第二章、第三章和第五章的研究成果，采用本书致密油 EUR 评价模型及技术、致密油井网井距优化设计模型及技术等，建立了四种类型致密油的个性化开发模式。

一、低压型致密油开发模式

以长庆长7段致密油储层为典型代表。长7段主力油层发育范围较广，横向连续性较好，隔层厚度较大，分布较稳定。平均孔隙度为 8.7%、平均渗透率为 0.10mD。地层原油具有低密度、低黏度和高油气比的特点，水型以 $CaCl_2$ 型为主。油藏原始地层压力为15.8MPa，压力系数为 0.77，天然能量以弹性溶解气驱为主，地层温度 58.9℃。大部分区域天然裂缝不发育，部分区域发育天然裂缝。

鄂尔多斯盆地长7段致密油资源丰富，预计探明储量规模 10×10^8t。与国内外致密油相比，鄂尔多斯盆地致密油虽然压力系数低、物性差，但具有资源丰富、砂体分布广、油层连续性好、孔喉分选好、渗吸作用强、原油黏度小、溶解气驱能量充足、脆性指数高等优点。具体表现在以下几个方面：

（1）源储配置关系好，资源丰富。

（2）砂体分布广、叠合厚度大。

（3）油藏大面积分布，连续性好，有利于规模集中建产。

（4）储层面孔率低，但连通性好。

（5）储层岩性致密，物性差。

（6）含油饱和度高，原油黏度小，易于流动。

（7）岩石润湿性为弱亲水—亲水。

（8）气油比高，溶解气驱能量较充足。

（9）压力系数低，天然能量不足。

（10）储层天然裂缝较发育，脆性指数较高，有利于形成复杂缝网。

根据长庆长 7 段致密油储层的地质特点、流体物性、地层能量特征以及岩石力学特征，建立了低压型致密油开发模式。

开发初期：

（1）开发井型：压裂水平井。

（2）水平段长：水平段长度应在 1200～1800m 之间。

（3）布井模式：平台化立体式布井、工厂化作业，空间布井选择物性最优储层单层布井。

（4）压裂方式：细分密切割体积压裂方式，段间距 100m 左右，裂缝半长 100m 左右。

（5）井网井距：水平井压裂缝呈交错式设计或拉链式，井距为 150～300m。

开发中后期：

（1）对于天然裂缝较为发育的井区，以重复压裂、注水吞吐、注 CO_2 吞吐为补充地层能量的方式。

（2）对于天然裂缝不发育的井区，择机转换开发方式，如井间注水 /CO_2 驱，同井段间注水 /CO_2 驱。

二、低充注型致密油开发模式

松辽盆地白垩系泉头组、扶杨油层发育致密油，以扶余油层为典型代表。扶余油层储层以三角洲分流平原沉积为主，发育分流河道、决口扇和泛滥平原等微相。该储层以分流河道、决口扇沉积的砂体为主，单砂体薄，但局部存在多期分流河道、决口扇砂体叠合发育的特点。储层平面上呈条带状或片状分布。油层平面分布呈坨状、条带状；油层纵向分布呈叠合连片特征。有效孔隙度集中分布区间为 9.0%～15%，平均为 11.8%；空气渗透率集中分布区间为 0.1～2mD，中值渗透率为 0.57mD；原始含油饱和度为 56%～62%。垂向油水分布关系遵循重力分异规律，主要以全段纯油为主，无统一的油水界面。地层原油密度平均为 0.7680g/cm³，地层原油黏度平均为 2.53mPa·s，原始饱和压力平均为 7.58MPa，体积系数平均为 1.1529，原始气油比平均为 31.45m³/t。

考虑到松辽盆地白垩系泉头组、扶杨油层致密油具有纵向呈薄互层发育、平面连续性差、含油饱和度低等特点，采用致密油有效开发关键技术，建立了低充注型致密油开发模式。

开发初期：

（1）开发井型：以压裂直井或定向井为主，在平面上储层连片集中发育的区域可以钻水平井。

（2）水平段长：水平段长度应在 1200～1800m 之间。

（3）布井模式：平台化布井、工厂化作业。

（4）压裂方式：直井采用分压合采，裂缝半长 100～120m；水平井采用大规模多段压裂，段间距 100m，裂缝半长 100～120m。

（5）井网井距：直井、菱形或矩形井网，250m×100m；水平井井距 200～300m。

开发中后期：

（1）大规模重复压裂：注气 /CO_2 吞吐。

（2）开发方式转化：连通性好的区域，转注水开发。

三、低流度型致密油开发模式

低流度型致密油以吉木萨尔芦草沟组致密储层为典型代表。该储层源储一体，烃源岩品质优、厚度大；构造简单、油层非均质性强；岩性复杂，纵向变化快，呈薄互层状；"甜点"区孔隙度大、含油饱和度高；天然裂缝不发育、两向应力差大，不利于形成复杂缝网；脆性强、弱水敏，无边底水，有利于大规模压裂改造；地层压力高、地饱压差（即地层压力与饱和压力之差）大，适合水平井大规模体积压裂开发。

综合吉木萨尔芦草沟组致密储层的地质特点、流体物性、地层能量特征以及岩石力学特征，建立了低流度型致密油开发模式。

开发初期：

（1）开发井型：压裂水平井。

（2）水平段长：水平段长度应在 1200～1800m 之间。

（3）布井模式：平台化布井、工厂化作业，空间布井选择物性最优储层单层。

（4）压裂方式：推荐细分密切割体积压裂方式，并尽可能提高加砂强度、压裂级数，合理控制加液强度。

（5）井网井距：井距为 200～300m，相邻水平井压裂缝呈交错状或拉链式。

开发中后期：

（1）增产 / 增能措施：重复压裂、CO_2 吞吐、加热。

（2）开发方式转变：CO_2 驱（井间注 CO_2，同井段间注 CO_2）。

四、低孔型致密油开发模式

以川中地区侏罗系致密油为例，川中地区侏罗系自下而上发育珍珠冲段、东岳庙段、大安寨段、凉高山组和沙一段五套含油气层段。这五套含油层系具有源储一体的特点，其基质孔隙度普遍小于 4%，裂缝相对较发育，是国内乃至世界上重要的低孔型致密油类型，与国内外其他致密油在储层特征、生产动态和流体性质等方面有较大差异：

一是储层经历了复杂的"沉积—致密化—溶蚀或构造"作用过程，储集空间以微纳米级孔隙为主，物性差、喉道细、非均质性强，是典型的微差储层，难以通过常规手段系统、科学地认识该类储层。

二是储层基质孔隙度普遍小于 3%、渗透率小于 0.1mD，导致单井产能严重依赖天然裂缝，如何通过储层改造规模有效动用基质储量、提高单井产量和单井累计产量面临挑战。

三是侏罗系致密油先致密后成藏，储层含油性受油源、储层、源储关系及保存条件等影响，既表现出大面积满坡含油的普遍性特征，又表现出"有砂无油、无缝无油"的特殊性，含油性"甜点"识别和预测难度大。

四是致密砂岩石英含量高达 70%，介壳灰岩方解石含量约 80%，储层具有较好脆性特征；但较发育的泥页岩夹层会影响粉细砂岩和薄层灰岩压裂效果，较大的两向应力差（8~40MPa）导致难以形成有利的网状压裂缝。

五是侏罗系原油密度和黏度低、可流动性好，储层具有中等偏强的水敏、酸敏、碱敏和应力敏感性特征，地层压力系数为 0.8~1.72，变化大，由于孔喉细小，易受污染，钻完井和压裂改造过程中面临严峻的储层保护难题。

六是纵向上发育多套含油层系，油层跨度数十米至上百米；平面上呈多层系大面积叠置连片分布特征，但单层分布具有较强的分散性及非均质性；如何有效预测物性、脆性、裂缝及含油性"甜点"，发展适合的立体式开发模式，是规模、效益开发侏罗系致密油的关键和基础。

初步确定川中地区侏罗系致密油采用平台两侧对称平行布井的井网方式。为了确保水平井井间被压裂缝覆盖，增加单井控制储量。根据体积压裂缝半长及基质泄油半径，确定试验区水平井合理井间距为 500~600m。

最终确定开发模式如下：

开发初期：

（1）开发井型：压裂水平井。

（2）水平段长：水平段长度应为 1200~2000m。

（3）布井模式：平台化布井、工厂化作业。

（4）压裂方式：大规模分段多簇压裂，裂缝半长为 200~250m。

（5）井网井距：平台两侧对称平行布井的井网方式，井距为 500~600m。

开发中后期：

增产措施：重复压裂。

第五节　致密油开发方案优化

一、EUR 优化

采用多段压裂水平井产量不稳定模型及解析解图版，对长 7 段致密油油层试验井生产动态进行分析，计算了单井控制储量和 EUR，其中 6 口井的拟合与计算结果见表 4-6。

表 4-6 长庆油田阳平长 7 致密油储层单井 EUR 评价结果表

井号	模型	裂缝半长 / m	基质渗透率 / mD	X_e / m	Y_e / m	控制储量 / 10^4m^3	EUR / 10^4m^3
阳平 1	双线性流	83	0.015	1584	165.8	21.27	1.91
阳平 2	双线性流	100	0.12	1520	200	24.63	2.22
阳平 3	双线性流	82	0.03	1496	164.2	19.905	1.79
阳平 4	三线性流	80	0.07	1600	200	20.733	1.87
阳平 5	组合双线性流	80	0.07	1601	160	20.752	1.87
阳平 10	五区多线性流	100	0.1	1709	300	41.535	3.74

从表 4-6 可以看出，阳平这 6 口井的 EUR 在 $2 \times 10^4m^3$ 左右，垂直井筒方向的控制距离大部分小于 200m，并且裂缝全长接近垂直方向的控制距离，说明外围难以动用。

二、开发模式优化

根据以上地质特点、流体物性、地层能量特征以及岩石力学特征等，建立了低孔型致密油开发模式。

井型选择：川中致密油采用"直井＋常规酸化、常规压裂技术"难以获得工业油流，需采用"长水平井段＋体积压裂技术"才能实现致密油的有效开发。

采用多种方法评价了川中致密油最终可采储量（EUR）和井控动态储量（OOIP）。根据公山庙大安寨 22 口专层井的生产动态资料，EUR 和 OOIP 差异较大。

Ⅰ类（$>10 \times 10^4t$）的 OOIP 为 $12.72 \times 10^4 \sim 75.1 \times 10^4t$，EUR 为 $1.08 \times 10^4 \sim 6.92 \times 10^4t$。

Ⅱ类（$5 \times 10^4 \sim 10 \times 10^4t$）的 OOIP 为 $5.17 \times 10^4 \sim 8.08 \times 10^4t$，EUR 为 $0.68 \times 10^4 \sim 0.81 \times 10^4t$。

Ⅲ类（$<5 \times 10^4t$）的 OOIP 为 $0.16 \times 10^4 \sim 3.98 \times 10^4t$，EUR 为 $0.05 \times 10^4 \sim 0.41 \times 10^4t$。

川中地区致密油储层物性差，渗透能力低，直井泄油面积小，单井产量低，采用水平井体积压裂技术可大幅度单井产量，提高动用程度。为了提高动用程度，增大控制体积，需增大水平井段长度，根据油藏初步确定大安寨组水平段长度 2000m 左右（图 4-32）。

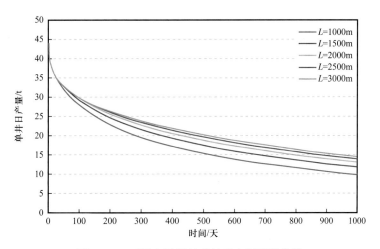

图 4-32 不同水平段长度的日产量预测曲线

数值模拟结果：随着水平段长度增加产量逐渐增加，大安寨合理水平段长度在1500～2500m之间（图4-33、图4-34）。

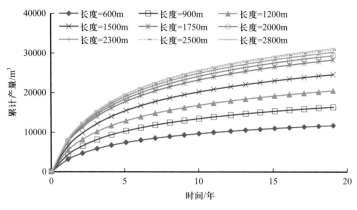

图4-33　水平段长度与累计产量关系图

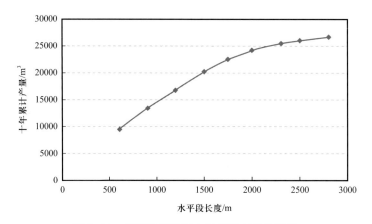

图4-34　水平段长度与十年累计产量关系图

川中地区致密油孔隙度极低，为了提高控制程度，需增大裂缝半长，扩大控制体积。大安寨组储层相对于凉高山组储层物性更差，为了提高控制程度，扩大控制体积，裂缝半长更长。因此，结合储层地质及工程技术现状，初步确定公101大安寨采用立体开发，裂缝半长均为200～250m。

初步确定川中地区侏罗系致密油采用平台两侧对称平行布井的井网方式。为了确保水平井井间被压裂缝覆盖，增加单井控制储量。根据体积压裂缝半长及基质泄油半径，确定试验区水平井合理井间距在500～600m。

最终确定开发模式如下：

开发初期：

（1）开发井型：压裂水平井。

（2）水平段长：水平段长度应在1200～2000m之间。

（3）布井模式：平台化布井、工厂化作业。

（4）压裂方式：大规模分段多簇压裂，裂缝半长为200～250m。

（5）井网井距：平台两侧对称平行布井的井网方式，井距为500～600m。

开发中后期：

增产措施：重复压裂。

三、开发方案优化

致密油开发方案的优化是一个复杂而反复迭代的过程，涉及地质研究、工程技术、经济效益分析以及管理模式的创新。致密油开发方案优化的几个关键方面：

（一）开发目标识别与评价

致密油与常规油藏不同，开发目标一般被认为是在现有技术经济条件下，能够实现效益开发的致密储层，开发目标的识别与评价重点在于致密储层的"甜点"特征进行准确描述，储层和裂缝是关键，流体与压力特征也是重要因素。

致密油开发目标识别与评价要坚持一体化思维，在加强岩石力学试验、地应力测试、测井评价及可压性评价、产能评价基础上，精确描述评价致密油开发目标特征。

（二）致密油开发机理

利用致密油开发的产能预测方法，基于开发试验区积累的动静态资料，深化致密油开发机理研究与表征，建立流动和产能预测模型。充分考虑地质、工程、经济等多因素进行不同条件下的产能预测，准确给出不同类型致密油的单井产能预测结果。

（三）开发方案优化

根据不同的致密油开发目标优化开发方案设计，确定合理的井网、井距，提高储量的动用率。

（四）提高采收率技术攻关

降低渗流阻力，研究降低致密油相渗流阻力、启动压力及黏度的开发技术。

补充能量方式，研究有效补充能量的开发方式，提高基质内流体渗流能力。

（五）开发模式和管理模式

致密油开发试验有效开发技术成熟后，转变为围绕提高效率、降低成本、消除浪费、增加价值的创新管理。

应用井工厂、一体化设计等模式，提高效率、缩短施工时间。

（六）应对低油价挑战

低成本工程技术，发展低成本工程技术和作业模式，提高钻井和压裂效率。

技术集成，加强技术的研发和集成，发展地质导向、随钻测量、旋转导向等技术。

致密油开发目标评价与优选技术已先后在新疆吉木萨尔二叠系芦草沟组、鄂尔多斯盆地三叠系长 7 段、松辽盆地扶余等致密油开发工作中得到了初步应用，为致密油开发关键技术提供了技术支撑。

第五章　致密油提高采收技术

本章主要介绍致密油提高采收率方法。通过致密岩心模拟实验，评价致密油注水、注气（N_2、CO_2）、吞吐等提高采收率方法，实验研究结果实现致密油采收率提高5%以上，为致密油有效开发提供技术支撑。

第一节　致密油物性与孔隙特征的实验

从油田现场生产规律来看，大庆油田、吉林油田致密油和长庆油田储层渗透率相近，但开采规律差异非常大。因此，在模拟致密油渗流特征和提高采收率特征时，室内模拟越接近油藏条件，越能反映油藏的真实开发规律，越接近致密油特征，对提高采收率方法评价也更有实际意义。这些特征主要包括油藏特征、流体特征以及油藏的温度和压力特征等。以长庆油田采油二厂致密油为研究实例，选择典型试验区，在确定试验区地质特征、开发特征的基础上，进而确定室内模拟实验条件。

一、致密油开发试验区选取

致密油模拟实验样品选取长庆油田致密油开发试验区，经与长庆油田采油二厂交流讨论，确定试验区位于陇东的长庆油田采油二厂岭北作业区西233试验区（表5-1）的"阳平"字号水平井共有10口，试验区通过实施"水平井体积压裂"技术进行开发。投产时间为2011—2013年，10口井中有自喷井4口，生产初期产量最高的为阳平5井，初期日产量保持在20t以上。

二、试验区生产特征

以西233试验区开发试验井为例进行单井生产特征分析，见表5-2，典型井生产特征如图5-1和图5-2所示。

三、流体特征

通过流体特征分析可为长岩心物理模拟地层活油组成的确定和配制提供依据（表5-3）。

四、致密油室内模拟实验条件确定

根据长庆油田采油二厂试验区地质和生产特征，确定了模拟参数（表5-1），主要有地层深度2000m，模拟岩石上覆压力46MPa，原始地层压力16MPa，地层温度65℃，溶解气油比93m³/m³。

表5-1 长庆油田采油二厂岭北作业区西233试验区情况表（部分井）

参数	井号							平均值	实验模拟参数
	1#	2#	3#	4#	5#	6#	7#		
生产井段 /m	1918.0~1968.0	2266.0~2271.0	1968.0~1972.0, 1950.0~1852.0	2027.0~2031.0, 2036.0~2040.0, 2042.0~2045.0, 2050.0~2052.0, 2052.4~2055.0	1909.9~1988.3	2424.0~3178.0	2018.0~2050.0	—	—
中部深度 /m	1943	2218.5	1921.5	2041	1769.05	2801	2034	2104	2000
生产层位	长7段	长7段	长7段	长7段	长7段	长7段	长7$_2$亚段	—	—
目前地层压力 /MPa	19.071	15.261	15.131	11.924	13.728	18.621	16.5	15.7	16.0
目前地层温度 /℃	71.71	62.51	63.19	65.49	60.52	69.91	64.75	65.4	65.0
溶解气油比 GOR/（m³/m³）	105.05	103.61	109.44	76.9	73.15	81.4	101.4	93.0	93.0
溶解气油比 GOR/（m³/t）	125.64	124.1	130.8	93.56	87.45	95.26	122.64	111.35	111.00
地层体积系数 B_o（地层温压条件）	1.3425	1.3381	1.3525	1.2675	1.2166	1.2823	1.3357	1.305	1.305
地层油平均溶解气体系数/[m³/（m³·MPa）]	9.119	9.088	9.047	10.189	9.1046	7.544	10.604	9.242	—
地层油体积收缩率/%	25.51	25.27	26.06	21.1	21.39	22.01	25.13	23.78	—
地层油密度（地层温压条件）/（g/cm³）	0.7223	0.7221	0.7213	0.7346	0.7434	0.751	0.717	0.730	—
天然气相对密度（20.0℃, 0.101MPa）	1.0556	1.0533	1.0533	1.1773	1.1254	1.106	1.0711	1.092	—
死油密度（20.0℃, 0.101MPa）/（g/cm³）	0.8361	0.8348	0.8367	0.822	0.8365	0.8545	0.8268	0.835	—
死油分子量	224.1	222.6	224.8	209	224.6	247.6	213.9	223.8	—
饱和压力 p_b（地层温度）/MPa	11.52	11.4	12.097	7.548	7.851	10.79	9.563	10.110	10.000
压缩系数（地层温压条件）/10^{-3}MPa^{-1}	1.475	1.532	1.537	1.408	1.381	1.334	1.584	1.464	—
热膨胀（地层温压条件）/℃$^{-1}$	0.001154	0.001155	0.001169	0.001073	0.000996	0.001174	0.001208	0.0011	—
饱和压力下地层油密度（地层温度）/（g/cm³）	0.7144	0.7178	0.718	0.7301	0.7367	0.7432	0.7092	0.724	—

表 5-2　长庆油田采油二厂岭北作业区西 233 试验区生产特征表

参数	井号				平均值
	阳平 6	阳平 7	阳平 8	阳平 9	
开井时间 /d	2577	2548	2548	2577	2563
平均日产液量 /m³	15.4	21.3	16.7	15.0	17.1
平均日产油量 /t	12.2	17.1	12.8	11.3	13.3
平均日产水量 /m³	1.5	1.8	1.7	1.8	1.7
平均含水率 /%	10.2	8.8	10.2	11.6	10.2
累计产液量 /m³	39579	54245	42671	38717	43803
累计产油量 /t	30255	42074	32443	28970	33435
累计产水量 /m³	3929	4687	4428	4549	4398

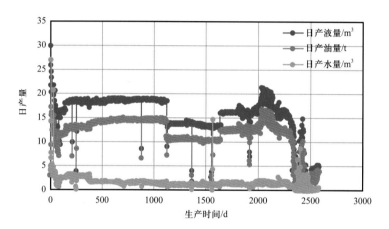

图 5-1　阳平 6 井日产油量、日产水量、日产液量曲线

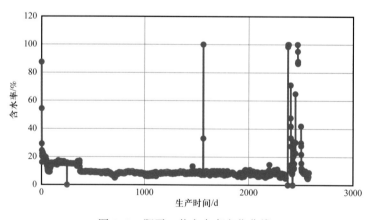

图 5-2　阳平 6 井含水率变化曲线

表5-3 长庆油田采油二厂岭北作业区西233试验区流体特征

组成	油井1#闪蒸气组成(摩尔分数)/%	油井2#闪蒸气组成(摩尔分数)/%	油井3#闪蒸气组成(摩尔分数)/%	油井4#闪蒸气组成(摩尔分数)/%	油井5#闪蒸气组成(摩尔分数)/%	油井6#闪蒸气组成(摩尔分数)/%	油井闪蒸气组成(摩尔分数)平均值/%	伴生气组成(摩尔分数)/%	天然气组成(摩尔分数)/%	烟道气组成(摩尔分数)/%
N_2	2.54	2.54	1.82	1.49	1.71	3.26	2.23	2.33	2.15	80.00
CO_2	0.20	0.18	0.20	0.69	0.20	0.62	0.35		1.59	20.00
C_1	50.33	50.53	51.41	41.97	44.34	47.21	47.63	54.58	94.21	
C_2	15.62	15.62	15.36	16.76	17.05	13.14	15.59	15.54	1.73	
C_3	16.88	16.75	16.64	20.24	20.16	19.57	18.37	17.99	0.27	
iC_4	2.61	2.59	2.58	3.19	2.81	2.77	2.76	9.56	0.05	
nC_4	6.25	6.20	6.19	7.94	7.43	7.39	6.90			
iC_5	1.61	1.63	1.65	2.07	1.87	1.82	1.77			
nC_5	1.90	1.93	1.96	2.46	2.05	2.03	2.05			
C_6	1.38	1.37	1.45	1.98	1.57	1.42	1.53			
C_7	0.50	0.49	0.55	0.99	0.59	0.57	0.62			
C_8	0.17	0.16	0.18	0.24	0.24	0.19	0.20			
合计	100.00	100.00	100.00	100.00	100.00	100.00	100.00	100.00	100.00	100.00

第二节 储层矿物组成

一、储层岩性分类

根据砂岩矿物组成三角图分类法将砂岩分成七类：石英砂岩（quartz）、亚长石砂岩（subarkose）、亚岩屑砂岩（sublitharenite）、长石砂岩（arkose）、岩屑长石砂岩（lithic arkose）、长石岩屑砂屑岩（feldspathic Litharenite）、岩屑砂屑岩（litharenite），长庆长7段致密砂岩储层矿物组成分类图如图5-3所示。

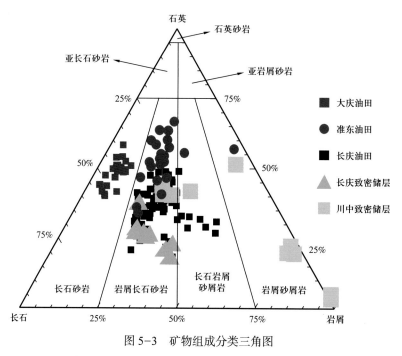

图5-3　矿物组成分类三角图

由矿物组成三角图得出，长庆油田致密储层砂岩类型以岩屑长石砂岩为主，该砂岩的主要特征为高长石、中石英、低岩屑。川中致密砂岩长石含量少，岩屑含量稍高。

二、黏土矿物类型

低渗透储层的黏土含量一般较高，黏土普遍存在于油层中，在油层砂粒间为随机分散的一种无定形矿物。根据30个低渗透储层的统计结果，其中胶结物含量一般为11.66%～25.26%，平均为16.6%；胶结物成分以黏土为主，平均含量为8.91%，多存在于粒间孔隙或颗粒表面；化学沉淀胶结物含量共计7.69%，其成分为碳酸盐、硫酸盐、硅酸盐、沸石类等。尽管黏土矿物种类众多，但分布在油气储层中的黏土矿物类型一般不是十分复杂，主要为蒙皂石（S）、伊利石（I）、高岭石（K）和绿泥石（C）、伊/蒙混层（I/S）和绿/蒙混层（C/S）矿物，黏土矿物的产状、扫描电镜下的微观形态、敏感性见表5-4。

表 5-4 黏土矿物的产状、镜下形态、敏感性

序号	类型	产状	扫描电镜下的微观形态	敏感性	潜在影响
1	高岭石	充填	单晶为六角板状，集合体常呈书页状、蠕虫状	中等速敏、中等酸敏	微粒运移
2	蒙皂石	充填衬垫	呈片状、蜂巢状、棉絮状	强水敏、中等速敏、弱酸敏	膨胀分散
3	伊利石	搭桥充填衬垫	呈弯曲片状、丝状	中等水敏、低速敏、低酸敏	微粒运移
4	绿泥石	栉壳环边充填衬垫	单晶为针叶状、叶片状，集合体常呈绒球及玫瑰花朵状	强酸敏、低速敏	氢氧化铁沉淀
5	伊/蒙混层	衬垫	呈片状、丝状、似蜂巢状	中等水敏、中等速敏、弱酸敏	膨胀分散
6	绿/蒙混层	衬垫	呈片状、针丝状、似蜂巢状	中等水敏、中等速敏、弱酸敏	膨胀分散

长庆油田致密储层黏土矿物总量平均为 22%，主要为伊利石和绿泥石。川中致密砂岩黏土矿物总量平均为 20%，存在混层黏土矿物，对储层的润湿性、敏感性有影响。对长庆油田储层进行了 10 组矿物组成分析，详细数据见表 5-5。

表 5-5 长庆油田储层矿物组成表

序号	原编号	黏土矿物相对含量 /%						混层比 /%		矿物含量 /%							黏土矿物总量 /%
		S	I/S	I	K	C	C/S	I/S	C/S	石英	钾长石	斜长石	方解石	白云石	黄铁矿	浊沸石	
1	cq1	—	—	4	—	96	—	—	—	31	13	35	1.9	—	—	—	19.3
2	cq5	—	—	5	—	95	—	—	—	28.2	15	30	1.2	—	—	—	25.1
3	cq8	—	—	6	—	94	—	—	—	26.5	14	33	0.9	—	—	—	25.5
4	cq9	—	—	6	—	94	—	—	—	29.9	17	29	2.1	—	—	—	22.1
5	cq10	—	—	5	—	95	—	—	—	32.3	19	27	2.5	—	—	—	18.7
6	cq11	—	—	7	—	93	—	—	—	28	14	35	6.2	—	—	—	16.5
7	cq12	—	—	6	—	94	—	—	—	18.3	19	24	1.1	—	—	10	28.2
8	cq13	—	—	6	—	94	—	—	—	41.3	4.3	37	1.4	—	—	—	15.6
9	cq14	—	—	5	—	95	—	—	—	21.8	15	28	0.8	—	—	9.1	25.9
10	cq15	—	—	5	—	95	—	—	—	23.8	6.6	34	12.9	—	—	—	22.8

第三节　致密储层岩石比表面积

致密储层比表面积大，孔隙表面与流体分子间作用强，微尺度效应十分明显。研究比表面积为后面提高采收率机理打下基础。

比表面积分析测试方法有多种，其中气体吸附法因其测试原理的科学性、测试过程的可靠性、测试结果的一致性，在国内外各行各业中被广泛采用，并逐渐取代了其他比表面积测试方法，成为公认的权威测试方法。

图5-4　用虚线表示吸附法测定的颗
　　　　粒表面积

气体吸附法测定比表面积原理，是依据气体在固体表面的吸附特性，在一定的压力下，被测样品颗粒（吸附剂）表面在超低温下对气体分子（吸附质）具有可逆物理吸附作用，并对应一定压力存在确定的平衡吸附量。通过测定出该平衡吸附量，利用理论模型等效求出被测样品的比表面积。由于实际颗粒外表面的不规则性，严格来讲，该方法测定的是吸附质分子所能到达的颗粒外表面和内部通孔总表面积之和，如图5-4所示。

氮气因其易获得性和良好的可逆吸附特性而成为最常用的吸附质。通过这种方法测定的比表面积，称之为"等效"比表面积，所谓"等效"的概念是指：样品的比表面积是通过其表面密排包覆（吸附）的氮气分子数量和分子最大横截面积来表征。实际测定出氮气分子在样品表面平衡饱和吸附量（V），通过不同理论模型计算出单层饱和吸附量（V_m），进而得出分子个数，采用表面密排六方模型计算出氮气分子等效最大横截面积（A_m），即可求出被测样品的比表面积。计算公式如下：

$$S_g = \frac{V_m N A_m}{22414 W} \times 10^{-18} \tag{5-1}$$

式中，S_g 为被测样品比表面积，m^2/g；V_m 为标准状态下氮气分子单层饱和吸附量，mL；A_m 为氮分子等效最大横截面积，密排六方理论值 $A_m = 0.162 nm^2$；W 为被测样品质量，g；N 为阿伏加德罗常数，取值为 6.02×10^{23}。代入上述数据，得到氮吸附法计算比表面积的基本公式：

$$S_g = 4.36 \times V_m / W \tag{5-2}$$

由式（5-2）可看出，准确测定样品表面单层饱和吸附量 V_m 是比表面积测定的关键。

一、BET 比表面积测定法

1938 年，Brunauer、Emmett 和 Teller 在 Langmuir 吸附理论的基础上提出多分子层吸附理论（BET 吸附理论），基本假设为

（1）固体表面是均匀的。

（2）被吸附分子间没有相互作用。

（3）多分子层吸附，第一层吸附分子还可以靠范德瓦耳斯力再吸附第二层、第三层分子，形成多分子吸附层，各层之间存在着吸附和脱附的动态平衡：

$$\frac{p}{V(p_0-p)}=\frac{1}{V_m C}+\frac{C-1}{V_m C}\frac{p}{p_0} \tag{5-3}$$

式中，p 为吸附质饱和蒸气压；p_0 为吸附剂饱和蒸气压；V 为样品实际吸附量；V_m 为单层饱和吸附量；C 为与样品吸附能力相关的常数。

由式（5-3）可以看出，BET 方程建立了单层饱和吸附量 V_m 与多层吸附量 V 之间的数量关系，为比表面积测定提供理论基础。

BET 方程是建立在多层吸附的理论基础之上的，与许多物质的实际吸附过程更接近，因此测试结果可靠性更高。实际测试过程中，实测 3～5 组被测样品在不同气体分压下多层吸附量 V，以 $\frac{p}{p_0}$ 为 X 轴，$\frac{p}{V(p_0-p)}$ 为 Y 轴，由 BET 方程作图进行线性拟合（图 5-5），得到直线的斜率和截距，从而求得 V_m 值计算出被测样品比表面积。理论和实践表明，当 p/p_0 在 0.05～0.35 范围内时，BET 方程与实际吸附过程相吻合，因此实际测试过程中选点需在此范围内。由于选取了 3～5 组 p/p_0 进行测定，通常我们称之为多点 BET。BET 理论吸附与物质实际吸附过程更接近，可测定样品范围广，测试结果准确性和可信度高，特别适合科研及生产单位使用。

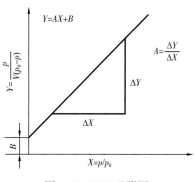

图 5-5　BET 吸附图

二、比表面积测量

测试仪器为北京金埃谱科技有限公司生产的 V-Sorb 2800P 系列比表面积分析仪，采用静态容量法测量比表面积。

参考标准《气体吸附 BET 法测定固态物质比表面积》（GB/T 19587—2017）、《炭黑　总表面积和外表面积的测定　氮吸附法》（GB/T 10722—2014）、《金属粉末比表面积的测定方法　氮吸附法》（GB/T 13390—2008）。

为了研究对比不同渗透率与不同区块如长庆、川中致密储层，大庆高渗透岩心的比表面积特征，对比见图 5-6。

致密储层比表面积大，孔隙表面与流体分子间作用强，微尺度效应十分明显。致密储层岩石的比表面积随渗透率降低显著增加。对比国外高、中、低黏土的致密储层比表面积可以发现，川中致密油储层的比表面积远远大于国外的致密储层，可达到一个数量级的差别，这也是国内致密储层的开采难度比国外大的原因之一。

研究的两个区块渗透率相近时，川中致密储层的比表面积较高，且范围变化较大，长庆致密储层的比表面积值较小。从孔隙结构对比来看，长庆致密储层的孔隙较均匀，

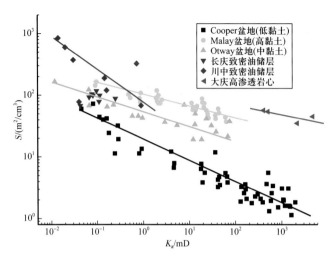

图 5-6　国内外不同致密储层比表面积对比

小孔隙比例明显小于川中致密储层。从比表面积数据来看，川中储层流体与孔隙相互作用更为强烈，开采难度较长庆油田大。形成对比图版，建议把比表面积作为致密储层物性评价的参数。

第四节　致密储层孔隙特征

通过铸体薄片、扫描电镜、全直径尺度 CT 扫描、微米 CT、纳米 CT、N_2 和 CO_2 吸附、高压压汞、核磁共振等手段对致密储层岩石的孔隙结构进行了研究，得到了致密油储层的孔隙特征，致密储层纳米级以上的孔喉半径主要分布在 150nm 左右，孔隙和孔喉的连通性也较差。从 $65\mu m$ 岩样的纳米 CT 扫描图像来看，裂缝宽度主要分布在 $300\sim800nm$。纳米 CT 表明，致密砂岩存在微米—亚微米级孔隙和孔喉，具有一定连通性。N_2 吸附法测试孔径为 $3\sim50nm$。CO_2 吸附法测试孔径为 $0.35\sim2nm$，表明致密储层存在的孔隙下限值为 0.35nm。致密储层的孔隙尺度范围为亚微米、微米级别，其孔隙范围可达 4 个数量级。高压压汞和恒速压汞曲线得到对致密储层岩石渗流起主导作用的为亚微米—微米级尺度孔隙。

一、岩心孔隙度及孔隙结构

（一）CT 孔隙结构

实验中 CT 扫描机实验温度为 23℃，扫描电压为 120kV，扫描电流为 60mA，扫描层厚为 2.5mm，扫描间距为 2.5mm，采用轴向扫描方式，岩心扫描步骤如下：

（1）取心岩心洗油，测量常规孔隙度、渗透率。

（2）测试地层水 CT 值。

（3）把干岩心放入碳纤维岩心夹持器中，缓慢增加围压至需要模拟油藏的上覆压力，对夹持器整体进行 CT 扫描，得到干岩心各扫描断面的 CT 值数值矩阵。

（4）将岩心抽真空，加压饱和地层水至油藏孔隙流体压力，对夹持器整体进行 CT 扫描，得到饱和地层水岩心各扫描断面的 CT 值数值矩阵。

（5）应用孔隙度计算公式，得到各扫描断面孔隙度分布数值矩阵。

（6）计算扫描断面孔隙度分布参数，重建孔隙度分布图，作出孔隙度频率及累计频率曲线。

1. 柱状岩心孔隙分布特征

应用 CT 成像技术，测试了长庆 9 段块致密砂岩岩心孔隙度分布，岩心的常规物性参数及由 CT 扫描成像得到的"岩心级"孔隙度参数见表 5-6。

表 5-6　岩心物性参数与 CT 孔隙度

序号	样品号	长度 / cm	直径 / cm	K_a/ mD	He 孔隙度 / %	CT 孔隙度 / %	偏差 / %	取心深度 / m	层理
1	3/142	6.096	2.484	1.21	11.2	10.5	0.7	2147.33	无
2	4/142	6.116	2.49	1.33	11.4	10.8	0.6	2147.43	无
3	5/142	6.071	2.491	1.16	10.9	9.7	1.2	2147.53	有
4	6/142	6.193	2.482	0.505	8.3	7.0	1.3	2147.63	有
5	7/142	6.066	2.488	0.459	9.4	8.5	0.9	2147.73	有
6	11/142	6.071	2.491	0.579	9.6	8.7	0.9	2148.17	无
7	30/142	5.728	2.486	1.65	10.8	10.2	0.6	2150.46	无
8	33/142	6.071	2.483	0.769	10.6	9.9	0.7	2150.76	无
9	36/142	6.177	2.487	1.93	11.5	10.8	0.7	2151.14	无

从孔隙度分布特征可知，9 块岩心的流体分布特征可分为相对均质型和层理型。测试井深范围为 2147.33～2151.14m，其中 2147.53～2147.73m 井段孔隙度分布显现出明显的层理性，而其他井段孔隙度分布显现出相对均质特征。孔隙度分布相对均质的岩心以 3/142 岩心为例，孔隙度分布显现一定的层理性的岩心以 6/142 岩心为例，两者流体分布特征分别如图 5-7 和图 5-8 所示。

从表 5-6 中可以看出，应用 CT 法得到"岩心级"孔隙度较常规 He 孔隙度偏小 0.6%～1.3%，这主要是因为测试的低渗透储层的孔隙结构及矿物组成复杂，其黏土总量较高，为 11.4%～34.3%，在饱和地层水过程中，由于黏土矿物膨胀会导致储层的孔隙结构发生一定变化。此外，由于 CT 扫描存在射线硬化效应，干岩心与饱和地层水岩心的 CT 值与假设条件下获取的 CT 值有一定差别，都会影响测试结果。

2. 储层孔隙度分布表征参数

通过对 9 块致密岩心 CT 分别计算了其"断面级"和"岩心级"孔隙分布 7 种表征参数，以岩心 3/142 为例，其孔隙度分布参数见表 5-7。

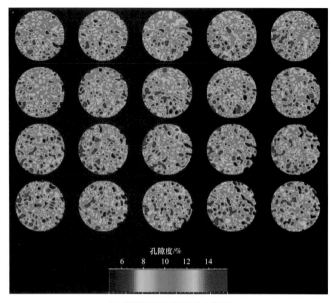

(a) 不同扫描断面流体分布特征

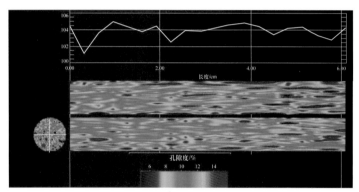

(b) 流体沿某正交切面分布特征

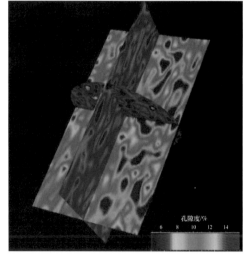

(c) 流体三维分布特征

图 5-7　岩心 3/142 流体分布特征

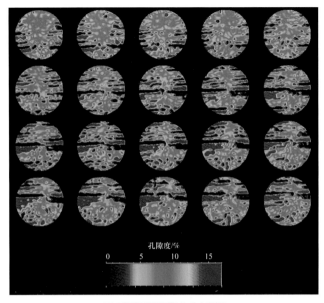

(a) 不同扫描断面流体分布特征

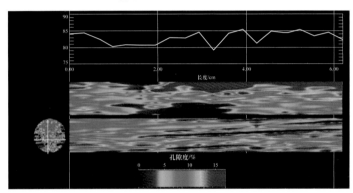

(b) 流体沿某正交切面分布特征

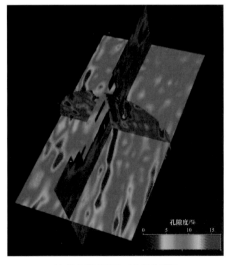

(c) 岩心6/142流体三维分布特征

图 5-8　岩心 6/142 流体分布特征

表 5-7 岩心 3/142 孔隙度分布表征参数图

断层位置	孔隙度均值 /%	孔隙度中值 /%	标准偏差	变异系数	偏度	峰度	K-C 系数
1	10.1	10.2	2.06	0.20	−0.18	0.62	0.028
2	10.4	10.4	2.18	0.21	−0.04	1.16	0.028
3	10.6	10.5	2.31	0.22	0.12	1.02	0.029
4	10.6	10.4	2.33	0.22	0.52	1.50	0.036
5	10.4	10.5	2.07	0.20	−0.18	0.68	0.029
6	10.6	10.6	2.44	0.23	0.35	2.85	0.035
7	10.4	10.2	2.62	0.25	0.39	1.83	0.041
8	10.5	10.5	2.83	0.27	2.34	21.80	0.077
9	10.5	10.4	2.68	0.26	1.52	12.26	0.052
10	10.5	10.5	2.56	0.25	−0.14	0.30	0.016
11	10.6	10.4	2.73	0.26	0.29	2.05	0.035
12	10.5	10.5	2.70	0.26	−0.05	0.77	0.030
13	10.5	10.5	2.66	0.25	0.48	3.13	0.029
14	10.4	10.4	2.69	0.26	−0.12	0.31	0.028
15	10.6	10.6	2.96	0.26	−0.02	0.82	0.021
16	10.5	10.6	2.73	0.26	−0.03	0.82	0.025
17	10.4	10.5	2.56	0.24	−0.08	0.17	0.016
18	10.4	10.4	2.91	0.28	0.05	0.08	0.025
19	10.6	10.7	2.71	0.26	0.13	0.43	0.027
20	10.5	10.4	2.92	0.28	0.09	0.35	0.021
最小值	10.4	10.2	2.07	0.20	−0.18	0.08	0.016
最大值	10.6	10.7	2.96	0.28	2.34	21.80	0.077
岩心级别	10.5	10.5	2.61	0.25	0.30	2.75	0.032

注：K-C 系数即为 Kozeny-Carman 系数，是描述孔隙结构对流体流动影响的经验系数。

同一岩心不同扫描断面孔隙度分布存在明显差异，其集中程度、离散程度和分布形态均有所不同。采用这 7 种表征参数可精细刻画出岩心"断面级"和"岩心级"孔隙度分布特征。岩心 3/142 岩心"断面级"孔隙度均值范围为 10.4%~10.6%，孔隙度中值范围为 10.2%~10.7%，孔隙度标准偏差范围为 2.06~2.96，变异系数为 0.20~0.28，偏度范围 −0.18~2.34，峰度范围 0.08~21.80，正态分布吻合度参数 K-C 系数范围为 0.016~0.077。对比了两块取心岩心 3/142 和 6/142 不同扫描断面孔隙特征参数，对比如图 5-9 所示。

通过孔隙度表征参数，可以较好地对比岩心不同扫描断面孔隙分布的集中程度、离散程度和分布形态，定量表征孔隙分布特征，为深入认识孔隙特征提供依据。

3. 岩心孔隙度分布统计曲线

孔隙度分布特征图可以直观地观测岩心孔隙度分布空间特征，应用孔隙度频率分布和累计频率分布曲线，得到岩心各扫描断面及岩心整体孔隙度分布的统计特征。孔隙度

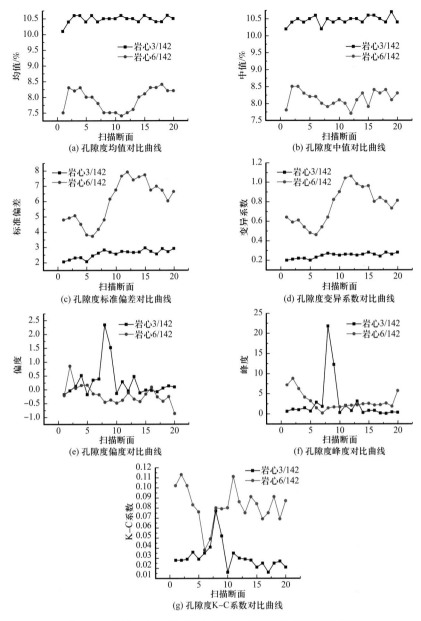

图 5-9　岩心 3/142 和 6/142 不同扫描断面孔隙度特征曲线

频率分布曲线表示扫描断面不同孔隙度所占比例，曲线尖峰越高，表明该岩石以某一孔隙度为主，断面孔隙度分布越均匀，曲线尖峰越靠左，表明断面孔隙度越小；曲线尖峰越靠右，表明断面孔隙度越大。在孔隙度累计分布曲线上，上升段越陡表明断面孔隙度分布均匀。

以扫描断面 20 和岩心整体孔隙度为例，作出其孔隙度频率分布和累计频率分布曲线，见图 5-10。

在 20 个扫描断面中，扫描断面 20 的标准偏差与变异系数最大，该面孔隙度分布的离散程度最大。断面 20 孔隙度分布峰位为 10%～11%，其分布峰值为 14%；岩心整体孔隙度分布峰位为 10.5%～11%，其分布峰值为 20.5%。

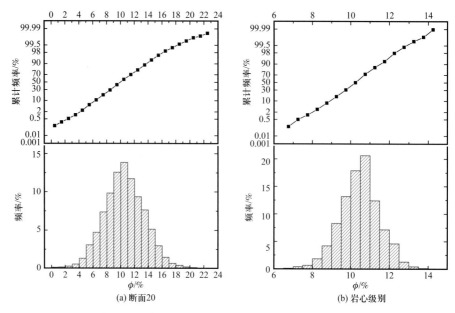

图 5-10　岩心 3/142 孔隙度频率分布及累计频率分布

4. 全直径岩心孔隙度分布特征

选择了长庆具有典型特征的两块全直径取心岩心，其中西 67/142 岩心较为均质，西 19/142 岩心具有明显的裂缝特征，岩心物性参数见表 5-8。

表 5-8　岩心物性参数与 CT 孔隙度

序号	样品号	长度 /cm	直径 /cm	CT 孔隙度 /%	取心深度 /m	特征
1	西 67/142	10	10	7.4	2154.10	均质
2	西 19/142	10	10	8.3	2149.20	裂缝

实验中 CT 扫描机实验温度为 23℃，扫描电压为 120kV，扫描电流为 60mA，扫描层厚为 2.5mm，扫描间距为 2.5mm，采用轴向扫描方式，岩心扫描步骤如下：

（1）取心岩心洗油，烘干，测试干岩心的 CT 值。

（2）加入 CT 增强剂，测试地层水的 CT 值。

（3）将岩心放入装有增强剂地层水的高压容器，加压 20MPa 至储层孔隙流体压力，加压时间 48h。

（4）将加压饱和岩心取出，进行 CT 扫描，得到饱和地层水岩心各扫描断面的 CT 值。

（5）应用孔隙度计算公式，得到各扫描断面孔隙度分布数值矩阵。

（6）计算扫描断面孔隙度分布参数，重建孔隙度分布图。

5. 均质岩心孔隙度分布图

通过对干岩心和饱和地层水岩心 CT 扫描，应用差值法得到全直径岩心孔隙度分布图，岩心不同扫描断面孔隙分布如图 5-11（a）所示、岩心孔隙沿某正交切面分布如图 5-11（b）所示、岩心孔隙频率分布如图 5-11（c）所示。

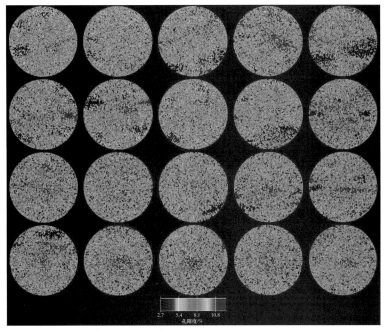

(a) 不同扫描断面孔隙分布

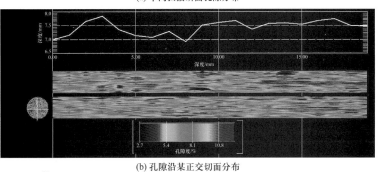

(b) 孔隙沿某正交切面分布

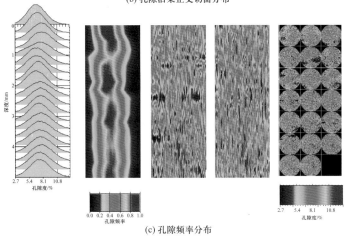

(c) 孔隙频率分布

图 5-11　岩心西 67/142 孔隙特征

为了更精细地研究该全直径岩心孔隙度三维分布特征，对孔隙度大于 11.6%、大于12.3%、大于 13.0%、大于 13.6% 和大于 14.3% 的岩心孔隙进行提取，其孔隙度三维分布如图 5-12 所示。

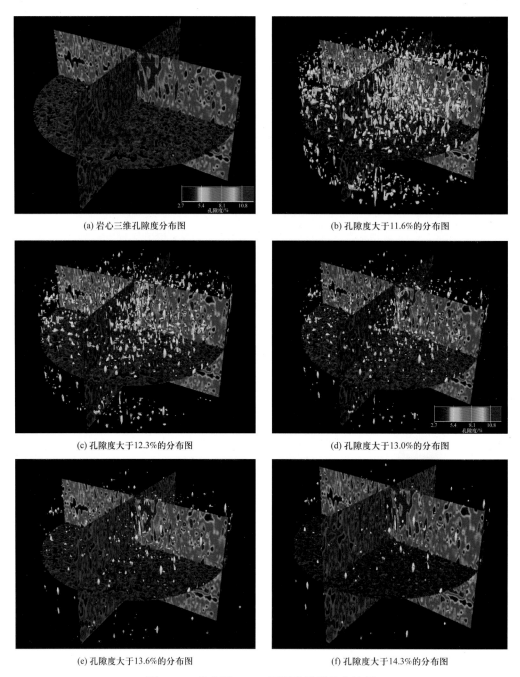

(a) 岩心三维孔隙度分布图   (b) 孔隙度大于11.6%的分布图

(c) 孔隙度大于12.3%的分布图   (d) 孔隙度大于13.0%的分布图

(e) 孔隙度大于13.6%的分布图   (f) 孔隙度大于14.3%的分布图

图 5-12　岩心西 67/142 不同孔隙度分布特征

6. 裂缝岩心孔隙度分布图

通过对干岩心和饱和地层水岩心 CT 扫描，应用差值法得到裂缝性全直径岩心孔隙度分布图，岩心不同扫描断面孔隙分布如图 5-13（a）所示、岩心孔隙沿某正交切面分布如图 5-13（b）所示、岩心孔隙频率分布如图 5-13（c）所示。

对孔隙度大于 12.8%、13.5%、14.2%、15.1% 和 15.8% 的岩心孔隙进行提取，其孔隙度三维分布如图 5-14 所示。

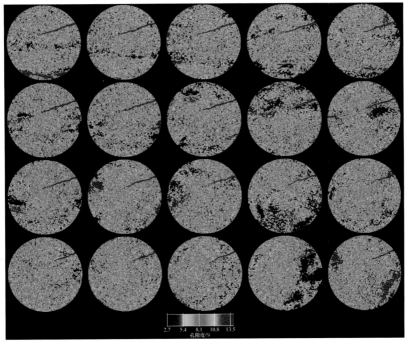

(a) 不同扫描断面流体分布特征

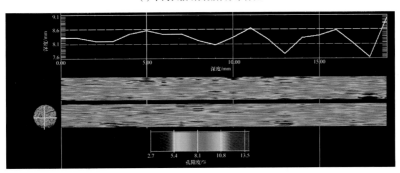

(b) 孔隙沿某正交切面分布特征

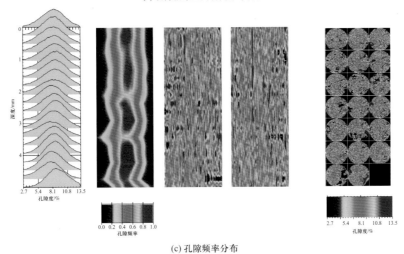

(c) 孔隙频率分布

图 5-13　岩心 7/142 孔隙特征

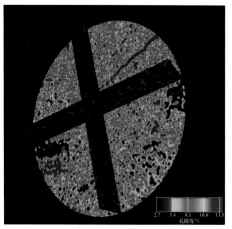
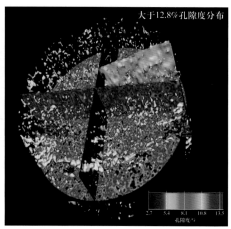

(a) 岩心三维孔隙度分布图   (b) 孔隙度大于12.8%的分布图

图 5-14   岩心 7/142 不同孔隙度分布

（二）铸体薄片孔隙特征

由长庆岩心样品铸体薄片分析可知，总体来看，取心样品较为致密，呈灰色，其铸体薄片见图 5-15，其铸体分析结果见表 5-9。

(a) 细粒长石岩屑砂岩，粒间溶孔较发育，溶孔内可见   (b) 细粒长石岩屑砂岩，岩屑较发育，
残余长石或岩屑颗粒。铸体薄片(-)，未染色   铸体薄片(+)，未染色

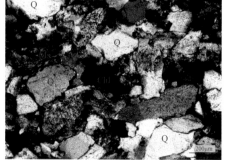

(c) 细粒长石岩屑砂岩，可见颗粒内溶孔，粒间溶孔内可见   (d) 细粒长石岩屑砂岩，岩屑及黏土矿物
残余绿泥石、云母颗粒。铸体薄片(-)，未染色   较发育，铸体薄片(+)，未染色

图 5-15   长庆致密油储层典型铸体薄片：岩心号 cq24
D- 岩屑；Pl- 斜长石；Kf- 钾长石；Q- 石英；Ms- 云母；Chl- 绿泥石；P- 孔隙

表 5-9　长庆致密油储层孔隙结构特征

序号	样品号	面孔率/%	岩石定名	孔隙类型	孔隙特征	碎屑颗粒特征
1	cq01	12	中细粒岩屑长石砂岩	颗粒铸模孔和粒间溶孔	储集性能较好好、孔喉连通性较好	颗粒支撑，线接触
2	cq07	10	中细粒岩屑长石砂岩	颗粒铸模孔和粒间溶孔	储集性能较好、孔喉连通性较好	颗粒支撑，线接触
3	cq12	10	中细粒岩屑长石砂岩	颗粒铸模孔和粒间溶孔	孔隙发育不均，储集性能一般—较好	颗粒支撑，点—线接触，分选中等
4	cq13	8	岩屑长石细砂岩	颗粒铸模孔和粒间溶孔	储集性能较好、孔喉连通性较好	颗粒支撑，点—线接触，分选较好
5	cq14	4	细中粒岩屑长石砂岩	颗粒铸模孔和粒间溶孔	孔隙连通性较差，储集性能较差	颗粒支撑，点—线接触，分选中等
6	cq15	8	岩屑长石中砂岩	颗粒铸模孔和粒间溶孔	孔隙连通性一般，储集性能一般	颗粒支撑，点接触为主，分选中等
7	cq23	8	中细粒岩屑长石砂岩	颗粒铸模孔和粒间溶孔	孔隙发育位置不均，储集性能一般，面孔率约为8%	颗粒支撑，点—线接触，分选中等
8	cq24	12	细粒长石岩屑砂岩	颗粒铸模孔和粒间溶孔	储集性能较好、孔喉连通性较好	颗粒支撑，以线接触为主，分选较好
9	cq25	6	细中粒岩屑长石砂岩	颗粒铸模孔和粒间溶孔	孔隙连通性较差，储集性能较差	颗粒支撑，点—线接触，分选中等
10	cq26	4	岩屑长石中砂岩	颗粒铸模孔和粒间溶孔	孔隙连通性一般，储集性能一般	颗粒支撑，以点接触为主，分选中等

岩石为细粒长石岩屑砂岩，颗粒支撑，以线接触为主，分选较好，颗粒长轴排列略具定向性。石英棱角状—次棱角状，细粒为主，粉砂级、中砂级约占 10%；长石细砂级为主，表面风化，部分溶蚀形成颗粒溶孔，岩屑以硅质岩屑和火山岩岩屑为主。黑云母含量高，片状，多色性明显，二级干涉色以蓝绿为主。粒间溶孔、颗粒溶孔发育，局部方解石胶结物充填，面孔率约为 12%。

（三）扫描电镜孔隙特征

扫描电镜能直接观察岩石样品原始表面，景深大，图像立体感强，分辨率较高，是黏土矿物定性分析的一种常见手段。通过扫描电镜分析，能确定黏土矿物类型、晶体形态和产状，为低渗透储层孔隙特征研究提供直观依据。

长庆致密油储层岩心扫描电镜分析结果如表 5-10 和图 5-16 所示。

由分析可知，长庆致密油储层砂岩和川中致密砂岩、石灰岩存在纳米至亚微米和微米级孔隙，储层的孔隙结构比较复杂，砂岩除粒间孔隙外还有部分溶蚀孔隙和粒内孔隙，导致流体与岩石作用复杂，渗流阻力大。

表 5-10　长庆致密油储层扫描电镜测得的孔隙参数

图像号	原编号	分析内容	放大倍数
1307-240	1	全貌，样品较致密，粒间孔隙 10～40μm，连通性差	150
1307-241		钾长石淋滤与粒表针状绿泥石，自生石英	525
1307-242		粒表、粒间针状、花朵状绿泥石	1460
1307-243		粒表片丝状伊利石	530
1307-244		样品中大量绿泥石包覆颗粒	644
1307-245		粒间片丝状伊利石	1090
1307-246	13	全貌，样品较致密，粒间孔隙 10～20μm，连通性差	150
1307-247		钾长石淋滤	1060
1307-248		粒表、粒间针状绿泥石、自生石英，及丝状伊利石	1340
1307-249		石英加大Ⅲ级与针状绿泥石	1070
1307-250		针状、叶片状绿泥石与钾长石淋滤	950
1307-251		粒间大量粒状金红石	7590
1307-252	14	全貌，样品较致密，粒间孔隙 10～40μm，连通性差	150
1307-253		粒表、粒间针状、片状绿泥石	1320
1307-254		钾长石淋滤与浊沸石	719
1307-255		样品中片状黑云母	472
1307-256		粒表片状绿泥石与浊沸石晶体	3560
1307-257		片状绿泥石与浊沸石	2860
1307-258	12	全貌，样品较致密，粒间孔隙 10～30μm，连通性差	150
1307-259		粒表、粒间针状、叶片状绿泥石	1520
1307-260		片状绿泥石与浊沸石晶体	3600
1307-261		粒表片状绿泥石	3940
1307-262		浊沸石晶体与粒表片状绿泥石	465
1307-263		粒表片状绿泥石	1810
1307-264	15	全貌，样品较疏松，粒间孔隙 20～60μm，连通性较好	150
1307-265		粒表针状、片状绿泥石和自生石英晶体	1340
1307-266		石英加大Ⅲ级与针状、片状绿泥石	2490
1307-267		钠长石淋滤与片状绿泥石	1160
1307-268		钾长石淋滤产生次生孔	972
1307-269		粒表、粒间大量针状、片状绿泥石，以及自生石英	804

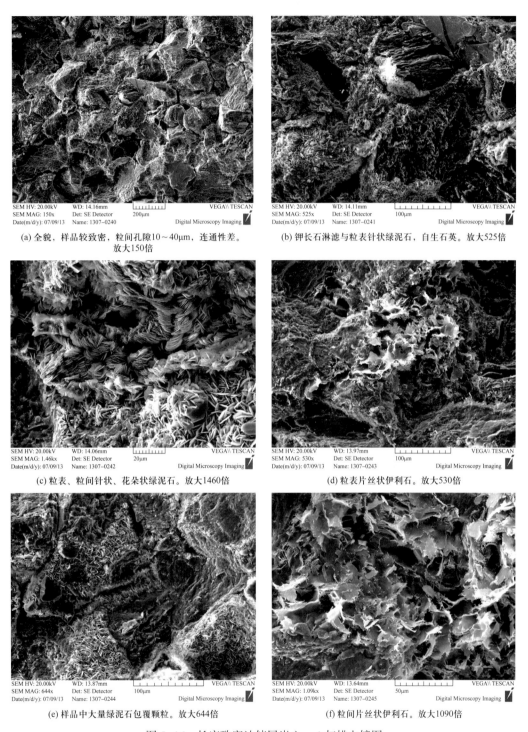

(a) 全貌，样品较致密，粒间孔隙10～40μm，连通性差。
放大150倍

(b) 钾长石淋滤与粒表针状绿泥石，自生石英。放大525倍

(c) 粒表、粒间针状、花朵状绿泥石。放大1460倍

(d) 粒表片丝状伊利石。放大530倍

(e) 样品中大量绿泥石包覆颗粒。放大644倍

(f) 粒间片丝状伊利石。放大1090倍

图 5-16　长庆致密油储层岩心 cq1 扫描电镜图

（四）压汞法孔隙特征

压汞孔隙结构特征参数见表 5-11、图 5-17、图 5-18，列出两个实例如下：

表 5-11 压汞法测得的孔隙结构参数表

序号	样号	渗透率/mD	孔隙度	孔隙半径/μm			孔隙度分布/%		渗透率分布/%		分选系数	歪度	峰态	半径均值/μm	结构系数	相对分选系数	特征结构参数	均质系数	岩性系数	汞饱和度/%		仪器最大退出效率/%	排驱压力/MPa
				最大	平均	中值	峰位	峰值	峰位	峰值										最大	最终剩余		
1	cq-1	0.248	12.70	1.759	0.405	0.209	0.400	17.493	0.630	32.606	0.287	1.458	2.474	0.298	1.052	0.709	1.341	0.085	0.231	89.363	69.711	21.991	0.418
2	cq-13	0.110	11.60	0.737	0.208	0.147	0.160	23.159	0.400	32.392	0.142	1.456	2.425	0.168	0.572	0.682	2.563	0.086	0.541	87.339	69.503	20.421	0.997
3	cq-14	0.081	6.70	0.353	0.114	0.079	0.100	20.600	0.160	42.911	0.070	1.351	2.028	0.096	0.134	0.614	12.148	0.116	2.139	84.622	63.173	25.346	2.084
4	cq-15	0.043	7.50	0.177	0.060	0.042	0.100	17.768	0.100	46.861	0.044	1.252	1.710	0.062	0.078	0.731	17.634	0.067	5.741	87.036	72.005	17.271	4.146
5	cq12	0.014	8.34	0.214	0.096	0.072	0.100	21.175	0.160	51.811	0.052	1.327	1.912	0.084	0.685	0.538	2.714	0.161	0.431	90.063	75.420	16.258	3.443
6	cq23	0.142	6.68	1.089	0.362	0.206	0.400	15.467	0.630	47.021	0.238	1.330	1.906	0.277	0.771	0.656	1.976	0.107	0.381	90.310	58.606	35.106	0.675
7	cq24	0.233	7.65	2.805	0.851	0.190	1.000	9.658	1.600	47.933	0.654	1.264	1.664	0.524	2.969	0.769	0.438	0.091	0.100	85.260	65.852	22.763	0.262
8	cq25	0.033	6.97	0.540	0.136	0.099	0.160	16.743	0.400	36.055	0.109	1.369	2.159	0.132	0.487	0.799	2.569	0.071	0.573	90.911	72.291	20.482	1.362
9	cq26	12.250	15.21	9.714	2.762	1.152	6.300	12.607	6.300	64.144	2.386	1.413	2.282	2.301	1.184	0.864	0.978	0.086	0.196	95.423	52.069	45.433	0.076
10	cq-7	0.114	9.40	0.761	0.169	0.135	0.160	22.113	0.400	30.868	0.146	1.393	2.377	0.156	0.296	0.859	3.934	0.053	0.987	95.304	75.775	20.491	0.967

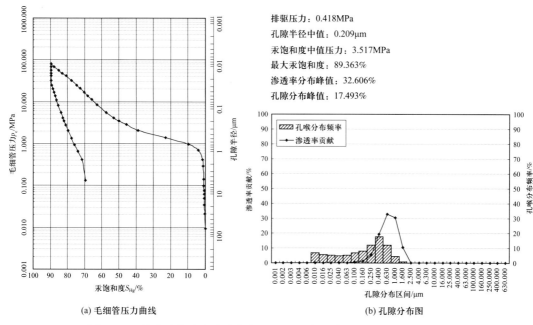

排驱压力：0.418MPa

孔隙半径中值：0.209μm

汞饱和度中值压力：3.517MPa

最大汞饱和度：89.363%

渗透率分布峰值：32.606%

孔隙分布峰值：17.493%

(a) 毛细管压力曲线   (b) 孔隙分布图

图 5-17　长庆致密砂岩渗透率为 0.248mD 岩心（cq-1）的压汞曲线图

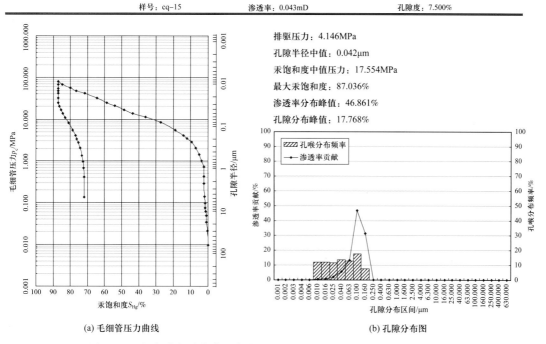

排驱压力：4.146MPa

孔隙半径中值：0.042μm

汞饱和度中值压力：17.554MPa

最大汞饱和度：87.036%

渗透率分布峰值：46.861%

孔隙分布峰值：17.768%

(a) 毛细管压力曲线   (b) 孔隙分布图

图 5-18　长庆致密砂岩渗透率为 0.043mD 岩心（cq-15）的压汞曲线图

（五）恒速压汞法孔隙特征

本小节测试了长庆渗透率为 0.387mD 的致密砂岩恒速压汞曲线，喉道半径平均值为 0.832μm，主流喉道半径为 0.503μm，孔隙半径平均值为 134.930μm。该方法测得的孔隙参数如表 5-12 和图 5-19 所示。

表 5-12　恒速压汞法测得的岩石孔隙参数表

参数	参数值
孔隙度 $\phi/\%$	8.200
渗透率 k/mD	0.387
喉道半径平均值 $r_t/\mu m$	0.832
孔隙半径平均值 $r_p/\mu m$	134.930
主流喉道半径 $R_M/\mu m$	0.503

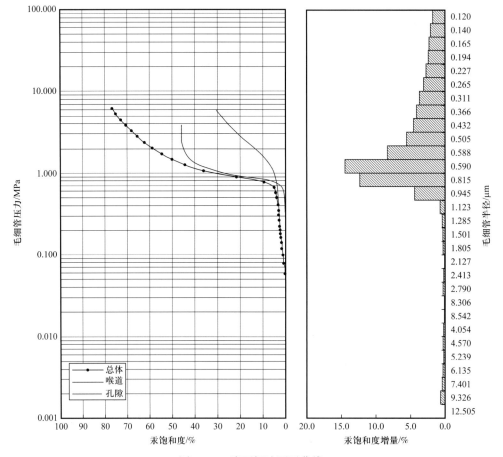

图 5-19　岩石恒速压汞曲线

二、孔隙结构特征

通过多种尺度测试分析，长庆致密储层样品的孔隙尺度喉道为 0.35nm 至亚微米，孔隙半径尺度为百微米级别。通过高压压汞和恒速压汞曲线分析得到，对致密储层岩石渗流起主导作用的喉道为亚微米级尺寸喉道与微米级尺度孔隙的结构组合（图 5-20、图 5-21）。

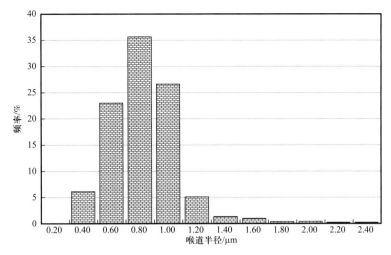

图 5-20　岩石喉道半径分布直方图

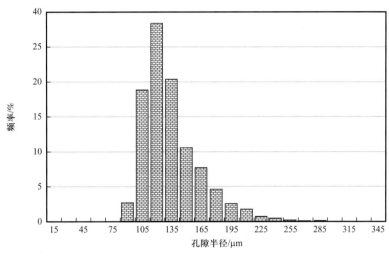

图 5-21　岩石孔隙半径分布直方图

第五节　致密油提高采收率实验材料及实验平台

在弄清楚致密储层的孔隙特征结构之后，下一步便是研究致密储层的渗流机理和开采方式。为此本书建立了一套致密油衰竭实验平台及评价方法，对长 7 段致密油储层对应的露头沿水平层理方向钻取的全直径岩心进行了室内实验，模拟了开发井中的水平流动，建立油藏条件下的模拟平台，模拟了温度、上覆应力、流体压力、原油性质等因素下的衰竭开采采出程度评价。从实验的角度揭示了致密油衰竭开采机理并明确了致密油的衰竭开采采收率。

一、实验材料

模拟油：采用航空煤油作为实验用油。其基本性质如表 5-13 所示。

表 5-13　致密油提高采收率实验用模拟油性质

温度 /℃	密度 /（g/cm³）	黏度 /（mPa·s）
20.1	0.754	1.44
60	0.725	0.86

溶解气：溶解气为甲烷。饱和压力为 8.85MPa，溶解气量为 54.1m³/m³。

岩心：为了有效表征储层中的流动特征，从长 7 段致密储层对应的露头中，沿水平层理方向钻取的全直径长岩心，岩心物性参数如表 5-14 所示。致密油储层岩心渗透率低、孔隙度小，常规直径 1in 岩心孔隙体积小于 8mL，计量误差大，使用三块全直径长岩心对接进行实验，增大实验岩心孔隙体积至 800mL，减小系统误差。全直径岩心实物如图 5-22 所示。

表 5-14　岩心物性参数

编号	长度 / cm	直径 / cm	孔隙度 / %	孔隙体积 / mL	渗透率 / mD
A2	28.959	9.979	10.42	235.94	0.35
A3	29.264	9.975	10.67	234.90	0.32
AB1	30.060	9.906	13.18	305.16	0.30
总计	88.283			776.00	

图 5-22　全直径岩心实物图

岩心饱和：致密储层岩心的低渗透率不适宜使用常规岩心饱和油方法。在本实验中，将三块全直径岩心对接放入岩心夹持器之后，采用两台大功率离心泵分别从岩心夹持器入口、出口端进行抽真空，之后进行饱和煤油，计量饱和煤油体积，该法计算得到的煤油饱和度大于 96%。

二、实验平台

致密油衰竭开采实验平台由于没有成熟的实验行业标准可以参考,因此本研究中自主设计了实验流程和方法,实物图如图 5-23 所示。

图 5-23 致密油衰竭开采实验平台实物图

该系统主要由驱替泵、岩心夹持器、围压泵、油气水三相自动计量等装置组成,流程图如图 5-24 所示。

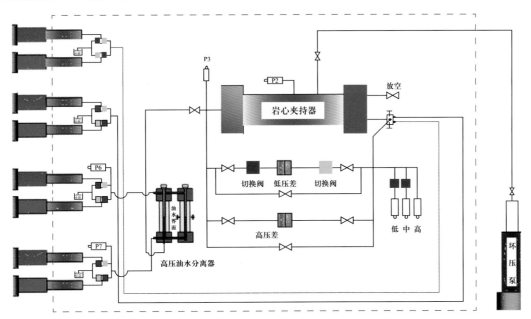

图 5-24 多相流体驱替与渗流实验装置流程示意图

油气水自动计量装置利用重力分离、双管平衡原理,采用油水界面传感器监测界面,控制油水界面,同时配精密油计量泵、水计量泵和气体流量计,计量泵与计算机相连,计量数据不断传输给计算机。经计算机采集后处理得到实时产油量、产水量、产气量。精度可达 ±1%,温度可达 80℃。其原理图如图 5-25 所示。

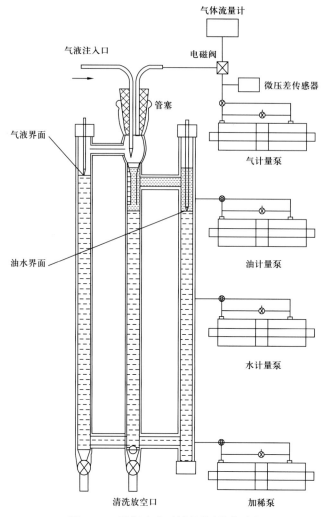

图 5-25 油气水自动计量装置原理图

第六节 致密油提高采收率方法

致密油储层岩性致密，导致致密油具有渗流阻力大、自由渗流孔喉连续性弱、压力传导能力差等特征。致密油的开发很难建立井间驱替连通关系，多采用压裂后衰减式开发方式。致密油井衰竭开采产量低、采收率偏低。尽管致密油的资源（储）量巨大，但现有的致密油开发实践表明：依靠压裂后地层能量的衰竭式开采采出程度仅为3%～10%。因此，提高致密油采收率是当前国内外的研究热点。致密油由于其物性在注水开发存在"注不进、注入压力高"等问题，因此在注水开发的基础上，对气体驱替和吞吐技术提高采收率的方法进行了研究。

一、致密储层开采中水驱与气驱压力传播

在岩心模拟方面，常规短岩心实验无法布置测压点，很难得到岩心内部的渗流规律。

通过短岩心对接而成的长岩心，会存在多个对接端面，对中高渗透率模拟影响小，而对低渗透模拟而言，因对接产生的端面会产生毛细管突变而引起严重的端面效应，导致渗流规律失真。因此研发了1m长整体无对接露头岩心多测点模拟平台，克服了应用对接长岩心进行物理模拟实验所产生的端面效应。

该实验装置主要由长岩心模拟系统、ISCO泵、中间容器、回压装置、压力自动采集系统、恒温箱、采出液自动采集仪等装置组成，实验流程如图5-26所示。

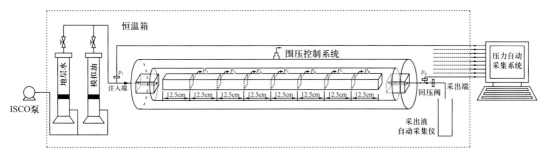

图5-26　长岩心渗流过程压力传播测试流程

长岩心模拟系统采用规格为4.5cm×4.5cm×100cm的低渗透露头长岩心，岩心整体切割、无对接。沿渗流方向均匀布置9个测压点，每两个测压点之间的岩心长度为12.5cm，通过压力传感器、压力自动采集系统进行压力实时采集，该实验中设置采集压力数据周期为10点/min。模拟系统进口压力（p_1）由ISCO泵控制，模拟油藏注水压力，出口压力（p_9）由回压阀控制，模拟开采过程中井底流动压力。实验围压由恒压泵控制，压力范围为5～30MPa，该实验水驱油围压设置为32MPa。

通过实时对系统模拟过程中9个测压点的压力采集，实现了对低渗透长岩心渗流、驱油过程中内部沿程压力的动态监测，有效揭示了致密油渗流、驱油过程中内部压力变化特征及规律，为认识致密油提供了可靠的依据和基础。

（一）水驱油压力传播特征

本小节进行了长岩心水驱油实验研究，采用的露头长岩心气测渗透率为1.96mD，孔隙度为13.8%，平均孔隙半径为1.234μm，孔隙分布形态与地层岩心相近，可以较好地模拟实际储层的孔隙结构特征。该实验模拟了长庆油田致密油注水压力传播特征，使用长庆油田模拟地层水和模拟油，地层水黏度为1mPa·s，矿化度为10000mg/L，模拟原油黏度为1mPa·s，实验步骤如下：

（1）将长岩心在105℃恒温箱中烘干48h。

（2）将岩心放入模型中，加围压4MPa，测试岩心气测渗透率。

（3）将模型抽真空24h至模型内岩心真空度达到-0.1MPa。采用加压法将岩心缓慢地饱和地层水，为降低应力敏感效应，饱和地层水过程中岩心净有效应力不超过3MPa。最终使地层水饱和压力达到25MPa，再增加围压至32MPa。

（4）使用模拟油造束缚水，恒压7MPa，岩心出口回压5MPa，且逐渐提高驱替压力至25MPa，直到饱和油量达到20倍孔隙体积。

（5）进行水驱油，水驱压力25MPa，采出端回压5MPa，实时采集水驱油过程岩心不同位置各测压点压力动态变化,计量采出油水量。

1. 水驱油过程压力分布特征

水驱过程中,岩心不同位置测压点压力动态变化如图 5-27 所示。

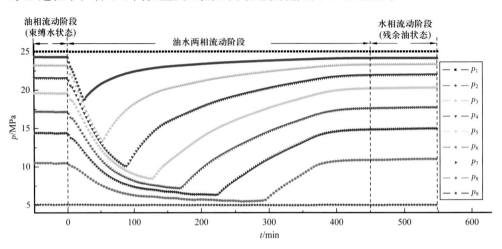

图 5-27　水驱油过程中压力动态变化

测试曲线分为三个阶段:(1)束缚水状态下油相流动阶段;(2)油水两相共渗阶段;(3)残余油状态下水相流动阶段。选择了水驱前缘推进到达不同测压点的时间(29.5min、54.5min、89min、127.5min、168min、224min、292.5min 和 380.5min)绘制长岩心压力沿程分布曲线,为了较好体现水驱压力动态变化特征又选取了与之相邻时间间隔为 5min 的 10 个时刻和 0min 原油流动时刻,绘制了各时刻长岩心压力沿驱替方向压力分布曲线,分别如图 5-28(a)至(h)所示。

束缚水状态下油相流动阶段,长岩心沿渗流方向压力稳定且呈指数递减分布,主要是由于低渗透岩心沿渗流方向的有效应力变化而产生的渗透率敏感。测压点将 1m 长岩心平分为 8 段,每段长度 12.5cm,根据围压和孔隙流体压力分布得到对应的有效应力分 别 为 7.34MPa、8.24MPa、9.59MPa、11.39MPa、13.59MPa、16.19MPa、19.55MPa 和 24.23MPa。根据测试流速和相邻两测压点间的压差,得到长岩心这 8 段沿渗流方向渗透率依次为 0.83mD、0.5321mD、0.3674mD、0.2939mD、0.2450mD、0.2104mD、0.1505mD 和 0.1079mD。

低渗透岩心孔隙半径小,该岩心平均孔隙半径为 1.234μm,水驱过程中,油水两相共渗阶段需克服较大的毛细管阻力。图 5-28(a)至(h)中,水驱过程中,存在明显的油水前缘 A、B、C、D、E、F、G 和 H,是岩心沿程压力分布的突变点。油水前缘波及之处,岩心两相区压力先随之下降,当两相区水相占优势时,两相渗流阻力又随之减小,如图中箭头所示;前缘未波及位置的纯油流动区压力也随之下降。

由于致密油注水过程中油水两相区渗流阻力大,大部分能量都消耗在注水井周围,导致注水井吸水能力低,注水井附近地层压力损失大,注水压力不能有效地传播到生产井,所以生产井产液指数下降幅度大,产油量加速递减,采油井见注水效果程度差,不易建立有效驱替系统的实际生产特征。

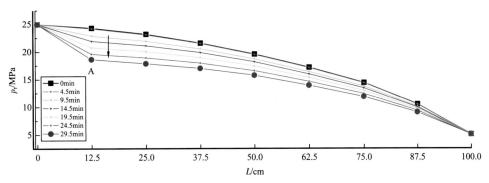

(a) t=29.5min压力动态沿驱替方向分布曲线

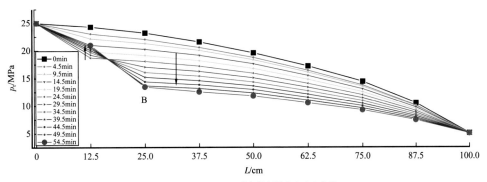

(b) t=54.5min压力动态沿驱替方向分布曲线

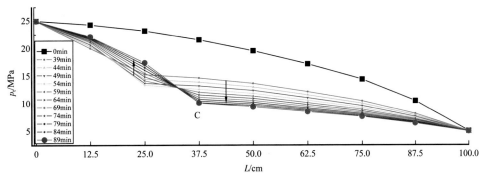

(c) t=89min压力动态沿驱替方向分布曲线

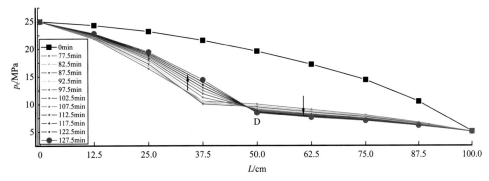

(d) t=127.5min压力动态沿驱替方向分布曲线

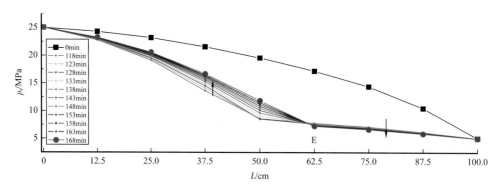

(e) $t=168$min压力动态沿驱替方向分布曲线

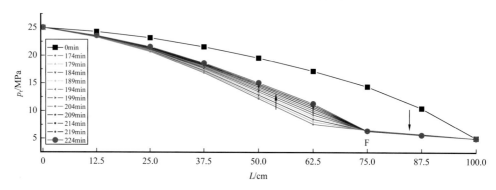

(f) $t=224$min压力动态沿驱替方向分布曲线

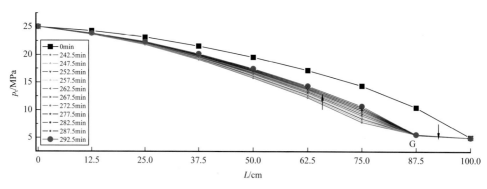

(g) $t=292.5$min压力动态沿驱替方向分布曲线

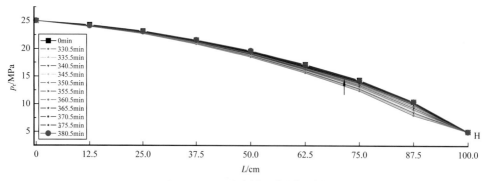

(h) $t=380.5$min压力动态沿驱替方向分布曲线

图 5-28 水驱油过程中长岩心压力沿驱替方向分布曲线

当水驱前缘突破采出端后，水相渗流占主导地位，油水两相渗流阻力减小，油藏的能量又得到保持，此时注水井压力可有效传播到采油井，这种情况对应致密油注水开发末期。

2. 水驱油过程中岩心压力保持特征

定义了驱替压力保持程度：以束缚水状态下油相稳定渗流压力沿程分布值为基础参考压力值，水驱不同时刻压力值（p_t）与该基础压力（p_i）比值作为压力的保持程度，绘制相应曲线，如图 5-29 所示。

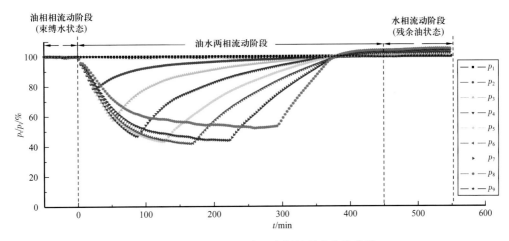

图 5-29 水驱油过程中压力保持程度变化曲线

p_t 为驱替 t 时刻压力；p_i 为基础压力

同样选择水驱前缘到达测压点的时间和与之相邻时间间隔为 5min 的 10 个时刻及 0min 进行长岩心压力沿程保持特征曲线绘制，不同时刻长岩心压力沿驱替方向保持程度曲线分别如图 5-30（a）至（h）所示。

水驱过程中，油水两相共渗区需克服较大的毛细管阻力，压力前缘波及之处，压力保持程度均逐渐降低，整个岩心内部的压力保持程度下降且向前推进，当水相占优势时，油水两相渗流阻力减小，油藏能量得以恢复。

水驱前缘推进特征如图 5-31 所示。

低渗透长岩心水驱油过程中，压力前缘推进速度逐渐减小，推进时间随推进距离呈指数上升。这主要是由于水驱油过程中，岩心的有效驱替压力系数减小，由于应力敏感性引起孔隙渗透率减小，因而毛细管阻力随之增加，导致前缘推进速度逐渐减小。

（1）应用 1m 长露头岩心渗流模拟装置，研究了水驱油过程中压力动态传播特征，得到了低渗透岩心水驱油过程中油水前缘推进及压力动态变化特征。

（2）水驱过程中，油水两相共渗区需克服较大的毛细管阻力，油水前缘波及之处岩心两相区压力先随之下降，当两相区水相占优势时，两相渗流阻力又随之减小，前缘未波及位置的纯油流动区压力也随之下降。

（3）由于低渗透岩心注水过程中油水两相区渗流阻力大，大部分能量都消耗在注入端附近，导致吸水能力弱，地层压力损失大，注水压力不能有效地传播到生产井，不易建立有效驱替系统。

（4）低渗透长岩心水驱油过程中，压力前缘推进速度逐渐减小，推进时间随推进距离呈指数上升趋势。

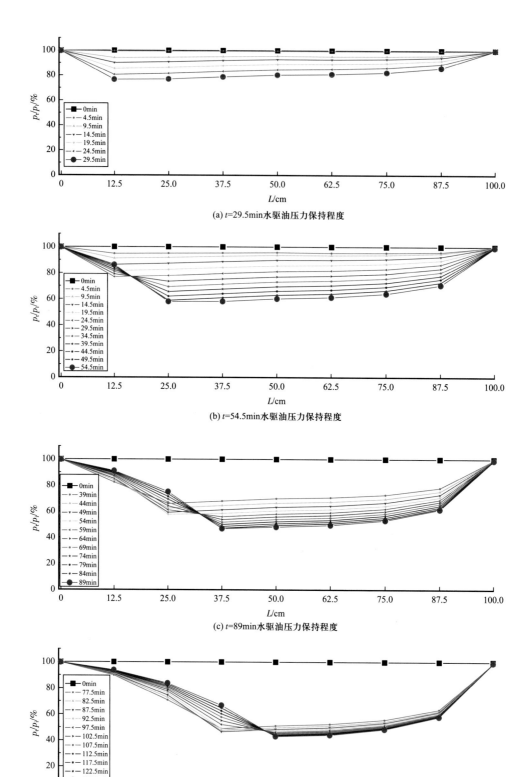

(a) $t=$29.5min水驱油压力保持程度

(b) $t=$54.5min水驱油压力保持程度

(c) $t=$89min水驱油压力保持程度

(d) $t=$127.5min水驱油压力保持程度

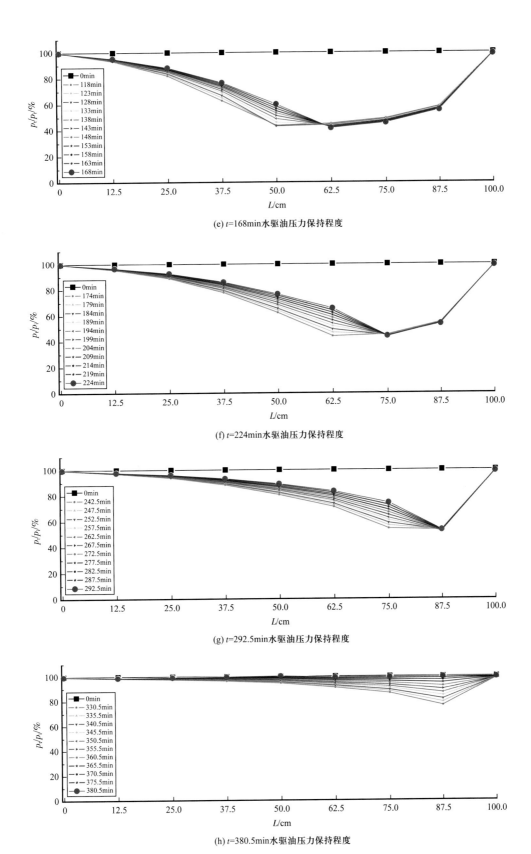

(e) $t=168$min水驱油压力保持程度

(f) $t=224$min水驱油压力保持程度

(g) $t=292.5$min水驱油压力保持程度

(h) $t=380.5$min水驱油压力保持程度

图5-30 水驱油过程中长岩心压力沿驱替方向保持程度分布曲线

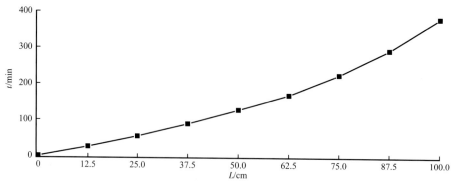

图 5-31　油水前缘到达各测压点时间

（二）N_2 非混相驱油压力传播特征

本小节进行了长岩心 N_2 非混相驱油实验研究，采用的露头长岩心气测渗透率为 1.96mD，孔隙度为 13.8%，平均孔隙半径为 1.234μm，孔隙分布形态与地层岩心相近，可以较好地模拟实际储层的孔隙结构特征。该实验模拟了长庆油田致密油储层注 N_2 非混相驱油压力传播特征，使用长庆油田模拟地层水和模拟油，地层水黏度为 1mPa·s，矿化度为 10000mg/L，模拟原油黏度为 1mPa·s，实验步骤如下：

（1）将长岩心在 105℃恒温箱中烘干 48h。

（2）将岩心放入模型中，加围压 4MPa，测试岩心气测渗透率。

（3）将模型抽真空 24h 至模型内岩心真空度达到 -0.1MPa。采用加压法将岩心缓慢地饱和地层水，为降低应力敏感效应，饱和地层水过程中岩心净有效应力不超过 3MPa。最终使地层水饱和压力达到 25MPa，再增加围压至 32MPa。

（4）使用模拟油造束缚水，恒压 7MPa，岩心出口回压 5MPa，且逐渐提高驱替压力至 25MPa，直到饱和油量达到 20 倍孔隙体积。

（5）进行 N_2 非混相驱油，水驱压力 25MPa，采出端回压 5MPa，实时采集水驱油过程岩心不同位置各测压点压力动态变化，计量采出油气量。

1. N_2 非混相驱油过程压力分布特征

N_2 非混相驱油过程中，岩心不同位置测压点压力动态变化如图 5-32 所示。

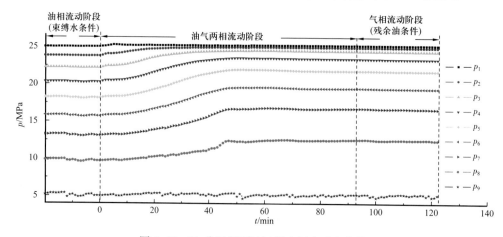

图 5-32　N_2 非混相驱油过程中压力动态变化

测试曲线分为三个阶段：（1）束缚水状态下油相流动阶段；（2）油气两相共渗阶段；（3）残余油状态下水相流动阶段。绘制 N_2 非混相驱油过程中长岩心压力沿程分布曲线（图 5-33）。

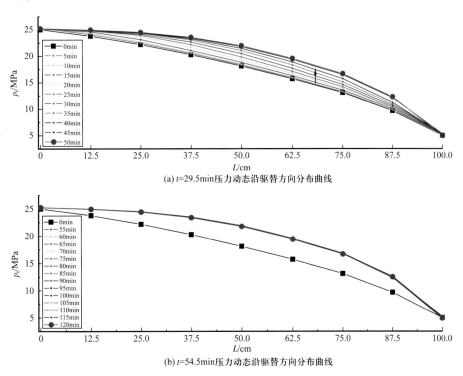

(a) t=29.5min压力动态沿驱替方向分布曲线

(b) t=54.5min压力动态沿驱替方向分布曲线

图 5-33　N_2 非混相驱油过程中长岩心沿驱替方向压力分布曲线

N_2 非混相驱过程中，岩心压力单调增加，最终保持不变。N_2 非混相驱降低地层油的密度和黏度，驱替阻力减小，增加地层的弹性能量。降低驱替相和被驱替相界面张力，提高地层油的流动性。

2. N_2 非混相驱油过程中岩心压力保持特征

以束缚水状态下油相稳定渗流压力沿程分布值为基础参考压力值，N_2 非混相驱不同时刻压力值与该基础压力比值作为压力的保持程度，绘制相应曲线（图 5-34）。

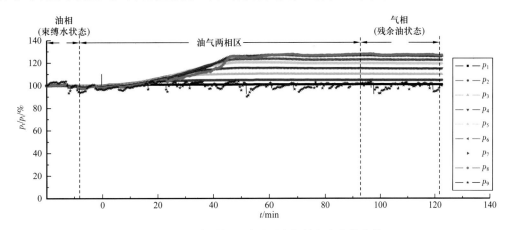

图 5-34　N_2 非混相驱油过压力保持程度变化曲线

不同时刻长岩心压力沿驱替方向保持程度曲线分别如图 5-35（a）和（b）所示。

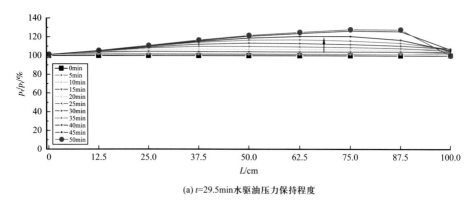

(a) t=29.5min水驱油压力保持程度

(b) t=54.5min水驱油压力保持程度

图 5-35　N_2 非混相驱油过程中不同时刻压力保持程度分布曲线

N_2 非混相驱降低地层油的密度和黏度，驱替阻力减小，增加地层的弹性能量，降低驱替相和被驱替相界面张力，提高地层油的流动性。N_2 非混相驱过程中，岩心压力单调增加，最终基本保持不变。

（三）CO_2 混相驱油压力传播特征

本小节进行了长岩心 CO_2 混相驱油实验研究，采用的露头长岩心气测渗透率为 1.96mD，孔隙度为 13.8%，平均孔隙半径为 1.234μm，孔隙分布形态与地层岩心相近，可以较好地模拟实际储层的孔隙结构特征。该实验模拟了长庆油田致密油储层注 CO_2 混相驱油压力传播特征，使用长庆油田模拟地层水和模拟油，地层水黏度为 1mPa·s，矿化度为 10000mg/L，模拟原油黏度为 1mPa·s，实验步骤如下：

（1）将长岩心在 105℃恒温箱中烘干 48h。

（2）将岩心放入模型中，加围压 4MPa，测试岩心气测渗透率。

（3）将模型抽真空 24h 至模型内岩心真空度达到 -0.1MPa。采用加压法将岩心缓慢地饱和地层水，为降低应力敏感效应，饱和过程中岩心净有效应力不超过 3MPa。最终使地层水饱和压力达到 25MPa，再增加围压至 32MPa。

（4）使用模拟油造束缚水，恒压 7MPa，岩心出口回压 5MPa，且逐渐提高驱替压力至 25MPa，直到饱和油量达到 20 倍孔隙体积。

（5）进行 CO_2 混相驱油，水驱压力 25MPa，采出端回压 5MPa，实时采集水驱油过程岩心不同位置各测压点压力动态变化，计量采出油水量。

1. CO_2 混相驱油过程压力分布特征

CO_2 混相驱过程中，岩心不同位置测压点压力动态变化如图 5-36 所示。

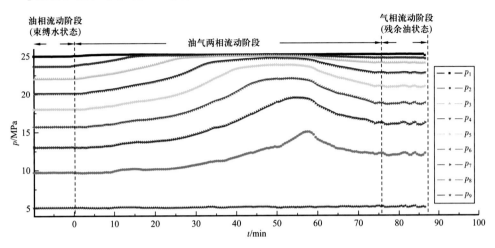

图 5-36　CO_2 混相驱油过程中压力动态变化

测试曲线分为三个阶段：（1）束缚水状态下油相流动区；（2）油气两相共渗区；（3）残余油状态下水相流动区。绘制了不同时刻长岩心压力沿驱替方向分布曲线如图 5-37 所示。

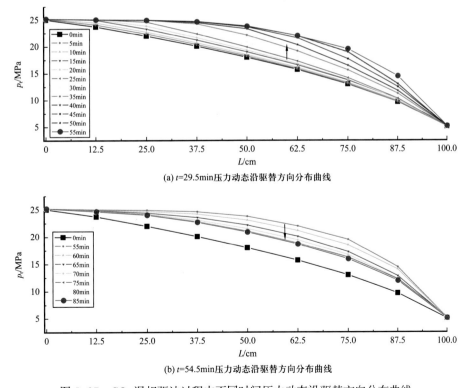

(a) t=29.5min压力动态沿驱替方向分布曲线

(b) t=54.5min压力动态沿驱替方向分布曲线

图 5-37　CO_2 混相驱油过程中不同时间压力动态沿驱替方向分布曲线

CO_2 混相驱显著降低原油的黏度和界面张力，流阻力减小，油藏能量保持水平高。岩心内部压力先增加后下降，但最终压力保持水平仍大于初始值。

2. CO_2 混相驱油过程中岩心压力保持特征

以束缚水状态下油相稳定渗流压力沿程分布值为基础参考压力值，CO_2 混相驱不同时刻压力值与该基础压力比值作为压力的保持程度，绘制相应曲线（图 5-38）。

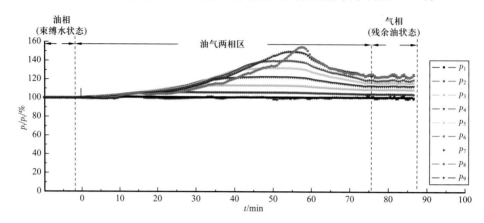

图 5-38 CO_2 混相驱油过程中压力保持程度变化曲线

CO_2 混相驱油过程中长岩心压力沿驱替方向保持程度曲线如图 5-39 所示。

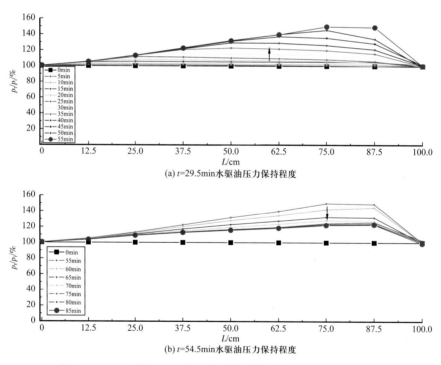

图 5-39 CO_2 混相驱油过程中不同时刻压力保持程度分布曲线

二、致密储层气体吞吐和驱替提高采收率

注气技术由于具有注入压力低、渗流阻力小，可使原油体积膨胀、黏度大幅降低等

独特性，而被国内外公认为一项高效的提高采收率技术。以上特点也决定了该项技术在致密油高效开发中具有尤为显著的应用效果，有望成为长庆油田超/致密油，乃至中国石油天然气集团公司致密油高效开发中最有潜力的技术之一。

在前述衰竭式开采实验的基础上，继续探索气体的驱替和吞吐方法。实验中采用的气体是CO_2和N_2。在实验条件和之前衰竭式开采相同的条件下，进行了5轮次CO_2吞吐、N_2吞吐、CO_2驱替和N_2驱替。实验结果如表5-15所示。

为了便于对比研究，分别在衰竭开采后，进行了CO_2和N_2、天然气、伴生气、烟道气致密油吞吐（5轮）模拟实验，同时也进行了CO_2和N_2驱替模拟实验。其中，以CO_2吞吐方式的累计采出程度最高，达75.4%；其次是CO_2驱替方式，其累计采出程度达到了68.6%。伴生气吞吐方式的累计采出程度为31.2%，与天然气吞吐方式的累计采出程度30.8%相差不大。烟道气吞吐方式的累计采出程度为24.7%，与N_2吞吐方式的累计采出程度相同，而N_2驱替方式的累计采出程度仅为19.5%。

不考虑衰竭开采阶段的影响，具体而言，在第1轮吞吐中，实验1的CO_2吞吐方式的采出程度最高，达16.4%；其次是实验6、实验7和实验8的天然气吞吐方式，平均采出程度达7.3%左右，证实了天然气吞吐开采方式可以迅速及时地补充地层能量，伴生气吞吐方式第1轮采出程度为6.2%，N_2吞吐方式第1轮采出程度为6.4%，烟道气吞吐方式第1轮采出程度为5.2%。

进一步地，以3轮吞吐为基准，对比前3轮累计采出程度可得：CO_2吞吐方式前3轮累计采出程度为49.4%，与其他方式相比处于最高水平；伴生气吞吐方式前3轮累计采出程度为18.3%，仅次于CO_2吞吐方式；天然气吞吐方式前3轮的累计采出程度最高达到了13.7%，四次天然气吞吐实验，其前3轮平均累计采出程度为10.85%，尚且高于烟道气吞吐方式前3轮累计采出程度的9.8%；其中，四次天然气吞吐实验中，实验9所用岩心的气测渗透率仅为0.152mD，其前3轮的累计采出程度仅为6.4%，显著拉低了四次天然气吞吐实验的累计采出程度平均值。若仅以实验6、实验7和实验8的岩心为统计对象，三次天然气吞吐实验，其前3轮平均累计采出程度为12.33%；N_2吞吐方式前3轮累计采出程度为11.1%。

为了便于直观地反映各种开采方式的异同，整个实验过程中，各种气体吞吐开采不同轮次情况下的采出程度以及累计采出程度分别如图5-40和图5-41所示。

从天然气吞吐开采方式的驱替机理方面进行分析，当天然气注入油层以后，第一，是实现天然气在原油中的溶解，因而造成原油体积的膨胀，并且随着注入天然气体积倍数的增加，地层原油的膨胀系数也会随之增大，这有助于大大提升地层的能量水平。第二，天然气的组分与地层原油较为接近，两者的互溶性较好，天然气在原油中的溶解也在一定程度上降低了原油的黏度，提升了原油的流度，使得其更容易流动。第三，在经历了初期的衰竭式开采以后，地层能量大幅下降，而吞吐过程中新注入的天然气在一定程度上产生了弹性驱动的作用，这种作用作为一种驱动原油流动的能量，及时地发挥了作用，促使采出程度得以持续提高。第四，天然气吞吐过程中，注入的天然气与地层原油两者之间作为一种气液两相的接触，天然气能够使得原油当中的一部分轻质组分从原油中转移到天然气中来，即发生萃取的过程，从而进一步地降低原油和天然气之间的界面张力，增加驱替效果。

表 5-15 气体吞吐和驱替实验结果表

项目	实验1	实验2	实验3	实验4	实验5	实验6	实验7	实验8	实验9	实验10	实验1累计	实验2累计	实验3累计	实验4累计	实验5累计	实验6累计	实验7累计	实验8累计	实验9累计	实验10累计
实验类型	CO_2吞吐	N_2吞吐	CO_2驱替	N_2驱替	伴生气吞吐	天然气吞吐	天然气吞吐	天然气吞吐	天然气吞吐	烟道气吞吐	CO_2吞吐	N_2吞吐	CO_2驱替	N_2驱替	伴生气吞吐	天然气吞吐	天然气吞吐	天然气吞吐	天然气吞吐	烟道气吞吐
岩心气测渗透率/mD	0.338	0.338	0.338	0.338	1.934	1.934	1.934	1.934	0.152	0.261										
岩心煤油渗透率/mD	0.15	0.15	0.15	0.15	1.22	1.22	1.22	1.22	0.0072	0.0838										
气/液渗透率比值	2.3	2.3	2.3	2.3	1.6	1.6	1.6	1.6	21.1	3.1										
岩心孔隙度/%	12.12	12.12	12.12	12.12	12.8	12.8	12.8	12.8	8.4	10.3										
孔隙体积/mL	895.6	895.6	895.6	895.6	944.6	944.6	944.6	944.6	617.3	757.7										
岩心总体积/cm³	7389.8	7389.8	7389.8	7389.8	7389.8	7389.8	7389.8	7389.8	7389.8	7389.8										
岩心长度/cm	100	100	100	100	100	100	100	100	100	100										
岩心直径/cm	9.7	9.7	9.7	9.7	9.7	9.7	9.7	9.7	9.7	9.7										
衰竭采出程度/%	11.56	11.39	11.27	11.87	12.8	16.7	15.1	14.9	4.8	12.8	11.6	11.4	11.3	11.9	12.8	16.7	15.1	14.9	4.8	12.8

项目	实验1	实验2	实验3	实验4	实验5	实验6	实验7	实验8	实验9	实验10	实验1累计	实验2累计	实验3累计	实验4累计	实验5累计	实验6累计	实验7累计	实验8累计	实验9累计	实验10累计
第1轮采出程度/%	16.4	6.4	57.37	7.61	6.2	7.4	7.2	7.2	1.7	5.2	28.0	17.8	68.6	19.5	19.0	24.1	22.4	22.2	6.5	17.9
第2轮采出程度/%	18.32	2.94			6.8	1.9	4.4	3.7	1.3	2.8	46.3	20.7	68.6	19.5	25.9	26.0	26.8	25.9	7.8	20.8
第3轮采出程度/%	14.68	1.77			5.3	0.8	2.1	2.2	3.4	1.8	61.0	22.5	68.6	19.5	31.2	26.8	28.9	28.2	11.2	22.6
第4轮采出程度/%	9.19	1.4				2.7	1.3	0.8	1.3	1.1	70.2	23.9	68.6	19.5		29.5	30.2	29.0	12.5	23.6
第5轮采出程度/%	5.29	0.84				0.2	0.6			1.0	75.4	24.7	68.6	19.5		29.8	30.8	29.0	12.5	24.7
前3轮累计采出/%	49.4	11.1	57.4	7.6	18.3	10.1	13.7	13.2	6.4	9.8										
累计采出程度/%	75.4	24.7	68.6	19.5	31.2	29.8	30.8	29.0	12.5	24.7										

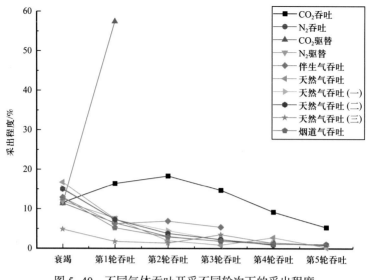

图 5-40　不同气体吞吐开采不同轮次下的采出程度

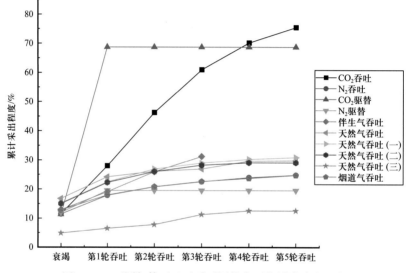

图 5-41　不同气体吞吐开采不同轮次下的累计采出程度

　　总体来看，CO_2 无论吞吐还是驱替的效果显著优于其他气体，伴生气的效果次之；其他烟道气、天然气吞吐效果接近。

　　国内 CO_2 致密油开发矿场试验结果显示，与室内实验相比更为复杂，岩心尺度相对较小，基本没有裂缝影响，吞吐、驱替效果相对稳定，规律性强。但在矿场应用中，特别是经过压裂后应用，地下条件复杂，如果 CO_2 进入复杂缝网，能够发挥气体对基质孔隙的作用，效果可以很好，如果无法动用基质的作用，则效果较差，甚至作用甚微。室内实验结果不能直接搬到现场，但可以用于指导现场，充分发挥好规律性的指导作用。

　　气源成本也是制约致密油开发方式选择的重要因素，各致密油开发试验区根据自身的条件，经过实践，逐步优化落实有效提高致密油采收率的方式。经调研，长庆油田采油二厂距离天然气源比较近，因此，采用天然气吞吐具有较大的潜力，3 轮次吞吐，预测可以提高采收率约 12 个百分点。

结　束　语

　　致密油的有效开发包含有效率的开发和有效益的开发，有效率的开发得益于页岩气开发技术革命的突破，也就是致密页岩水力压裂改造技术的成功。页岩气革命性技术在致密油开发过程的应用，首先在美国致密油开发中取得成功，推动了北美致密油开发技术的革命性进步，大幅度提升了美国原油的产量，改变了全球油气版图。中国自 2011 年开展致密油勘探开发探索，在学习借鉴北美致密油勘探开发技术的基础上，充分结合中国陆相致密油的实际，经过不断实践、技术迭代，逐步实现了中国陆相致密油勘探开发的突破，致密油产量不断提升，成为中国原油增储上产的重要补充。

　　在致密油有效开发关键技术的探索中，我们从致密油开发目标评价与优选、致密油孔隙结构与渗流机理、致密油产能评价、致密油开发模式、致密油提高采收率方法等方面开展了理论研究、实验室分析、数值模拟、矿场试验和开发优化等成体系的探索，推动了中国陆相致密油开发技术的不断创新和进步。从致密油开发试验到如今的商业化生产，我们经历了诸多挑战，实现了致密油有效开发关键技术的突破。

　　在本书中，我们深入探讨了从致密油富集规律的研究到开发机理的深入分析，从工程技术的不断革新到提高采收率的技术攻关，从致密油产能评价再到开发模式和管理模式的创新，提出了一系列创新的开发理念和技术方案。

　　我们认识到，面对中国陆相致密油更为复杂的低品位地质特征，致密油的有效开发不仅需要技术上的突破，更需要理念上的革新，坚持致密油开发目标与工程改造一体化开发。在低油价的背景下，我们必须坚持低成本开发的理念，通过技术创新和管理优化，实现致密油开发的经济效益最大化。同时，我们也必须坚持绿色开发的原则，保护好我们赖以生存的环境，实现能源开发与环境保护的和谐共生，积极寻找实现致密油开发经济效益与社会责任的平衡方案。

　　在本书的撰写过程中，我们深感责任重大。希望本书的出版能够为致密油开发领域的科研人员、工程技术人员以及政策制定者提供有价值的参考和启示。我们也希望，本书能够激发更多人对致密油开发技术研究的兴趣，吸引更多优秀人才投身于这一领域，共同推动致密油开发技术的进步和创新。

　　最后，我们要感谢所有为致密油开发技术研究和实践作出贡献的研究人员。正是因为他们的不懈努力和辛勤工作，我们才能在致密油开发的道路上不断前进。我们相信，致密油的有效开发离不开"产学研用"各方的通力合作，用更优的致密油开发技术体系推动致密油开发的可持续发展。

　　感谢所有为本书提供支持和帮助的专家和学者们。让我们携手共进，共同开创致密油开发领域的美好未来。

寄语致密油

致密油起美利坚，压裂革命拓新篇；
中华大地遂探索，新疆长庆渤海湾。
勘探开发攻难题，技术能破道道关；
致密油流涌泉见，能源安全更添砖。
盆地高原藏宝地，致密油讯捷报传；
科研专家汗水洒，为国加油志更坚。
岁月见证产量增，国家能源稳如磐；
展望未来寄厚望，更待诸君把力添。

参 考 文 献

陈木银，何西攀，金小慧，2013.水平井声波时差测井响应特征研究［J］.国外测井技术，（4）：38-41.

陈中华，刘先山，窦波，等，2018.考虑微观渗流机理的致密气藏产量预测方法［J］.天然气与石油，36（6）：48-53.

程庆昭，魏修平，宿伟，2016.水平井测井解释评价技术综述［J］.非常规油气，3（2）：93-98.

崔景伟，朱如凯，吴松涛，等，2013.致密砂岩层内非均质性及含油下限——以鄂尔多斯盆地三叠系延长组长7段为例［J］.石油学报，34（5）：877-882.

丁文龙，王兴华，胡秋嘉，等，2015c.致密砂岩储层裂缝研究进展［J］.地球科学进展，30（7）：737-750.

丁文龙，姚佳利，何建华，等，2015a.非常规油气储层裂缝识别方法与表征［M］.北京：地质出版社.

丁文龙，尹帅，王兴华，等，2015b.致密砂岩气储层裂缝评价方法与表征［J］.地学前缘，22（4）：173-187.

杜金虎，李建忠，郭彬程，等，2016.中国陆相致密油［M］.北京：石油工业出版社.

杜金虎，何海清，杨涛，等，2014.中国致密油勘探进展及面临的挑战［J］.中国石油勘探，19（1）：1-9.

杜金虎，刘合，马德胜，等，2014.试论中国陆相致密油有效开发技术［J］.石油勘探与开发，41（2）：198-205.

樊冬艳，2013.基于离散裂缝模型分段压裂水平井试井理论及解释方法研究［D］.东营：中国石油大学（华东）.

樊建明，屈雪峰，王冲，等，2016.鄂尔多斯盆地致密储集层天然裂缝分布特征及有效裂缝预测新方法［J］.石油勘探与开发，43（5）：740-748.

高金栋，周立发，冯乔，等，2018.储层构造裂缝识别及预测研究进展［J］.地质科技情报，37（4）：158-166.

辜敏，鲜学福，2015.煤层气变压吸附分离理论与技术［M］.北京：科学出版社.

郭俊锋，闫林，2017.致密油储层水平井物性参数测井解释研究——以长庆油田W464井区长7$_2$致密油水平井为例［J］.石油地质与工程，31（1）：76-79，83.

何健华，丁文龙，王哲，等，2015.页岩储层体积压裂缝网形成的主控因素及评价方法［J］.地质科技情报，34（4）：108-118.

何涛，2016.大港油田孔二段致密砂岩储层可压性评价研究［D］.成都：西南石油大学.

何小娟，何右安，曲春霞，等，2014.安边地区长7致密油储层裂缝特征及分布规律［J］.低渗透油气田，（1）：80-85.

黄辅琼，宋惠珍，曾海容，等，1999.储集层构造裂缝定量预测方法研究［J］.地震地质，（3）：261-267.

蒋廷学，卞晓冰，2016.页岩气储层评价新技术——甜度评价方法［J］.石油钻探技术，44（4）：1-6.

蒋宜勤，向宝力，杨召，等，2015.准噶尔盆地致密油实验分析技术与应用［M］.北京：石油工业出版社.

康玉柱，王宗秀，周新桂，等，2014.鄂尔多斯盆地构造体系控油作用研究［M］.北京：地质出版社.

匡立春，孙中春，毛志强，等，2015.核磁共振测井技术在准噶尔盆地油气勘探开发中的应用［M］.北京：石油工业出版社.

郎晓玲，郭召杰，2013.基于DFN离散裂缝网络模型的裂缝性储层建模方法［J］.北京大学学报（自然科学版），49（6）：964-972.

雷振宇，张朝军，杨晓萍，2000.鄂尔多斯盆地含油气系统划分及特征［J］.石油勘探，5（3）：75-83.

黎茂稳，马晓潇，蒋启贵，等，2019.北美海相页岩油形成条件、富集特征与启示［J］.油气地质与采收率，26（1）：13-28.

李昊晟，魏少波，刘波涛，等，2015.致密油测井渗透率解释模型分析［J］.石油化工应用，34（1）：4-8.

李军诗，2005.压裂水平井动态分析研究［D］.北京：中国地质大学（北京）.

李铁柱，2016.水平井常规测井资料解释方法研究［J］.国外测井技术，（1）：18-22.

李晓慧，2013.致密油藏水平井体积压裂缝网参数优化研究［D］.东营：中国石油大学（华东）.

李笑萍，1996.穿过多条垂直裂缝的水平井渗流问题及压降曲线［J］.石油学报，17（2）：91-97.

刘敬寿，戴俊生，王硕，等，2015.断层容量维、信息维与数值模拟预测裂缝对比［J］.新疆石油地质，36（2）：222-227.

刘敬寿，戴俊生，邹娟，等，2015.裂缝性储层渗透率张量定量预测方法［J］.石油与天然气地质，36（6）：1022-1029.

刘月田，张吉昌，2004.各向异性油藏水平井网稳定渗流与产能分析［J］.石油勘探与开发，（1）：94-96.

柳少波，田华，马行陟，2016.非常规油气地质实验技术与应用［M］.北京：科学出版社.

路宗羽，赵飞，雷鸣，等，2019.新疆玛湖油田砂砾岩致密油水平井钻井关键技术［J］.石油钻探技术，47（2）：9-14.

罗群，魏浩元，刘冬冬，等，2017.层理缝在致密油成藏富集中的意义、研究进展及其趋势［J］.石油实验地质，39（1）：1-7.

倪小威，徐观佑，别康，等，2018.大斜度井/水平井阵列侧向测井响应及围岩/层厚影响快速校正［J］.大庆石油地质与开发，37（2）：144-151.

潘建国，王国栋，曲永强，等，2015.砂砾岩成岩圈闭形成与特征——以准噶尔盆地玛湖凹陷三叠系百口泉组为例［J］.天然气地球科学，26（S1）：41-49.

庞宏，尤新才，胡涛，等，2015.准噶尔盆地深部致密油藏形成条件与分布预测——以玛湖凹陷西斜坡风城组致密油为例［J］.石油学报，36（S2）：180-187.

蒲秀刚，韩文中，周立宏，等，2015.黄骅坳陷沧东凹陷孔二段高位体系域细粒相区岩性特征及地质意义［J］.中国石油勘探，20（5）：30-40.

邱莎莎，夏宏泉，2016.LD地区砂泥岩地层岩石力学参数计算方法研究［J］.国外测井技术，（6）：40-42.

任龙，张金功，刘哲，2013.沉积岩岩石结构与裂缝形成关系研究综述［J］.地下水，35（3）：136-138.

桑凡，李琳，李翠英，2014.水平井测井资料影响因素分析及解决方法研究［J］.国外测井技术，（2）：18-21.

商琳，戴俊生，冯建伟，等，2015.砂泥岩互层裂缝发育的地层厚度效应［J］.新疆石油地质，36（1）：35-41.

盛湘，张烨，2015.国外页岩油开发技术进展及其启示［J］.石油地质与工程，29（6）：80-83.

石道涵，张兵，何举涛，等，2014.鄂尔多斯长7致密砂岩储层体积压裂可行性评价［J］.西安石油大学学报（自然科学版），29（1）：52-55.

时建超，屈雪峰，雷启鸿，等，2017.致密油水平井声波时差测井影响因素分析及测井响应特征研究——以鄂尔多斯盆地陇东地区长7储层为例［J］.西北大学学报（自然科学版），47（4）：585-592.

苏娜，于春生，李星，2013.孔隙空间拓扑结构对油水两相渗流影响研究［J］.重庆科技学院学报（自然科学版），15（3）：50-54.

孙建孟，张鹏云，冯春珍，等，2016.LS油田水平井地层评价方法研究［J］.测井技术，40（6）：675-682.

孙乐，王志章，于兴河，等，2016.高精度CT成像技术在致密油储层孔隙结构研究中的应用——以准噶尔盆地玛湖西斜坡风城组为例［J］.东北石油大学学报，40（6）：26-34.

谭开俊，王国栋，罗惠芬，等，2014.准噶尔盆地玛湖斜坡区三叠系百口泉组储层特征及控制因素［J］.岩性油气藏，26（6）：83-88.

谭茂金，2015.有机页岩测井岩石物理［M］.北京：石油工业出版社.

王本成，2015.多段压裂水平井复杂渗流理论与试井分析研究［D］.成都：西南石油大学.

王彬，王军，谭亦然，等，2015.基于 DFN 的页岩气储层裂缝建模研究［J］.石油化工应用，34（12）：62-65.

王环玲，徐卫亚，2015.致密岩石渗透率测试与渗流力学特征［M］.北京：科学出版社.

王剑，丁湘华，武卫东，等，2016.准噶尔盆地玛湖西斜坡百口泉组储层特征研究［J］.科学技术与工程，16（9）：142-148.

王金月，鞠玮，申建，等，2016.鄂尔多斯盆地定边地区延长组长 7_1 储层构造裂缝分布预测［J］.地质与勘探，52（5）：966-973.

王鹏万，李昌，张磊，等，2017.五峰组—龙马溪组储层特征及甜点层段评价——以昭通页岩气示范区 A 井为例［J］.煤炭学报，42（11）：2925-2935.

王社教，郭秋麟，吴晓智，等，2014.致密油资源评价技术与应用［M］.北京：石油工业出版社.

王文，2017.鄂尔多斯盆地姬塬地区长 6 油层组构造裂缝识别与建模研究［D］.西安：西北大学.

王学武，杨正明，时宇，等，2009.核磁共振研究低渗透砂岩油水两相渗流规律［J］.科技导报，27（15）：56-58.

魏斌，王绿水，付永强，2014.页岩气测井评价综述［M］.北京：石油工业出版社.

吴润桐，杨胜来，谢建勇，等，2017.致密油气储层基质岩心静态渗吸实验及机理［J］.油气地质与采收率，24（3）：98-104.

徐波，2017.水平井各向异性储层测井解释方法研究［D］.北京：中国地质大学（北京）.

许多年，尹路，瞿建华，等，2015.低渗透砂砾岩"甜点"储层预测方法及应用——以准噶尔盆地玛湖凹陷北斜坡区三叠系百口泉组为例［J］.天然气地球科学，26（S1）：158-165.

尹帅，2016.沁水盆地南部下二叠统山西组致密砂岩储层裂缝表征及甜点预测［D］.武汉：中国地质大学（武汉）.

俞然刚，田勇，2013.砂岩岩石力学参数各向异性研究［J］.实验力学，28（3）：368-375.

袁玉松，周雁，邱登峰，等，2016.泥页岩非构造裂缝形成机制及特征［J］.现代地质，（1）：155-162.

曾凡辉，郭建春，刘恒，等，2013.致密砂岩气藏水平井分段压裂优化设计与应用［J］.石油学报，34（5）：959-968.

曾慧，2016.致密油藏分段压裂水平井试井解释及产能评价［D］.东营：中国石油大学（华东）.

曾联波，2008.低渗透砂岩储层裂缝的形成与分布［M］.北京：科学出版社.

曾联波，漆家福，王永秀，2007.低渗透储层构造裂缝的成因类型及其形成地质条件［J］.石油学报，28（4）：52-56.

查明，苏阳，高长海，等，2017.致密储层储集空间特征及影响因素——以准噶尔盆地吉木萨尔凹陷二叠系芦草沟组为例［J］.中国矿业大学学报，46（1）：85-95.

张磊，陈丽云，李振东，等，2012.低渗透油藏边界层厚度测定新方法［J］.石油地质与工程，26（3）：99-101，140.

赵冰冰，张承洲，游津津，等，2014.缝洞型油藏注氮气吞吐影响因素研究［J］.长江大学学报（自科版），11（31）：160-161.

赵军龙，蔡振东，张亚旭，等，2015.鄂尔多斯盆地 C 区长 8 储层岩石力学参数剖面建立方法［J］.西安石油大学学报（自然科学版），30（3）：47-52.

赵军龙，朱广社，2011.低渗透砂岩天然裂缝综合判识技术研究［M］.北京：石油工业出版社.

赵文智，胡素云，汪泽成，等，2003.鄂尔多斯盆地基底断裂在上三叠统延长组石油聚集中的控制作用［J］.石油勘探与开发，（5）：1-5.

赵向原，曾联波，刘忠群，等，2015.致密砂岩储层中钙质夹层特征及与天然裂缝分布的关系［J］.地质论评，61（1）：163-171.

赵向原，曾联波，祖克威，等，2016. 致密储层脆性特征及对天然裂缝的控制作用——以鄂尔多斯盆地陇东地区长 7 致密储层为例 [J]. 石油与天然气地质，37（1）：62-71.

周辉，孟凡震，张传庆，等，2014. 基于应力—应变曲线的岩石脆性特征定量评价方法 [J]. 岩石力学与工程学报，33（6）：1114-1122.

周雁，袁玉松，邱登峰，2015. 泥页岩构造裂缝形成演化模式——以四川盆地东部泥页岩为例 [J]. 石油与天然气地质，36（5）：828-834.

朱筱敏，潘荣，朱世发，等，2018. 致密储层研究进展和热点问题分析 [J]. 地学前缘，25（2）：141-146.

邹才能，陶士振，侯连华，等，2014. 非常规油气地质学 [M]. 北京：地质出版社.

邹才能，董大忠，王社教，等，2010. 中国页岩气形成机理、地质特征及资源潜力 [J]. 石油勘探与开发，37（6）：641-653.

邹才能，朱如凯，白斌，等，2011. 中国油气储层中纳米孔首次发现及其科学价值 [J]. 岩石学报，27（6）：1857-1864.

Anderson E M, 1951. The Dynamics of Faulting and Dyke Formation with applications to Britain（2nd edition）[M]. Edinburgh：Oliver & Boyd.

Behmanesh H, Hamdi H, Clarkson C R, et al, 2018. Analytical modeling of linear flow in single-phase tight oil and tight gas reservoirs [J]. Journal of Petroleum Science and Engineering, 171（4）：1084-1098.

Boersma Q D, Douma L A N R, Bertotti G, et al, 2020. Mechanical controls on horizontal stresses and fracture behaviour in layered rocks：A numerical sensitivity analysis [J]. Journal of Structural Geology, 130：1-13.

Cheng M, Luo X R, Lei Y H, et al, 2015. The distribution, fractal characteristic and thickness estimation of silty laminae and beds in the Zhangjiatan shale, Ordos Basin [J]. Natural Gas Geoscience, 26（5）：845-854.

Ding J C, Yang S L, Nie X R, et al, 2014. Dynamic threshold pressure gradient in tight gas reservoir [J]. Journal of Natural Gas Science and Engineering, 20：155-160.

Dong M D, Yue X A, Shi X D, et al, 2019. Effect of dynamic pseudo threshold pressure gradient on well production performance in low-permeability and tight oil reservoirs [J]. Journal of Petroleum Science and Engineering, 173：69-76.

Douma L A N R, Regelink J A, Bertotti G, et al, 2019. The mechanical contrast between layers controls fracture containment in layered rocks [J]. Journal of Structural Geology, 127：1-11.

Guo L W, Latham J P, Xiang J S, 2017. A numerical study of fracture spacing and through-going fracture formation in layered rocks [J]. International Journal of Solids and Structures, 110-111：44-57.

Hao S U, Lei Z, Zhang D, et al, 2017. Dynamic and static comprehensive prediction method of natural fractures in fractured oil reservoirs：A case study of Triassic Chang 6_3 reservoirs in Huaqing oilfield, Ordos Basin, NW China [J]. Petroleum Exploration & Development, 44（6）：972-982.

Harmelen A V, Weijermars R, 2018. Complex analytical solutions for flow in hydraulically fractured hydrocarbon reservoirs with and without natural fractures [J]. Applied Mathematical Modelling, 56：137-157.

Huang H X, Sun W, Ji W M, et al, 2018. Impact of laminae on gas storage capacity：A case study in Shanxi Formation, Xiasiwan Area, Ordos Basin, China [J]. Journal of Natural Gas Science and Engineering, 60：92-102.

Huang R C, Wang Y, Cheng S J, et al, 2015. Selection of logging-based TOC calculation methods for shale reservoirs : A case study of the Jiaoshiba shale gas field in the Sichuan Basin [J] . Natural Gas Industry B, 2 (2−3) : 155−161.

Hutchinson J W, 1996. Stresses and failure modes in thin films and multilayers [D] . Lyngby : Technical University of Denmark : 1−45.

Jiang L, Qiu Z, Wang Q, et al, 2016. Joint development and tectonic stress field evolution in the southeastern Mesozoic Ordos Basin, west part of north China [J] . Journal of Asian Earth Sciences, 127 : 47−62.

Kleinberg R L, Paltsev S, Ebinger C K E, et al, 2018. Tight oil market dynamics : Benchmarks, breakeven points, and inelasticities [J] . Energy Economics, 70 (9) : 70−83.

Lai J, Wang G, Fan Z, et al, 2017. Fracture detection in oil−based drilling mud using a combination of borehole image and sonic logs [J] . Marine & Petroleum Geology, 84 : 195−214.

Larsen B, Grunnaleite I, Gudmundsson A, 2010. How fracture systems affect permeability development in shallow−water carbonate rocks : An example from the Gargano Peninsula, Italy [J] . Journal of Structural Geology, 32 (9) : 1212−1230.

Laubach E S, 2003. Practical approaches to identifying sealed and open fractures [J] . AAPG Bulletin, 87 (4) : 561−579.

Lei G, Dong P, Wu Z, et al, 2015. A fractal model for the stress−dependent permeability and relative permeability in tight sandstones [J] . Journal of Canadian Petroleum Technology, 54 (1) : 36−48.

Lei Y, Luo X, Wang X, et al, 2015. Characteristics of silty laminae in Zhangjiatan Shale of southeastern Ordos Basin, China : Implications for shale gas formation [J] . AAPG Bulletin, 99 (4) : 661−687.

Li J Z, Laubach S E, Gale J F W, et al, 2018. Quantifying opening−mode fracture spatial organization in horizontal wellbore image logs, core and outcrop : Application to upper Cretaceous frontier formation tight gas sandstones, USA [J] . Journal of Structural Geology, 108 : 137−156.

Li L H, Huang B X, Tan Y F, et al, 2017. Geometric Heterogeneity of Continental Shale in the Yanchang Formation, Southern Ordos Basin, China [J] . Scientific Reports, 7 (1) : 6006.

Li L, Huang B, Li Y, et al, 2018. Multi−scale modeling of shale laminas and fracture networks in the Yanchang formation, Southern Ordos Basin, China [J] . Engineering Geology, 243 : 231−240.

Li L, Huang B, Yan Y, et al, 2017. Geometric heterogeneity of continental shale in the Yanchang formation, southern Ordos Basin. China [J] . Scientific Reports, 7 (1) : 1−12.

Li Y, Song Y, Jiang Z, et al, 2018. Major factors controlling lamina induced fractures in the Upper Triassic Yanchang formation tight oil reservoir, Ordos Basin, China [J] . Journal of Asian Earth Sciences, 166 : 107−119.

Liu J S, Ding W, Dai J S, et al, 2018. Quantitative multiparameter prediction of fault−related fractures : A case study of the second member of the Funing Formation in the Jinhu Sag, Subei Basin [J] . Petroleum Science, 15 (3) : 468−483.

Liu J, Ding W, Gu Y, et al, 2018. Methodology for predicting reservoir breakdown pressure and fracture opening pressure in low−permeability reservoirs based on an in situ stress simulation [J] . Engineering Geology, 246 : 222−232.

Liu J, Ding W, Wang R, et al, 2018a. Methodology for quantitative prediction of fracture sealing with a case study of the lower Cambrian Niutitang Formation in the Cen'gong block in South China [J] . Journal of Petroleum Science and Engineering, 160 : 565−581.

Liu J, Ding W, Wang, R, et al, 2018b. Quartz types in shale and their effect on geomechanical properties : An example from the lower Cambrian Niutitang Formation in the Cen'gong block, South China [J] .

Applied Clay Science, 163: 100–107.

Liu J, Ding W, Yang H, et al, 2018. Quantitative prediction of fractures using the finite element method : A case study of the lower Silurian Longmaxi Formation in northern Guizhou, South China [J]. Journal of Asian Earth Sciences, 154: 397–418.

Lo A W, 1991. Long–term memory in stock market prices [J]. Econometrica, 59 (5): 1279–1313.

Lyu W, Zeng L, Liu Z, et al, 2016. Fracture responses of conventional logs in tight–oil sandstones : A case study of the upper Triassic Yanchang Formation in southwest Ordos Basin,China [J]. AAPG Bulletin,100 (9): 1399–1417.

Mandelbrot B B, Ness J W V, 1968. Fractional brownian motions, fractional noises and applications [J]. SIAM Review, 10 (4): 422–437.

Mandelbrot B B, Taqqu M, 1979. Robust R/S Analysis of long run serial correlation [J]. Bulletin of the International Statistical Institute, 48: 59–104.

Mandelbrot B B, Wallis J R, 1969. Robustness of the rescaled range R/S in the measurement of noncyclic long run statistical dependence [J]. Water Resources Research, 5 (5): 967–988.

Moradi M, Shamloo A, Dezfuli A D, 2017. A sequential implicit discrete fracture model for three–dimensional coupled flow–geomechanics problems in naturally fractured porous media [J]. Journal of Petroleum Science and Engineering, 150 (6): 312–322.

Murthy P V S N, Ramredd C, Chamkha A J, et al, 2013. Magnetic effect on thermally stratified nanofluid saturated non–Darcy porous medium under convective boundary condition [J]. International Communications in Heat and Mass Transfer, 47: 41–48.

Narr W, 1991. Fracture density in the deep surface : Techniques with application to Point Arguello oil field [J]. AAPG Bulletin, 75 (8): 1300–1323.

Nelson R A, 1985. Geologic Analysis of Naturally Fractured Reservoirs [M]. Houston : Gulf Publishing Company.

Niu Q, 2018. Micrometer–scale fractures in coal related to coal rank based on micro–CT scanning and fractal theory [J]. Fuel, 212: 162–172.

Olea R A, 2015. CO_2 retention values in enhanced oil recovery [J]. Journal of Petroleum Science and Engineering, 129: 23–28.

Pascal H, 1981. Nonsteady flow through porous media in the presence of a threshold gradient [J]. Acta Mechanica, 39: 207–224.

Pittman E D, 1992. Relationship of porosity and permeability to various parameters derived from mercury injection–capillary pressure curves for sandstone [J]. AAPG Bulletin, 76 (2): 191–198.

Scheiber T, Viola G, 2018. Complex bedrock fracture patterns : A multipronged approach to resolve their evolution in space and time [J]. Tectonics, 37 (4): 1030–1062.

Shi X H, Pan J N, Hou Q L, et al, 2018. Micrometer–scale fractures in coal related to coal rank based on micro–CT scanning and fractal theory [J]. Fuel, 212: 162–172.

Singh H, Cai J, 2018. Screening improved recovery methods in tight–oil formations by injecting and producing through fractures [J]. International Journal of Heat and Mass Transfer, 116 (6): 977–993.

Stehfest H, 1970. Algorithm 368: Numerical inversion of Laplace transforms [J]. Communications of the ACM, 13 (1): 47–49.

Wang J, Zhang S, 2018. Pore structure differences of the extra–low permeability sandstone reservoirs and the causes of low resistivity oil layers : A case study of Block Yanwumao in the middle of Ordos Basin, NW China [J]. Petroleum Exploration & Development, 45 (2): 273–280.

Wang X, Zhang L, Gao C, 2016. The heterogeneity of shale gas reservoir in the Yanchang Formation, Xisiwan area, Ordos Basin [J]. Earth Science Frontiers, 23 (1): 134−145.

Wu Z W, Cui C Z, Lv G Z, et al, 2019. A multi−linear transient pressure model for multistage fractured horizontal well in tight oil reservoirs with considering threshold pressure gradient and stress sensitivity [J]. Journal of Petroleum Science and Engineering, 172: 839−854.

Xi K L, Cao Y C, Haile B G, et al, 2016. How does the pore−throat size control the reservoir quality and oiliness of tight sandstones? The case of the Lower Cretaceous Quantou Formation in the southern Songliao Basin, China[J]. Marine and Petroleum Geology, 76 (3): 1−15.

Xue Y C, Cheng L S, Mou J Y, et al, 2014. A new fracture prediction method by combining genetic algorithm with neural network in low−permeability reservoirs [J]. Journal of Petroleum Science and Engineering, 121: 159−166.

Xue Y, Cheng L, Mou J, et al, 2014. A new fracture prediction method by combining genetic algorithm with neural network in low−permeability reservoirs [J]. Journal of Petroleum Science & Engineering, 121 (2): 159−166.

Yang H J, Pan H P, Wu A P, et al, 2017. Application of well logs integration and wavelet transform to improve fracture zones detection in metamorphic rocks [J]. Journal of Petroleum Science and Engineering, 157: 716−723.

Yao J, Liu W B, Chen Z X, 2013. Numerical solution of a moving boundary problem of one−dimensional flow in semi−infinite long porous media with threshold pressure gradient [J/OL]. Mathematical Problems in Engineering, https://onlinelibrary.wiley.com/doi/pdf/10.1155/2013/384246.

Zhang W, Xie L, Yang W, et al, 2017. Micro fractures and pores in lacustrine shales of the Upper Triassic Yanchang Chang 7 Member, Ordos Basin, China [J]. Journal of Petroleum Science and Engineering, 156: 194−201.

Ziarani A S, Auilera R, 2012. Pore−throat radius and tortuosity estimation from formation resistivity data for tight−gas sandstone reservoirs [J]. Journal of Applied Geophysics, 83 (4): 65−73.

致　谢

本书得到中国石油勘探开发研究院和长庆油田、新疆油田、西南油气田、吉林油田、大庆油田、大港油田、吐哈油田等单位领导、致密油研发人员的鼎力支持，得到陈志勇、顾家裕、李莉、冉启全、赵立民、杨立峰、郭彬程、杨智等教授、专家的指导把关与帮助，更得到项目长胡素云、陶士振的全程悉心指导，在此一并表示诚挚的敬意与感谢！

感谢国家科技重大专项"大型油气田及煤层气开发"46项目办领导和专家的精心管理与技术指导。

感谢中国石油集团科学技术研究院有限公司各位领导和同事的帮助。

感谢中国地质大学（北京）、中国科学院力学研究所的支持。

感谢对本书在资料收集、野外工作、分析化验和研究过程中提供帮助的所有领导、专家与同行。

感谢本书全体科研人员的辛勤劳动与付出。

感谢各位评审专家及为本书出版付出辛勤工作的编辑、审稿人员。